广东国际战略研究院智库丛书

Series, Guangdong Research Institute for International Strategies

主　编　隋广军

Editor in Chief: GuangJun SUI

台风灾害评估与应急管理

Typhoon Disaster Assessment and Emergency Management

隋广军　唐丹玲　等　著

By GuangJun SUI, DanLing TANG, et al

科学出版社

北　京

内 容 简 介

台风灾害是全球发生频率最高、影响最严重的自然灾害。中国位于太平洋西岸，沿海地区受台风影响严重，经济损失巨大。本书结合最新的社会科学与自然科学的研究方法，从台风灾害的分布和影响、台风灾害的损失评估及应急管理等方面进行了系统研究，建立了应急管理信息系统，形成了由"风险管理"、"应急管理"和"决策管理"组成的完整的"台风灾害应急管理"理论框架体系。

该研究具有重要理论研究意义和社会实践价值，可为台风相关、灾害相关、危机管理相关的科研人员、管理人员、社会工作者、教育工作者和研究生提供多角度、多层面的新思维与新参考，为台风等相关自然灾害的决策提供理论依据，并为政府相关管理部门提供重要决策、方案和建议。

图书在版编目（CIP）数据

台风灾害评估与应急管理 / 隋广军，唐丹玲等著 .—北京：科学出版社，2015. 6

（广东国际战略研究院智库丛书）

ISBN 978-7-03-044704-3

Ⅰ.①台… Ⅱ.①隋… ②唐… Ⅲ.①台风灾害-灾害管理 Ⅳ.①P425，6

中国版本图书馆 CIP 数据核字（2015）第 123106 号

责任编辑：周　杰　/ 责任校对：钟　洋
责任印制：吴兆东 / 封面设计：无　极

科学出版社 出版
北京东黄城根北街 16 号
邮政编码：100717
http://www.sciencep.com

北京虎彩文化传播有限公司 印刷

科学出版社发行　各地新华书店经销

*

2015 年 6 月第 一 版　开本：720×1000　1/16
2023 年 6 月第五次印刷　印张：27 1/2
字数：550 000

定价：236. 00 元

（如有印装质量问题，我社负责调换）

致　谢

本书系唐丹玲和隋广军等十多年来共同承担的研究项目的部分成果。主要研究项目包括：广东省自然科学基金团队项目“华南沿海台风遥感检测与灾害评估”（8351030101000002），21世纪海上丝绸之路协同创新中心项目（2015HS05），广东省科技计划重点项目“重大台风灾害及城市火灾应急响应集成系统研制”（2010B031900041），国家自然科学基金重点项目“海洋浮游植物粒径组成分布及其相关生态因素对台风的响应——基于遥感与现场观测资料的研究”（41430968），国家自然科学基金委员会与财团法人李国鼎科技发展基金会联合资助两岸合作研究项目“台风灾害对南海北部浮游植物和渔业资源的影响”（31061160190），国家自然科学基金“台风前后浮游植物群落结构变化及影响机理研究”（40976091），国家自然科学基金中俄国际合作项目NSFC-RFBR“气旋过后热带和极区海洋海表浮游植物变化的驱动因子比较分析”（41211120181），中国科学院知识创新工程重要方向项目“热带气旋及其年际变化对南海海洋初级生产力的影响”（kzcx2-yw-226），广东省科技计划项目“广东台风灾害智能预警技术研究”（2012A030200012），中国石油化工集团公司合作研究项目“原油远洋运输优化与遥感监测技术研究”（313099）。

本研究得到了广东省科技厅、广东省自然科学基金管理委员会、中国科学院南海海洋研究所、暨南大学、台湾景文科技大学、台湾海洋大学和中国气象局广州热带海洋气象研究所等部门的重要支持和帮助。本书的完成也得益于汕头、阳江等地气象局给予项目调研工作提供的便利。作者所在单位广东外语外贸大学和中国科学院南海海洋研究所等为研究提供了大力支持。我们衷心感谢所有帮助过我们的专家、同事朋友和相关领导，衷心感谢所有参加了相关工作的青年学者和研究生。项目研究和书稿撰写过程中，我们参考和吸收了众多专家学者的研究成果，并尽可能在注释和参考文献中列出。唐丹玲的研究团队成员和隋广军的研究团队的部分成员参与了部分研究工作。在此，我们衷心感谢大家为《台风灾害评估与应急管理》做出的重要贡献。

唐丹玲和隋广军总体负责，包括立项、基础研究、撰写编辑等。参与资料分析和写作工作的主要有：魏章进、陈仕鸿、陈和、陈王琨、阳爱民、赵子乐、虞力、林江豪、蒲惠荧、钟雅琴、曹琳和隋艺。另外，陈仕鸿、陈和、魏章进、隋艺、Gad Levy、Dounald Thomas、叶海军、周琦和戴鹏等协助部分编辑工作。

唐丹玲　隋广军

中国　广州

2014. 10. 22

Acknowledgments

The book presents in part the achievements of research projects in the recent ten years led by Dr. Danling Tang and Dr. Guangjun Sui. The main research projects include: "Hazard Evaluation of Typhoons and Examination of their Biological Effect in the South China Coastal Area Based on Satellite Remote Sensing", a Team Research Project of Guangdong Natural Science Foundation, China (8351030101000002); Key Project (2015HS05) of Collaborative Innovation Center for 21st-Century Maritime Silk Road Studies, Guangzhou, China; "Major Typhoon Disaster and Urban Fire Emergency Response Integration System", a Key Project of Guangdong Province Science and Technology Plan (2010B031900041); "The community structure of phytoplankton response to the nutrient changing during typhoons", National Natural Science Foundation of China (40976091), and Key Project of NSFC "Investigation of factors driving changes in phytoplankton surficial fields as an aftermath of passage of hurricans in tropical and polar regions", (41430968); "Effect of typhoon disaster on phytoplankton and fishery resources in the northern South China Sea", a joint project of the National Natural Science Foundation of China and K. T. Li Foundation for the Development of Science and Technology (31061160190); "Influences of tropical cyclone and its interannual variability on the marine primary production in the South China Sea" a Key Project of Knowledge Innovation Program, Chinese Academy of Sciences (kzcx2-yw-226); "Guangdong typhoon intelligent early warning technology research", a Guangdong Province Science and Technology Project (2012A030200012); "Investigation of factors driving changes in phytoplankton surficial fields as an aftermath of passage of hurricans in tropical and polar regions", a joint project of the National Natural Science Foundation of China and the Russian Foundation for Basic Research (NSFC-RFBR 41211120181); "The ocean transportation optimization and remote sensing monitoring technology research for oil", SINOPEC Cooperation Research Project (313099); "Phytoplankton response to the marine mesoscale process and remote sensing methods", etc.

We thank the Guangdong Provincial Department of Science and Technology, Guangdong Natural Science Foundation, South China Sea Institute of Oceanology, Chinese Academy of Sciences, Jinan University, Jinwen University of Science & Technology (Taipei), Guangzhou Institute of Tropical and Marine Meteorology of China Meteorological Administration and other departments for their support and help on research projects. The completion of the book also benefited from the help of the Weather Bureau in Shantou, Yangjiang, etc., who provided the conveniences for the field research work of the projects. We have also received support from our work at Guangdong University of Foreign Studies and the South China Sea Institute of Oceanology. The book is funded in part by the Guangdong International Institute for Strategic Studies. Here, we sincerely thank all help from our team members, experts, colleagues and friends. In the process of the research and writing, we referred to and absorbed research results of many experts and scholars, and acknowledged those as much as possible in the references. Some members of Danling Tang's research team and Guangjun Sui's research team participated in some of the research work. Here, we sincerely thank all of them for their important contribution to the "*Typhoon Disaster Assessment and Emergency Management*".

Danling Tang and Guangjun Sui are solely responsible for the book, including project proposals, basic research, chapter writing and editing. Main co-authors involved in part of the book are: Zhangjin Wei, Shihong Chen, He Chen, Wangkun Chen, Aimin Yang, Zile Zhao, Li Yu, Jianghao Lin, Huiying Pu, Yaqin Zhong, Lin Cao, and Yi Sui. And, Shihong Chen, He Chen, Zhangjin Wei, Yi Sui, Gad Levy, Thomas Dounald, Haijun Ye, Qi Zhou, and Peng Dai, helped with the compiling of the book.

DanLing Tang, GuangJun Sui
Guangzhou, China
Oct. 22, 2014

自　　序

Preface

台风灾害评估与应急管理

Typhoon Disaster Assessment and Emergency Management

台风频发。2013 年政府间气候变化专门委员会（IPCC）第五次评估报告（IPCC，2013）指出，1880～2012 年，全球地表温度上升趋势为 0.65～1.06℃，而 2003～2013 年平均气温与 1885～1990 年相比已增高 0.78℃，全球气候变暖，而且正在急速加剧。在气候变暖的影响下，大气环流异常，台风等极端灾害频发。

灾害日趋严重。例如，2005 年，“卡特里娜”飓风重创了美国、墨西哥沿岸的地区，造成 1800 多人死亡，数百万人无家可归（陈思贤，2009）；1998 年，飓风“米奇”重创中美洲，受灾最重的洪都拉斯死亡人数多达 5657 人（汤小棣，1999）；1991 年，热带风暴在孟加拉国引发洪灾，造成大约 13.8 万人死亡（新华网，2008）；2008 年 5 月，缅甸遭受热带风暴袭击，死亡和失踪人数超过 13 万人（贺圣达，2009）。中国是世界上受台风影响最大的国家之一。2006 年，台风“碧利斯”给中国大陆造成 843 人死亡、经济损失 348.2 亿元的巨大灾害（中国气象局，2008）；2009 年，台风“莫拉克”在台湾省造成的经济损失高达 700 多亿新台币（隋广军等，2010）。

评估结果表明，发展中国家在灾害面前更加脆弱。与发达国家受灾后果主要是经济损失相比，发展中国家遭受更严重的是人员伤亡。1970～2008 年，95% 以上由自然灾害造成的死亡发生在发展中国家（IPCC，2011）。

与其他自然灾害相比，台风灾害在中国具有季节性强、破坏力大、波及面广、防范困难等特点。南海和西北太平洋是全球热带气旋活动最频繁的海域之一，每年 5～10 月都有强台风登陆中国沿海省市，造成巨大的灾害损失。在气候变暖和经济快速发展带来财富聚集的双重背景下，中国沿海地区每年遭受的台风灾害损失也日趋严重。台风灾害是广东省最严重的自然灾害（Tang and Sui，2014a）。

应急能力备受考验。我们要对未来进一步发生风险和灾难的可能性有所预估，先进的气象预报、监测技术，以及 GIS、遥感等技术得到快速发展，也进一步支持对灾害的预估和监测（Tang ，2011）。此外，还必须有一套周全的防范预案，以应对这一危险（阿克斯·德尚，2010）。

管理亟须完善，以应对台风灾害危机。2011 年 11 月，IPCC 发布了《管理极端事件和灾害风险促进气候变化适应特别报告决策者摘要》（IPCC，2011），认为“极端气候事件+脆弱性+暴露程度”是气候灾害风险的分析框架，并依据分析框架和过去应对灾害的经验，提出了适应气候变化和管理气候灾害风险的各种政策选项。这为中国包括台风灾害在内的气候灾害应急管理提供了科学依据。

《台风灾害评估与应急管理》以此为契机，结合中国沿海台风灾害的实际情况，以广东省为重点研究区域，针对台风灾害应急管理的环节，从风险因素识别、风险评估、灾害预警、灾害损失评估等应急管理流程上进行实证研究，尝试为中国台风灾害风险管理奠定一定的理论基础和技术支持。目前，中国台风灾害风险管理的理论研究还不完善，缺乏理论和实践相结合的深入论证，本书的研究具有重要的理论价值和实践意义。

唐丹玲　　隋广军

DangLing Tang　　GuangJun Sui

2013 年 10 月 13 日

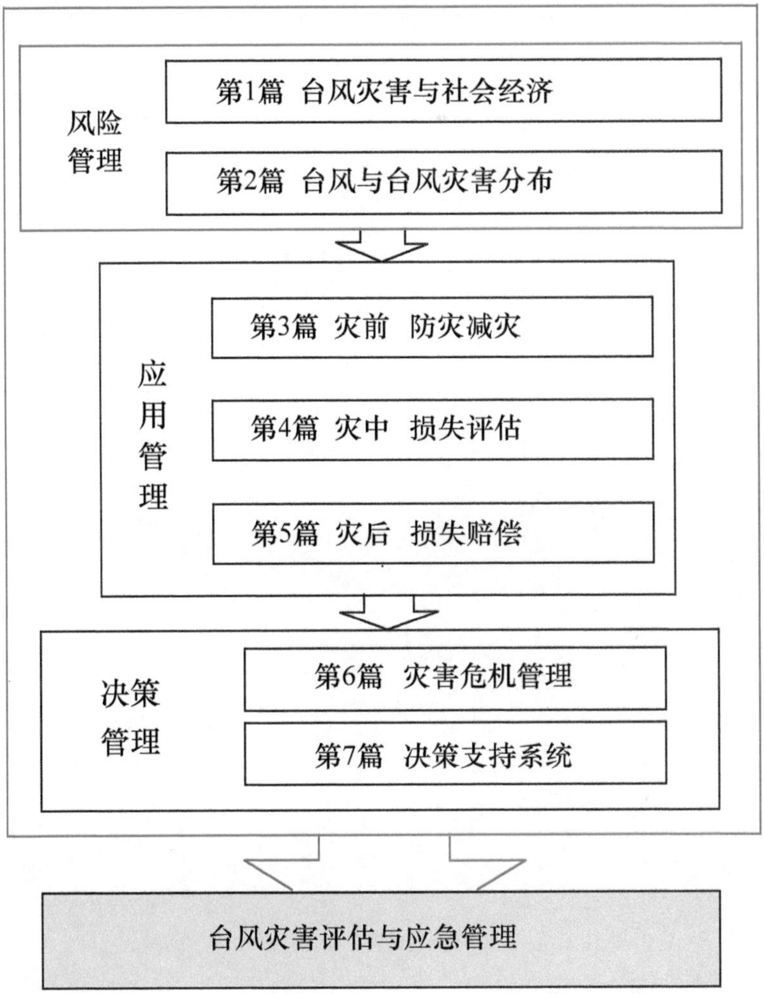
第1篇 台风灾害与社会经济
风险管理
第2篇 台风与台风灾害分布
第3篇 灾前 防灾减灾
应用管理
第4篇 灾中 损失评估
第5篇 灾后 损失赔偿
第6篇 灾害危机管理
决策管理
第7篇 决策支持系统
台风灾害评估与应急管理

目　录

第一篇　台风灾害与社会经济

第二篇　台风与台风灾害分布

第三篇 台风灾前防灾与减灾

第四篇 台风灾中损失预评估

第七篇 灾害评估系统与决策支持系统

Contents

Part Ⅰ Typhoon Disaster and Socio-Economic

Part Ⅱ Distribution of Typhoon and Typhoon Disaster

Part Ⅲ Research on Pre-Disaster Prevention and Mitigation for Typhoon

Part Ⅳ Study on Pre-Typhoon Loss Evaluation

Part Ⅴ A Study on Loss-Evaluation of Typhoon Disaster and Compensation

Part Ⅵ Crisis Management for Typhoon Disaster

Part Ⅶ Disaster Evaluation and Decision Support System for Typhoon Disaster

第一篇　台风灾害与社会经济

Part Ⅰ　Typhoon Disaster and Socio-Economic

摘要：进入21世纪以来，全球经济快速发展，与此同时，由台风灾害频发导致的社会和经济问题亦日益突出。菲律宾遭受大规模的政治动荡、美国承受着巨大的经济损失、中国台湾省浸泡在巨流山洪中等都预示着各国或各地区政府治理台风灾害任重而道远。目前，仅从广东省省情来看，台风灾害造成的整体经济损失在不断增加，并且相较于发达地区，贫穷地区遭受绝对经济损失更大，而这种伤害对基础设施的破坏会加大地区经济发展差距。

关键词：台风灾害；经济影响；地区差距

Abstract: With the rapid development of the global economy, the social and economic problems caused by frequent typhoon disasters in the twenty-first century have become increasingly prominent. All the accompanying circumstances such as the Philippines political turmoil, enormous economic losses in America and the huge flood disaster in Taiwan province of China indicate it will be increasingly difficult for governments to manage typhoon disasters effectively. In China, it seems obvious that the number, size, and scale of economic loss caused by typhoon disasters have been increasing in Guangdong province, especially in the poorer regions and the destruction of infrastructure could well widen the economic gaps resulting in regional disequilibrium.

Keywords: typhoon disaster; economic impact; regional disparity

第1章	第2章
全球台风灾害 + 气候改变经济	台风灾害 地区差距 + 政策建议

第1章　前言：全球台风灾害

Chapter 1　Introduction：Global Typhoon Disasters

台风灾害是全球发生频率最高、影响最严重的一种自然灾害，是当今人类生存和发展所面临的重大全球性问题之一。根据联合国亚洲及太平洋经济社会委员会（ESCAP）和世界气象组织（WMO）所属的台风委员会编制的台风气候变化评估报告的统计数据，全球每年大概发生热带气旋（包括台风）80~100个，每年平均造成两万人死亡以及100亿美元以上的经济损失，个别台风造成的灾情损失更是惊人（雷小途，2011）。中国位于太平洋西岸，受台风影响非常严重，特别是沿海省份。据统计，中国每年因台风造成的直接经济损失高达233.5亿元，死亡人数达440人，农作物受灾面积达4323.8万亩①，倒塌房屋30.7万间，台风已对中国社会经济发展构成严重威胁（隋广军等，2010）。

因此，如何掌握台风对社会经济的影响规律、提高台风危害的预警水平、强化防控台风灾害的应急处置能力、减少台风带来的经济损失，是相关国家政府以及科研工作者目前亟待突破的难题。

1.1　从菲律宾看台风灾害危机管理紧迫性

灾害存在一种“社会放大”效应（赵延东，2007）。灾难性事件一旦发生就会与社会心理、文化、制度的形成过程产生相互作用，进而造成新的次级社会或经济后果。特大自然灾害往往是构成社会不稳定的因素之一，严重者甚至影响到社会的安定和谐。

2013年11月8日，超强台风“海燕”（图1-1）在菲律宾中部萨马省登陆，登陆时中心最大风速为260km/h（10分钟平均）和305 km/h（1分钟平均），为全球有记录以来的最强登陆台风。根据菲律宾国家减灾委员会统计，截至11月22日，在超强台风“海燕”中正式死亡的人数为5209人，失踪人数为1611人，另有23 404人受伤，菲律宾全国44个省份的214万个家庭近千万人口受灾（菲律宾国家减灾管理委员会，2013）。其中，因灾被迫转移的灾民数量超过440万人；财产损失方面，“海燕”造成灾区64.8万间房屋受损；对基础设施和农作物造成的经济损失达到120亿比索（约合16.7亿元人民币）。

① 1亩≈666.67m^2。

图 1-1　国际空间站观察下的台风“海燕”

Fig. 1. 1　Typhoon Haiyan Observed from International Space Station (ISS)

图片来源：《国际空间站拍摄台风海燕宛若灾难大片》，http：// www. gx. sina. com. cn.

超强台风“海燕”过境后，菲律宾莱特省塔克洛班市一时食品物资紧缺，水电被切断，通信受阻，导致当地居民进入无人看管的建筑物内抢夺物品和现金，现场秩序混乱，引发大规模骚动（图 1-2 和图 1-3）。这种现象背后折射出一个比遭受经济损失和人员伤亡更加值得关注的问题，即社会出现的突发性事件、灾难性事件引起的各种社会问题和矛盾，会危及社会结构的稳定，并最终导致政治动荡。

图 1-2　难民洗劫商店哄抢物资

Fig. 1. 2　Refugees Looted Shops

图片来源：Aaron Favila/东方 IC.

图1-3 受灾区一片狼藉

Fig. 1. 3 The Disaster Area was in A Mess

图片来源：Aaron Favila/东方IC.

台风灾害引发的次生问题，相对于贫困国家来说，社会不稳定和政治动荡显得尤为突出和紧迫。对于社会和政府而言，最重要的就是面对灾害危机，建立一套完善的公共危机管理机制，并在此基础上不断增强政府以及整个社会的危机管理能力（张成福，2003）。这种危机管理机制和能力涉及信息收集、预测预警、信息畅通和降低危害等方面，使得组织机构到位、控制行为规范、分工责任清楚。在台风灾害危机管理信息方面做到及时公开，就解决了政府和社会各部门协调机制不足的问题，让这种灾害引发的社会不稳定问题（诸如食品不足、医疗紧缺、心理恐慌等）被危机管理机制及时处理和消化，尽可能地降低社会风险和群体骚乱。

1.2 从美国看飓风灾害经济损失评估重要性

大洋彼岸的美国在2012年10月30日遭受到飓风“桑迪”的侵袭，“桑迪”横扫美国东海岸，使美国东部地区遭遇狂风暴雨、暴雪及洪水灾害，并引发了大量停电断水、通信中断事故及一些火灾和交通等方面的事故，造成800万居民无电力供应、113人死亡，大量设施、房屋、建筑物毁坏，数十万人无家可归，损失估计可能达到500亿美元（中国新闻网，2012）。飓风“桑迪”的影响涉及美国东部17个州，其中纽约州和新泽西州受灾最严重，纽约市的机场、公交车、地铁等公共交通系统遭受了较大程度的破坏

(图 1-4)，纽约证券交易所也因为飓风影响罕见地停市两天。

图 1-4　飓风“桑迪”登陆纽约后曼哈顿部分地区变成泽国

Fig. 1. 4　Manhattan Area Has Been Flooded after Hurricane (Typhoon)① Sandy Landed in New York

图片来源：《“桑迪”过后》，凤凰网．

相对于贫穷国家呈现的政治不稳性，以美国为代表的发达国家将遭受更巨大的经济损失（表 1-1），包括直接经济损失（“桑迪”损失估计达 500 亿美元，“艾萨克”是近几年损失最小的，也有 25 亿美元）和间接经济损失（纽约证券交易所的关闭甚至影响全球经济交易活动）。经济实体越发达，台风灾害造成的经济损失就越大，台风灾害经济损失评估也就显得越重要。

表 1-1　近年来美国遭遇的飓风灾害情况

Table 1. 1　The Situation of USA Suffered from Typhoon Disaster in Recent Years

名称	时间	重灾区	灾情（经济损失和死亡人数）
卡特里娜	2005 年 8 月 25 日	新奥尔良市	750 亿美元，1836 人
古斯塔夫	2008 年 9 月 1 日	路易斯安那州	328 亿美元，虽然没有人员伤亡，但路易斯安那州沿岸近 200 万人已撤走，是美国历来最大规模的一次疏散行动
艾琳	2011 年 8 月 27 日	北卡罗来纳州	47 亿美元，40 人

① 飓风和台风都是指风速 33m/s 以上的热带气旋，因为发生地不同，有不同名称，出现在西北太平洋和我国南海的强烈热带气旋为“台风”，发生在大西洋，加勒比海，印度洋和北太平洋东部的则称“飓风”。

续表

名称	时间	重灾区	灾情（经济损失和死亡人数）
艾萨克	2012 年 8 月 29 日	新奥尔良市	25 亿美元，至少 2 人死亡，造成近 10 万户家庭与商业单位断电
桑迪	2012 年 10 月 30 日	纽约州、新泽西州	500 亿美元，113 人

资料来源：据凤凰网《近年来美国遭遇的飓风灾害》一文整理.

台风灾害评估是灾害预测、防治乃至灾害补偿研究的基础，其结果是国家和区域减灾决策制定和实施的可靠依据，为进一步应对台风灾害制订实施方案起到了重要作用（袁艺和张磊，2006）。台风灾害经济损失评估可以有效地规范灾情统计内容、建立高效的灾情上报系统以及实现准实灾情损失预报机制，对防灾减灾以及经济和社会的可持续发展具有现实和长远的实践意义。

1.3　从中国台湾看台风灾前防灾必要性

“八八水灾”是 2009 年 8 月 6 日至 8 月 10 日发生于中国台湾中南部及东南部的一起严重水灾。由于台风“莫拉克”侵袭所带来的打破台湾气象史诸多降雨纪录的雨势，该起水灾造成台湾省部分地区发生水患及泥石流，引发山洪吞没村庄，产生重大人员伤亡和财产损失，是台湾省 1958 年“八七水灾”以来最严重的水患（图 1-5）。据台湾省灾害应变部门统计数据显示，台风“莫拉克”共造成全台 461 人死亡、192 人失踪、46 人受伤，全部经济损失高达 700 多亿新台币（隋广军等，2010）。

图 1-5　台湾高雄小林村空中俯拍图

Fig. 1. 5　The Aerial Photography of Typhoon “Morakot” from Xiao Lin Village, Kaohsiung, Taiwan, China

图片来源：《直击台湾“八八水灾”》，外滩画报.

从气象预报来看，“莫拉克”开始移动缓慢，普遍认为其破坏力较小，但当地气象局未能预测到它将带来巨大降水量。“莫拉克”在局部地区降水达2000mm，而台风的事前预报、事中跟踪和事后观察都有较大偏差和失误，从而暴露出防灾反应迟钝、救灾效率低、基础设施薄弱、救灾体系混乱等诸多问题。一般来说，减轻台风灾害应从工程措施和非工程措施两方面入手（杨明兴，2007），当台风“莫拉克”8月7日在花莲登陆时，有关单位并没有意识到加强防灾力度，如巩固洪水堤围建设，及时提高江河蓄洪、排洪能力，积极疏散村民远离地势洼、易塌陷的村落等，错过了防灾减灾最有利的时机，致使大量村民滞留山区，最后陷入绝境。

1.4 台风灾害未来研究新趋势

国际发展援助研究协会（Development Asd Research Association，DARA）在2012年发布了一份名为《气候脆弱性监测》（*The Climate Vulnerability Monitor*）的报告。该报告称，如今世界气候变化每年已经夺去近40万人的生命，全球变暖的经济影响也已经造成每年超过1.2万亿美元的损失，这相当于全球GDP的1.6%。至2030年，气候的改变会令全球GDP损失从1.6%上升到3.2%，气候变化正在对人类社会和经济发展造成前所未有的危害。温室气体的排放导致了全球平均气温上升，引发冰盖融化、极端天气、干旱和海平面上升等现象，这都危及了人类生命和民众生活。而受影响最深的是发展中国家，极端天气和气候变化对农业生产的破坏，导致了当地的贫困、饥饿和疾病，甚至带来死亡。

最近几年，世界各地暴雨成灾，台风肆虐，极端天气频繁来袭，气候变化一直不断地影响着世界经济发展和自然资源储备，尤其是对一些耕地少而人口多的发展中国家或贫困国家威胁更大。气候变化时刻关系着社会经济发展和国家安全，而非简单的自然现象。例如，气候变化可以对农业生产造成一定影响，如作物生长加快，可能减少物质积累和籽粒产量，使种植制度发生改变，冲击主要作物品种布局等。据孟加拉国统计，气温每上升1℃，该国将会损失10%的粮食产出，即400万t粮食，损失高达25亿美元，相当于该国GDP的2%（哈西纳，2012）。而这种农业产出的损失将会加剧全球粮价攀升，有可能引发新一轮的粮食危机，对各国的经济环境带来不利影响。澳大利亚国立大学气候变化研究所Will Steffen教授认为，尽管现在还不能将像“海燕”这种个别强台风归咎于气候变化，但有一点值得世人关注，那就是气候变化正导致地表水变暖，进而增强了台风的能量。同时，由于全球可能变得更温暖，未来会导致更多的暴雨以及更少的生物多样性，这就直接对人类的生存提出了更加严峻的挑战。尽管引起气候变化的原因可能是自然内部的因素，也可能是外界强迫或者人为因素，但一般认为气候类型的长期改变是由人类排放的二氧化碳等温室气体引起的。20 世纪 80 年代开始，经济学家逐渐开始关注气候变化的问题，他们使用经济学的研究方法将控制全球变暖、温室气体减排的成本和由此而为人类带来的收益进行比较（王军，2008）。总结气候变化的三种截然不同特征，即外部性、代际公平与全球性。从经济学角度看，气候变暖源于跨国外部性效应的影响，此时，一个国家的行为使其他国家获利或受损，且无法通过市场来进行弥补。但需要注意的是，此时的环境问题已经不再局限于那些最初产生这些问题的国家，而是跨越国境，影响到周边国家甚至全球的环境状况。因此，这种脱离了市场调节范围的外部性问题再从传统经济学角度去解决已经不切实际了，气候变化问题对传统经济学的研究边界以及分析范式都提出了严峻的挑战。气候变化问题解决的复杂性使得各国科研工作者不得不携手合作，用跨国、跨学科的综合视野来对该问题进行整体把握，因而，如何重新构建气候改变经济的分析框架对于未来将是一项既艰巨又具有前景的研究新领域。

第2章 台风灾害与地区经济差距：广东实情分析

Chapter 2 Typhoon Disaster and Regional Economic Disparities: the Analysis for Guangdong

摘要：本章以广东的台风为例，研究自然灾害对地区经济差距的影响。分析发现，发达地区与欠发达地区在自然条件、产业结构以及进行减灾投资的能力和动力方面都有较大差异，其抗灾能力也有差异。总体而言，无论在何处登陆，台风在欠发达地区造成的直接经济损失与当地经济的比例都高于在发达地区的比例。欠发达地区的直接经济损失当中，很大一部分来自台风对基础设施的破坏，而这又阻碍了产业转移，形成更大的间接经济损失。因此，台风灾害会从多方面扩大地区经济差距。从趋势上看，台风灾害对广东省的总体破坏在增加，这将进一步扩大地区间的经济差距。根据上述特点，政府应该在减灾投资上向欠发达地区倾斜，推广巨灾保险，加强应急管理能力建设并提高科技抗灾投入。

关键词：地区经济差距；产业转移；脆弱性；内生性；产业结构；放大机制；变化趋势；减灾救灾

Abstract: This chapter analyzes the impacts of typhoon disasters on regional economic diversity in Guangdong. The results of the study revealed that, in general, due to differences in natural conditions, industrial structure and capabilities and incentives of investment to reduce losses, less-developed regions encounter more direct economic losses, wherever a typhoon may land. A great proportion of economic losses encountered by less-developed regions results from destruction of infrastructure, which further confounds industrial transfer indefinitely, causing more economic losses. Overall, destruction by landfall typhoons in Guangdong tends to increase with time and most losses are caused by only a few typhoons, the result of which could well accelerate regional economic divergence. Therefore, the government should improve emergency management, increase funding for disaster relief technology, promote coverage of catastrophe insurance and support investment to reduce losses in less-developed regions.

Keywords: regional economic divergence; industrial transfer; vulnerability; endogenous; industrial structure; amplification mechanism; trends; disaster mitigation and relief

随着全球气候变化，自然灾害更加频繁，其对社会经济的影响也在加深，自然灾害与贫困的关系备受关注。自然灾害对于欠发达地区经济的影响，以及对地区经济差距的影响，是一个值得关注的问题。

系统地研究自然灾害、贫困及地区经济差距的关系，需要选择适当的自然灾害来分析。不同类型的自然灾害在属性和影响上都有很大差异，如果选择某一种自然灾害为例，则要保证较大的区域内该种灾害在各个子区域发生的频率差异不太大，否则便会失去可比性，削弱研究的系统性。然而，这一条件并不容易满足。例如，洪灾一般只发生在河流沿岸地区，旱灾则通常对河流沿岸地区影响很小，泥石流一般不会发生在平原地区，海啸通常只影响靠近海岸线的区域，而病虫害、森林自然火灾对城市地区的影响轻微。

中国沿海广大区域频繁受到台风的侵扰，这一区域内部的地区经济差距很大，包括发达的三角洲和贫困的山区，有利于分析台风灾害对不同发展水平地区的影响。而且，台风的路径变化很大，其造成的灾害区域在沿海分布较广（魏章进和唐丹玲，2011）。更重要的是，台风路径与地区经济发展水平没有相关性，不存在“内生性”（endogeneity）问题，因此，台风是用以研究自然灾害、贫困及地区经济差距关系的理想对象。本章将选择广东省的台风灾害为研究对象，是因为：①台风是广东省最主要的自然灾害；②广东省是中国台风登陆最为频繁的省份；③同一省份的统计口径比较一致，可以提高分析的严谨性。

2000~2009 年，台风在广东省共造成 429 人死亡，直接经济损失达 683 亿元，而其他常见自然灾害（包括暴雨洪涝、干旱、低温霜冻、低温雨雪、强对流天气、冰雹）共造成 408 人死亡，直接经济损失 279.8 亿元，尚不及台风所造成的直接经济损失的一半。并且，在一半的年份里，台风灾害的各项指标（受灾人口、死亡人数、倒塌房屋、直接经济损失）均远远超过了其他常见自然灾害的总和（表 2-1）。因此，广东省的台风灾害在理论层面上具有典型性，在现实层面上具有重要性，是很好的研究对象。

表 2-1　台风灾害所造成的广东省损失绝对值及其占常见自然灾害的比例

Table 2.1　Losses Caused by Typhoon Disasters and Proportion Among Ordinary Natural Disasters in Guangdong Province

年份/year	绝对值以及比例/amount 和 Proportion	受灾人口（万人）/number of stricken people (10 000)	倒塌房屋（万间）/ruined houses (10 000)	死亡人数/death toll	直接经济损失（亿元）/pure economic loss (¥100 million)
2000	绝对值/amount	554.57	1.297	39	20.268
	比例（%）/ proportion（%）	84.71	86.85	60.94	67.13
2001	绝对值/amount	1393.69	3.307	33	74.62
	比例（%）/ proportion（%）	84.24	72.41	57.89	86.68
2002	绝对值/amount	678.33	1.374	35	19.06
	比例（%）/ proportion（%）	51.37	11.20	40.70	49.04

续表

年份/year	绝对值以及比例/amount 和 proportion	受灾人口（万人）/number of stricken people（10 000）	倒塌房屋（万间）/ruined houses（10 000）	死亡人数/death toll	直接经济损失（亿元）/pure economic loss（￥100 million）
2003	绝对值/amount	1797.44	2.066	52	56.745
	比例（%）/proportion（%）	95.08	75.21	63.41	81.57
2004	绝对值/amount	9.57	0.023	4	0.576
	比例（%）/proportion（%）	2.40	1.70	8.00	1.96
2005	绝对值/amount	224.27	0.148	0	7.386
	比例（%）/proportion（%）	29.70	0.37	0.00	10.17
2006	绝对值/amount	2228.82	16.56	179	281.74
	比例（%）/proportion（%）	94.31	95.94	85.24	83.42
2007	绝对值/amount	115.8	0.438	0	23.79
	比例（%）/proportion（%）	20.88	15.26	0.00	54.35
2008	绝对值/amount	1197.81	5.59	61	151.734
	比例（%）/proportion（%）	36.17	65.23	62.89	36.02
2009	绝对值/amount	374.592	1.195	26	47.073
	比例（%）/proportion（%）	72.49	86.41	66.67	82.43

资料来源：广东省防灾减灾年鉴编纂委员会.2001~2010. 广东省防灾减灾年鉴. 广州：岭南美术出版社.

2.1 与灾害脆弱性有关的研究

目前，学术界极少有文献系统地研究台风对地区经济差距的影响，少数文献对此进行了猜测。有研究认为，自然灾害对发达国家造成的绝对损失大，但比例小，而发展中国家情况刚好相反（商彦蕊，2000），本书前面的章节更是以翔实的证据证明了，台风灾害等自然灾害给发达国家造成的直接经济损失更大。原因在于，发达国家人口和经济上的基数都比较大，绝对损失也就较大，但是，同时由于承灾能力强，损失的比例较小，而欠发达国家恰好相反（王奋等，2010）。在跨国比较的层面，台风等自然灾害给发达国家造成的经济损失更大，那么，在一国之内，是否会发生类似情况呢？有理由认为，一国之内的情况与国家之间的情况有显著不同。首先，一国之内的地区经济差距，往往与自然条件有较大关系，而这一因素在国与国之间并不那么明显；其次，一国之内不同地区会形成很紧密的产业分工，经济发达地区与欠发达地区的产业结构差异会特别明显，其差异性往往超过国与国之间的差异。因此，地区经济发展水平差距的背后，是自然条件与产业结构的巨大差距，这两个因素会影响台风灾害造成的损失程度。因此，在一国之内，台风灾害是对发达地区还是欠发达地区损害更大，不能简单地照搬跨国比较研究的结果，而需要具体研究。

除此之外，在现有文献当中，“脆弱性”研究与本章话题较为接近。在环境、生态和灾害学的有关文献中，“脆弱性”被用于描述相关系统及其组成要素易于受到影响和破坏，并缺乏抗拒干扰、恢复初始状态的能力。其中，在灾害学的文献中，“脆弱性”主要强调人类社会经济系统在受到灾害影响时的抗御、应对和恢复能力，侧重灾害脆弱性产生的人为因素（商彦蕊，2000）。因此，“脆弱性”刻画了社会、经济、自然与环境系统的相互耦合，是连接灾害与风险研究的重要桥梁（许世远等，2006）。对“脆弱性”的研究，可追溯到 White （1945）对洪水的研究，Smith （1992） 对相关研究进行了系统总结，Blaikie 等 （1994）则明确提出“灾害=致灾因子+脆弱性”，认为致灾因子只是灾害形成的必要条件，而脆弱性才是灾害形成的根源。

中国学者对沿海地区在台风灾害中的脆弱性进行了不少研究，主要是选取若干指标，赋予一定的权重，计算出各个地区的脆弱性指数，具体如表 2-2 所示。

表 2-2　台风灾害下中国不同区域脆弱性的研究

Table 2. 2　Literatures on Vulnerability by Typhoon for Various Regions of China

选取指标/index	研究区域/region	研究结果/results	文献/references
人口密度、城市人口比重、地均及人均 GDP、农作物面积比重、台风强度、单位从业人员比重、人均工业产值、人均农业产值、农民人均剩余金额、地均基建投资、单位面积公路通车里程、中等教育人员比重、卫生技术人员比重、小学以上教师比重、人均医疗机构床位数	福建	东部沿海地区脆弱性最高，脆弱性指数自东向西递减	陈香（2007）
人口密度、城市人口比重、地均 GDP、人均剩余金额、农作物面积比重、地均基建投资、单位面积公路通车里程、单位从业人员比重、中等教育人员比重、卫生技术人员比重	福建	脆弱性最高值集中分布在东部沿海的厦门、泉州、福州、漳州、莆田，次高值分布在东部沿海的其他地市和经济相对发达的地区，最低值分布在中西部山区	陈香和陈静（2007）
人口密度、地均 GDP、农作物面积比重、台风强度、单位从业人员比重、人均剩余金额、地均基建投资、单位面积公路通车里程、中等教育人员比重、卫生技术人员比重、重灾频率	福建	脆弱度高值集中分布在东部沿海，脆弱度低值则主要分布在中西部山区	陈香（2008）

续表

选取指标/index	研究区域/region	研究结果/results	文献/references
人口密度、非农业经济产值、耕地与果园面积、固定资产投资额	海南	东部、南部的脆弱性较高，最高值出现在海口，内陆地区和西部则较低	王奋等（2010）
人口密度、城市人口比重、地均及人均 GDP、第一产业占 GDP 比重	大陆沿海地区	脆弱性最高的地区分布在珠江三角洲（简称珠三角）、浙江北部、江苏、山东、北京、天津	牛海燕等（2011a）
台风风暴潮增水重现期及概率、被淹土地利用数、人口数、GDP 总量	大陆沿海地区	脆弱性最高的地区为珠三角、长江三角洲（简称长三角）和江苏北部沿海地区、莱州湾及黄河三角洲（简称黄三角）和渤海湾与辽东湾地区	王康等（2011）
60 岁以上老人比例、18～60 岁女性比例、18 岁以下儿童比例、地均 GDP、农村 C 级房比例、农村 D 级房比例、农作物播种面积占土地面积比例、海塘防御风暴潮平均能力指数	浙江东部沿海地区	综合脆弱性较高区域主要分布在浙江中南部沿海地区，北部沿海地区除宁波市区相对高一些，其他地区相对较低	严洌娜和孙长（2012）
降水量、台风影响月份的最大风速平均值、年平均风暴潮次数、航道密度、码头泊位数量、控水设施参数、货运量和客运量参数、水路货运量占全社会货运量的比例、单位通航面积内的搜救巡逻艇数	浙江	宁波市脆弱性最高，杭州、嘉兴、湖州、台州次之，衢州脆弱性最低	戴建峰等（2012）
灾害发生频率、独居老人比例、身心残障人口比例、中低收入户儿童及少年比例、淹水潜势区面积比例、泥石流崩塌地面积比例、山坡地违规使用面积比例	台湾地区	南投县、嘉义县、台南县、台东县和花莲县脆弱性最高，几个市（除新竹市）的脆弱性在台湾属于低水平	Wu 和 Chiang（2008）

可以发现，Wu 和 Chiang（2008）的结论与其他学者相反，他们认为，台湾脆弱性最高的地区基本上为欠发达区域，而几个市，除了新竹市以外，都居于脆弱性最低地区之列。尽管选取的指标不同，但其他学者基本都认为发达地区的脆弱性高于欠发达地区。

学者们的结论相悖，一方面可能是所研究区域的不同所致，另一方面则可能是研究方法（尤其是选取指标的方法）的差异使然。Wu 和 Chiang（2008）采用了严谨的方法，他们在回收 FDM 专家问卷后，通过建立模糊三角数和灰色地带检定，确立各项因子，然后以各项评值的平均数作为门槛值进行筛选。13 项初选指标中有 6 项未能通过筛选，其中包括人口密度指标和教育指标，而这些指标被其他几位学者采用。然而，Wu 和 Chiang（2008）的研究中通过门槛值筛选的多项指标是与地形相关的，但这些指标并未被其他几位学者考虑。因此，指标选取上的差异，可能是学术界出现对立观点的主要原因。

研究方法的严谨程度是判断脆弱性指标合理性的重要参考，不过，最终的判断标准应该是脆弱性指标的结果是否符合事实，而这正是以上学者留给我们的工作。从这个意义上讲，本章的研究可以为判断上述脆弱性指标的优劣提供重要的依据。

2.2 风灾破坏程度的地区差异

出于时效性以及数据可获得性的考虑，本章选择了 2001～2010 年对广东省造成破坏的台风作为样本。根据登陆地点，这些台风分为两类：在珠三角登陆的台风以及在珠三角以外登陆的台风。

在珠三角登陆的台风共有 5 个："杜鹃"、"帕布"、"风神"、"鹦鹉"、"莫拉菲"，其登陆地点及造成的破坏如下。

1）2003 年，台风"杜鹃"先后在惠州、深圳、中山登陆［图 2-1（a）］，在广东省一共造成 47 人死亡，直接经济损失 28.55 亿元。其中，有 7.66 亿元的损失来自上述三个珠三角城市。在这 7.66 亿元当中，有 2.76 亿元的损失发生在经济更为发达的深圳和中山。

2）2007 年，强热带风暴"帕布"先后在台湾恒春、香港、中山登陆［图 2-1（b）］，在中山登陆时，中心附近最大风力 7 级（15m/s）。"帕布"给广东省造成 23 亿元的损失，其中，22.12 亿元损失来自远离登陆地点的湛江市，珠三角作为登陆地损失相对较少。

3）2008 年，强台风"风神"在深圳登陆［图 2-1（c）］，登录时中心附近最大风力 9 级（23m/s），登陆后经珠三角东部边缘吹向粤北。韶关、云浮、惠州等 7 个市受灾，全省共 27 人死亡，倒塌房屋 1.73 万间，直接经济损失 17.64 亿元，受灾人口 88.84 万。作为台风登陆地的深圳不在受灾地区之列。

4）2008 年，台风"鹦鹉"先后在香港、广州市南沙区登陆［图 2-1（d）］，登陆南沙时，中心附近最大风力 10 级（25m/s），强于"风神"。"鹦鹉"掠过珠三角中心地带，造成的直接经济损失达 3.93 亿元，低于前面三次台风。这次台风过境受灾最严重的是远离登陆点的茂名。

5）2009 年，台风"莫拉菲"在深圳登陆［图 2-1（e）］。这是 2003 年以后对珠江口影响最严重的台风，也是 1951 年以后 7 月登陆珠三角的最强台风。"莫拉菲"登陆时，中心最低气压 965hPa，中心附近最大风力 13 级（38m/s），比前面 4 次台风都强。此前，按照广东省气象局的定量模拟评估，在常规防御条件下，“莫拉菲”可能导致 10~30 人死亡、直接经济损失 30 亿~50 亿元。实际上，“莫拉菲”相继穿过东莞、广州、佛山、肇庆等城市，横扫珠三角腹地，造成直接经济损失 4.65 亿元，未有人员死亡。登陆地深圳所受影响低于估计，而受灾最严重的地区是惠州和茂名。

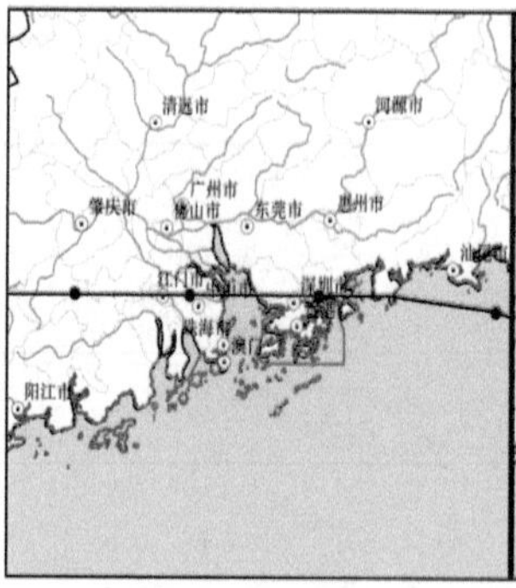

(a)“杜鹃”路径

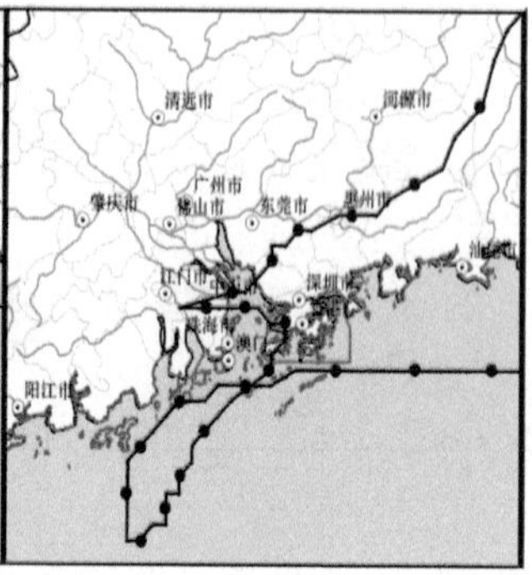

(b)“帕布”路径

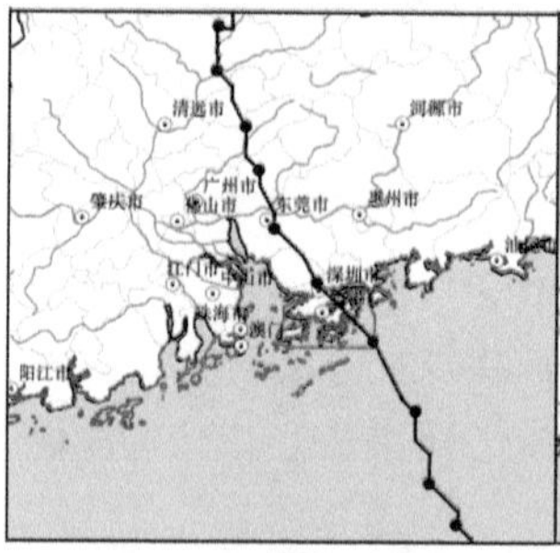

(c)“风神”路径

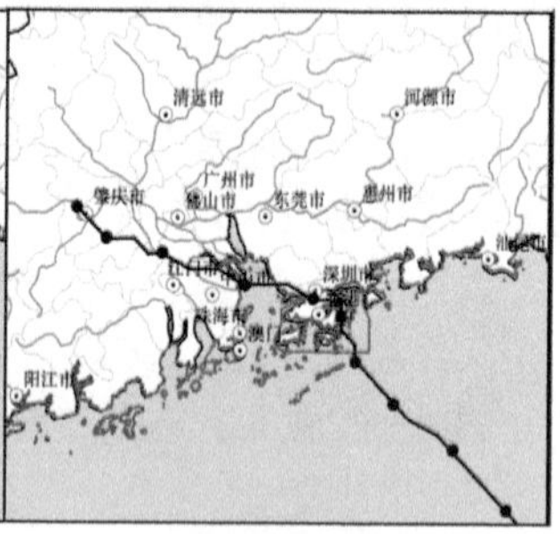

(d)“鹦鹉”路径

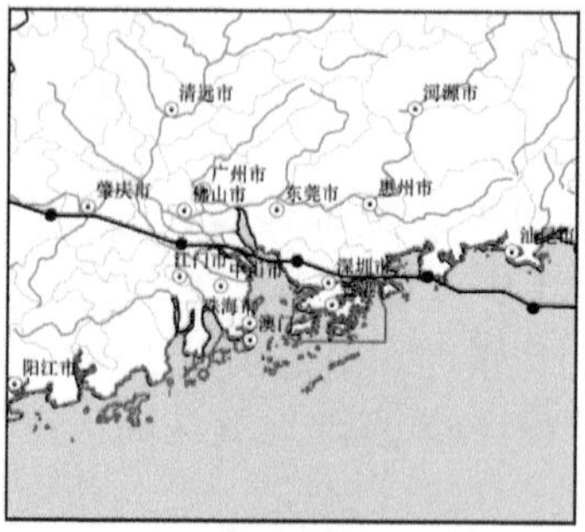

(e)“莫拉菲”路径

图 2-1 “杜鹃”、“帕布”、“风神”“鹦鹉”、“莫拉菲”的路径

Fig. 2. 1 Paths of Dujuan, Pabuk, Fengshen, Nuri and Molave

图片来源：中央气象台网站（http：//weather. gov. cn/）.

通过对比上述 5 个台风，可以发现以下两个特点。

1）正面吹袭珠三角腹地的“鹦鹉”和“莫拉菲”，其带来的人员死亡以及直接经济损失远低于经珠三角边缘吹向其他市县的“杜鹃”、“帕布”和“风神”。反差最为明显的是“杜鹃”与“莫拉菲”，“莫拉菲”的风力大于“杜鹃”，所吹袭地区的面积和人口数量也远高于“杜鹃”，但“杜鹃”的受灾人口是“莫拉菲”的 8 倍多（表 2-3），直接经济损失超过“莫拉菲”的 6 倍，并且，“莫拉菲”并未造成人员死亡，“杜鹃”造成 47 人死亡。另外，“杜鹃”、“帕布”和“风神”造成的农业受灾面积远高于其余两个台风，这三个台风造成了更大的直接经济损失，是因为风灾对农业生产的破坏更为严重。具体对比见表 2-3。

2）在珠三角登陆的台风，登陆地所遭受的直接经济损失相对较少，主要的损失发生在其他地区，往往是离登陆地点较远的欠发达地区。这种情况并不寻常：2000 ~ 2011 年，在珠三角以外的广东省内其他地区登陆的台风当中，有关于受灾最严重地区的记录的（以历年《广东省防灾减灾年鉴》以及广东省政府应急管理办公室公告为准，下同）共 11 次，其中，受灾最严重地区是台风所登陆的城市（或紧邻地区）的，有 9 次；而在广东省外登陆的台风当中，有关于受灾最严重地区记录的共 7 次，其中，受灾最严重地区为与台风登陆点最接近的城市的，有 5 次。因此，在这 18 次记录中，有 14 次符合“离登陆点最近，则受灾最严重”的趋势，占总体的 77.8%，并且在这 14 次台风当中，平均而言，受灾最严重地区的直接经济损失占全省的 63.97%。换句话说，根据记录，在绝大多数情况下，最接近台风登陆点的地区受灾最严重，且承受了大部分的损失。

表 2-3　2001 ~ 2010 年在珠三角登陆的台风所造成的破坏

Table 2.3　Destruction by Landfall Typhoons in Pearl River Delta（2001 ~ 2010）

台风名称/name of typhoon	杜鹃/Dujuan	帕布/Pabuk	风神/Fengshen	鹦鹉/Nuri	莫拉菲/Molave
登陆时间/year & month	2003.9	2007.8	2008.6	2008.8	2009.7
登陆地/landing spot	惠州/Huizhou，深圳/Shenzhen，中山/Zhongshan	香港/Hongkong，中山/Zhongshan	深圳/Shenzhen	香港/Hongkong，广州/Guangzhou	深圳/Shenzhen

续表

台风名称/name of typhoon	杜鹃/Dujuan	帕布/Pabuk	风神/Fengshen	鹦鹉/Nuri	莫拉菲/Molave
受灾地区/stricken cites	深圳/Shenzhen，惠州/Huizhou，潮州/Chaozhou，中山/Zhongshan，汕尾/Shanwei	湛江（最严重）/Zhanjiang (Most Destructed)，茂名/Maoming，梅州/Meizhou，惠州/Huizhou	韶关/Shaoguan，惠州/Huizhou，东莞/Dongguan，中山/Zhongshan，云浮/Yunfu，广州/Guangzhou，佛山/Foshan	茂名（最严重）/Maoming (Most Destructed)，惠州/Huizhou，东莞/Dongguan，中山/Zhongshan，江门/Jiangmen，阳江/Yangjiang	惠州/Huizhou，茂名（最严重）/Maoming (Most Destructed)，汕尾/Shanwei，深圳/Shenzhen，中山/Zhongshan，汕头/Shantou，广州/Guangzhou，珠海/Zhuhai，肇庆/Zhaoqing，云浮/Yunfu，东莞/Dongguan
中心附近最大风力/maximum wind	12	7	9	10	13
受灾人口（万人）/number of stricken people (10 000)	809	111	89	100	105
农业受灾面积（万 hm^2）/stricken farmland (10 000 hectare)	20.96	11.54	8.27	4.87	4.24
直接经济损失（亿元）/pure economic loss (¥100 million)	28.55	23	17.64	3.93	4.65

续表

台风名称/name of typhoon	杜鹃/Dujuan	帕布/Pabuk	风神/Fengshen	鹦鹉/Nuri	莫拉菲/Molave
死亡人数/death toll	47	0	27	0	0
倒塌房屋（万间）/ruined houses (10 000)	0.561	0.386	1.73	0.23	0.045

资料来源：广东省防灾减灾年鉴编纂委员会 . 2004~2010. 广东省防灾减灾年鉴 . 广州：岭南美术出版社 .

就整个广东省而言，2000~2011 年，所有台风当中，有关于受灾最严重地区的记录共 20 次。绝大多数情况下，在全省 21 个城市当中，受灾最严重的地区是欠发达城市，少数情况下受灾最严重的地区是珠三角经济相对落后的城市（共有 2 次，分别为惠州、江门），经济最为发达的广州、深圳、珠海、佛山、东莞、中山并未出现在受灾最严重地区之列（表 2-4）。

表 2-4　2000~2011 年历次台风中广东省受灾最严重的城市

Table 2.4　Most Destructed Cites in Typhoon Disasters in Guangdong Province (2000~2011)

年　月/rear and month	台风名称/name of typhoon	受灾最严重的城市/most destructed City	该市当年人均 GDP 排名/ranking of per capita GDP of the city	直接经济损失（亿元）/ pure economic loss (¥100 million)	占全省比例（%）/proportion of loss
2000.8	碧莉斯/Bilis	梅州/Meizhou	20	4.006	66.1
2001.7	榴莲/Durian	湛江/Zhanjiang	15	21.97	74.9
2001.7	尤特/Utor	汕头/Shantou	10	8.984	31.4
2001.7	玉兔/Yutu	茂名/Maoming	11	3.49	42.3
2002.8	北冕/ Kammuri	韶关/Shaoguan	13	3.808	41.4
2002.8	黄蜂/ Vongfong	茂名/Maoming	11	3.14	49.4
2002.9	黑格比/Hagupit	阳江/Yangjiang	14	1.194	43.6

续表

年　月/rear and month	台风名称/name of typhoon	受灾最严重的城市/most destructed City	该市当年人均GDP排名/ranking of per capita GDP of the city	直接经济损失（亿元）/pure economic loss（￥100 million）	占全省比例（%）/proportion of loss
2003. 8	科罗旺/Krovanh	湛江/Zhanjiang	15	6. 14	72. 5
2005. 9	达维/ Damrey	湛江/Zhanjiang	15	3. 33	78. 4
2006. 5	珍珠/ Chanchu	汕头/Shantou	11	25. 59	55. 2
2007. 8	帕布/Pabuk	湛江/Zhanjiang	16	22. 12	96. 2
2007. 8	圣帕/ Sepat	韶关/Shaoguan	11	0. 6349	80. 4
2008. 8	北冕/ Kammuri	湛江/Zhanjiang	16	2. 28	46. 8
2008. 7	凤凰/Fung-wong	河源/Heyuan	17	2. 26	34. 2
2009. 6	莲花/Linfa	梅州/Meizhou	21	7. 53	100
2009. 6	浪卡/ Nangka	阳江/Yangjiang	11	0. 367	100
2009. 7	莫拉菲/ Molave	惠州/Huizhou	7	2	43
2009. 8	天鹅/ Goni	江门/Jiangmen	8	3. 68	35. 4
2009. 9	彩虹/ Mujigea	湛江/Zhanjiang	16	0. 186	100
2011. 7	洛坦/ Nock-ten	湛江/Zhanjiang	15	0. 49	100

资料来源：广东省防灾减灾年鉴编纂委员会 . 2001~2010. 广东省防灾减灾年鉴 . 广州：岭南美术出版社 .

综上所述，在广东省境内，台风造成的破坏呈现出如下特征：如果台风是从欠发达地区登陆的，则离登陆点最近的区域遭受的绝对损失最大；如果台风是从发达地区登陆的，则登陆地的绝对损失较小，而绝对损失最大的是登陆城市附近的次发达市县或者远离登陆点的欠发达市县，发达地区从未出现在受灾最严重区域之列。总体而言，无论登陆点在何处，台风灾害都是拉大地区经济差距的过程。这一发现是重要的，因为现有文献（商彦蕊，2000；王奋等，2010）以及人们的直觉往往认为，人口越多、经济越发达的地区遭受的绝对损失越大，而本研究表明，至少就广东省的台风灾害而言，经济欠发达地区不但损失比例较高，绝对经济损失金额也较高，间接经济损失更大。在很大程度上，这意味着欠发达地区的脆弱性更高，这与 Wu 和 Chiang（2008）的结论一致。需要指出的是，本章的发现是与微观数据相吻合的：国内外的研究表明，家庭收入越低，则受自然灾害的影响越大（Fothergill and Peek，2004；谢永刚等，2007；Carter et al. ，2007；姜丽萍等，2011）。

2.3 台风灾害拉大地区经济差距的原因

台风的登陆地点具有多变性（魏章进和唐丹玲，2011），然而，无论在何处登陆，台风都会拉大地区经济差距。其原因可以从以下三方面进行探讨。

1）经济发展的内生性。本章不研究台风路径的形成机制，因此，就本章的话题而言，作为自变量的台风灾害是随机发生的，具有外生性。然而，各地本身的经济发展水平却是内生的，欠发达地区人口密度低、经济落后，一定程度上是因为地处内陆山区，地面坡度大，河道窄、水流急、远离出海口，水陆交通不便，也缺乏发展工业所需的平整地块。一旦台风来袭，这些不利的自然条件又容易引发次生灾害，如洪水、内涝、塌方和泥石流等。因此，台风灾害往往对欠发达地区的绝对破坏更大。在计算脆弱性指数时，加入与地形相关的指标是十分必要的（Wu and Chiang，2008）。

2）进行减灾投资的能力和动力。欠发达地区的抗灾水平较低。例如，减灾设施（堤坝、水库、挡土墙等）建设不足或疏于维护，其他基础设施以及房屋的抗灾性能也远低于发达地区，通信设施的落后使得台风消息不能及时向居民传递，而政府、企业和居民的防灾减灾知识及措施也可能不足。这些都是减灾投资不足的结果。欠发达地区一方面由于财力的限制，没有能力进行大规模的减灾投资，另一方面还缺乏投资的动力。发达地区由于人口和经济总量大，减灾措施具有良好的效益，因此有较强的动力进行减灾投资。现有的文献在计算各地区的脆弱性时，往往认为，给定发生损失的可能性，人口和经济总量越大，则绝对损失也越大，却没有考虑到人口和经济总量越大，进行减灾投资的动力越强，则发生损失的可能性越低，因此发达地区的脆弱性反而可能更低。

3）产业结构。不同产业的抗灾性有巨大的差别，第三产业主要提供服务，受自然灾害的影响很小；第二产业次之，台风有可能从交通、供电、仓储以及设备运行等方面对第二产业造成不利影响；而第一产业受台风的影响极大。越是欠发达地区，第一产业的比例越高，受台风的影响也越大；最发达的地区以服务业为主，受台风的影响相对小。

以上探讨了台风灾害给不同地区带来的直接经济损失，需要强调的是，台风灾害造成的间接损失可能远远超过直接损失。台风所造成的直接经济损失当中，有很大一部分是因为交通、水电、通信、防洪设施受到破坏而产生的。而这些基础设施的正常运作，是企业生产的基本条件，也是企业投资和落户的基本前提。欠发达地区由于自然条件的限制和减灾投资的不足，其基础措施很容易受到台风的破坏。因此，台风灾害造成的间接损失更为重大。下面的几个例子可以说明这一点。

1）韶关：2000 年，“玛莉亚”令韶关市区被浸，翁源县断水断电，县城通往乡镇的公路、通信中断；2002 年，“北冕”令十余万人被洪水围困，乐昌全市交通瘫痪，国道 107 线中断 18h，两条省道中断数十小时，另有 31 条公路中断；2008 年，“浣熊”令韶关市区内涝。

2）湛江：2001 年，“榴莲”令湛江市区大半停电，90%的水厂停水，大批仓库被揭顶，1570 个工矿企业停产；2002 年，“黄蜂”损坏公路 613km、高压输电线 26. 2km、通信线路 46. 5km，公路中断 73 次，457 个工矿企业停产；2007 年，“帕布”令粤海铁路中断，公路路基塌方 6. 996 万 m^3，沥青路面损坏 107. 5 万 m^2。

3）河源：2006 年，“碧利斯”损坏公路 520. 1km、输电线路 198. 2km、通信线路 103. 9km。

4）梅州：2002 年，“北冕”导致沿河桥梁、电站被洪水冲垮，供电交通通信中断；2006 年，“碧利斯”损坏公路 111km、输电线路 112. 42km、通信线路 61. 9km；2009 年，“莲花”令平原县县城被淹，全城停水停电，1. 2 万人被洪水围困。

可见，台风灾害常造成欠发达地区基础设施的大面积损毁，这对企业的正常生产造成了极大干扰，增加了企业的风险，将削弱企业投资的动力，不利于产业由发达地区向欠发达地区转移。台风灾害对欠发达地区的间接、长期损害可能超过了当时的直接经济损失。因此，台风灾害不仅直接扩大了地区经济差距，而且破坏了经济差距（通过产业转移）自动缩小的机制。

2. 4　台风灾害对地区经济差距变化趋势的影响

讨论了台风灾害对于地区经济差距的动态影响之后，下面分析台风灾害本身的变化趋势。同时了解这两种趋势，有助于系统地判断地区经济差距所受到的长期影响。

2000~2005 年 6 年间，在广东登陆的热带气旋共有 17 个，年均 2. 83 个；对广东省造成破坏的热带气旋共有 19 个，年均 3. 17 个，当中没有出现过强台风或者超强台风。而 2006~2010 年 5 年间，在广东登陆的热带气旋共有 16 个，年均 3. 2 个；对广东省造成破坏的热带气旋达 25 个，年均 5 个，并且每年都出现强台风或者超强台风。因此，三项指标都呈现上升趋势（表 2-5）。

表 2-5　历年在广东省登陆以及对广东省造成破坏的热带气旋数量

Table 2. 5　Tropical Cyclones Hitting/Making Landfalls in Guangdong

年份/ year	2000	2001	2002	2003	2004	2005	2006	2007	2008	2009	2010
在广东省登陆的热带气旋/ tropical cyclones making landfalls in GD	3	4	4	3	2	1	3	1	6	5	1
对广东省造成破坏的热带气旋/ tropical cyclones hitting GD	3	5	4	3	2	2	5	2	7	7	4
对广东省造成破坏的（超）强台风/ severe super typhoons hitting GD	0	0	0	0	0	0	1	1	3	1	2

资料来源：广东省防灾减灾年鉴编纂委员会 . 2001 ~ 2010. 广东省防灾减灾年鉴 . 广州：岭南美术出版社 .

相应地，台风给广东省带来的损失也大幅度上升：2000 ~ 2005 年，台风灾害平均每年造成 27. 2 人死亡，直接经济损失 35 亿元（2010 年价格，下同）；而 2006 ~ 2010 年，台风灾害平均每年造成 81. 6 人死亡，为之前的 3 倍，直接经济损失 125. 5 亿元，为之前的 3. 6 倍（图 2-2）。

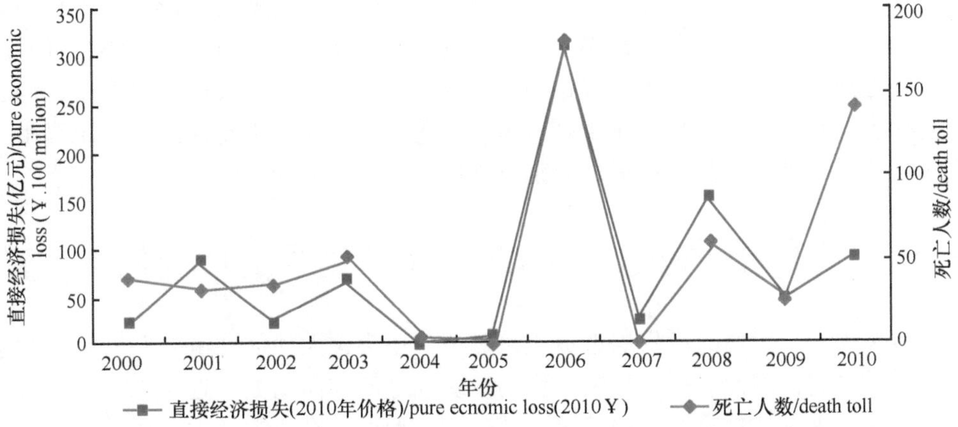

图 2-2　台风灾害造成的直接经济损失及死亡人数

Fig. 2. 2　Pure Economic Losses and Death Caused by Typhoon Disasters

资料来源：广东省防灾减灾年鉴编纂委员会 . 2001 ~ 2010. 广东省防灾减灾年鉴 . 广州：岭南美术出版社 .

以单个台风而言，2000 ~ 2005 年，其造成的死亡人数均在 50 人以下，直接经济损失均在 30 亿元以下。而 2006 ~ 2010 年接连出现破坏力极强的台风：2006 年，强热带风暴“碧利斯”造成123人死亡，直接经济损失达151.8亿元；同年，台风“派比安”造成46人死亡，直接经济损失达70亿元；2008年，强台风“黑格比”造成26人死亡，直接经济损失达113.8亿元；2010年，超强台风“凡亚比”造成137人死亡，直接经济损失达51亿元。相应地，每年由台风灾害所造成的直接经济损失当中，破坏最严重的单个台风所占的比例也呈上升趋势（图2-3）。

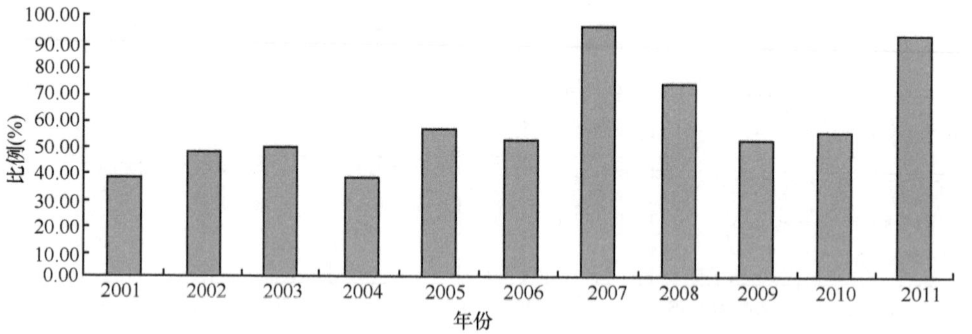

图2-3　影响最严重的单个台风所造成的直接经济损失比例

Fig. 2. 3　Proportion of Pure Economic Loss Caused by the Most Destructive Typhoon

资料来源：广东省防灾减灾年鉴编纂委员会．2001~2010．广东省防灾减灾年鉴．广州：岭南美术出版社．

这一发现是很有意义的。前面已经指出，无论台风在何处登陆，主要的损失通常都发生在欠发达地区，因此，此处仅讨论欠发达地区所受的影响。若台风灾害的破坏是相对平均地分散到多个台风上的，则由于不同台风的路径不一样，台风灾害造成的破坏是由多个欠发达城市共同分担的，每个城市的损失有限。但实际上，台风灾害的破坏集中于个别台风，相应地，台风灾害造成的损失主要由个别欠发达城市独自承担，这显然会加剧地区间的经济差距。

2.5　广东抗风灾的成效与台湾地区的比较

台风灾害不但对经济发展造成直接破坏，还会拉大地区经济差距，将不利于社会和谐稳定，因此，防灾抗灾工作的重要性是不言而喻的。近年来，广东省的防灾抗灾水平不断提高，取得了可喜的进步。然而，对防灾抗灾工作的评价，除了纵向对比以外，横向对比也是非常重要的，尤其不能忽略与“标杆”地区的差距。中国的南部沿海地区以及整个东南亚都是台风灾害常发地区，其中，中国香港、中国澳门、中国台湾、新加坡的社会经济都比较发达，基础设施建设、社会管理、应急管理水平比较高，可以作为“标杆”加以参考，然而，中国香港、中国澳门、新加坡等，与广东省没有可比性，只有台湾是合适的比较对象。

对比香港、台湾两地在减灾救灾方面的成效，最直观的办法是选择在两地都曾登陆的台风作为样本。然而，2006~2010 年 5 年间，符合此要求的台风只有一个（2007 年的“帕布”），且接近此要求的台风也只有一个（2010 年的“凡亚比”，先后在台湾花莲以及邻近广东漳浦登陆）。因此，本章筛选出 2006~2010 年在台湾及广东均未登陆，而在福建南部（定义为泉州以南）登陆的台风，符合这一条件的台风有 3 个（2009 年的“莲花”、2010 年的“狮子山”和“鲇鱼”），这类台风的登陆地与香港、台湾均较接近，有理由认为其本身对两地的影响也是大体对称的。最后，本章增添了 2006 年的“碧利斯”和“格美”作为样本，这两个台风先后在台湾以及福建中北部登陆，理论上应该对广东省的影响较小，通过对比两地实际上所遭受的损失，能更显著地看出两地在抗灾方面的差距。图 2-4 展示了这 7 个台风的路径。

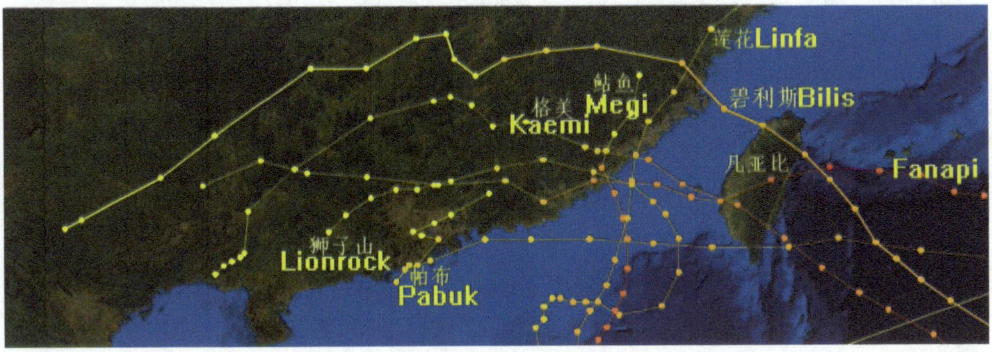

图 2-4　本节所研究的 7 个台风的路径

Fig. 2. 4　Paths of 7 Typhoons Studied in this Chapter

资料来源：中央气象台网站 . http：//weather. gov. cn/.

这 7 个台风对两地造成的人员死亡和直接经济损失见表 2-6。

表 2-6　广东与台湾的损失状况对比

Table 2. 6　Losses of Taiwan（TW）and Guangdong（GD）

台风名称/name of typhoon	台湾境内人员死亡/death toll（TW）	广东境内人员死亡/death toll（GD）	台湾直接经济损失（亿元[a]）/ pure economic loss（￥100 million）（TW）	广东直接经济损失（亿元[a]）/ pure economic loss（￥100 million）（GD）
帕布/Pabuk	0	0	2. 57	23
凡亚比/Fanapi	2	137	25. 93	50. 98
莲花/Linfa	0	5	1. 77	7. 53
鲇鱼/Megi	38	0	3. 3	0. 3182

续表

台风名称/name of typhoon	台湾境内人员死亡/death toll (TW)	广东境内人员死亡/death toll (GD)	台湾直接经济损失（亿元[a]）/ pure economic loss (¥100 million) (TW)	广东直接经济损失（亿元[a]）/ pure economic loss (¥100 million) (GD)
狮子山/Lionrock	0	0	0.23	4.445
碧利斯/Bilis	3	123	1.93	151.8
格美/Kaemi	0	6	0.75	13.53
合计/total	43	271	36.48	251.6

a：以人民币为单位.

资料来源：台湾“内政部消防署”. 2011. 历年天然灾害统计资料.

台湾“中央气象局科技中心”. 2011. 1985~2010年台湾因气象因素导致各项灾害损失统计.

广东省防灾减灾年鉴编纂委员会. 2006~2010. 广东省防灾减灾年鉴. 广州：岭南美术出版社.

由表2-6可见，除了“鲇鱼”以外（2001年以后在台湾造成死亡人数居第二位的台风，共有38人死亡，含19名广东省游客），广东在人员死亡和经济方面的损失都远远超过了台湾，并且两者往往不是同一个数量级的。在房屋倒塌方面，广东尚无2010年的相关数据，但从另外4次台风来看，来自台湾不同观测单位的数据都显示，在这4次台风当中，台湾共倒塌房屋15间，而广东的这一数字为14.5万间。两地在抗灾减灾水平方面的差距可见一斑。如果考虑到台风在由台湾吹向大陆的过程中其强度通常会显著减弱，则两地的差距更为明显。因此，与台湾相比，广东的防灾抗灾水平还相对较低，存在较大的提升空间。

2.6 小结

本章分析了台风灾害给广东省不同区域造成的经济损失。研究发现，总体而言，无论台风在何处登陆，欠发达地区的绝对损失都高于发达地区；台风灾害加大了地区经济差距，原因在于欠发达地区自然条件较差、在减灾投资上缺乏能力和动力、产业结构落后。不仅如此，台风灾害对欠发达地区的基础设施造成严重破坏，不利于进行产业转移。从趋势上看，台风灾害造成的整体破坏在增加，将进一步加剧地区经济差距。

2.7 政策建议

台风灾害对于广东省社会经济发展的损害是显而易见的，然而，与作为“标杆”的台湾相比，广东的防灾抗灾水平还相对较低。有鉴于此，本章提出以下政策建议。

1）在减灾投资上向欠发达地区倾斜。欠发达地区一方面缺乏财力进行减灾投资，另一方面由于人口及经济总量较小，减灾效益相对较低，因而缺乏投资动力。从短期的成本收益来讲，这有一定的合理性。但长期而言，这会使欠发达地区陷入“投资不足—受灾致贫—投资不足”的恶性循环。此外，从公平正义的角度来说，减灾投资的不足，会令当地居民承受更大的风险，而欠发达地区居民恰恰是风险承受能力最差的。因此，无论是为了长期的经济发展，还是为了社会的公平正义，政府都应该在减灾投资上向欠发达地区倾斜。

2）普及巨灾保险。欠发达地区在台风灾害中绝对损失较大的原因还在于自然条件较差以及农业较脆弱，这些因素是难以通过减灾投资完全消除的，因此，政府可以考虑大力推广巨灾保险并适当进行补贴。对农民购买巨灾保险进行补贴尤为必要，由于农业的脆弱程度高，自然灾害的出现不但会直接拉大城乡居民收入差距，而且会打击农民从事农业生产的积极性，影响粮食安全以及其他农产品供应的稳定性。国家目前着力于实现“新农保”和“新农合”的全面覆盖，属于对农民生活方面的保障，与此同时，还应该通过巨灾保险在生产方面向农民提供保障，从而实现对农民的全方位保障。这不仅有利于缩小同一区域内的城乡差距，也有利于缩小不同区域之间的经济差距，还有利于农业的平稳发展。

3）加强应急管理能力建设。如果台风灾害的破坏是相对平均地分散到多个台风上的，则各地可以根据通常情况下台风的破坏力，建设长期性的工程、形成常规性的措施来抵御台风。然而，事实上，台风灾害的破坏主要来源于个别台风，这令政府陷入两难困境：如果以“大多数”情况为基准来建设长期工程、部署日常措施，则不足以抵御破坏力较强的“个别”台风；如果以“个别”情况为基准，成本又过高。因此，政府不能只依赖于减灾工程建设和常规性抗灾措施，而是必须切实提高应急管理水平，随时准备应对超常规的台风灾害。

4）提高科技抗灾投入，建立台风灾害预评估、应急响应集成系统。减灾投资，不仅包括硬件方面的投入，也包括科技方面的投入，并且后者更能发挥长期效益；巨灾保险的可行性和有效性依赖于精确的风险评估和及时、准确的灾害预评估；政府的应急管理工作，不能依靠“拍脑袋”式的决策，而必须以科学评估灾情为前提，并需要先进的应急响应集成系统的支持。科学界已经在台风灾害的基础研究（Zhao et al.，2009；杨晓霞和唐丹玲，2010；Chen and Tang，2011；魏章进和唐丹玲，2011）、台风灾害预测、评估和预评估（Fang et al.，2008；Chen et al.，2011a；陈仕鸿等，2012；魏章进等，2012）以及台风灾害管理（隋广军等，2010；Chen et al.，2011b）等方面取得了丰硕的成果，政府应该加大科研投入，提高科技抗灾水平，促进科研成果的转化应用，尽快建立起完善的台风灾害预评估、应急响应集成系统，以尽可能地降低台风灾害对社会经济的负面影响。

第二篇　台风与台风灾害分布

Part Ⅱ　Distribution of Typhoon and Typhoon Disaster

摘要：全球台风的源地分布、季节变化、年际变化等气候特征以及台风灾害未来发展趋势是台风灾害风险管理、区域防灾战略决策的基础。本篇探寻了全球热带气旋分布、活动特征和未来台风灾害发展的统计规律，并应用统计推断方法，如方差分析、非参数检验、等级相关与 logistic 回归模型，以最为活跃区域西北太平洋热带气旋为研究对象，推断了西北太平洋台风强度与季节源地的关系、台风登陆的概率与其生成源地的关系。主要的结论包括：①全球台风中，产生于北半球的台风多于南半球，产生于大洋西部的台风多于东部。热带气旋存在显著的季节变化，北半球、南半球均是夏秋季热带气旋较为活跃。②近 60 年来，西北太平洋热带气旋强度随生成源地纬度偏南而增强，随源地经度偏东增强，经度比纬度的影响更为显著。③热带气旋生成源地愈偏东登陆概率愈小，而其源地纬度变化对其登陆概率的影响不如经度变化显著，但是随纬度偏北略为增加。④全球台风频数的年际变化并未显现出显著增加或降低的趋势；由于台风和相关气候资料存在均一性方面问题，目前阶段确切阐明全球变暖和台风活动的关系仍有极大的不确定性。

Abstract: The seasonal and inter-annual variability, distribution characteristics of typhoons globally and future development trends of typhoon disasters are closely related to disaster prevention and mitigation policies and strategies, which are the basis for risk management of typhoon disasters. This work explored the frequency, distribution of global tropical cyclone activity and future development of typhoon disasters by applying a series of statistical methods, such as variance analysis, non parametric tests, rank correlations and logistic regression models. The main conclusions are: ① Tropical cyclones occur more in the northern hemisphere than in the southern hemisphere. Tropical cyclones originate more often in the eastern part of the ocean than in the western part, and tropical cyclones have significant seasonal variations and are more active in summer and autumn. ② The tropical cyclones in the Northwest Pacific appear to be growing gradually stronger from winter to autumn. The average intensity of tropical cyclones is larger for those storms originating at more eastward longitudes and southerly latitudes ③ Landfall probability of tropical cyclones decreases from west to east with storm landfall frequency less affected by latitude than by longitude. ④ Because of the uniformity of certain aspects of typhoon and climate data, the relationship between global warming and typhoon activity still presents great uncertainties with the present stages of research.

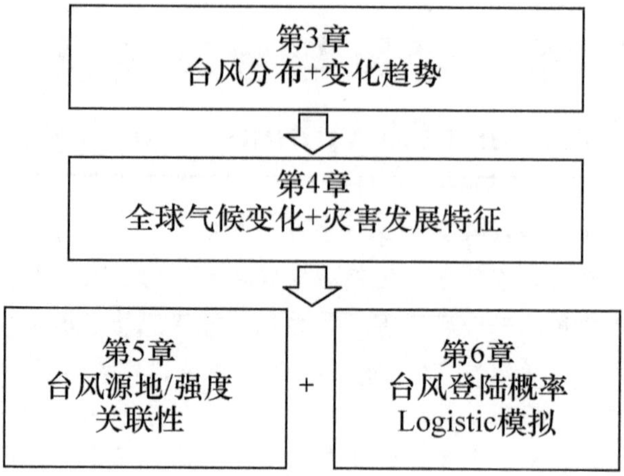

第 3 章 全球台风分布及其变化趋势

Chapter 3 Global Typhoon Distribution and Trend

摘要：对全球各海域台风的分级进行了比较研究；对全球台风的源地、频数、季节变化、年际变化、登陆台风的频数和地点的分布以及台风活动的总能量 ACE 分布进行了统计分析。结果表明，全球台风主要分布在七大海区，北半球多于南半球，东半球多于西半球；台风频数、登陆频数以及活动总能量均存在显著的年际变化和季节变化，南北半球台风均是夏、秋季活跃。近 40 年，除个别海域，台风频数、登陆频数以及活动总能量 ACE 均无确定性的线性增加趋势。本章的研究有利于提高对全球台风分布统计规律及气候变化背景下台风灾害规律的认识。

关键词：全球台风；时空分布；统计分析；台风活动总能量；年际变化；多年代际变化；联合台风警报中心

Abstract: A study on the scale (severity) classification of typhoons in each basin has been conducted. Further, the global distribution of genesis locations, seasonal variations, and accumulated cyclone energy of typhoons are studied to explore the statistics governing typhoon development using statistical analysis. The results show: Typhoon are mainly distributed in 7 sea areas; the frequencies of typhoons, landfalling typhoons and the total cyclone energy (ACE) are higher in the northern hemisphere than in the southern hemisphere, and in the eastern hemisphere than in the western hemisphere; the frequencies of typhoons, landfalling typhoons and the ACE also present significant seasonal and annual variability; typhoons are more active in summer and autumn. In the recent 40 years, there is no clear indication of a linear increasing trend in the frequencies of landing typhoon frequency and total energy ACE, except for some individual sea areas. This study is helpful in improving the understanding typhoon disasters and their global distribution.

Keywords: global typhoon; temporal and spatial distribution; statistical analysis; accumulated cyclone energy; interannual variability; multidecadal variability; JTWC: Joint Typhoon Warning Center

台风（泛指热带气旋）灾害是全球最严重的自然灾害之一，其致灾体是生成于热带洋面或亚热带洋面的对流性天气系统，即热带气旋。全球热带气旋的分布及其发展趋势是台风灾害评估与风险管理的基础。然而，由于影响中国的台风来自西北太平洋，关于热带气旋分布规律的统计研究主要集中在西北太平洋，其研究的内容包括热带气旋频数、源地的年际变化、季节变化以及台风强度与源地的关系等（陈世荣，1990；陈敏和郑光永，1999；钱燕珍，2004；袁金南等，

2008；魏章进和唐丹玲，2011；魏章进等，2012）。比较而言，以全球台风为对象的统计规律研究较少。本章对全球台风分布的研究进行综述，并对全球台风的多年资料进行了统计分析，探寻其变化规律。

3.1 台风定义及分级

3.1.1 台风及其灾害

台风形成于热带或副热带且温度在 26°C 以上的广阔洋面上，是一种有组织的对流和确定的气旋性地面风环流的非锋面性的天气尺度系统。热带洋面受太阳直射而使海水温度升高，海水蒸发提供了充足的水汽，使空气的湿度急剧增加。高湿度空气的水分凝聚时，空气的压强会急剧下降，造成了相对于周围空间的大气负压，产生对流运动。而水汽在抬升过程中凝结从而释放大量潜热，促使对流运动进一步发展，令海平面处气压下降，周围的暖湿空气流入补充，继而再抬升。如此循环，形成正反馈，在条件合适的广阔海面上，循环的影响范围将不断扩大，可达数百至数千公里（图 3-1）。

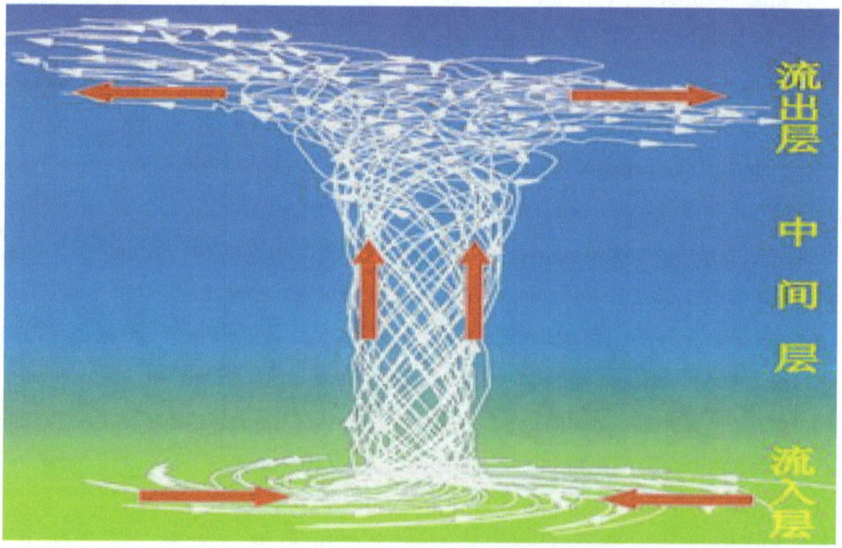

图 3-1 台风形成示意图

Fig. 3. 1 Diagram of Typhoon Formation

图片来源：中国气象网 . http：//www. cma. gov. cn/.

由于地球由西向东高速自转，致使气流柱和地球表面产生摩擦，越接近赤道摩擦力越强，这就引导北半球气流柱逆时针旋转（南半球是顺时针旋转）。由于地球自转的速度快，气流柱跟不上地球自转的速度而相对西行，其最高时速可达 200 多千米。

发展成熟的台风，在水平上，从里向外大约可分为台风眼区、近中心附近的强风区和暴雨区、外围的大风区和降水区（图 3-2）。①台风眼内，既无狂风也无暴雨，天上仅有薄云。②台风云墙（近中心附近的强风区和暴雨区）：在台风眼外围，有一个环状的、对流很强的云带，称为台风眼壁或台风云墙。台风形成的 12 级以上的最强的狂风和高达 10m 以上的怒涛主要发生在台风眼壁区内。同时，台风眼壁也是造成台风暴雨的主要区域之一。在台风眼壁区内还会出现龙卷风、闪电、雷暴，有时还会伴有冰雹。③螺旋云雨带（外围的大风区和降水区）：台风螺旋云雨带紧接在台风眼壁之外，范围很广，形式多样，是台风结构中一个非常重要的特征。它是判断热带气旋强度能否发展加大的重要标志，还可以用来判断台风影响外围云雨带的分布及其阵性的特征。在螺旋云雨带影响的地方常伴有间歇性降水和阵风，其降雨强度和时间随云雨带发展范围和强度不同而不同，这在雷达回波上也有类似的特征（图 3-3）。

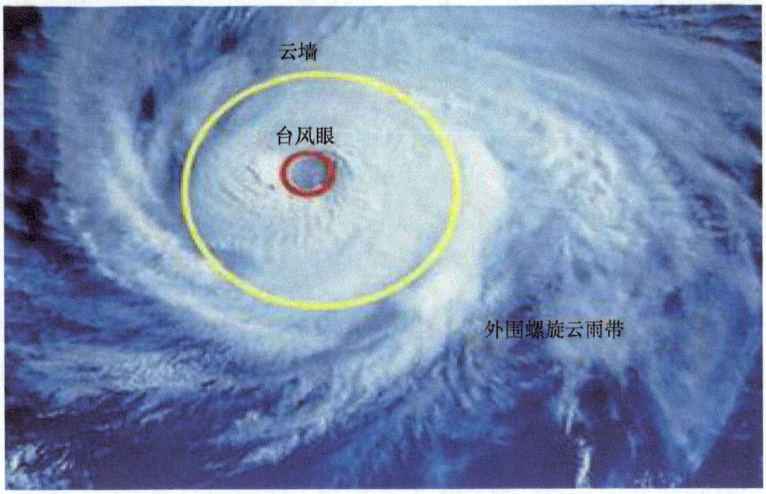

图 3-2　台风结构卫星云图

Fig. 3. 2　The Satellite Image for the Structure of a Typhoon

图片来源：维基百科“海燕”. http：//zh. wikipedia. org/wiki.

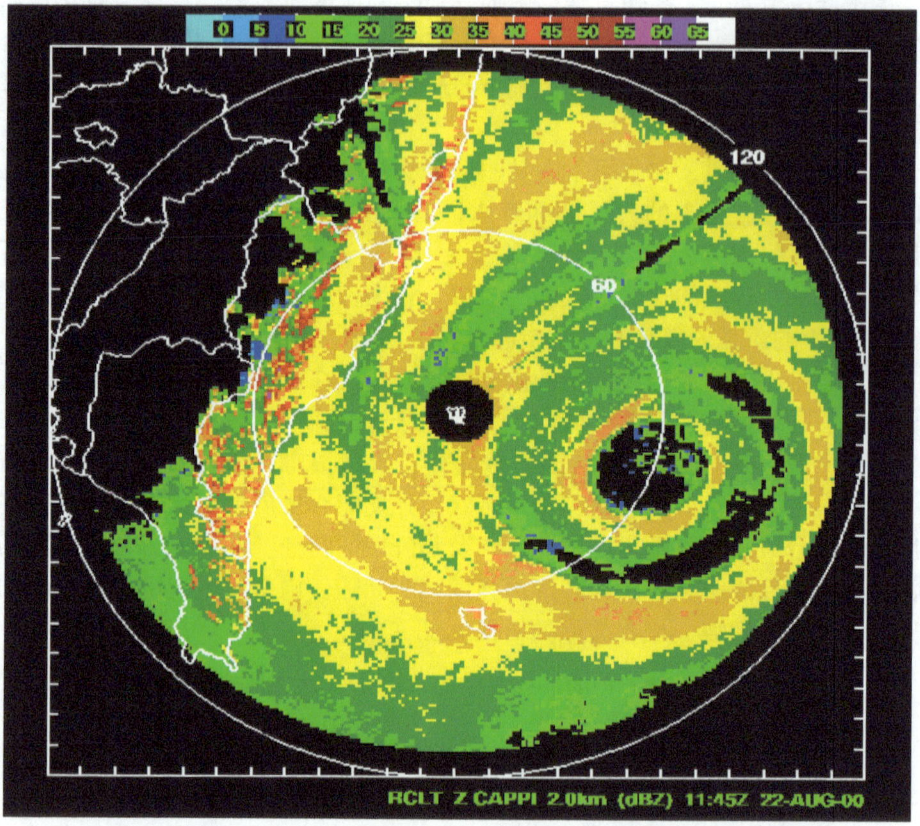

图 3-3　2000 年台风“比利斯”结构雷达回波图

Fig. 3. 3　The Radar Echo Image for the Structure of Typhoon Bilis (2000)

图片来源：维基百科“台风比利斯”. http：//zh. wikipedia. org/wiki.

台风来自高温洋面，带来大量水汽，产生降雨（图 3-4）；台风是低压系统，存在气压梯度力，形成大风。台风风雨为所到之处带来巨大雨量、丰沛的淡水。靠近赤道的热带、亚热带地区受日照时间长，干热难忍，台风驱散这些地区的热量，减轻炎热，减少地表沙荒。没有台风，寒带将会更冷，温带将会消失。能量巨大的台风在形成及运行时，借助闪电等作用，击碎水分子长链，形成具有活性的短链水分子。而地球上的生物在吸入这些短链水分子后，能增添生命的活力，益于保持持久地球生态。此外，台风还能增加捕鱼产量。台风吹袭时翻江倒海，将江海底部的营养物质卷上来，鱼饵增多，吸引鱼群在水面附近聚集，渔获量自然提高（Yu et al.，2013）。

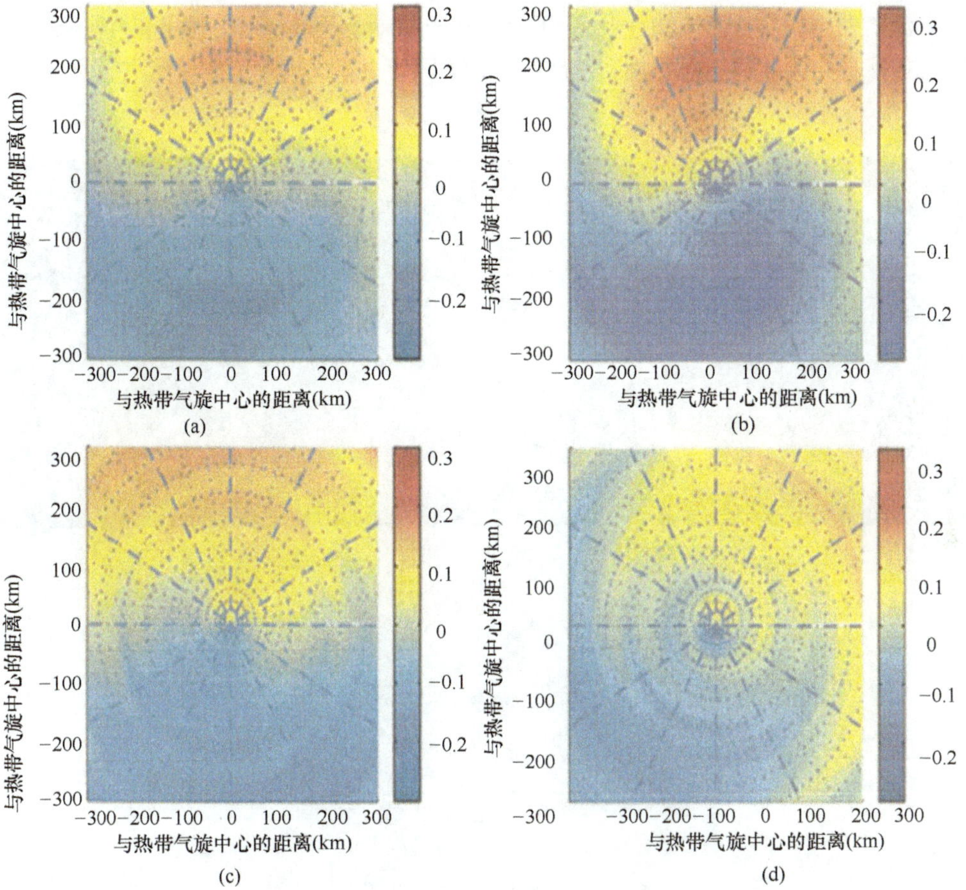

图 3-4　台风降雨的非对称分布特征

（a）全球 2121 个热带气旋；（b）热带风暴；（c）飓风等级 1~2；（d）飓风等级 3~5

Fig. 3. 4 Rainfall Asymmetry Calculated in 10 km Rings around the Storm Center, as A Function of Storm Intensity:（a）2121 TC Observations from TCs Globally,（b）TS,（c）CAT1-2,（d）CAT3-5.

图片来源：Tang D L, Sui G J B. 2014. Typhoon Impact and Crisis Management. Berlin: Springer.

台风发生带来的巨大降雨量，会造成洪涝灾害。强台风发生时，速度快，影响半径大，其产生的大风易造成人员伤亡且摧毁不坚固的建筑物、架空的各种线路、树木、海上船只，海上网箱养鱼、海边农作物也会受到毁损；台风还会形成风暴潮，造成海啸等巨大灾害。山洪、大风和降雨会造成水源污染，同时，台风还可能造成山体滑坡、泥石流等次生灾害现象。近年来，全球一些高影响台风持续出现，由此产生了大量人员死亡及重大经济损失，台风活动的变化及其影响因而受到了学术界和社会更为广泛的关注。例如，2005 年 8 月 29 日，5 级飓风“卡特里娜”（Katrina）登陆美国路易斯安那州和密西西比州，数以万计的房屋被淹，数十万户家庭断电，造成100多万人流离失所，1200多人丧生，成为1928年以来对美国影响最严重的飓风。整个受灾范围几乎与英国国土面积相当，被认为是美国历史上损失最大的自然灾害之一（图3-5）。

图3-5　2005年大西洋飓风“Katrina”及其登陆灾害情景

Fig. 3. 5　the Atlantic Hurricane ‘Katrina’ and Its Landing Disaster Scenarios in 2005

图片来源：维基百科“卡特琳娜”. http：//zh. wikipedia. org/wiki.

在西北太平洋这一全球台风生成频数最高的海域，近年极端高影响台风频繁出现，带来超乎想象的巨大灾难。例如，2009年台风“莫拉克”（Morakot）“水灾”造成台湾108人死亡，62人失踪，45人受伤，由于救灾不力引发了广泛的政治社会影响。2013年30号台风“海燕”（HaiYan）于11月4日在西北太平洋生成，以强有力的态势不断发展，11月8日以超强台风级登陆菲律宾中部莱特岛北部沿海，11月11日，菲律宾全国陷入灾难状态（图3-6）。

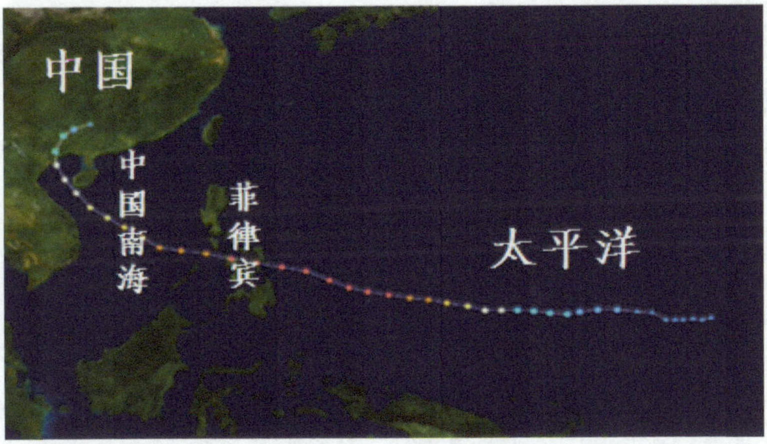

图 3-6 2013 年太平洋台风“海燕”路径

Fig. 3. 6 The Track of Typhoon “Haiyan” in 2013

图片来源：维基百科“海燕”. http：//zh. wikipedia. org/wiki.

“海燕”横穿菲律宾中部地区，在菲律宾东部及中部造成严重灾情。2013 年 11 月 15 日晚上 8 时，菲律宾国家减灾管理委员会发布灾情通报：“海燕”造成菲律宾 3631 人遇难，12 487 人受伤，另有 1179 人失踪。其中，187 万人流离失所。受损的房屋数量达 27 多万间，其中超过 15 万间房屋完全被毁（图 3-7~图 3-9）。

图 3-7 台风海燕受灾前莱特省坦克洛班市市区卫星图

Fig. 3. 7 The Satellite Image for Pre-disaster of Typhoon “Haiyan” Hitting Leyte Tacloban City

图片来源：新闻网 . http：//www. dljs. net/dlxw/.

图 3-8　台风“海燕”受灾后莱特省坦克洛班市市区卫星图

Fig. 3. 8　The Satellite Image for Post-disaster of Haiyan “Swallowing” in Leyte Tacloban City

图片来源：地理图片新闻网 . http：//www. dljs. net/dlxw/.

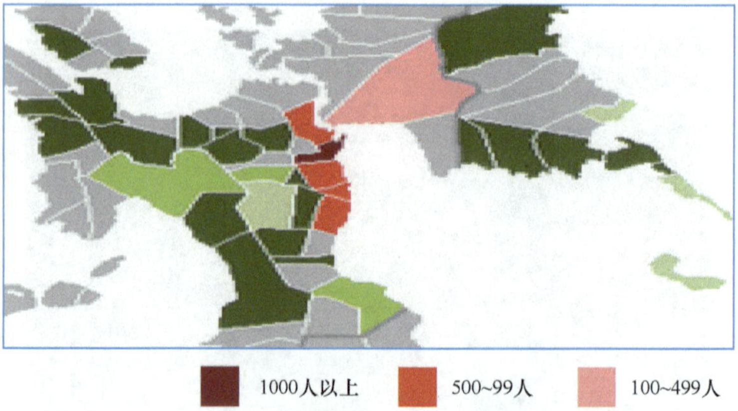

图 3-9　2013 年“海燕”造成的菲律宾死亡人数

Fig. 3. 9　The Death Toll in Philippines in 2013 Caused by Typhoon Haiyan

图片来源：维基百科“海燕”. http：//zh. wikipedia. org/wiki.

3.1.2 全球台风各海域分级标准

在热带海洋上产生的热带扰动是热带气旋的胚胎状态。其中一些扰动在海洋和气象条件下，发展成为热带低压（TD）、热带风暴（TS），有的进一步发展成为强度更大的台风（飓风）。由于热带扰动是热带气旋的前身，国际上使用独特的分级方式对其进行研究和追踪，不同的分级反映热带扰动结构的好坏程度以及发展成热带气旋的前景。分级名称 POOR 表示差；FAIR 表示一般；GOOD 表示好。如果扰动有可能加强为热带低压，这一扰动即有可能被相关气象机构命名。例如，在西北太平洋，当扰动可能是 FAIR 或 GOOD 级别时，东亚命名机构日本气象厅（JMA）随即对其迅速地命名。太平洋联合警报中心（JTWC）亦会在惯常时间发出热带气旋警告（TCFA），有些情况下，若 JMA 已经为其命名，JTWC 可能在非惯常发报时间发布 TCFA，也可能直接升为热带低压。

热带扰动发展为热带气旋后，根据其强度，国际上将热带气旋按底层中心附近最大风速为标准对热带气旋进行等级划分。然而，各地区选择的台风风速计算存在差异。美国国家飓风中心和联合台风警报中心使用“1 分钟平均风速”当作持续风速来区分飓风等级，澳大利亚则使用“阵风”的风速，中国使用“2 分钟平均风速”作为持续风速，而日本、中国香港和中国台湾则使用世界气象组织所建议的“10 分钟平均风速”作为持续风速，并用各自的系统区分热带气旋等级。

飓风等级的划分较为重要的有 Saffir-Simpson 飓风等级分类，主要应用于大西洋飓风等级分类。Saffir-Simpson 将达到风力 12 级以上的热带气旋分为 5 级（表3-1），并描述了台风灾害与台风风速相对应的灾害影响程度与灾害状况（表 3-1）。

表 3-1 Saffir-Simpson 飓风等级

Table 3.1 Saffir-Simpson Hurricane Scale

Saffir-Simpson/等级 Saffir-Simpson rating	最大平均风速/maximum average wind speed		中心气压（hPa）/central pressure（hPa）	灾害描述/disaster description
1（轻度，影响程度小）（Light）	74~95km/h	33~42m/s	>980	对建筑物没有实质性伤害，未固定的临时房屋、灌木树木、沿海道路积水和码头轻微损害

续表

Saffir-Simpson/等级 Saffir-Simpson rating	最大平均风速/maximum average wind speed		中心气压（hPa）/central pressure（hPa）	灾害描述/disaster description
2（中度，影响程度中等）（Moderate）	96~110km/h	43~49m/s	979~965	建筑物屋顶门窗发生损害，植物移动，房屋遭受较大损害。中心到达前2~4h沿海和低洼道路淹没
3（广泛的，影响程度大）（Extensive）	111~130km/h	50~58m/s	964~945	一些小型住宅民居和公共建筑受到结构性损害，可移动房屋被摧毁。沿海的洪水摧毁小建筑，漂浮物对大型建筑物造成损失。低于海平面5英尺[1]的地方遭受洪水
4（极度的，影响程度极大）（extreme）	131~155km/h	59~69m/s	944~920	小型建筑遭受更严重的损失，海岸受到侵蚀，距离海岸5英里的地方需要撤离
5（灾难性影响）（catastrophic）	>156km/h	>70m/s	<920	很多工业建筑的屋顶被破坏，一些建筑被完全摧毁，距离海边5-10英里的地方居民需要大规模撤离

各地区分类标准有差异，其分类和各级强度热带气旋的名称并不完全一致（表3-2和表3-3）。西北太平洋台风侵袭的日本、中国等主要地区的分类名称和标准如下（表3-2）。

表3-3为世界一些其他海域或地区对于热带气旋的分级标准与等级名称。

不同的国家和地区对台风有不同的称谓。一般在西北太平洋，东北亚、东亚和东南亚，称为台风；大西洋北部，太平洋东北部，国际日期变更线的东侧，或太平洋南部160°E，即加勒比海地区、墨西哥湾地区及东太平洋地区称为飓风。在孟加拉湾地区称为“气旋性风暴”；在南半球则称“气旋”。此外，台风亦有一些地方性的名称，如澳大利亚的“畏来风”、墨西哥的“可尔多那左风”、海地的“泰罗风”、菲律宾的“碧瑶风”，实际上都是指台风。

表 3-2 西北太平洋热带气旋分级

Table 3. 2 The Northwest Pacific Tropical Cyclone Scale

分类								
风速（km/h）/wind speed（km/h）	蒲福氏风级/Beaufort wind scale	中心气压*（hPa）/central pressure*（hPa）	日本气象厅（10 分钟平均）/Japan Meteorological Agency（ten minutes on average）	中国香港天文台（10 分钟平均）/Hong kong observatory（ten minutes on average）	中国气象局（2 分钟平均）/China Meteorological Administration（two minutes on average）	中国台湾"中央气象局"（10 分钟平均）/Taiwan's Central Weather Bureau（ten minutes on average）	联合台风警报中心（1 分钟平均）/Warning Center（one minute on average）	美国国家飓风中心（1 分钟平均）/US National Hurricane Center（one-minute on average）
<41	<6	—	热带低气压	低压区	—	热带性低气压	热带风暴	热带风暴
41~62	6~7	1000	—	热带低气压	热带性低压		热带风暴	热带风暴
63~87	8~9	990~999	热带风暴	热带风暴	热带风暴	轻度台风	热带风暴	热带
88~117	10~11	980~989	强烈热带风暴	强烈热带风暴	强烈热带风暴			风暴
118~153	12	960~979	台风	台风	台风	中度台风（至 183 km/h）	台风	1 级飓风
154~177		945~959		强台风	强台风			2 级飓风
178~209		930~944						3 级强烈飓风
210~240		915~929		超强台风（由 185 km/h）	超强台风（≥184 km/h）	强烈台风（≥184 km/h）		4 级强烈飓风
241~249		905~914						5 级强烈飓风
>250		<905					超强台风	

资料来源：香港气象台网站 . http：//david. samsiu. hk/weather/chinese/tcclass.

① 1 英尺 = 0. 3048m。

表 3-3 世界其他主要海域的热带气旋分级

Table 3.3 Other Major Tropical Cyclone Classifications

北大西洋和东北太平洋/The North Atlantic and the Northeast Pacific Ocean		西南印度洋/Southwest Indian Ocean		南太平洋和东南印度洋（澳大利亚沿海岸）/The South Pacific and Southeast Indian Ocean (along the coast of Australia)		北印度洋/North Indian Ocean	
近中心最大风力等级（级）［近中心最大平均风速（kn）］/the near central biggest wind power rating (level) [near the center of maximum mean wind speed (kn)]	名称/Name	近中心最大风力等级（级）［近中心最大平均风速（kn）］/the near central biggest wind power rating (level) [near the center of maximum mean wind speed (kn)]	名称/Name	近中心最大风力等级（级）［近中心最大平均风速（kn）］/the near central biggest wind power rating (level) [near the center of maximum mean wind speed (kn)]	名称/Name	近中心最大风力等级（级）［近中心最大平均风速（kn）］/the near central biggest wind power rating (level) [near the center of maximum mean wind speed (kn)]	名称/Name
						≤4（≤16）	低、低压区（low）
						5~6（17~27）	低压（depression）
≤7（≤33）	热带低压（TD）	≤7（≤33）	热带低压	≤7（≤33）	热带低压（low pressure）	7（28~33）	深低压（deep depression）
8~11（34~63）	热带风暴（TS）	8~9（34~47）	中等热带风暴（moderate）	8~11（34~63）	热带气旋（T C）	8~9（34~47）	气旋性风暴（cyclonic storm）
		10~11（48~63）	强热带风暴（severe）			10~11（48~63）	强气旋性风暴（severe cyclonic storm）

续表

北大西洋和东北太平洋/The North Atlantic and the Northeast Pacific Ocean		西南印度洋/Southwest Indian Ocean		南太平洋和东南印度洋/（澳大利亚沿海岸）The South Pacific and Southeast Indian Ocean（along the coast of Australia）		北印度洋/North Indian Ocean	
≥12（≥64）	飓风（Hurricane）（H）	12～14（64～89）	热带气旋（TC）	≥12（≥64）	强热带气旋（severe TC）	12～14（64～90）	非常强的气旋性风暴（very severe cyclonic storm）
		15～17（90～115）	强热带气旋（Intense TC）			15～17（91～119）	非常强的气旋性风暴（very severe cyclonic storm）
		>17（>115）	非常强的热带气旋（very intense TC）			>17（≥120）	超级气旋性风暴（super cyclonic storm）

3.2 全球台风分布统计

3.2.1 全球台风分布

全球台风发生在南、北纬的海水温度较高的洋面上。主要的起源地在北半球有北太平洋西部（NWPC）、北太平洋东部（NEPC）、北大西洋西部（NATL）、北印度洋（NIO）（包括孟加拉湾、阿拉伯海）4个海区；在南半球有南太平洋西部（WSPC）、南印度洋西部（WSIO）、南印度洋东部（ESIO）3个海区。南大西洋（SNTL）和南太平洋东部（ESPC）几乎没有台风发生（表3-4）。

全球每年发生的台风（包括热带风暴以上级热带气旋）总数约80次，北半球约占总数的73%，南半球仅占27%。全球各大洋西部发生的台风远远大于大洋东部发生的台风，发生于大洋西部的台风年平均频数约为大洋东部的2倍（表3-4）。

表3-4 全球台风的年平均频数分布

Table 3.4 The Average Annual Frequency Distribution of Global Typhoons

源地编号/source code	源地名称/the name of the source	范围/coverage	热带风暴数/tropical storm number	台风数/the typhoon number	热带风暴占全球总数的百分比（%）/tropical points percentage of the total number of the world（%）	台风占全球总数的百分比（%）/the typhoon accounted for the total number of the world（%）
1	北大西洋	北大西洋、加勒比海、墨西哥湾	9.9	5.7	11.51	12.75
2	东北太平洋	北美到180°E	16	8.9	18.60	19.91
3	西北太平洋	180°E以西，包括中国南海	28	16	32.56	35.79
4	北印度洋	孟加拉湾、阿拉伯海	5.4	2.5	6.28	5.59

续表

源地编号/source code	源地名称/the name of the source	范围/coverage	热带风暴数/tropical storm number	台风数/the typhoon number	热带风暴占全球总数的百分比（%）/tropical points percentage of the total number of the world（%）	台风占全球总数的百分比（%）/the typhoon accounted for the total number of the world（%）
5	西南印度洋	南印度洋 180°E 以西	10.4	4.4	12.09	9.84
6	东南印度洋	南半球 100°E～142°E	5	2.4	5.81	5.37
7	西南太平洋	南半球 142°E～120°W	11.3	4.8	13.14	10.74
合计			86	44.7	100.00	99.99

注：1. 表中热带风暴数（风力 8 级以上）；2. 表中台风数（风力 12 级以上）.

各海域中，发源于西北太平洋的热带风暴最多，平均每年有近 28 个被命名的热带风暴发生，约占全球台风总数的 33%，约占北半球热带风暴发生总数的 55%。生成于西北太平洋的热带气旋，其中约 60% 能发展成台风，大约有 4 个能发展成超级台风（近中心最大平均风速≥67m/s）。西北太平洋历史上最强的超级台风中心气压达到 870hPa，近中心最大平均风速达到 110m/s。

东北太平洋是全球第二大热带风暴多发海区，年发生频次仅次于西北太平洋。平均每年发生被命名的热带气旋近 16 个，占全球总数的 18.6%，产生于东北太平洋的热带气旋约 50% 能发展成飓风。

第三个活跃发生地为北大西洋，平均每年有 10 个左右被命名的热带气旋发生，约占全球总数的 11.6%。其中近一半左右达到飓风强度。历史上北大西洋最强热带气旋，其发生中心气压最强达到 888hPa。

全球热带气旋发生数较少的为北印度洋地区，平均每年有 5～6 个被命名的热带气旋发生，约占全球总数的 6.5%，其中 2～3 个能达到飓风强度。发源于孟加拉湾的热带气旋比发源于阿拉伯海的多，前者是后者的约 4 倍。

在南半球，有 3 个热带气旋发生源地。西南印度洋平均每年发生被命名的热带气旋 10～11 个，占全球发生总数的 12.0%，且其中 4～5 个达到飓风强度。东南印度洋/澳大利亚平均每年发生被命名的热带气旋 7 个左右，占全球总数的 5.8%，其中 4～5 个达到飓风强度。西南太平洋/澳大利亚平均每年发生被命名的热带气旋9个左右，占全球总数的10.5%。其中4~5个达到飓风强度。南大西洋至今只发生过一个热带气旋（发生于1991年4月中旬刚果沿岸，向西南偏西方向移动到南大西洋中部，持续了5 d），而东南太平洋至今未有热带气旋发生的记录。这两个海域少有或没有热带气旋发生的主要原因是洋面温度偏低，对流层风速垂直切变太大，以及不存在明显的热带辐合带（ITCZ）（杨亚新，2005）。

综上，全球台风分布基本统计特征如下。

从全球看，平均每年发生被命名的热带气旋86个左右，其中一半左右的热带气旋达到飓风强度。从半球看，热带气旋主要发生于北半球和东半球。北半球、东半球热带气旋发生数分别为全球热带气旋发生总数的2/3左右，南半球、西半球热带气旋发生数各占全球热带气旋发生总数的1/3左右。

具体到各海域，西北太平洋热带气旋为全球生成热带气旋最多的海域，占全球热带气旋生成数的近1/3。发源于东北太平洋的热带气旋数位居第二，占全球热带气旋生成约1/6。包括西北、东北太平洋的北太平洋热带气旋生成数占全球热带气旋生成数的近1/2。北半球大西洋海域生成数位居第三。北半球中北印度洋地区热带气旋生成数最少，仅占全球热带气旋生成的6.5%左右。南半球西南太平洋生成数最多，其次为西南印度洋。东南印度洋热带气旋生成数全球最少。南大西洋很少有热带气旋发生，东南太平洋至今未有热带气旋发生（图3-10）。

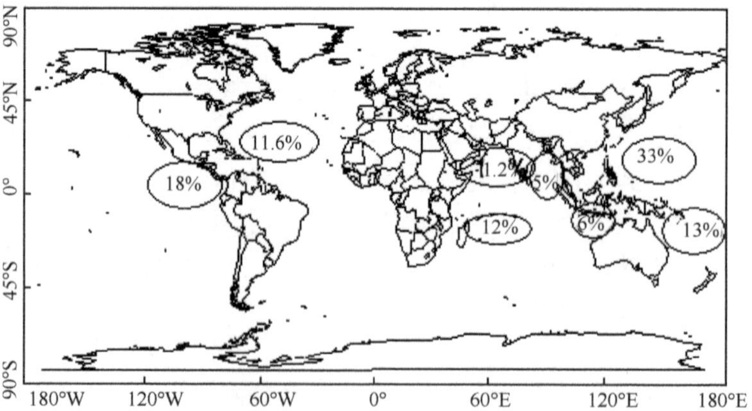

图3-10　全球台风（热带风暴数）分布

Fig. 3. 10　Global Typhoon（Tropical Storm） Distribution

3.2.2　全球各海域台风生成源地

因为热带气旋是热力性质的，所以均生成在热带洋面上，一般在5°S及5°N到南、北纬回归线之间生成，但可以移到40°N到45°S的地方（图3-11）。统计分析各海区的具体源地如下。

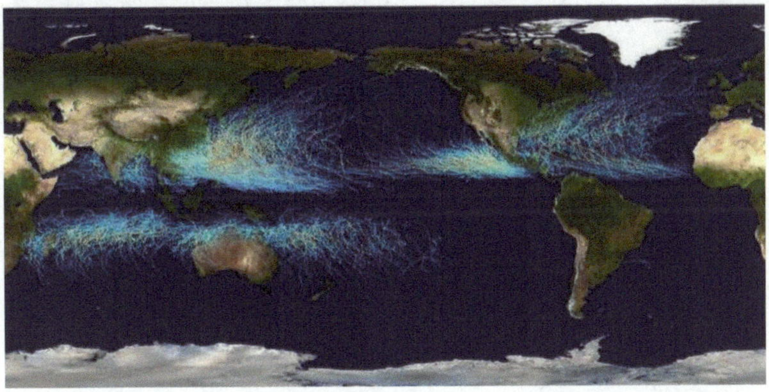

图 3-11 全球台风源地分布（1970~2010 年）

Fig. 3. 11 Global Typhoon Gensis Locations

图片来源：中国气象视频网 . http：//www. mywtv. cn/.

（1）西北太平洋

这里生成的热带气旋影响中国沿海。有三个主要的发生源地：菲律宾以东洋面（126°E~133°E）、关岛附近的马里亚纳群岛和加罗林群岛（149°E~147°E）、南海中部（111°E~118°E）。三个源地产生的热带风暴数约占西北太平洋总数的60%，西源地菲律宾以东洋面生成的热带风暴数占 22. 8%，东源地关岛附近洋面生成的热带风暴数占 22. 6%，南海生成的热带风暴数占 13. 8%（陈世荣，1990）。产生于西北太平洋源地的台风对中国东部威胁较大，而在南海形成或最后经越南海的台风，对中国华南一带影响重大。

（2）东北太平洋

东北太平洋的飓风主要活动在南加利福尼亚外海和中美洲外海，即美国和墨西哥的西海岸。具体生成区域为 10°N~30°N，90°W~125°W，其中 10°N~15°N，100°W~120°W区域为相对集中区。

（3）北大西洋

北大西洋的飓风主要侵袭美国东海岸、巴拿马和古巴。飓风的主要生成区在 10°N~30°N，60°W~100°W。

（4）北印度洋

北印度洋的主要源地在 7°N~18°N，65°E~90°E，也就是在安达曼群岛、马尔代夫群岛和拉克代夫群岛附近。其生成源地分布极不均匀，呈东多西少的分布状态，即孟加拉湾海域（0°N~25°N，75°E~100°E）生成热带气旋较多，而阿拉伯海海域（0°N~25°N，40°E~75°E）则相对较少，约为孟加拉湾海域的30%。孟加拉湾海域热带气旋的主要源地位于中部，约50%的热带气旋集中于5°N~15°N，85°E~95°E海域。阿拉伯海海域的热带气旋主要源于东部，集中于5°N~20°N，65°E~75°E范围内，占阿拉伯海海域约75%，该海域近1/5多的热带气旋集中在10°N~15°N，70°E~75°E狭小5°×5°海域。另外，从热带气旋源地的经纬度分布来看，各纬度上的总次数以5°N~10°N最多，占总数的38.2%；各经度上的总次数以85°E~90°E和90°E~95°E最多，各占总数的25.4%，两者之和占总数的一半还要多，为热带气旋的主要生成源地（韩晓伟等，2010）。

（5）南太平洋

南太平洋（澳大利亚的东海岸以东海域）的台风源地分布范围较广，其最西达到123°E，最东达到144°W，北起5°S，南至25°S。比较集中的源地有埃利斯群岛附近洋面、所罗门群岛附近洋面、圣克鲁斯群岛附近洋面、利威利斯群岛附近，珊瑚海北部以及印度洋上的卡奔塔利亚湾、阿拉弗拉海。此外，起源于印度洋上的帝汉海、卡奔塔利亚湾的台风也可以穿过澳大利亚的约克角半岛进入南太平洋。

（6）南印度洋

南印度洋热带气旋生成范围主要处于5°S~25°S、65°E~105°E，其中又以10°S~15°S、55°E~70°E最集中，该区域是毛里求斯岛和塞舌尔群岛之间的洋面。南印度洋风暴生成的主要集中地有三个：印度洋西南区的洋面上，也就是马达加斯加岛和莫桑比克海峡以北的洋面上，这一区域产生的热带风暴占南印度洋发生的热带风暴的23%，一般发生在11月至次年2月；印度洋中部的洋面上，即查戈斯群岛和可可斯群岛之间，除7~9月外，其他各月几乎都可能出现，其数量占南印度洋的28%，是南印度洋生成热带风暴最多的区域；印度洋东南部洋面上，即澳大利亚西北方，东帝汶海和阿拉弗拉海上产生的热带风暴，基本上都出现在1~4月，以3月份最多，占南印度洋生成的热带风暴的16%（Mavume et al.，2009）。

3.2.3 各海域热带气旋的平均移动路径

（1）西北太平洋

生成于西北太平洋的主要路径有三条：①西进型：热带气旋从菲律宾以东向西北西方向移动（270°~300°方向），进入南海后在海南岛和粤西或广西登陆，也有到越南登陆。这条路径6~9月较多。②登陆型：热带气旋从菲律宾以东洋面向西北方移动，穿过琉球群岛后在我国江、浙沿海一带登陆，或向西北偏西方向移动，穿过台湾海峡，在闽、浙沿海登陆。这条路径在7~8月较多。③ 转向型：热带气旋从菲律宾以东洋面向西北方向移动，以后转向北到东北向，向日本移去，呈抛物线形状。一般在6月前和9月后经常出现。

（2）太平洋东部

在美国和墨西哥西海岸形成的飓风主要路径有北行、西行、西北行及异常路径。①北行：东太北行飓风一般较强，飓风从海上生成后，向东至东北方向移动，在美国南部或墨西哥沿海登陆，有的进入大陆后减弱消失，有的重新入海；②西行、西北行：飓风从海上生成后，先向东北方向移动，到30°N附近时转向西北；③异常路径：个别生成的热带气旋向西南移动；每年平均有一个热带气旋能移至中部太平洋。东北太平洋热带气旋中相当一部分热带气旋属于北大西洋的飓风西行途经加勒比海国家后进入东太平洋。总体而言，东北太平洋飓风移动特点是范围小，持续时间长。

（3）南太平洋

南太平洋（澳大利亚东部海域）生成的飓风平均移速为20~25km/h，主要路径有三条：①向南或东南方向移动，过30°S后往东；②向南南东方向移动，这种飓风最多，有时在新西兰登陆；③自东向西穿过澳大利亚北部，对澳大利亚影响较大。

（4）北大西洋飓风

移动路径主要有两条：①向西北西和西北方向移动，袭击美国和古巴、巴拿马沿海后深入内陆消失，也有重新入海的；②先向西北，在30°N附近转向东北后登陆。北大西洋飓风的平均移速为18~24 km/h。

（5）印度洋热带气旋

北印度洋的热带风暴在孟加拉湾和阿拉伯海生成的移动路径呈抛物线形，具体路径有三条：① 在安达曼群岛生成后向西北方向移动，进入印度半岛，然后逐步减弱和消失；②从以上两个生成区形成后西行，自孟加拉湾穿过印度半岛向西移动进入阿拉伯海，可以到安曼和索马里沿海岸登陆；③从生成区向东北方向移动，进入印度后有的可到达缅甸。

南印度洋热带风暴的路径比较复杂，几乎都是呈抛物线形的路径，其平均路径主要有以下三条：①生成于莫桑比克西南区（在莫桑比克附近）的热带风暴，穿过马达加斯加岛的北缘，然后进入莫桑比克海峡西南方向移动，在非洲沿岸登陆后很快减弱消失，也有的向南移动进入大洋；②生成于印度洋中部海区（在查戈斯群岛以北）的风暴，先向西南方向移动，到达20°S附近转向南移动，到

25°S附近又转向东南移动，向南印度洋的中纬度移去，一般在洋面上减弱消失；③在澳大利亚西北方，即阿拉弗拉海和东帝汶海生成的热带风暴，生成后先向西南，到25°S附近转向南到东南，有的在澳大利亚西部沿海登陆，逐步减弱消失。

图3-12为全球台风主要路径。南北半球，热带气旋从源地形成后，都是自偏西向偏东方向移动的，而后有的登陆消失，有的转向，进入高纬度海域后消失。

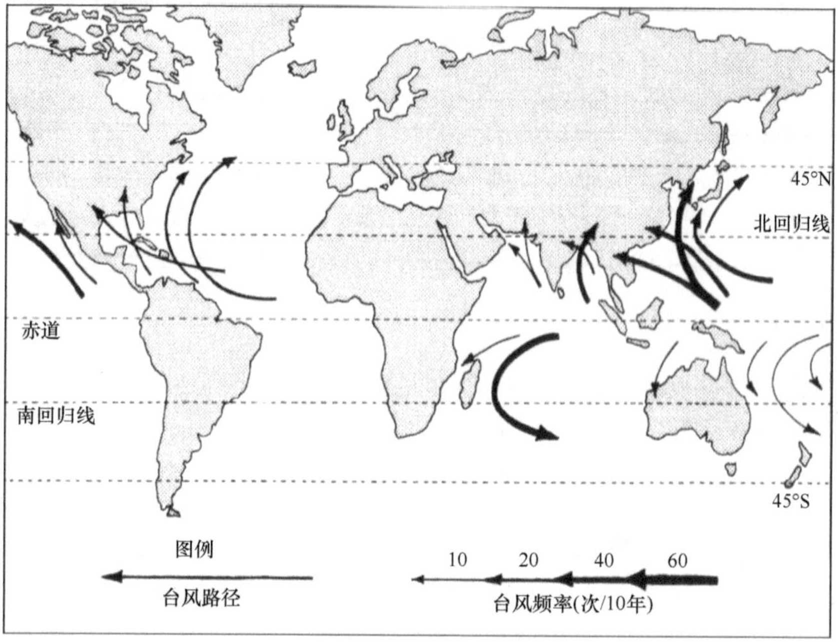

图3-12　全球台风主要路径

Fig. 3. 12　Global Typhoon Major Tracks

图片来源：中国天气网 . http：//www. weather. com. cn/.

热带气旋路径朝极地伸展的消失范围，有明显海域上的变化。其移出热带后能否继续维持受到海面温度、环境流场特征和海陆分布等因素的影响。在东北太平洋，热带气旋典型地遭遇冷的海面温度，并在进入西风带转向之前消散，一般消失于20°N以北、120°W～140°W。而在西北太平洋和北大西洋，相对暖的海面温度允许热带气旋很好地维持进入副热带，甚至在转向以后进入西风带，最北可达到50°N以北。南半球海面温度在同样的纬度比北半球要低，导致南半球向极地运动的热带气旋比在北半球类似的气旋在更低的纬度就失去了它们暖中心的结构，热带气旋一般在30°S～35°S消失。

3.2.4 全球台风的季节变化

全球台风[①]发生具有明显的季节变化。北半球 7~11 月较为活跃，以 9 月台风频数最高。南半球 12 月、1~4 月台风活跃，3 月份台风频数最高（图 3-13）。

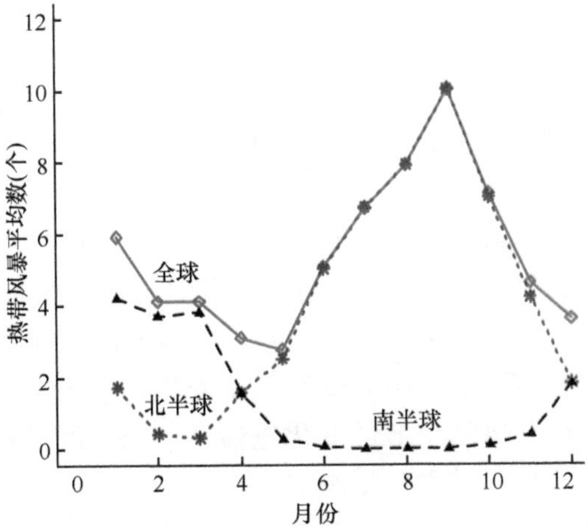

图 3-13 全球台风频数季节变化

Fig. 3. 13 Seasonal Variation of Global Tropical Storm Frequency

从南北半球看，台风均是夏、秋季较为活跃（图 3-14）。从全球来说，9 月热带气旋发生数最多，5 月发生数最少。

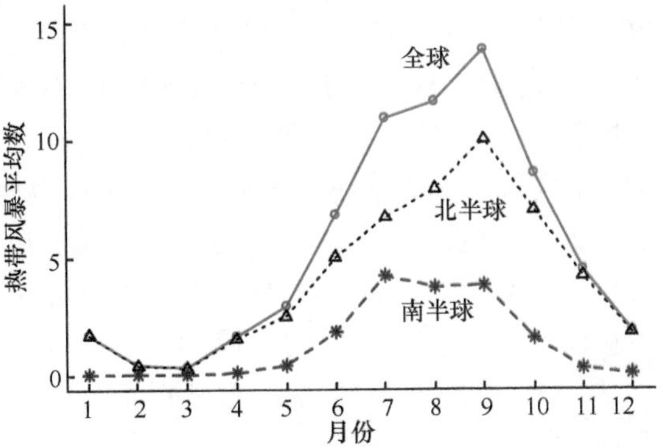

图 3-14 全球热带风暴频数活跃季节（夏秋活跃）

Fig. 3. 14 Seasonal Variation of Global Tropical Storm Frequency (Active in Autumn and Summer)

---

① 泛指台风，包括各等级热带气旋。

具体到各个海域：北大西洋的热带气旋发生于5月中旬至12月之间，其中，热带气旋均发生在6～11月，因而6～11月为北大西洋飓风季节。盛行期为8～10月，该海域约78%被命名的热带气旋生成于8～11月；极大值为9月上、中旬。

西北太平洋是全球唯一的全年各月均有热带气旋发生的一个海域。2月和3月初热带气旋发生数较少，极大值出现在8月底和9月初，盛行期为7～11月。据1949～2010年西北太平洋热带气旋资料的统计，约79%的热带气旋发生于这5个月中。

东北太平洋热带气旋发生季节是5月底至11月初，热带气旋发生数峰值出现在8月底、9月初。

北印度洋2月份没有台风生成，5月、10月和11月是台风生成频数较多的月份。5～6月和9～12月是全年台风发生的集中时期，生成的台风约占全年的90%。北印度洋台风的季节变化呈双峰分布，最大值出现在11月份，5月份是一个明显的次大值。北印度洋夏季少有热带气旋发生的原因主要是该地区夏季对流层风垂直切变太大。从台风的季节性变化过程中，北印度洋秋季频数最大，春季次之，冬夏季频数少，且冬季大于夏季。

西南印度洋、东南印度洋热带气旋季节开始于10月，结束于5月。热带气旋发生数在1月中旬和在2月中旬至3月初出现两个极大值。双峰分布的原因在于1月、3月热带辐合带绝大部分位于澳大利亚北部海面上，而2月向南移至大陆，故1月底2月上旬海面低层辐合气流不强，不利于热带气旋的发生。西南太平洋热带气旋发生期在10月底11月初至次年6月初，2月底3月初达到高峰值。

台风源地生成也存在着一些季节变化，其生成中心位置在不同的季节存在变化。西北太平洋全年均有台风生成，生成的台风源地的平均纬度位置变化规律是：1～4月源地的纬度较低，从5～6月源地北移，到7～9月源地纬度达到最高，从10～12月源地平均纬度位置从北向南迁移。北半球其他海域，如北印度洋、东北太平洋生成的台风源地平均纬度也是从南到北，一般也在热带气旋的高峰季节台风源地平均纬度达到最高值。然后进入秋季，从9月开始生成的台风源地的中心位置再从北向南移动。南印度洋生成的台风的中心平均纬度位置也基本上显示出同样的规律（图3-15）。统计分析表明，北大西洋生成的台风源地纬度位置未显示明显的季节变化。

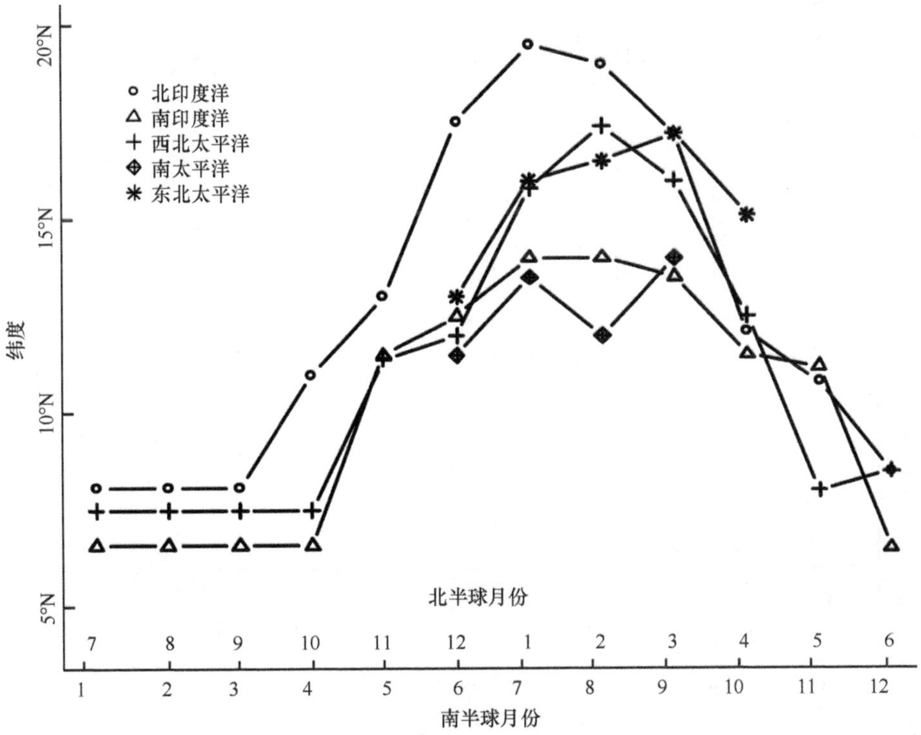

图 3-15　各海区台风源地的季节变化

Fig. 3. 15　Seasonal Variation of Typhoon Genesis Locations of Each Ocean Basins

3. 2. 5　登陆台风频数与地点分布

全球各海域中，西北太平洋登陆的台风最多，其次为北大西洋，南半球登陆的台风总数次之（表 3-5）。北印度洋鲜有台风登陆（表 3-5），然而一旦登陆，往往是超级强台风，且由于登陆地区的社会发展水平较低、人口众多，常常带来更大的威胁和社会影响。从各海区的登陆比例来看，西北太平洋、北大西洋、北印度洋台风登陆频数占生成频数的比例较高，近一半台风能够登陆。南半球次之，登陆的百分比为 21. 15%。而东北太平洋生成的台风年均数不少，但是登陆比例最低。

全球各海域生成的台风影响地区见表 3-6。

具体登陆路径与地点如图 3-16 所示。

表 3-5　全球台风的登陆频数分布

Table 3.5　Frequency Distribution of Global Landing Typhoon

源地编号/source code	源地名称/the name of the source	范围/coverage	台风年平均发生数/the typhoon annual average number	登陆台风年平均数/the average annual number of landing typhoon	登陆百分比（%）/the landfall percentage（%）	占全球总数的百分比（%）/the percentage of the total number of the world（%）	占全球登陆数的百分比（%）
1	北大西洋	北大西洋、加勒比海、墨西哥湾	5.4	2.69	49.81	12.0（17.29）	17.29
2	东北太平洋	北美到 180°E	8.9	1.15	12.92	19.7（7.38）	7.38
3	西北太平洋	180°E 以西，包括南中国海	16.0	8.10	50.63	35.7（52.12）	52.12
4	北印度洋	孟加拉湾、阿拉伯海	2.5	1.17	46.80	5.6（7.54）	7.54
5	南半球		12.1	2.56	21.15	28（16.48）	16.48
合计			44.9	15.54	34.61	100	100

注：表中台风为风力 12 级以上的热带气旋 .

表 3-6　全球台风登陆和影响区域

Table 3. 6　Global Typhoon Affected Areas

生成源地/generated source	影响地区/affect areas	间中或罕有影响/inbetween or rare influence
西北太平洋（包括南海）	中国大陆及海南省、台湾省、菲律宾、韩国、日本、越南、太平洋上各岛	间中影响泰国、印度尼西亚
北太平洋东部	墨西哥、夏威夷、太平洋上的岛国	罕有情况可影响加利福尼亚及中美洲的北部地区
北大西洋（包括加勒比海、墨西哥湾）	美国东岸及墨西哥湾沿岸各州、墨西哥及加勒比海各国	间中影响可达委内瑞拉、加拿大
南太平洋西部	澳大利亚及大洋洲各国	
北印度洋（包括孟加拉湾和阿拉伯海）	主要影响印度、孟加拉、斯里兰卡、泰国、缅甸和巴基斯坦等国	有时会影响阿拉伯半岛
南印度洋东部	主要影响印度尼西亚及澳大利亚西部	
南印度洋西部	马达加斯加、莫桑比克、毛里求斯、留尼汪岛、坦桑尼亚、科摩罗和肯尼亚等地	

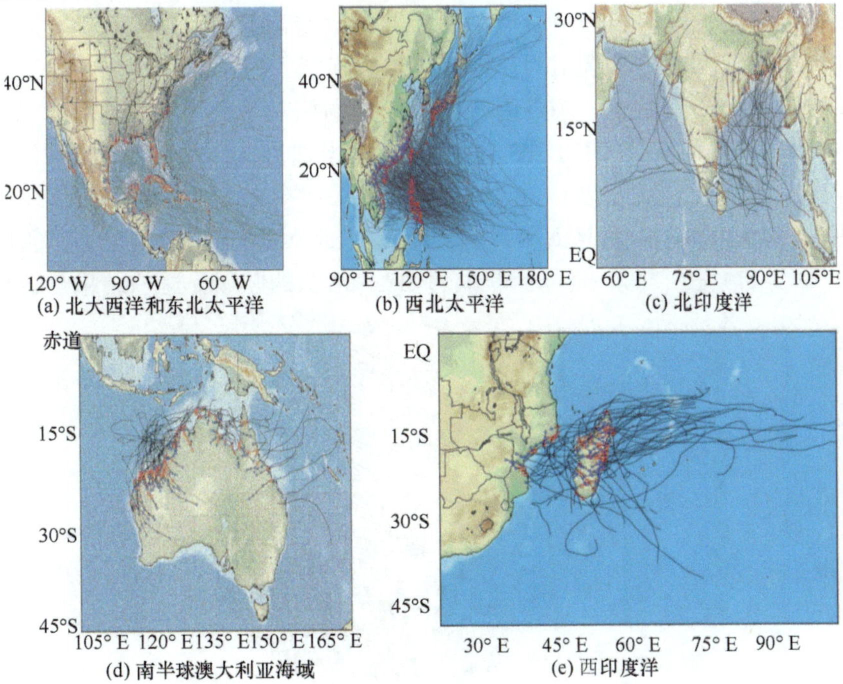

图 3-16　全球台风登陆路径与地点分布（Weinkle et al.，2012）

Fig. 3. 16　Typhoon Landfalling Tracks and Site Distribution（from Weinkle et al.，2012）

注：红色区域为登陆时为台风，绿色区域为登陆时为热带风暴 .

3.2.6 全球台风 ACE 的分布与季节变化

台风生成频数、登陆频数、底层中心最大平均风速或底层中心附近的最大平均风速或最低海平面气压所刻代的强度，均是单一指标，不能很好地描述一个热带气旋或一年内所有热带气旋的特征。将台风的年频数与其强度结合的综合指标，能更好地综合描述台风活动的频次与强度。Bell 等（1999）提出了一个表示热带气旋强度的指数——累积气旋能量（accumulated cyclone energy，ACE），即达到热带风暴或以上等级的热带气旋，当其位于热带风暴状态或飓风状态时，每 6h 一次观测的最大风速的平方的累积之和

$$\mathrm{ACE}=\sum_{j=1}^{m}\sum_{i=1}^{n}v_i{}^2$$

式中，$j=1$，…，m，表示热带气旋的个数；$i=1$，…，n，表示一个热带气旋中，≥17.2 m/s 风速的 ACE 可以从时间和风速两个方面描述一个热带气旋的强弱，而一年内 ACE 的大小则包含频数、风速、观测频数 3 个方面，这比单纯使用风速或气压描述热带气旋的强弱具有更好的表达效果。ACE 与热带气旋破坏潜力（TDP）和能量频散指数（PDI）的物理意义相同，三者均放大了热带气旋 生命期中较大强度记录的影响。ACE 的大小与时空变化有效地、综合地反映了全球台风的活跃程度，成为最常用的热带气旋综合指标。

ACE 地区分布反映了全球各海域台风活动的相对活跃程度和绝对能量。全球近 30 年总的年平均 ACE 值为 $763\times10^4\mathrm{kts}^2$，北半球占 72.0%，南半球占 28.0%。北半球台风能量大，活跃度远高于南半球。在北半球的各海域中，西北太平洋 ACE 占全球的 39.4%，东北太平洋占 16.7%，北大西洋占 13.7%，北印度洋占 2.2%（图 3-17）。西北太平洋为全球台风最为活跃的区域，这一结果与台风频数

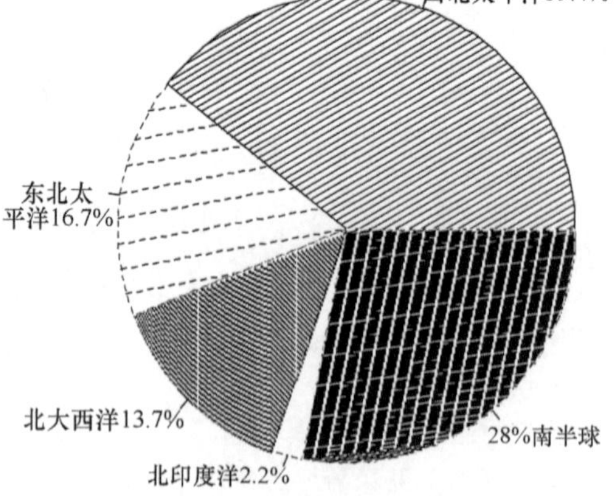

图 3-17　1979~2010 年全球台风 ACE 地区分布

Fig. 3.17　Global Typhoon ACE Distribution in 1979~2010

的分布基本一致，但是，由于 ACE 是综合指标，也存在差异。对比台风年频数分布（表 3-4），西北太平洋的台风不仅频数高，而且其综合总能量也略强，而北印度洋的台风相对较弱（表 3-7）。

表 3-7　1979～2010 年全球台风 ACE 地区分布

Table 3.7　Global Typhoon ACE Distribution in 1979～2010

地区/area	总 ACE（10^4kts^2）/total ACE（10^4 kts^2）	年平均 ACE（10^4kts^2）/ annual average ACE（10^4kts^2）	全球百分比（%） the percentage of global（%）	占北半球百分比（%） the percentage of NH
全球/the global	24 422	763	100	—
北太平洋/the North Pacific	13 694	428	56.1	77.8
西北太平洋/Northwest Pacific Ocean	9 622	301	39.4	54.7
东北太平洋/Northeast Pacific	4 072	127	16.7	23.1
北大西洋/North Atlantic Ocean	3 355	105	13.7	19.1
北印度洋/North Indian Ocean	547	17	2.2	3.1
南半球/the Southern Hemisphere	6 826	213	28.0	—
北半球/the Northern Hemisphere	17 596	550	72.0	100

台风活动具有明显的季节特征，与台风活动频数变化的季节特征类似，台风 ACE 在北半球秋季 9 月最强，7～11 月均较为活跃。而与之对应，南半球的台风 ACE 在 12 月、1～4 月较为活跃（图 3-18）。

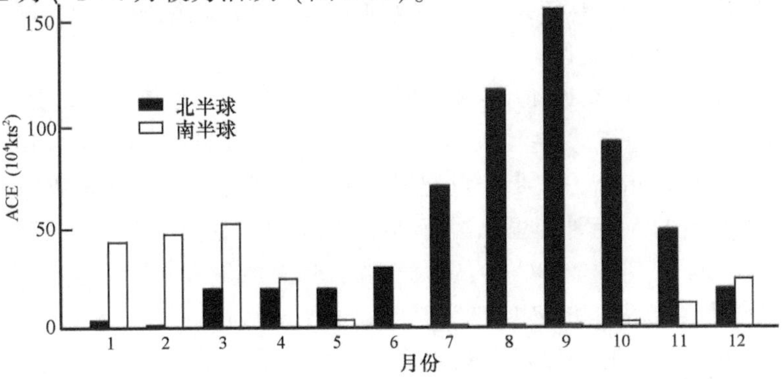

图 3-18　全球台风 ACE 季节变化

Fig. 3.18　Global ACE Seasonal Variations of Typhoons

3.3 全球台风变化趋势

3.3.1 台风生成频数

台风频数的年际变化是探测台风活动变化最为直观的证据。全球台风年频数的变化并没有统计上的显著趋势（图 3-19），统计近 40 年来，无论是台风总数还是热带风暴数均无显著增加。

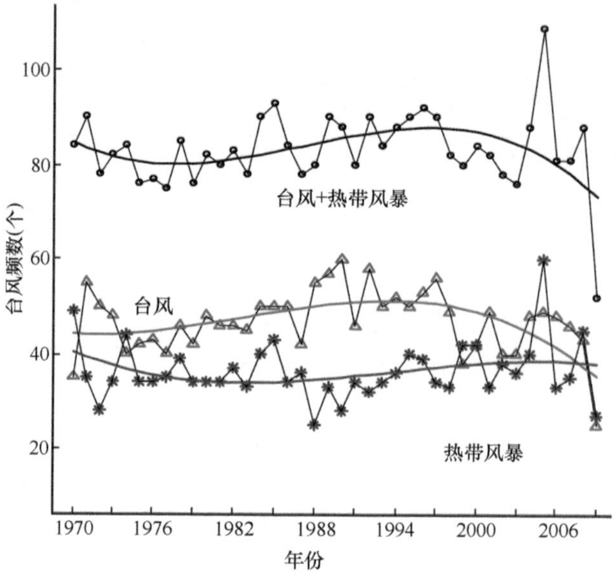

图 3-19　全球近 40 年台风频数

Fig. 3. 19　Typhoon Frequency of Nearly 40 Years

具体到各海域，近 40 年来台风频数的年际变化存在区域差异。图 3-20 显示了各海域台风年频数的变化。

北大西洋的台风频数近 40 年来表现出了一定的增加趋势（图 3-20）。一些研究认为，北大西洋近年来飓风活动的增加与选取的时间序列长度有关。如 Landsea 等（1996）指出，在半个世纪里，大西洋强飓风生成的频数呈下降趋势，但从 1995 年开始的 5 年时间里已经有 20 个强飓风，这是自 20 世纪 50 年代以来的最高频率。Elsner 等（2008）的研究表明，强飓风生成频率呈上升趋势，从强飓风频率低值期到高值期的转换是突然的，而不是缓慢地发生变化。第一次显著变化发生在 1943 年，这一年是强飓风活动率转换为上升趋势的变化点，1965 年是下降趋势的变化点，1995 年开始又返回到更活跃的阶段，强飓风高频期和低频期交替出现（Elsner et al.，2008）。多年代际变率体现在 1900~1942 年，是强

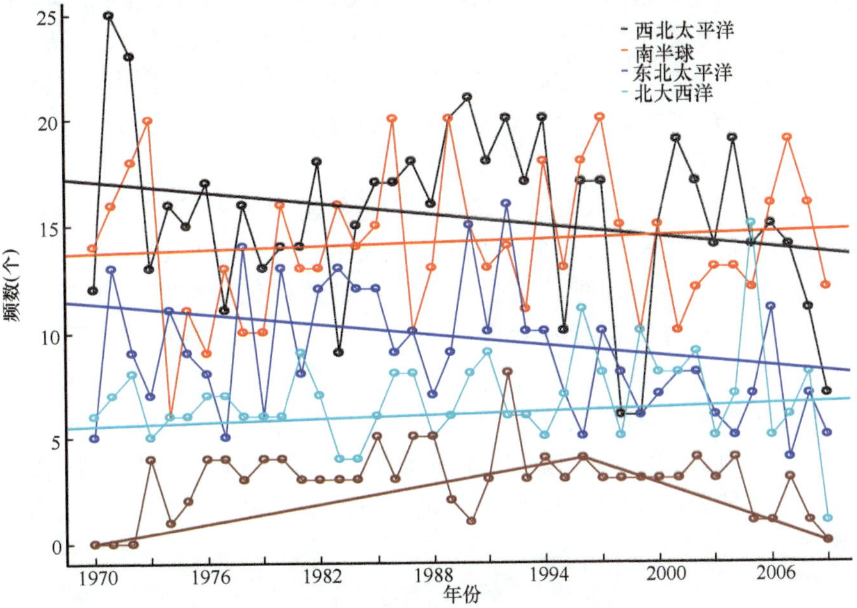

图 3-20　各海区近 40 年台风频数

Fig. 3. 20　Typhoon Frequency Time Series in Each Basin

飓风生成频数低的年代；1943~1964 年是生成频数高的年代；1965~1994 年是生成频数低的年代；1995~1999 年又是生成频数高的年代。北大西洋延长的台风年频数时间序列不存在有说服力的线性增加或减少趋势。北大西洋近年飓风活动的增加可能是多年代际的一个周期性高峰。

北太平洋东部及中部的热带气旋频数呈下降趋势（图 3-20）。一些其他的相关研究，如 Chu 等（2000）在北太平洋中部地区指出这种总的下降趋势中也存在周期性变化，北太平洋中部地区热带 CNP 的热带气旋年平均数少，但有很明显的变率，数目为 0~10 个（1982 年达到 10 个）。多年代际变率更明显，第一阶段为1966~1981年，热带气旋活动少；第二阶段为 1982~1997 年，热带气旋活动多。

西北太平洋台风频数从 20 世纪 90 年代后开始总体呈现了下降趋势（图 3-20）。然而，大多数的研究认为，由于时间序列长度不同，尚不能确立这种趋势的持续性。Kimberlain（2000）对西北太平洋区域热带气旋活动长期趋势的分析有如下结果：1970 年以前的分析是不可靠的，1970 年以后台风活动微弱，直到 20 世纪 80 年代早期才开始增加（1982~1997 年），但从 1998 年开始急剧减少，与图 3-20 的结果基本一致。

北印度洋台风在1970~1996年有显著的增加趋势。其中，1992年以前热带气旋的频数在平均值附近振荡，1996年达到4个极值，2000年后台风频数呈下降趋势。相关研究如Sing（2008）选择了更长的时间序列，指出从1887~1998年，北印度洋的热带气旋频数均有显著的增加趋势，而且在更长时间热带气旋频数具有明显的周期变化特征（图3-20）。

南半球的台风年频数从1970~2004大多数年份均在15个平均数左右。近40年呈现微小周期性振荡，没有统计上的显著线性趋势（图3-20）。

值得指出的是，一些海域的台风，尤其是强台风频数增加是否是周期性的自然变化或是全球变暖导致台风活跃仍存争议。由于探测技术的变化引起数据的一致性问题，以及时间序列的长度等许多复杂因素，图3-20所示的年频数变化无法证实台风频数具有显著的长期线性趋势，也不足以证明全球变暖导致了台风频数的增加。迄今，台风活动的年频数有显著的年际变化，但是并未证实有显著的线性增加或减少的趋势，是台风气候研究的较为普遍的结论。

3.3.2 登陆台风频数

全球气候变化的环境下，基于台风的多年代际变化特征识别登陆台风活动的变化趋势对于台风灾害减灾防灾具有重要意义。近40年来，全球平均登陆台风（风力12级）频数约15.54个，全球登陆台风总频数，以及1级、2级台风和3级以上强台风登陆频数均显示出了明显的年际变化（图3-21）。Weinkle等（2012）采用服务于气候管理的国际最佳路径档案（International Best Track Archive for Climate Stewardship）以及联合台风警报中心（the U. S. Department of Defense Joint Typhoon Warning Center）等资料形成的登陆台风数据集，曾对登陆台风的趋势进行了相关性检验，其结论为，1970~2010年，全球3级以上台风趋势的R^2为0.0889，P值为0.06，而对台风的检验值R^2为0.0268，P值为0.31（表3-8），均未显示出显著、明确的趋势。

具体到各个海域，近40年来，北大西洋以及西北太平洋没有显示出线性增加的趋势（图3-22）。由于东北太平洋和北印度洋的登陆频数较少，近40年的样本尚无法得出有意义的结论。Weinkle等（2012）的检验结果显示：在南半球有线性增加的趋势，拟合优度R^2为0.1267，P值为0.02。而其他各海域，1级、2级台风以及3级以上台风的线性趋势检验，均不具有统计上的显著性。1995年以来，北大西洋台风一直较为活跃，1970~2010年显示出线性增加的趋势，然而，考虑更长的周期，1944~2010年，登陆台风频数未显示出线性增加的趋势，更长时间序列数据的检验也没能发现有显著的增加趋势（表3-8）。这些研究结论与

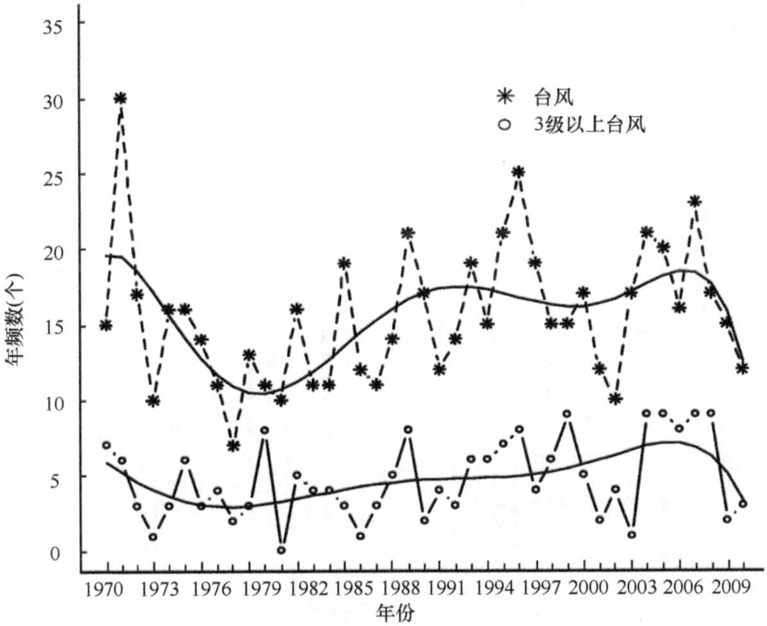

图 3-21　全球登陆台风频数的年际变化

Fig. 3. 21　Global Landfalling Typhoon Frequency Time Series

Pielke 和 Jr（2009）的结论基本一致。然而，根据有限的样本以及台风活动的多年代际变化特征，得出的上述研究结论仅具有参考价值，尚不能断言南半球登陆强台风有增加的趋势。

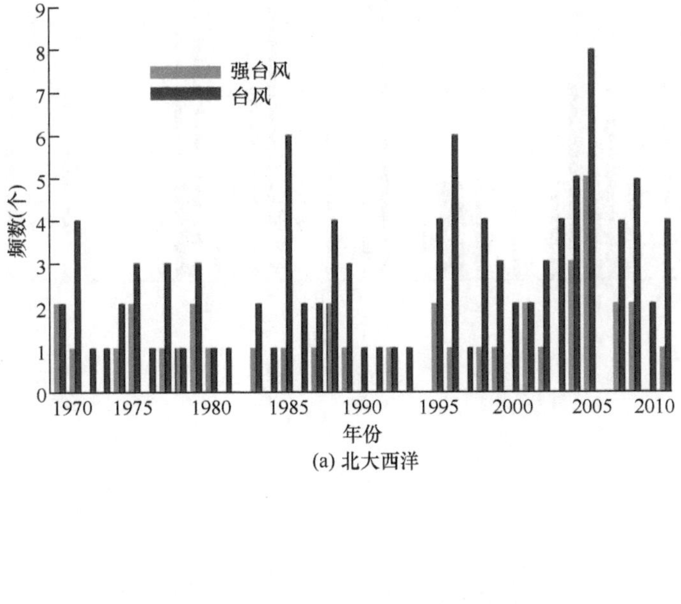

(a) 北大西洋

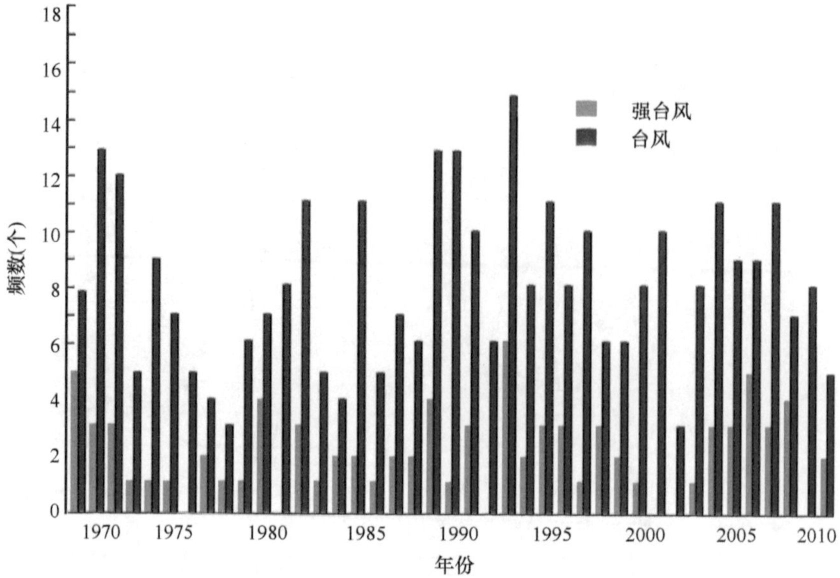

(b) 西北太平洋

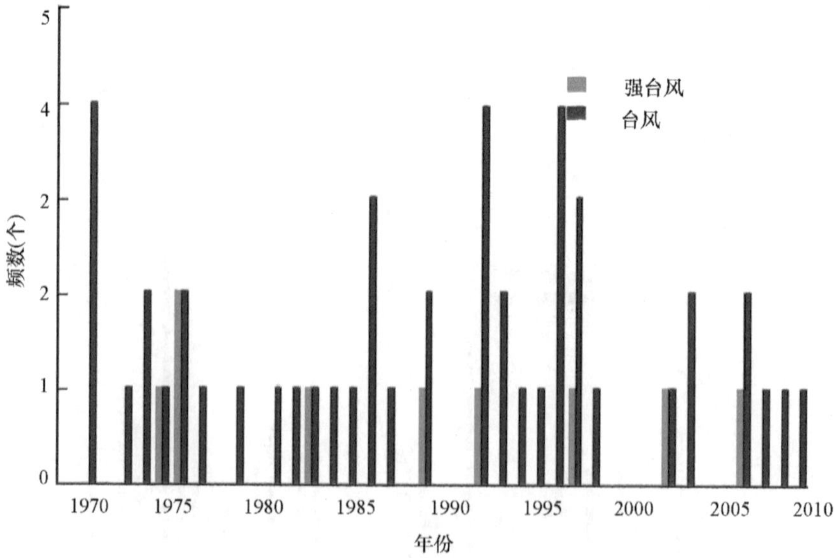

(c) 东北太平洋

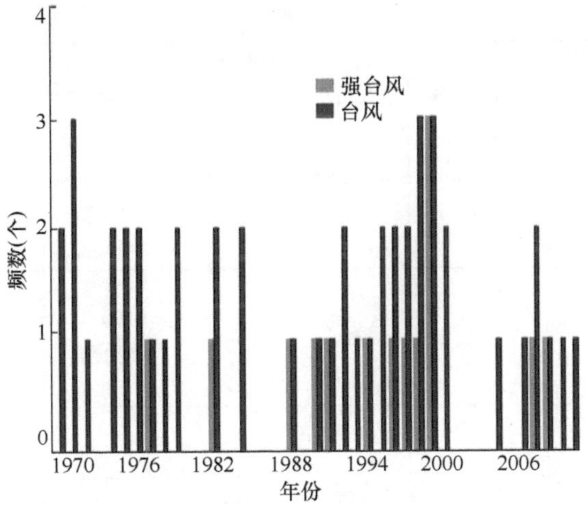

(d) 北印度洋

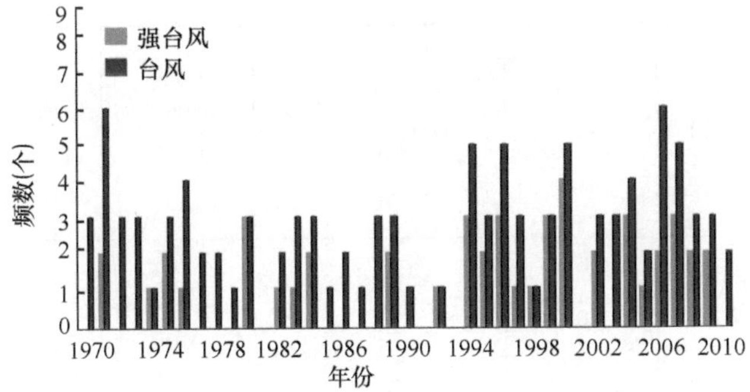

(e) 南半球

图 3-22 分海区登陆台风频数的年际变化

Fig. 3. 22 Landfall Typhoon Frequency Time Series in Each Basin

表 3-8 全球台风登陆及其变化趋势

Table 3. 8 The Trend with Time of Global Landing Typhoon

海区/basin	时间/time	登陆台风数/number of landing typhoon	1 级、2 级飓风/level 1 and level 2 hurricane	3 级以上飓风/more than level 3 hurricane	1 级、2 级台风的 R^2 (P 值) /R^2 (P value) of level 1 and level 2 typhoon	3 级以上台风的 R^2 (P 值) /R^2 (P value) of More than level 3 typhoon	台风的 R^2 (P 值) /R^2 (P value) of typhoon
北大西洋/North Atlantic Ocean	1944~2010 年	180	111	69	0. 0027 (0. 68)	0. 0013 (0. 77)	0. 003 (0. 89)

续表

海区/basin	时间/time	登陆台风数/number of landing typhoon	1级、2级飓风/level 1 and level 2 hurricane	3级以上飓风/more than level 3 hurricane	1级、2级台风的R^2 (P值) /R^2 (P value) of level 1 and level 2 typhoon	3级以上台风的R^2 (P值) /R^2 (P value) of More than level 3 typhoon	台风的R^2 (P值) /R^2 (P value) of typhoon
东北太平洋/Northeast Pacific	1970~2010年	47	38	9	0.0034 (0.72)	0.0038 (0.70)	0.0063 (0.62)
西北太平洋/Northwest Pacific Ocean	1950~2010年	494	345	149	0.0378 (0.13)	0.0397 (0.12)	0.0016 (0.76)
北印度洋/North Indian Ocean	1970~2010年	48	34	14	0.0627 (0.11)	0.0484 (0.17)	0.0086 (0.56)
南半球/the Southern Hemisphere	1970~2010年	105	57	48	0.0725 (0.08)	0.1267 (0.02)	0.0087 (0.56)
全球/the global	1970~2010年	637	442	195	331 026 (0.99)	0.0889 (0.06)	0.0268 (0.31)

资料来源：Weinkle 等（2012）.

3.3.3 台风 ACE

台风 ACE 的变化反映了台风活动总能量的变化趋势。全球 ACE 值在 20 世纪 90 年代，1997~1998 年风季达到一个峰值，2002~2005 年再次达到峰值。2007~2010 年的 ACE 维持在 600×10^4 kts^2，和 2005~2006 年的 ACE 峰值比较，由于北半球和南半球的 ACE 同时减少，2007~2010 年全球 ACE 几乎下降一半，基本上和 1981 年、1988 年、1999~2001 年持平，为近 40 年来第 3 个低值区（图 3-23）。近 40 年全球 ACE 的线性趋势并不显著（图 3-23）。

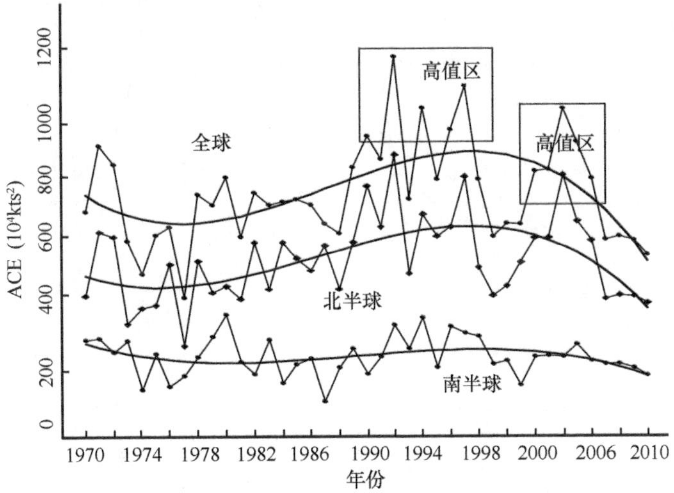

图 3-23　全球 ACE 的近 40 年年频数变化

Fig. 3. 23　Global ACE Frequency Time Series

具体到各海域，观测 1986~2007 年各海域台风 ACE 的年际变化，所有海域中北大西洋显示出 ACE 最大增加趋势（图 3-24）。相关研究指出，北大西洋 ACE 近年有增加趋势主要因为北大西洋多年代际变化的一个峰值区域（Gray et al.，1997；Goldenberg et al.，2001；Klotzbach and Gray，2008；Pielke et al.，2005）。东北太平洋则显示出最大的线性减少趋势。其他各海域近年 ACE 线性趋势均不明显（图 3-24）。

1995 年是大西洋多年代际变化振荡（AMO）暖相位的一个临界点（Bell and Chelliah，2006）。Klotzbach 和 Gray（2008）选择两个阶段（1979~1994 年）和（1995~2010 年），比较了两个阶段 ACE 的变化，北大西洋 ACE 增加，东北太平洋、西太平洋以及全球 ACE 总值则呈现减少趋势（表 3-9）。两个阶段全球 ACE 总值不变，极大的差异出现在北半球的大西洋。大西洋的 ACE 几乎增加一倍，东北太平洋和西北太平洋观测到 ACE 和频数减少。大西洋的 ACE 的增加与邻近海域西北太平洋和东北太平洋 ACE 的小幅减少相一致（表 3-9）。相关的一些其他研究（Kossin，2008）认为，北大西洋和东北太平洋 ACE 和台风频数的反相变化源于大尺度的厄尔尼诺-南方涛动（ENSO）和非洲东部海波循环通过上层风垂直切变。2010 年，北大西洋飓风季异常活跃，而同期，西北太平洋和东北太平洋飓风减少也在某种程度上验证了这一结论（Lander and Guard，1998；Maue，2009）。

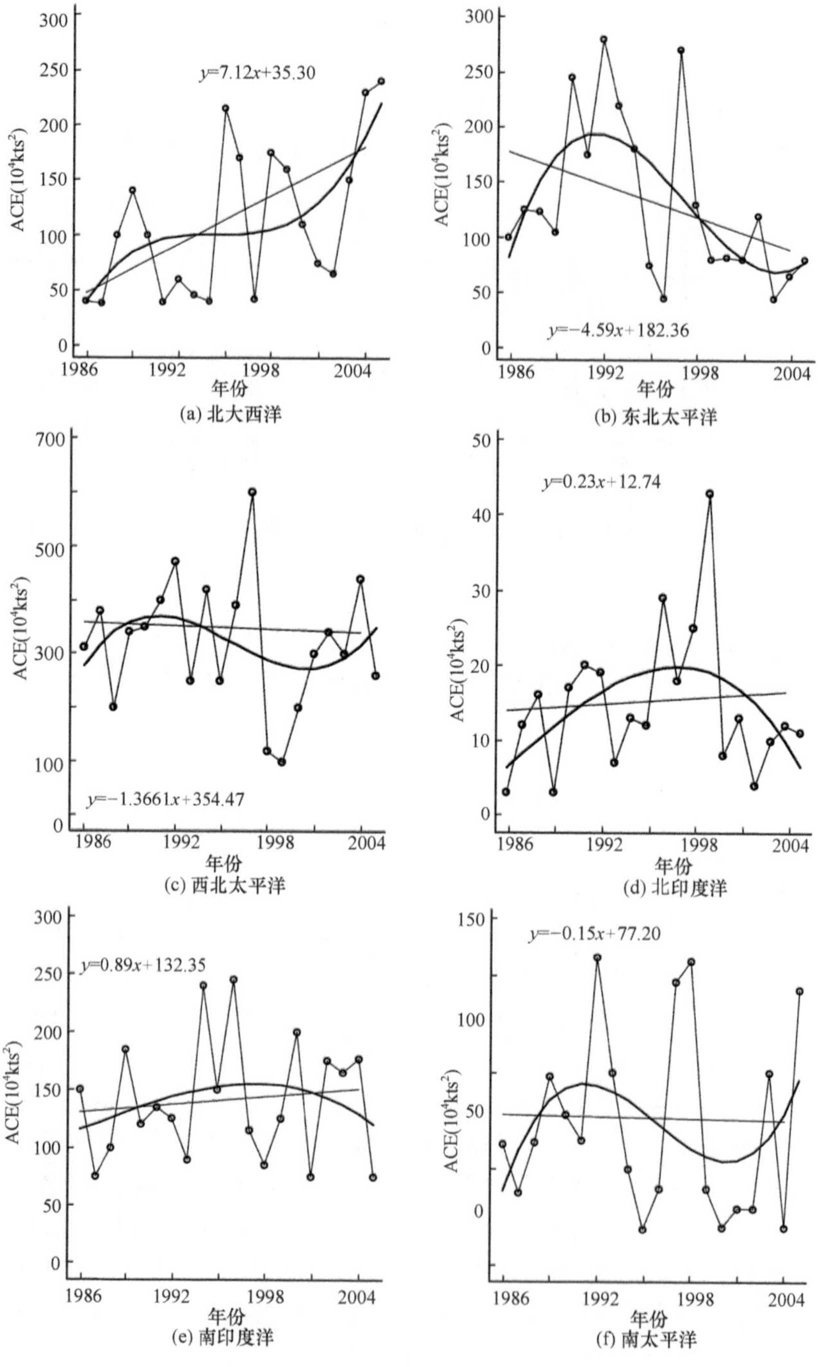

图 3-24　全球各海域 ACE 值年际变化

Fig. 3. 24　Global ACE Interannual Variability in Each Basin

综上，近 40 年来，北大西洋 ACE 有增加的趋势，而其他海域则无明显的增加趋势。在某些海域，如东北太平洋热带气旋活动有下降的趋势。这一结论在大多数研究中被证实。值得指出的是，某些情况下，台风的 ACE 变化与选择的时间序列长度相联系，长期趋势的结论显然需要更长的时间序列长度来检验。

表 3-9　全球两个阶段 ACE 比较

Table 3.9　Comparison of Global ACE During Two Periods

（单位：1×10^4 kts^2）

项目	1979～1994 年	1995～2010 年
北大西洋/ North Atlantic Ocean	762	1438
东北太平洋/ the Northeast Pacific	1646	1039
西北太平洋/ the Northwest Pacific	3495	3307
北印度洋/ North Indian Ocean	123	180
南太平洋/ the South Pacific	1377	1456
南印度洋/ Southern Indian Ocean	757	755
北半球/ the Northern Hemisphere	6026	5972
南半球/ the Southern Hemisphere	2134	2211
全球总 ACE 值/ the global ACE value	8160	8173

3.4　小结

热带气旋产生在热带或亚热带温度 26°C 以上的洋面上。北半球的西北太平洋、北大西洋、东北太平洋、北印度洋，南半球的西南印度洋、东南印度洋和东南太平洋各大海域均有热带气旋生成。北半球生成的热带气旋多于南半球生成的热带气旋；发源于大洋西部的热带气旋多于东部。各大海域中，西北太平洋是全球热带气旋最为活跃的区域。相对而言，西北太平洋的热带气旋也最强。全球热带气旋的生成频数具有显著的季节变化，北半球一般在 7～10 月热带气旋频数最高，南半球 1～4 月为热带气旋的活跃季节，北半球及南半球的热带气旋均是夏、秋季最为活跃。全球各大海域中，西北太平洋也是唯一全年各月均有热带气旋生成的海域。就源地的季节变化而言，除北大西洋外，大多数海域也显示出季节变化特征。一般而言，在北半球各海域中，热带气旋在 1～4 月纬度位置较低，而以后逐渐北移，7～8 月达到纬度的极值后，源地逐渐南移。南半球则在 7～10 月纬度位置较低，4～5 月达到纬度的极值，然后逐渐北移。实质上，南、北半球各海域热带气旋的生成具有相似的季节变化。全球各大海域的台风生成各有一些较为集中的区域，西北太平洋主要集中在菲律宾以东洋面、关岛附近的马里亚纳群岛和加罗林群岛、南海中部。东北太平洋的飓风生成区一般都在 10°N～30°N，90°W～125°W，主要集中在 10°N～15°N。北大西洋飓风的主要生成区在 10°N～30°N，60°W～100°W。北印度洋海域的主要源地在 7°N～18°N，65°W～90°W。南印度洋热带气旋主要生成在5°S～25°S、65°E～105°E。不管南半球还是北半球，全球热带气旋生成后的主要路径方向，都是自偏西向偏东方向移动的。东北太平洋的热带气旋一般消失在 20°N 以北，西北太平洋和北大西洋则可以达到 50°N 以北，南半球热带气旋一般消失在 30°S～35°S。全球生成的热带气旋约 30% 登陆。北半球登陆台风比例高于南半球。

全球台风的分布以及季节变化是明确的。相对而言，台风活动的趋势变化却更为复杂，目前尚存在不确定性。其原因既包括台风活动存在年际变化与多年代际变化等自然变化，增加了其趋势分辨的复杂性；也由于观测数据的准确性、一致性，观测数据的历史样本容量等，使得现阶段难以得出完全正确的结论。此外，台风生成的物理机制也尚未完全确定等。因而在全球气候变暖的背景下，台风活动的趋势变化存在极大的争议。本章选择了全球各海域近 40 年的热带气旋数据资料，从单一的台风年频数、登陆频数、综合指标 ACE 三个指标的变化趋势进行了统计分析，并与以往相关研究结果相比较，结果表明：较为显著的特征是，自从 20 世纪 70 年代，北大西洋热带气旋的频数与 ACE 均有显著增加趋势；而其他海域，无论是热带气旋的频数、登陆频数和 ACE，其年际变化中均未显示出显著的线性趋势。

第 4 章　全球气候变化下的台风灾害发展特征

Chapter 4　Impacts of Climate Change on Global Typhoon Activities

摘要：认识全球气候变暖的背景下，台风活动是否加强而导致台风灾害增加，是关系到未来台风灾害减灾防灾战略的重要问题。本章从观测研究、成因分析两个方面综述了相关研究进展。目前有一些主要共识：单个台风的异常活动不宜直接归因于气候变化；全球台风频数的年际变化趋势并不明显；如果全球气候持续变暖，台风的最大风速和降水很可能会继续增加；由于台风和相关气候资料的均一性存在问题，目前阶段对全球变暖和台风活动关系的认识仍有不确定性。

关键词：气候变暖；台风活动；台风破坏力指数；海面温度；全球平均温度；最大潜在强度

Abstract：Against a background of global climate change，the changes of typhoon activity levels can imply whether or not typhoons might bring lager global disasters. This is the focus area of some academic research. This chapter summarizes the progress in obtaining observational data，attribution analyses and common views on this topic. A single typhoon activity should not be directly attributed to climate change；annual change trends in global typhoon frequency are not obvious；if global warming continues，the maximum wind speed of typhoons and their rainfall rates are likely to continue to increase. Because of the non-uniform spatial and temporal sampling and distribution of typhoons and the homogenizing effect of averaging in climate data，the relationship between global warming and typhoon activity still presents great uncertainty at the present stage of this research.

Keywords：climate warming；typhoon activity；power dissipation index；sea-surface temperature；global mean surface temperature；maximum potential intensity

全球平均温度（GMST）从 19 世纪以来一直持续增加。迄今，过去每 30 年平均温度的记录也处于持续增加之中（Stocker，2013）。无疑，全球气候正经历一次以变暖为主要特征的显著变化。进入 21 世纪，全球各大洋区台风在频数与强度上出现了一些异常变化。例如，2004 年风季，百余年来首次观测到南大西洋也有飓风活动；在西北太平洋，2004 年登陆日本的台风频数离奇地高达 10 个之多（常年平均约 3 个）；2004 年的南海台风特少，加剧了华南地区的干旱；北大西洋 2005 年风季产生的热带气旋频数、强台风的登陆数和 5 级以上的飓风均创造了空前的记录。尤其台风“Katrina”在美国新奥尔良和密西西比登陆产生了空前的损失，并造成 1300 多人死亡。2013 年，极端高影响台风比常年增多，台风“海燕”重创菲律宾，造成数千人死亡。这些“超乎寻常”的现象是否意味着全球范围及各海域的台风活动季节、台风频数、台风的群发性及台风登陆时的强度等气候特征是否正在悄然发生变化？是否意味着气候变化导致了强台风活动增加以及由此将导致更多的台风灾害损失？这些问题受到了学术界和社会的广泛关注。

本章综述了气候变暖背景下台风活动的变化效应：第一部分为有关的台风活动规律热点研究；第二部分为气候变暖背景下台风活动变化及其归因的争议；第三部分为目前的共识；第四部分为小结。

4.1 引发争议的热点研究

2005 年 8 月和 9 月 *Nature* 和 *Science* 相继刊登了 Emanuel（2005a）和 Webster 等（2005）关于台风气候特征变化趋势的观测研究论文。Emanuel（2005a）指出，“理论和模型预测飓风的强度随全球平均温度而增加，但是以往的大多数研究均集中在台风频数的研究上，结果并没有观测到相关的趋势”，因而其论文中定义了一个新的台风综合指标，即台风潜在破坏力指数（power dissipation index，PDI）来反映台风综合破坏力或者综合强度的变化。

Emanuel 认为台风所造成的货币损失与风速的立方成正比，并提出定义台风破坏力指标 PD：

$$PD = 2\pi \int_0^{\tau} \int_0^{r_0} C_D \rho \ |V|^3 r \mathrm{d}r \mathrm{d}t \tag{4-1}$$

由于实际数据获取的困难，Emanuel 将其简化为 PDI。台风的 PDI 为台风中心附近最大风速 3 次方的时间积分：

$$PDI = \int_0^{\tau} V^3_{\ max} \mathrm{d}t \tag{4-2}$$

Emanuel 计算了 1930~2005 年北大西洋和西北太平洋共 4500 个台风的 PDI，发现由于台风生命期延长和强度增强导致潜在破坏力增加。其通过对逐年台风总能量耗散的时间序列分析发现，自 20 世纪 70 年代中期起，北大西洋、西北太平洋热带气旋的年 PDI 呈显著上升趋势。在过去 30 多年中，北大西洋台风潜在破坏力增强了一倍以上，西北太平洋则增强了约 75%（图 4-1～图 4-3）。同时，Emanuel也计算了同期北大西洋、西北太平洋海温（sea-surface temperature，SST）的变化，PDI 与海温呈高度正相关。北大西洋和西北太平洋海温和台风 PDI 的线性拟合优度分别为 0.65 和 0.63。

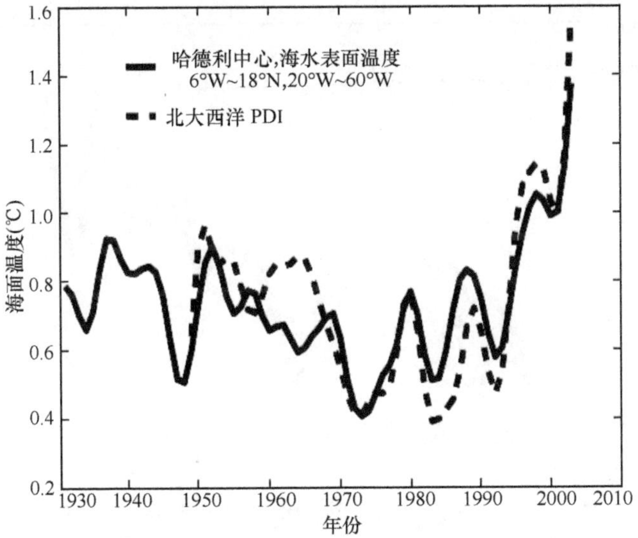

图 4-1 北大西洋 PDI 年频数与 9 月平均海水表面温度（SST）

Fig. 4. 1 A Measure of the Total Power Dissipated Annually by Tropical Cyclones in the North Atlantic（the Power Dissipation Index, PDI）Compared to September Sea Surface Temperature（SST）

资料来源：Emanuel，2005a.

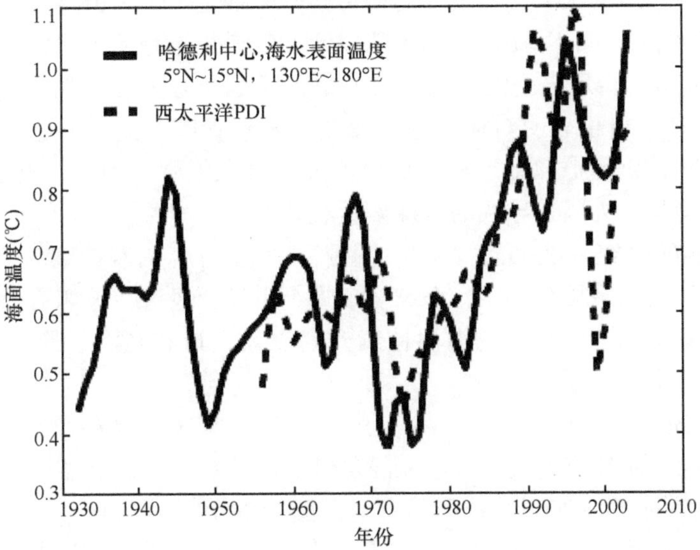

图 4-2 西北太平洋 PDI 年频数与 7～11 月平均 SST

Fig. 4. 2 Annually Accumulated PDI for the Western North Pacific Compared to July - November Average SST

资料来源：Emanuel，2005a.

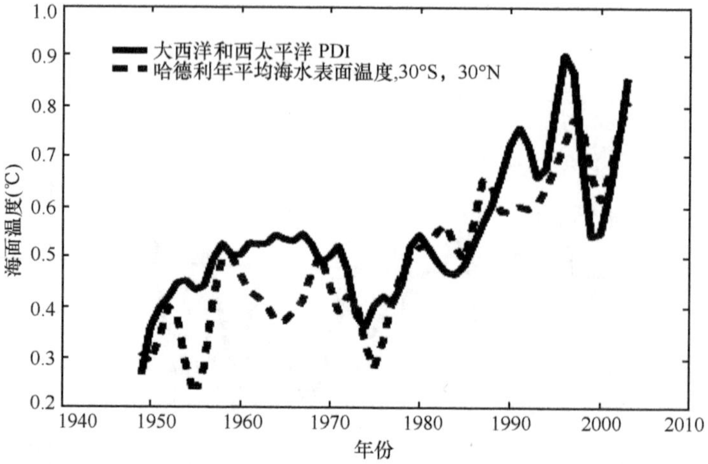

图 4-3 NWPC 和 ATAL 的 PDI 之和年频数与全年 SST

Fig. 4. 3 Annually Accumulated PDI for the Western North Pacific and North Atlantic, Compared to Annually Averaged SST

资料来源：Emanuel，2005a.

2006 年，Emuael 为增加自己研究结论的证据，将北大西洋飓风的 PDI 序列延至 18 世纪初，发现该序列与大西洋飓风主要源地 SST 的长期变化相当接近，并与飓风主要源地的 SST 存在很好的相关性。特别是 1970~2004 年，相关系数高达 0. 74。因此，Emuael 指出，“近年飓风活动的增加不是源于北大西洋的多年代际振荡（AMO），台风强度的变化潜在关键因素是人为因素导致的热带北大西洋变暖”，“统计分析也表明对流层空气冷效应某种程度上抵消了这种人为因素导致的暖化，某种程度上抑制了飓风活动更大的潜在增强。因而，近 30 年台风强度的变化可能与人为因素导致的全球变暖有关”。

Emanuel 的研究（2005a，2007）显示了海温与台风潜在破坏力的相关性。如果两者之间的因果关系存在，全球变暖将会引发台风潜在破坏力增强。这一研究结论意味着全球变暖导致的海温持续升高以及人口和经济总量的增加，21 世纪台风将会带来更大损失。

除了 Emanuel（2005a），Webster 于 2005 年在 *Science* 也发表了关于全球变暖与台风活动的关系研究论文。由于一般热带气旋频数分析未能显示出趋势，与以往不同，Webster 等（2005）选择了有卫星图片的 1970~2004 年 4 级、5 级飓风的年频数时间序列，检验了在海温变化背景下，各海域各类热带气旋强度的变化。其研究指出，“过去的 10 年中，台风频数在除北大西洋之外的各台风生成海域都有所下降，但达到 4 级或 5 级强度的强台风的个数和所占比例呈现出较大的上升趋势，20 世纪 70 年代全球平均每年发生约 10 个超强台风（4 级和 5 级飓风），占总热带气旋数的 20%，而 20 世纪 90 年代则每年平均频数增加近一倍，达到 18 个之多（表 4-1），占总热带气旋数比例上升为 35%（图 4-4）”。

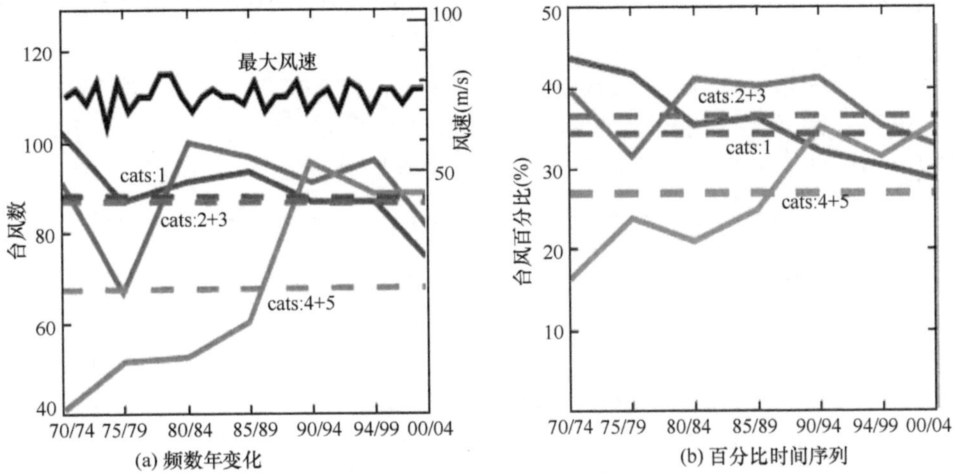

图 4-4　全球各类台风频数

Fig. 4. 4　Frequency of Different Categories of Typhoon

资料来源：Webster et al.，2005.

就各海区而言，超强台风频数上升的最大值出现在北太平洋、印度洋和西南太平洋海域，而北大西洋海域的增长百分比最小（表 4-1）。

表 4-1　不同海区 1975~1989 年和 1990~2004 年 4 类和 5 类超级强台风频数与比率的变化

Table 4. 1　Change in the Number and Percentage of Hurricanes in Categories 4 and 5 for 1975~1989 and 1990~2004 for the Different Ocean Basins

海区/basin	时期/period			
	1975~1989 年		1990~2004 年	
	频数（个）	百分比（%）	频数（个）	百分比（%）
东北太平洋	36	25	49	35
西北太平洋	85	25	116	41
北大西洋	16	20	25	25
西南太平洋	10	12	22	28
北印度洋	1	8	7	25
南印度洋	23	18	50	34

注：表中频数为 4~5 类超级强台频数（Webster et al.，2005）.

为探测 SST 与强热带气旋活动变化的关系，Webster 等选择了热带气旋发展海域、季节。其选择了北大西洋 90°E~20°E，5°N~25°N，6~10 月；西北太平洋 120°E~180°E，5°N~20°N，6~10 月；西南太平洋 155°E~180°E，5°S~20°S，12~4 月；北印度洋 55°E~90°E，5°N~20°N，4~5 月和 9~11 月；南印度洋 50°E~115°E，5°S~20°S，11~次年 4 月的 SST 序列（图 4-5），进行肯德尔非参数趋势检验显示，除了西南太平洋外，均以 0.05 的显著性水平具有统计上的显著增加趋势。

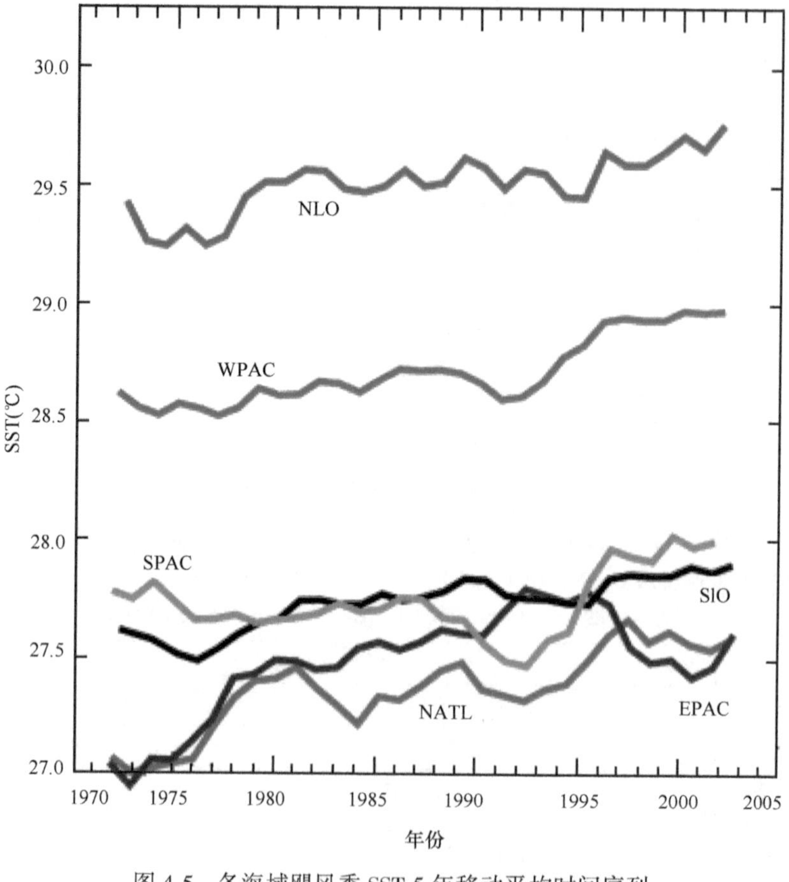

图 4-5 各海域飓风季 SST 5 年移动平均时间序列

Fig. 4.5 Running 5-year Mean of SST During the Respective Hurricane Seasons for the Principal Ocean Basins

资料来源：Webster et al.，2006.

Emanuel（2005）和 Webster 等（2005）分别从台风潜在破坏力以及强台风的频数变化与海温关系的研究中得出了一致的结论：全球变暖导致了强台风的增加和台风潜在破坏力的增强。

4.2 气候变化与台风活动的争议

Emanuel（2005a）和 Webster 等（2005）的研究不仅指出了强台风的增强，而且将其原因归结为以全球变暖为特征的气候变化。国际台风领域的专家迅速对 Emanuel（2005a）和 Webster 等（2005）的论断做出了回应，由此引发了国际台风界对台风气候变化趋势及其归因的激烈争议。

4.2.1 台风活动的变化趋势

质疑的第一问题是全球范围内的台风气候是否发生了显著变化，即资料的可靠性和非均一性是否导致了台风气候特征的虚假变化。

Pielke 等（2008）分析了直到 2004 年由台风强风造成破坏的历史记录，但并未发现明显增加趋势。1900～1950 年 40 次台风造成的平均损失为 930 万美元，1951～2004 年的 46 次台风造成的平均损失为 730 万美元，统计上的差别并非显著。即使加入 2005 年“Katrina”飓风的最高估计损失，也不能改变以上数据的解读。其通过对以上数据分析，对 Emanuel 的分析提出了两种可能的解释：如果能量耗散指数的确是台风破坏力的准确指示因子，那么 Emanuel（2005a）所指出的趋势是数据分析或者统计方法的人为产物；Emanuel（2005a）所发现的趋势的确存在，但能量耗散并非台风破坏力的一个准确的指示因子，如果是，则应与经济损失直接相关，而 Pielke 等（2008）对美国飓风经济损失的标准化分析间接否定了 Emanuel（2005a）的台风破坏力增加的结论。

Landsea（2005）、Knaff 和 Sampson（2006）、Chan（2006）等也提出了质疑。Landsea（2005）对 Emanuel（2005a）“令人惊讶”的发现提出了三个质疑。

第一个质疑，其认为 Emanuel（2005a）的图表没有正确反映观测资料，该图对能量耗散指数的时间序列进行过两次 1-2-1 滤波，但是这种平滑却没有改变数据的末点，而末点对其结论至关重要。如果在时间序列尾端加入 2004 年的台风季节数据，然后对其进行更恰当的滤波处理，平滑后的时间序列并非像 Emanuel（2005a）的结果那样剧烈上升。

第二个质疑，其认为 Emanuel（2005a）对 1949～1969 年的偏误剔除手段是缺乏根据的。Emanuel 为了使风压关系得到满足，对 1949～1969 年的数据误差校正方法使得此期间的台风风速减小。基于 20 世纪 60 年代以前缺少静止卫星的监测，对那些远离大陆的台风缺少飞机探测，Landsea 等（2006）认为 Emanuel

（2005a）可能大大低估了60年代以前台风的PDI值。其推测，由于同样的原因，60年代以前的台风频数有可能被漏记，并认为1881~1885年平均每年漏记的大西洋风暴或飓风约0~6个、1886~1905年平均每年约漏记0~4个。Landsea基于上述理由进行了校正。尽管2004年台风活动出现极大值，而近几十年的台风耗散能量趋于一个世纪以来的平均值，台风袭击的总数和强度并没有呈现出增强的趋势。校正后的北大西洋台风PDI的“显著”异常变化更像是大西洋一个大的多年代际振荡。

第三个质疑，其认为从如此短的时间记录中分离出是人为原因的气候变暖导致了热带气旋活动的增强还是热带气旋活动的自然变化是很困难的。可靠的结论应延长时间序列长度，即应附加若干年代可靠的记录，才有可能从中寻找出变化趋势。

除Landsea外，Wu等（2008）认为大西洋PDI的增加主要是由气旋的频数增加和生命史延长所致，并非Emanuel（2005a）所指的台风破坏力增加。

Landsea等（2006）还注意到Webster等（2005）的统计样本中未包含20世纪70年代和80年代发生在北印度洋的6个超级台风，若将其统计在内后就会使得北印度洋的趋势明显变弱，甚至变得不显著，并认为这种系统性的低估对于主要依赖卫星云图进行台风强度监测的海域（即除大西洋以外的所有海域）在所难免。此外，由于近些年强台风的定强更趋准确，也可能导致统计结果的系统性偏差。围绕这一问题，许多相关研究认为虽然部分区域的台风频数可能存在一定的变化趋势，但是全球范围内的台风频数并没有发生显著的变化（Landsea et al.，1996；Chan and Shi，1996；Henderson et al.，1998；Klotzbach，2006）。

面对上述学者的质疑，Emanuel在*Nature*做出回应。他指出，尽管观测手段不尽相同，各大海域台风能量耗散指数均呈现几乎相同的上升值，并且这种趋势与海面温度的变化吻合得很好，而海面温度的测量又比较精确。基于以上理由，Emanuel坚持台风耗散能量呈上升趋势的结论（Emanuel，2005b）。然而，Emanuel并不反对Pielke的第二个假设，并提出了能量耗散并非台风破坏力的一个准确指示因子的可能原因：台风登陆后造成损失的时间相对于整个台风生命期来说很短，侵犯美国海岸的台风只占生成的所有台风极小的一部分。Emanuel估计他用来计算能量耗散的台风个数是Pielke所关心的登陆台风个数的100倍左右，包含所有台风的能量耗散方法的信噪比是只计算登陆台风方法的10倍，所以前者更具有说服力。而对Landsea的第2个质疑，Emanuel承认忽视了对时间序列末点的处理，从而夸大了近期大西洋台风活动的增强。然而，Emanuel（2005b）指出，通过对订正后大西洋和西太平洋时间序列的分析看出，这个错误并未实质性地改变整体趋势。况且，这个错误对于能量耗散和海表面温度的高度相关性并未造成较大影响。对于Landsea的第三点疑问，Emanuel（2005b）认为由于时间长度太短，仅仅依靠现有的大西洋台风强度记录不足以建立与全球变暖或年代际周期变化的相关关系。但是，由于台风活动和热带海面温度的显著相关，使得 Landsea 所持的近年热带海面温度和台风活动的若干年代变化完全出于自然原因的观点变得可疑。

鉴于许多研究将台风趋势变化争议的原因之一归结数据来源的差异，Knaff 和 Sampson（2006）利用重新订正的数据资料，统计了 1966~1987 年西北太平洋的台风最大强度，发现超强台风年频数的上升趋势比原始最佳定位资料的结果明显减小。Klotzbach（2006）基于卫星云图资料的研究发现，1986~2005 年全球超强台风频数的变化趋势仅存在±10% 波动，并指出大西洋飓风活动有明显增强的同时，东北太平洋台风的活动则存在量级相当的减少，依据最近 20 年的数据资料，无论是全球 ACE，还是 4 级、5 级台风频数均没有显著的线性增加趋势。Kossin 和 Vimont（2007）建立了统一的全球台风强度记录 UW/NCDC（University of Wisconsin-Madison /National Climatic Data Center）。作为 JTWC 最佳路径数据集记录的一个补充，同时统计分析了两个数据集下的 PDI 变化趋势，并针对 Webster 的强台风频数增加的结论也进行了统计分析。在大西洋使用 JTWC 和 UW/NCDC 数据集的结果具有一致性。大西洋飓风 PDI 以及强台风的频数与百分比的变化趋势与 Emanuel（2005a）相近且与 Webster 等（2005）一致，而在全球以及其他海域，数据集JTWC除了在南印度洋显示出 PDI 增加的趋势，其他任何海域均无线性增加趋势（图 4-6 和图 4-7）。UW/NCDC 数据集的 PDI 和强台风频数与频数百分比除北大西洋外任何海域均无增加趋势（图 4-6）。值得指出的是，PDI 是台风强度（中心附近最大风速）和持续时间的综合量，PDI 增加未必是台风强度增强所致。

尽管存在着分歧，大多数科学家赞同由于目前的精确气象记录的历史相对比较短暂，因此不足以作为得出台风长期变化趋势的结论的依据。到 21 世纪中期，也许新增的记录会提高对台风活动长期趋势的认识。

4.2.2 台风活动变化的归因

全球变暖的台风效应争议的第二个问题是台风活动变化的归因。在全球气候变化的背景下，海洋圈也发生着深刻的变化，包括海面温度升高、海平面上升，以及盐度、海冰面积减少、波浪和海洋环流的变化。台风异常活动是全球气候变暖的必然结果，还是其他原因导致台风多年代际周期性变化的反映，成为当前争论的焦点。

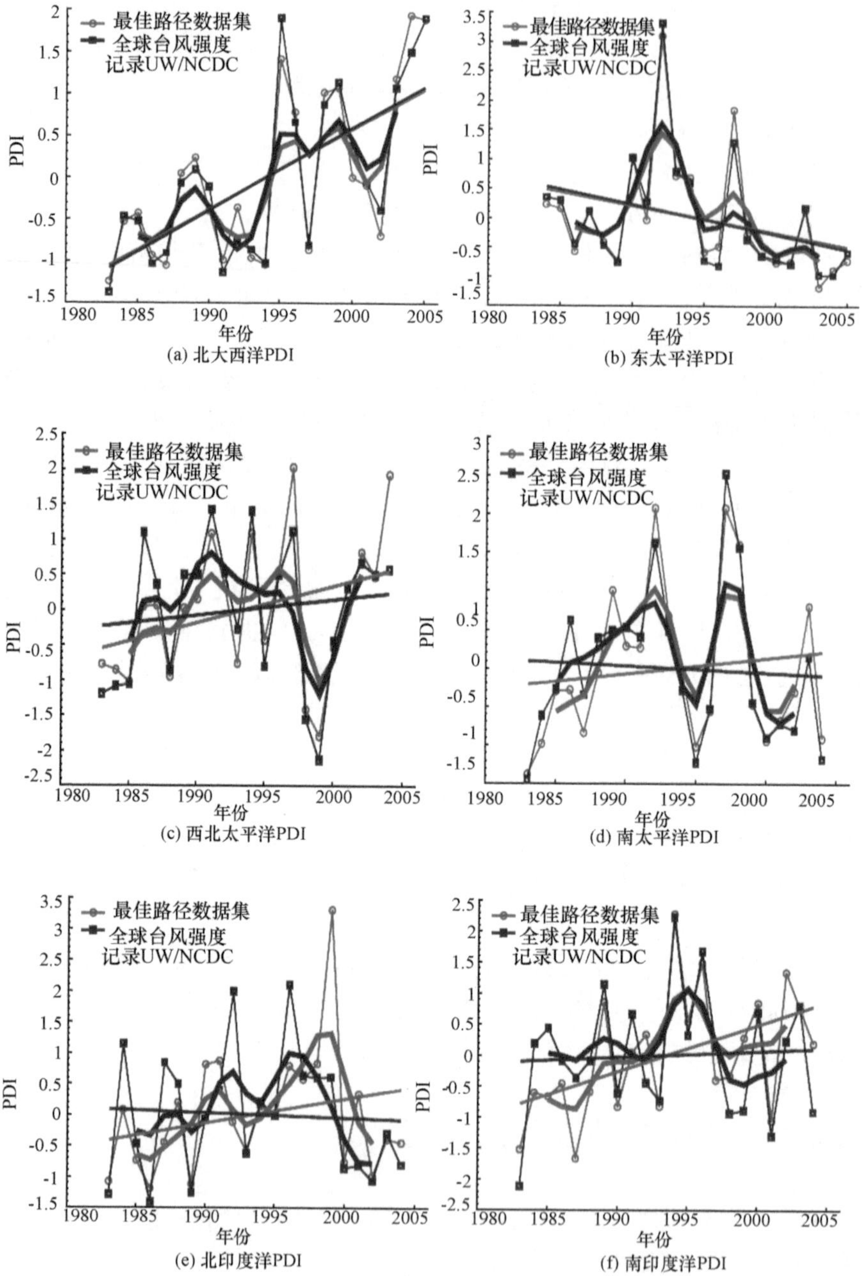

图 4-6　6 个主要海域基于两种数据集的 PDI 序列比较

Fig. 4.6　Comparisons of Best Track and UW/NCDC Records in Each of the Six Hurricane-prone Basins

资料来源：Kossin 和 Vimont，2007.

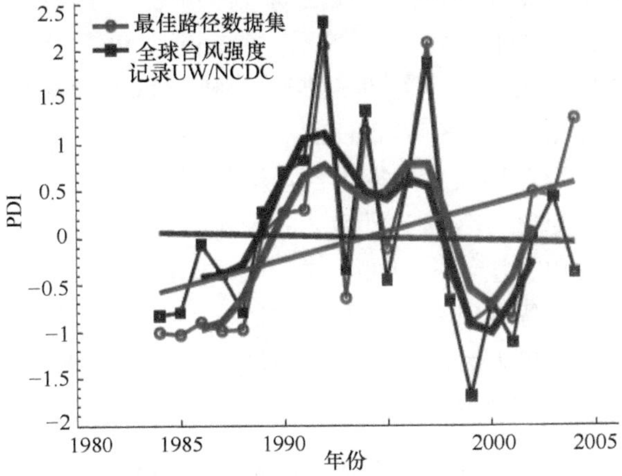

图 4-7　基于两种数据集的全球 PDI 序列比较（Kossin and Vimont，2007）

Fig. 4. 7　Comparisons of Best Track and UW/NCDC Records in Global PDI Series

资料来源：Kossin 和 Vimont，2007.

1）与 SST 的关联。Hoyos 等（2006）对影响台风变化的多种变量进行分析后认为，热带环境场的其他变量，如风垂直切变、925～500hPa 比湿、850hPa 纬向伸长形变（纬向风随经度的变化）等因素仅影响较短时期的台风强度变化，而不能明显地影响全球台风强度变化。他们指出，1970～2004 年，全球范围内超强台风的增多趋势主要与 SST 相关，大西洋的飓风活动受 SST 增加影响相对更大，这可能是因为 SST 对于大西洋飓风的发生、发展和移动具有相当的主导作用，而对西北太平洋等海域台风活动的主导作用相对较弱。

2）全球地表温度。曹楚等（2006）通过气候趋势的检测及分析发现，1949～2002年西北太平洋的台风频数及登陆中国的台风频数与全球平均地面温度具有相反的气候变化趋势，相关系数分别为-0. 54 和-0. 12。他们认为，由于全球变暖，西北太平洋和登陆中国的台风频数存在减少的趋势，且西北太平洋台风频数的减少更为明显。

3）温室气体排放。一些研究者认为台风活动变化不一定与 SST 的升高直接关联，而是由于排放 CO_2 产生的温室效应引起。例如，Henderson Sellers 等（1998）的估算表明，CO_2加倍的情况下，从台风中心气压下降的程度来看，台风的最大潜在强度（MPI）将增加 10%～20%。Wu 等（2004）通过台风轨迹模型的模拟，发现温室气体引起的气候变化对台风路径会产生较为复杂的影响。

4）多年代际振荡。有学者认为，台风活动的多年代际气候振荡对近 10 来年台风活动“异常”也有重要贡献。Chan（1995）的研究表明，20 世纪 60 年代中期到 70 年代初期为西北太平洋台风活动频繁期，50 年代和 80 年代初期为台风活动较少期，但 80 年代中期以后，台风活动又逐渐增多。Chan 和 Liu（2004）也发现，1960~2003年西北太平洋的台风活动（年频数、强台风所占的比例以及台风PDI）与局地的SST变化没有显著关系。Chan（2006）将Webster等（2005）对西北太平洋的分析时段延长至更早时期，分析发现该海域所谓的“趋势”只是更长多年代际变化的一部分。Goldenberg等（2001）认为大西洋飓风近10年来的活跃，是数十年至百年尺度周期大西洋多年代际振荡（AMO）的正常波动。

总之，由于气候变化对全球台风活动的影响较为复杂，大气环流、海气相互作用、全球海面温度和温盐环流均对全球台风活动的发生频率、强度、路径趋势和登陆地区产生影响。各种研究基于不同的数据资料，选择不同海域，从不同的角度，研究气候变暖背景下台风的频数与强度的历史或未来趋势以及归因，其研究结论显示出多样性与不确定性（表4-2）。

表4-2　台风活动的变化及其归因

Table 4.2　The Change and Attribution of Typhoon Activities

代表性文献/representative literature	结论/conclusion	归因/attribution
Emanuel（2005a，b）	西北太平洋、北大西洋台风潜在破坏力增加	SST
Webster等（2005）	全球4级、5级以上台风增加	SST
Sriver等（2006）	SST每增加0.25℃，全球台风PDI将增加约60%	SST
Holland和Webster（2007）	高SST会导致台风MPI增大，台风可能更强或强台风可能增多	SST
Knustson和Tuleya（2004）	全球变暖，台风强度更强、降水率更高	SST
马丽萍等（2006）	热带气旋活动对全球变暖响应存在区域差异。最近大西洋强飓风上升，西北太平洋和北太平洋东部及中部热带气旋频数下降	SST
Knutson等（2008）	气候变暖，热带气旋活动频率可能减少或很少变化	SST
Mann和Emanuel（2006）、Kossin和Vimont（2007）、Knaff和Sampson（2006）	台风频数与强度没有明显增强趋势	台风观测和定强技术变化，数据资料不一致导致了台风强度的虚假变化
Chan和Liu（2004）、Chan（2006）	西北太平洋热带气旋异常是自然的多年代际变化	与SST没有关系

续表

代表性文献 /representative literature	结论/conclusion	归因/attribution
Goldenberg 等（2001）	大西洋的观测是多年代际变化的正常波动	与 SST 没有关系
Pielke 等（2005）、Barthel 和 Neumayer（2012）、Bouwer（2011）	全球台风登陆频数有一个长周期年际变化。1 级、2 级飓风和 3 级以上超强台风线性趋势尚无证据	不能证实与 SST 存在关联
Elsner 和 Kocher（2000）	NAO 指数为正（负）值时，全球热带气旋活动（北大西洋除外）偏多（少）	北大西洋涛动（NAO）
Gray 等（1997）	强飓风活动频数高（低）的年代对应强（弱）的温盐环流为正（负）年代	温盐环流
何敏等（1999）、Horsfall（2000）、Knutson 等（2008）	EL Niño 年，西北太平洋台风频数减少、La Niña 年台风频数增加。El Niño 事件发生前期，北大西洋区域以及其他海区热带气旋生成增加	ENSO 事件 EL Niño、La Niña、海气耦合作用
Henderson Sellers（1998）	CO_2 加倍情况，台风 MPI 将增加 10%～20%	温室气体排放

4.3 全球气候变暖与台风活动变化的共识

气候变化如果导致了台风灾害损失的增加，则意味着需要更大的减灾投入和风险管理。台风灾害的损失增加若部分归因于气候变化，且是人类温室气体排放导致的全球变暖所致，温室气体减排的政策则具有更大的价值。学术界关于气候变化与热带气旋活动变化研究结论的不同导致了极大争议。而这一争议，基于上述理由成为学术的焦点问题之一。大气科学界为综合全球科学界的共识，在热带气旋国际学术研讨会（International Tropical Cyclone Workshop，ITWC）会议和发布的全球气候变化的综合报告中对目前的研究现状和未来的发展可能相继进行了多次总结，其代表了科学界广泛意见和权威性。

4.3.1 IWTC 声明

IWTC 为系列性的国际学术会议，创办于 2006 年，其宗旨为展示交流国际最新热带气旋研究成果，研讨当前和未来研究热点和方向、气候变化对热带气旋的影响、减灾防灾等。作为对社会各界广泛关注的回应，2006 年 11 月在哥斯达黎加召开 IWTC 会议期间，专题研讨了全球变暖对台风活动影响的问题，并发表《当前气候变化对台风活动效应的理解》（IWTC，2006），阐述了关于人类活动引起的气候变化与台风活动的关系。

1）普遍认为温室气体的排放是导致海平面温度升高的原因。如果人类活动温室气体排放增加，可以预期21世纪海平面温度将会升高。目前，在台风记录中同时有支持和不支持人类活动（全球变暖的影响）信号存在的证据，但在这一点上还不能给出一致的肯定结论。

2）普遍认为全球范围内热带气旋年际变化的主要原因是ENSO现象。年际变化尺度上，北大西洋台风频数的增加与海温密切相关。而在其他海区，目前SST与热带气旋频数没有发现正相关关系。

3）近年极端高影响台风频繁出现，但单个台风的异常活动不宜直接归因于气候变化。

4）在一些海域已经观测到台风存在多年代际变率，而这些变率的成因，无论是自然原因、人为原因或者综合原因，目前正在成为争论的焦点。这种变率使得对台风活动的任何长期变化趋势的检测变得困难重重。

5）在过去几十年中，对台风的定强技术（监测和确定台风最大风速的手段）发生了很大变化，这给准确地确定变化趋势带来许多困难。对台风的监测方法存在很大的区域性差异，许多海域没有飞机探测，这些明显的局限性将继续阻碍台风气候变化的趋势检测研究的深入开展。

6）中尺度和大尺度气候模型（GCM）模拟的结果显示，在全球变暖的气候背景下，全球台风频数或减少，而一些海区热带气旋频数增加。但全球气候模式的模拟精度仍较低，热带气旋未来频数的变化仍然存在不确定性。

7）如果全球气候持续变暖，气候模型模拟台风的强度和降水很可能会继续增加。

8）沿海地区人口增长和基础设施增加是近期台风经济损失和破坏性增加的主要原因。

9）如果全球变暖引起预期的海平面升高，台风风暴潮脆弱性将会增加。

4.3.2 气候变化综合报告（2007）（IPCC-AR4）

联合国政府间气候变化专门委员会（Intergovernmental Panel on Climate Change，IPCC）由联合国环境规划署（United Nations Environment Programme，UNEP）和世界气象组织（World Meteorological Organization，WMO）于1988年成立，旨在评估科学、技术和社会经济相关信息，认识人类活动导致气候变化的相关风险和其潜在影响，以及减缓与适应选择。IPCC本身并不进行气候变化的科学研究，也不从事气候相关数据的监测工作，只是对全世界范围内经过仔细审议和已出版的有关气候变化的科研文献和技术资料进行评估并归结成评估报告予以发布，将人类有关气候变化的“现有知识”进行总结。

政府间气候变化专门委员会于 2007 年 2 月正式发布 IPCC 第四次《气候变化 2007 综合评估》报告的决策者摘要（IPCC，2007），也对全球变暖与台风气候变化的问题进行了评估，主要结论如下。

1）气候变暖是毋庸置疑的。

2）有观测证据表明，大约自 1970 年以来，北大西洋的强热带气旋活动增加，而且有迹象表明，其他一些区域强热带气旋活动也增加，但在世界其他地区强热带气旋活动增加的证据有限。而对这些区域资料质量的关切程度加大，结论依赖于数据的质量。多年代际变率和大约在 1970 年开始的日常卫星观测之前的热带气旋记录的质量使对热带气旋活动长期趋势的检测复杂化。

3）全球台风频数的年际变化趋势并不明显。目前尚难以断定气旋活动是否存在更长期的变化趋势，特别是在 1970 年之前。

4）根据一系列模式，未来热带气旋（台风和飓风）的强度可能更大，未来热带气旋的最大风速加大与不断升高的热带海面温度相关的强降水增加。自 1970 年以来，某些地区超强风暴的比例明显增加，远远大于现有模式的同期模拟结果。

5）尚没有足够的证据表明全球的台风频数在减少。全球热带气旋数量减小具有较小的可信度。

6）热带气旋的强度可能增加。基于 SRES 情景下，21 世纪预估，强热带气旋活动可能增强。

4.3.3 气候变化综合报告（2013）（IPCC-AR5）

2013 年 9 月，IPCC 第一工作组发布了第五次评估报告《气候变化 2013：自然科学基础》决策者摘要，对气候变暖与热带气旋的活动再次阐述了最新的共识。

由于自然气候系统极端复杂，具有内在混沌的特性，并包括各种时间尺度的非线性反馈，气候变化无论观测还是预估都存在不确定性，因而，第五次评估采用了修订后的不确定性指导说明，并且在评估研究中采用的方法存在具体差异。根据以上的规则，使用专门的术语评估和表述关键发现的不确定性：①证据的类型、数量、质量和一致性表述为“有限”、“中等”或“确凿”；达成一致的程度表述为“低”、“中”或“高”。一般情况下，当具有多条独立的高一致性、高质量证据时，证据最确凿。②使用不同的限定词表示信度水平：“很低”、“低”、“中等”、“高”和“很高”。IPCC 报告指出信度综合了作者团队对于结果有效性的判断，通过评价证据和一致性而确定。信度“低”和“很低”的结果应在主要关注的领域提出，并且应审慎地解释提出这些结论的理由（表 4-3）。主要结论如下。

表 4-3 可能性范围

Table 4.3 Definition of Likelihood

术语/term	结果的可能性/likelihood of outcome
几乎确定/virtually certain	99%～100%
很可能/very likely	90%～100%
可能/likely	66%～100%
或许可能/about as likely as not	33%～66%
不可能/unlikely	0%～33%
很不可能/very unlikely	0%～10%
几乎不可能/exceptionally unlikely	0%～1%

注：引自气候变化综合报告（2013）.

1）全球表面平均温度的增加（全球变暖）和海平面上升是毋庸置疑的。

2）21 世纪全球热带气旋的频数可能下降或者基本不变，与此同时，热带气旋的强度可能更强以及由此产生的降雨可能增加。超强热带气旋出现在一些海域可能性增大。

3）热带气旋活动增加，在长期变化上是低信度（low confidence），但 1970 年以来在北大西洋是几乎确定的。

4）21 世纪早期（2016～2035 年）强热带气旋活动增强是低信度，晚期（2081～2100 年）在一些海域强热带气旋活动增加较有可能。

5）全球范围内，热带气旋活动的异常变化归因于人类的影响是低信度。这是因为目前对人类活动导致的气候变暖与热带气旋活动之间的联系物理机制尚缺乏理解，也缺乏充分的观测证据。此外，关于热带气旋的异常活动是否是热带气旋活动的多年代际变化或者全球变暖的效应，研究中的一致性与共识较低。

6）自 20 世纪 70 年代以来观测到的北大西洋热带气旋活动增加归因于趋势变化或是自然变化，以及全球变暖对这种变化的影响，仍然存在严重的分歧。北大西洋气溶胶减少是观测到自 20 世纪 70 年代热带气旋活动增加的部分原因。问题在于自然变化或者温室效应以及气溶胶冷凝效应对这种趋势的相对重要性大小仍然存有严重的争议。

7）ENSO 现象有全球影响，仍将是 21 世纪影响热带太平洋热带气旋年际变化最重要的因子。

4.4 小结

4.4.1 台风活动长期趋势不确定性的原因、本质

全球气候变暖对全球台风强度和频数长期变化趋势的影响究竟如何？本章对这一极具挑战性与争议性的问题从发端文献、热点争议、气候评估报告三个方面综述了其研究进展。

1）全球变暖与海平面的上升毋庸置疑。近年来一些海域的热带气旋活跃以及极端高影响台风频繁出现归结为人类影响导致的气候变暖受到了极大的质疑。目前，广泛的学术研究已经形成了一些共识：一些海域强台风的比例是增多了，但从目前的资料分析和研究来看，台风频数、强度的长期变化趋势均还未超过自然变率的范围，单个台风的异常活动还不能直接简单地归因于全球气候变化。较为特别的是自 20 世纪 70 年代以来，北大西洋海域台风强度与超强台风的频数显示出可以确定的上升趋势，引起这一现象的原因仍然存有争议。一些研究人员认为是北大西洋多年代际振荡（AMO）的一个自然变化；而另一些人则认为气候变化对北大西洋飓风活动的增加起了关键性作用（Goldenberg et al.，2001；Emanuel，2005a；Webster et al.，2005）。全球气候变暖导致全球台风频数、强度增加的长期变化趋势仍有待证实，未来热带气旋的频数和强度变化仍然具有不确定性。

2）存在不确定性的三个原因：①模型的有限性。大气环流模式、GFDL 飓风模式，甚至包括海洋耦合、区域气候模式、全球模式等各种模型的精度和可信度仍较低。②统计分析数据质量与样本容量的局限性。台风频数与强度变化趋势的证实不是短期样本数据所能完成的任务。此外，由于早期台风监测手段和定强技术的局限、强台风序列的非均一性、数据的一致性受到质疑，一些海域缺乏完整的历史数据，数据本身的准确性也受到了质疑。③问题本身的挑战性与复杂性。长期的气候循环或多年代际变化也会导致热带气旋活动的变化。需从热带气旋自然变化中分离出人为因素导致的气候变化。观测的检验即便是显示出某种趋势，然而延长时间序列这种趋势却消失，表明短期的样本数据难以确证台风活动的趋势。可以预见未来任何飓风强度的变化在台风的自然变化中可能相对较小，证实相应的结论更加困难（Knutson and Tuleya，2004；Henderson-Sellers et al.，1998）。

3）存在不确定性的 3 个本质：①热带气旋生成机制目前远没有完全确定。②全球变暖及引发的海表温度升高如何影响台风活动的机理尚不清楚。台风的主要能量来自于热带海洋，因此，SST 升高是台风生成的有利条件之

一，促使生成台风的频数增多。但一些研究也表明，海表温度升高会增强热带洋面的对流，释放更多的潜热使上层大气趋暖，大气层结构趋于稳定，从而抑制对流的继续发生，也未必有利于台风的生成。③温室效应气体的排放与观测到的飓风特征之间的联系尚未建立（Houghton et al.，2001；Walsh，2004）。

基于上述理由，全球变暖与飓风活动之间的决定性联系近期都难以明确。

4.4.2 未来的减灾战略

热带气旋的长期趋势存在着科学上的不确定性，而且多数研究的共识是这种不确定性在不远的将来仍将继续存在。与之有关的减灾防灾战略如何？台风对社会经济发展和受其影响地区的生命财产带来了巨大损失，台风灾害的未来趋势对台风灾害的减灾防灾重要性有着直接关联。未来的研究可能证实一些目前观测到的事实，也可能推翻一些现有的结论，因而气候变化与台风趋势因果关系存在着以下三种可能。

1）气候变化导致台风强度与频数大幅增加。在这种情况下，任何减轻灾害降低台风效应的措施都是正确有益的，加大台风灾害减灾防灾政策投入和减灾行动无疑具有更为重要的意义。

2）气候变化对台风的强度和频数没有影响，然而却导致了持续的海平面升高，加剧了风暴潮的威胁，现在采取行动减轻风暴潮的脆弱性，也是值得期待的减灾战略。

3）第三种可能，气候变化没有导致未来热带气旋频数与强度的增加，也没有导致海平面的大幅升高。但是，台风登陆地区的脆弱性很可能由于持续的财富和人口的增长（Pielke et al.，2008），台风灾害的威胁仍将持续或加大（图4-8）。

总之，即便气候变化是否引起了强台风的增加在未来几十年仍将难以科学确定，仍然需要进一步采取行动减少超级风暴带来的脆弱性。

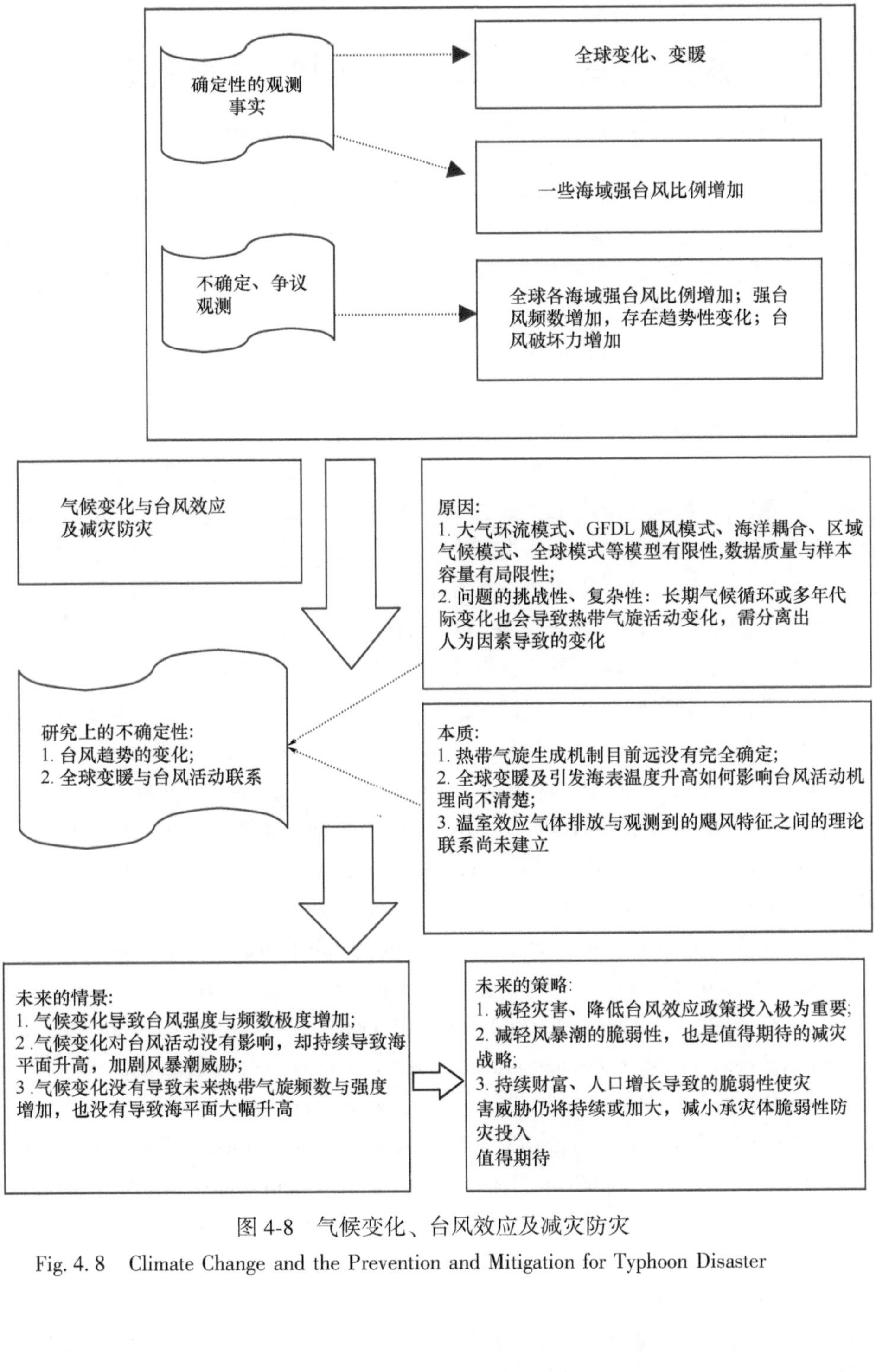

图 4-8　气候变化、台风效应及减灾防灾

Fig. 4. 8　Climate Change and the Prevention and Mitigation for Typhoon Disaster

第5章　影响中国的台风灾害源地、强度及其关联性

Chapter 5　Association of the Origin and Intensity of Typhoon Disaste

摘要：使用方差分析、非参数检验等推断统计方法，对 1949～2008 年西北太平洋 2029 个热带气旋资料的气候特征进行统计分析。结果表明：①82.65%的热带气旋产生在 5°N～25°N 和 110°E～160°E 区域中；其中，14°N～19°N、115°E～120°E 的区域（5°×5°面积）是热带气旋生成最多的区域，其位于中国南海东北部、吕宋岛西侧的狭小海面上。②西北太平洋热带气旋源地的季节变化：1～4 月较偏南偏东，产生的范围相对集中；5～6 月源地中心向北变化；7～9 月产生的热带气旋不仅频数多，而且分布范围广；10～12 月源地的中心则向南转移。③热带气旋强度随季节变化，冬季 1 月和 2 月气旋强度最弱，春、夏气旋强度强于冬季，春、夏季节内强度无显著变化，秋季台风最强。④统计显示，近 60 年来，热带气旋强度随生成源地纬度偏南而增强，随源地经度偏东增强，经度比纬度的影响更为显著；但是源地的经纬度与热带气旋强度呈一定的交互影响。该研究首次将方差分析、非参数检验等推断统计方法应用于热带气旋气候特征研究中，提高了对西北太平洋热带气旋源地、强度及其关联性的认识。

关键词：气候特征；非参数检验；多独立样本的中位数检验；Kruskal-Wallis 检验；Jonckheere-Terpstra 分布检验；Cox-Stuart 趋势性检验；单因素方差分析

Abstract: An inferential statistical study on climate features of cyclone activities in the North-Western Pacific was conducted by using data from 2029 tropical cyclones covering a 60 year period (1949 to 2008). The statistics show: The most frequent region of cyclone origin lies in the 9°～14°N and 115°～120°E and within a 5°×5° area, a narrow, small area west of Luzon Island in the Northeastern part of the South China Sea. Cyclones originate in more southerly and easterly zones during January to April. The source region center of cyclones moves northward during May and June and southward during October and December. Tropical cyclones appear to become gradually stronger from winter to autumn. Tropical cyclone intensity varies with generation source latitude and longitude. It is enhanced with latitude southerly and strengthening with the source longitude easterly. Longitude than the effects of latitude is more significant. Interactive influences apparently exist between latitudinal and longitudinal directions. By introducing new statistical methods, the present study revealed new climate features of typhoon activities in this region.

Keywords: climate feature; nonparametric test; multiple independent sample median test; Kruskal-Wallis test; Jonckheere-Terpstra distribution test; Cox-Stuart trend test; single factor analysis of varianc

影响我国的台风产生于西北太平洋。这一海域为全球最大、最广阔的洋面，是台风活动最频繁的区域（占全球总数的36%），其台风强度也是全球最强（台风中心气压达870hPa）（王喜年，1998）。同时，西北太平洋台风侵袭全球最大的大陆，受灾地区有着全球最大的人口总量。自1949年以来，西北太平洋台风给中国造成的直接经济损失达10亿~100亿元，死亡人数为100~1000人（王继志，1991）。近年来，西北太平洋台风灾害侵袭的沿海地区随着社会经济的快速发展，台风灾害所造成的社会损失呈明显的上升趋势，研究西北太平洋热带气旋气候特征，可为我国台风灾害风险评估与减灾防灾提供依据。

西北太平洋热带气旋的气候特征有相当广泛的学术研究。Johnny（2005）等根据1959~1994年的资料研究了西北太平洋热带气旋活动的年际变化和长期趋势，炎利军等（2007）探讨了西北太平洋热带气旋频数年代际变化，陈敏和郑光永（1999）对1949~1996年的西北太平洋热带气旋特征进行了统计分析，其研究的内容包括热带气旋频数的年际变化、季节变化，以及热带气旋的强度分布和路径类型，考察了台风源地的季节变化以及台风强度与源地的关系。胡娅敏等（2008）对1949~2006年来登陆中国的热带气旋气候特征进行了研究，涉及热带气旋频数、热带气旋强度以及登陆中国不同地点的台风季长度、强度的气候特征。这些研究工作对西北太平洋热带气旋的时空特征，包括热带气旋发生频数的年际变化、季节变化、热带气旋源地以及源地与强度等进行了相应的统计分析。

然而，以往关于热带气旋气候特征的研究是建立在热带气旋的历史资料上，并选择了若干气候特征进行研究，其主要特点是各文献研究主题各有侧重，分别对热带气旋的一部分气候特征作出统计研究，并给出了相应的结论。但是各文献内容多有交叉，研究结论大同小异，缺乏完整的研究，也很难形成一个完整的认识。从研究方法上来说，对于热带气旋气候特征的研究在方法上大多局限于描述统计的方法。然而，基于描述统计的结论是否具有非随机性，是否统计意义显著，需要深入探讨。此外，热带气旋气候特征的研究由于早期数据的完整性和准确性方面的不足，补充2000年后的热带气旋资料，扩大样本对热带气旋气候特征研究也十分必要。

本章对热带气旋气候特征补充最新资料，根据1949~2008年60年西北太平洋2029个热带气旋的资料，对热带气旋的季节变化、热带气旋强度、源地分布进行描述统计的基础上，采用多独立样本的中位数检验、Kruskal-Wallis、Jonckheere-Terpstra分布检验单、双因素的方差分析以及Cox-Stuart趋势性存在性检验等统计方法对热带气旋源地、强度的季节变化及热带气旋源地、强度的关系采用独特的方法进行相应的推断统计，对热带气旋频数源地分布、季节变化、气旋强度及三者关系给出更多有意义的结论。

5.1 台风数据与非参数检验方法

书中采用的资料为中国气象局上海台风研究所研究受中国气象局委托按照《台风业务和服务规定》编制的CMA-STI热带气旋最佳路径数据集（1949~2008年），经过整理提取了近60年西北太平洋生成的热带气旋共2029个台风的参数记录，包括台风序号、编号、最大风速、最低气压、平均气压值、源地经度、源地纬度、台风强度等级等，建立了台风数据文件，以此进行统计分析。本章中的热带气旋包括热带低压、热带风暴、强热带风暴、台风、强台风、超级强台风。

近来的研究表明，中国气象局出版的《台风年鉴》历史资料20世纪50年代和60年代中的最大风速明显比70年代以后资料的最大风速偏大（陈锡璋，1997），而以前的研究认为台风近中心气压年代际资料没有这样的误差（陈锡璋，1997）。基于此，本章以近中心气压为对比参数，对中国气象局上海台风研究所CMA-STI路径数据集进行热带气旋近中心风速与气压对比关系的一致性验证，发现1949~1969年热带气旋的近中心最大风速具有明显偏大的倾向。本章对1949~1969年热带气旋近中心最大风速以及热带气旋生命过程中的近中心最大风速的平均值（本章中为平均风速）进行归一化处理。

在检验热带气旋的源地以及强度是否存在季节变化时，可以看出，各个季节生成的热带气旋来源于不同的独立总体样本。采用多独立样本的非参数检验方法进行分析，其基本思想是通过分析多组独立样本数据，推断样本来自多个总体的中位数或分布是否存在显著差异。中位数检验、Kruskal-Wallis、Jonckheere-Terpstra分布检验是三种主要的方法，其原理有共同之处，三者结果相互印证，有利于增加统计结果的可信性。三者也存在检验统计量的侧重点上的差异之处。中位数检验的统计量以每组样本中大于该中位数或小于该中位数的样本数目为基础。Kruskal-Wallis检验是秩检验方法，基本思想是首先将多组样本数据混合并按升序排序，求出各变量值的秩；然后，考察各组秩的均值是否存在显著差异。容易理解：如果各组秩的均值不存在显著差异，则是多组数据充分混合，数值相差不大的结果，可以认为多个总体的分布无显著差异；反之，如果各组秩的均值存在显著差异，则是多组数据无法混合，某些组的数值普遍偏大，另一些组的数值普遍偏小的结果，可以认为多个总体的分布有显著差异。方差分析是检验分类变量对定量变量的统计方法，在热带气旋的源地以及强度的季节变化中，各个季节或源地变量可以分类化，从而可检验源地对强度的影响以及季节对源地或强度的影响。本章检验台风强度是否随源地纬度、经度变化，采用了非参数Cox-Stuart趋势性检验。该检验方法是Cox和Stuart于1995年提出的一个检验方法，目的是检验一个时间序列 x_1，x_2，…，x_m是否存在上升或下降趋势。其基本思想为：

如果存在上升趋势，则序列中后面的数值倾向于大于前面的数值，反之亦然。在检验热带气旋的强度是否随源地变化时，将热带气旋的参数按照源地的经度或纬度大小排序，观察表征强度的热带气旋强度的风速或中心气压参数序列是否存在一致性的变化。其统计量的构造请参见相关文献（王星，2005）。

5.2 热带气旋源地、强度的季节变化及其关联性

5.2.1 热带气旋的源地分布

热带气旋源地分布在西北太平洋广阔的低纬洋面上，统计 1949～2008 年 60 年热带气旋的源地，从 0.5°N～32°N，106°E～180°E 均有热带气旋生成（图 5-1）。西北太平洋热带扰动加强发展为台风的初始位置，在经度和纬度方面都存在着相对集中的地带。

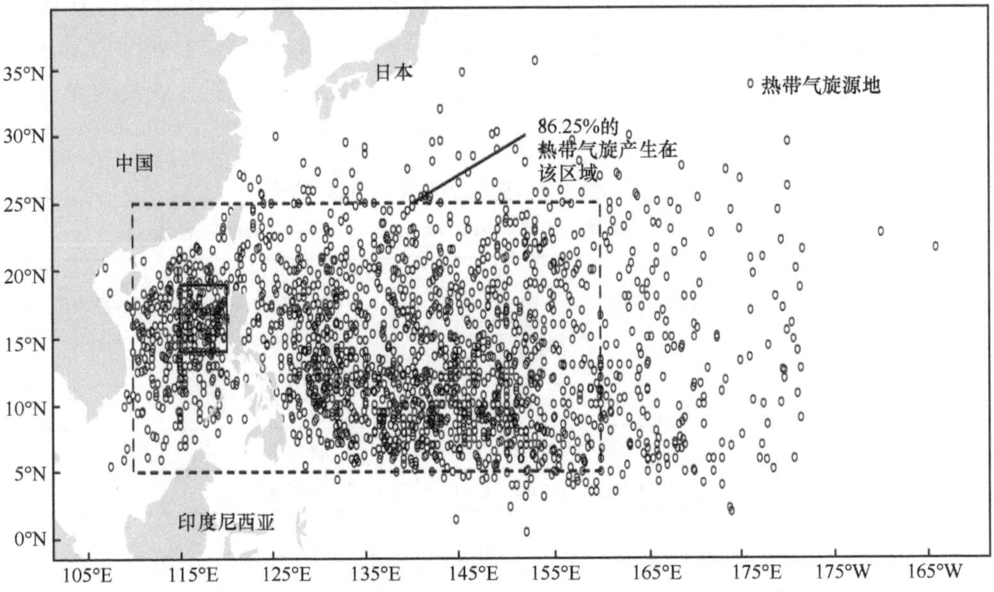

图 5-1 1949～2008 年西北太平洋热带气旋源地分布

Fig. 5.1 TC Source Region Distribution During 1949～2008

10°N～15°N 热带气旋频数 620 个，占总数的 30.56%，而 130°E～135°E、135°E～140°E、140°E～145°E、145°E～150°E 最多，其频数分别为 232 个、222 个、239 个、221 个。绝大部分热带气旋产生在 5°N～25°N，110°E～160°E 区域中（图 5-1 中的大矩形区域），60 年间产生气旋 1677 个，占西北太平洋热带气旋

总数的 82.65%。值得指出的是，5°×5°区域面积上，14°N~19°N，115°E~120°E构成的区域，是热带气旋生成最多的区域（图 5-1 中的小矩形区域），该区域为吕宋岛西侧的南海东北部狭小海面，近 60 年间有 106 个热带气旋生成。

5.2.2 热带气旋源地的季节变化

1949~2008 年西北太平洋全年每个月均有热带气旋产生，其生成频数具有明显的季节变化，1~4 月热带气旋个数较少，仅占全年气旋频数的 6.8%，7、8、9月为台风的高发季节，占总数的 65.5%。

为比较源地的季节变化，统计 60 年来各月热带气旋产生的源地的经纬度，分别做多独立样本的中位数检验、Kruskal-Wallis、Jonckheere-Terpstra 分布检验以及方差分析。中位数检验通过对多组独立样本的分析，检验它们来自总体的中位数是否存在显著差异，Kruskal-Wallis 和 Jonckheere-Terpstra 分布检验则检验多个独立样本来自多个总体的分布有无显著差异。对 12 个月的热带气旋产生的纬度与经度进行检验的结果表明，各月经度、纬度分布全部相同的 P 值均为 0.000，意味着以各月为总体的气旋源地分布存在差异，相应的中位数检验和 Kruskal-Wallis 检验从 χ^2统计量大小差别均表明纬度的差异相比于经度差异更为明显（表 5-1）。

表 5-1 源地的季节变化的非参数检验结果

Table 5.1 Nonparametric Test Result for Source Location Seasonal Variation

项目	中位数检验/median test		Kruskal-Wallis 分布检验/test of Kruskal-Wallis distribution		Jonckheere-Terpstra 分布检验/test of Jonckheere-Terpstra distribution	
	χ^2统计量	P 值	χ^2统计量	P 值	χ^2统计量	P 值
经度/longitude	139.30	0.000	95.54	0.000	14 942.25	0.001
纬度/latitude	494.79	0.000	691.16	0.000	14 941.44	0.004

以 12 个月为总体的差异性检验，只能得出热带气旋源地存在季节变化。对源地季节变化规律进行进一步具体分析。在季节变化的周期内，选取 1、2、3、4 月 4 个月份为 4 个总体，对其进行相应纬度的中位数检验、Kruskal-Wallis、Jonckheere-Terpstra 分布检验，其 P 值则为 0.315、0.148、0.988；对经度的相应检验，其 P 值则为 0.097、0.137、0.299，方差分析的最小差异显著性比较在 0.05 的显著性水平下均不显著。这一检验结果意味着 1~4 月各月间热带气旋源地分布差异不大，相对而言，纬度上更具有一致性。5~6 月、7~9 月和 10~12 月 3 个类别内进行同样的检验，检验结果相对具有一致性，而且纬度比经度更具有一

致性。这意味着 5、6 月两个月间热带气旋源地分布没有显著变化，7、8、9 月 3 个月内热带气旋源地没有统计上的显著变化，10、11、12 月 3 个月，热带气旋源地分布变化不够显著。基于上述分析，将 1~4 月、5~6 月、7~9 月和 10~12 月作为 4 个类别，考察 4 个类别间源地的季节变化，对其进行相应的检验与方差分析则具有显著的差异性，各项非参数检验的 *P* 值均为 0. 000，方差分析两两比较结果见表 5-2。

表 5-2　源地经、纬度的季节变化方差分析

Table 5. 2　ANOVA for Longitude and Latitude of Source Location

月份类别/ month category		经度/ longitude		纬度/latitude	
		均值差异/ mean difference	*P* 值/*P* value	均值差异/ mean difference	*P* 值/*P* value
1~4 月	5~6 月	15. 106 13*	0. 000	−4. 697 67*	0. 000
	7~9 月	7. 514 94*	0. 000	−8. 992 29*	0. 000
	10~12 月	4. 969 17*	0. 001	−3. 700 60*	0. 000
5~6 月	1~4 月	−15. 106 13*	0. 000	4. 697 67*	0. 000
	7~9 月	−7. 591 19*	0. 000	−4. 294 62*	0. 000
	10~12 月	−10. 136 96*	0. 000	0. 997 06*	0. 008
7~9 月	1~4 月	−7. 514 94*	0. 000	8. 992 29*	0. 000
	5~6 月	7. 591 19*	0. 000	4. 294 62*	0. 000
	10~12 月	−2. 545 77*	0. 003	5. 291 69*	0. 000
10~12 月	1~4 月	−4. 969 17*	0. 001	3. 700 60*	0. 000
	5~6 月	10. 136 96*	0. 000	−0. 997 06*	0. 008
	7~9 月	2. 545 77*	0. 003	−5. 291 69*	0. 000

* 表示 0. 05 显著性水平差异 .

1~4 月热带气旋源地以 7. 60°N、146. 45°E 为中心，标准差分别为 3. 30°和 14. 30°；5~6 月中心为 12. 30°N、131. 35°E，标准差分别为 4. 60°和 14. 40°；7~9 月中心为 16. 59°N、138. 94°E，标准差分别为 5. 15°和 16. 13°；10~12 月中心为 11. 30°N、141. 49°E，标准差分别为 4. 24°和 16. 78°。可见，全年热带气旋源地的变化 1~4 月较偏南偏东，产生范围相对集中，5~8 月源地中心向北变化，7~9月产生的热带气旋不仅频数多而且分布范围广，9~12 月源地的中心逐渐向南转移。

5.2.3 热带气旋强度的季节变化

以热带气旋过程的近热带气旋中心最大风速、平均风速、热带气旋中心气压和平均气压表示热带气旋的强度。方差分析检验各月热带气旋强度变化，对以上强度指标进行月份的单因素方差分析，热带气旋的强度变化各月份间差异显著，然而各月热带气旋强度变化未显示明显变化规律。

源地的分布讨论中，由于1~4月、5~6月、7~9月、10~12月各月内气旋源地具有分布上的类似性，然而，对热带气旋强度的分类讨论中，依照上述分类并未显示组内一致性与组间差异性。按照传统季节分类，12~2月为冬季，3~5月为春季，6~8月为夏季，9~11月为秋季。分析表明热带气旋强度具有传统季节上的差异性。为突出差异性，将全年12个月分为5个时间段，分别为12月，1~2月，3~5月，6~8月，9~11月，计算60年间热带气旋各时间段的平均强度指标（表5-3）。

表5-3 各月份分类的热带气旋强度

Table 5.3 TC Intensity Classification by Month

月份	最大风速均值(m/s)	平均风速均值(m/s)	最低气压均值(hPa)	平均气压均值（hPa）
1~2月	28.349 19	20.297 89	985.754 4	996.518 0
3~5月	35.428 57	22.811 00	973.666 7	992.043 0
6~8月	33.414 48	21.810 79	974.273 7	991.231 6
9~11月	38.163 29	25.098 67	966.686 8	987.956 7
12月	34.658 13	23.533 13	975.978 7	992.371 8

对表5-3的描述统计结果进行相应的推断检验。采用方差分析检验热带气旋强度的变化，检验结果统计显著，两两比较，1~2月生成的热带气旋，产生源地尽管偏南偏东，但是热带气旋强度较弱。9~11月生成的热带气旋较强，与其他各季节均存在显著性差别（表5-4）。从表5-4的检验结果可以看出，以1~2月、3~5月、6~8月、9~11月、12月进行分类比较，1~2月产生的热带气旋强度相对较弱，而3~8月热带气旋强度变化未显示明显变化，9~11月产生的热带气旋平均强度最强。进一步以上半年和下半年做对比分析，西北太平洋热带气旋下半年热带气旋频数较多，而且强度较强，P值为0.000。

表 5-4 各月份热带气旋强度的方差分析

Table 5. 4 A ANOVA of TC Intensities by Month Classification

月份类别/month category		平均风速（m/s）/the average wind speed（m/s）		平均气压（hPa）/the average air pressure（hPa）	
		均值差异/mean difference	P 值/P value	均值差异/mean difference	P 值/P value
1~2 月	3~5 月	-2. 5131*	0. 0800	4. 4750*	0. 0194
	6~8 月	-1. 5129*	0. 2323	5. 2865*	0. 0018
	9~11 月	-4. 8008*	0. 0002	8. 5614*	0. 0000
	12 月	-3. 2352*	0. 0377	4. 1462*	0. 0458
3~5 月	1~2 月	2. 5131*	0. 0800	-4. 4750*	0. 0194
	6~8 月 7~9 月	1. 0002	0. 2138	0. 8115	0. 4493
	9~11 月	-2. 2877*	0. 0049*	4. 0864*	0. 0002
	12 月	-0. 7221	0. 5508	-0. 3288	0. 8386
6~8 月	1~2 月	1. 5129	0. 2323	-5. 2865*	0. 0018
	3~5 月	-1. 0002	0. 2138	-0. 8115	0. 4493
	9~11 月	-3. 2879*	0. 0000	3. 2749*	0. 0000
	12 月	-1. 7223	0. 0867	-1. 1402	0. 3949
9~11 月	1~2 月	4. 8008*	0. 0002	-8. 5614*	0. 0000
	3~5 月	2. 2877*	0. 0049	-4. 0864*	0. 0002
	6~8 月	3. 2879*	0. 0000	-3. 2749*	0. 0000
	12 月	1. 5655	0. 1217	-4. 4152*	0. 0011
12 月	1~2 月	3. 2352*	0. 0377	-4. 1462*	0. 0458
	3~5 月	0. 7221	0. 5508	0. 3288	0. 8386
	6~8 月	1. 7223*	0. 0867	1. 1402	0. 3949
	9~11 月	-1. 5655	0. 1217	4. 4152*	0. 0011

* 表示 0. 05 显著性水平差异 .

5. 2. 4 热带气旋源地与强度双因素方差分析

统计近 60 年来西北太平洋热带气旋，其平均最低气压为 971hPa，平均最大风速为 18. 24m/s，热带低压占近 1/5，而产生的气旋近半发展为台风。一般认为，西北太平洋热带气旋的源地存在 4 个相对集中的海区，为考察西北太平洋热带气旋各源地与台风强度的关系，我们将西北太平洋热带气旋的源地确立为 4 个独立的区域，其经度为 110°E ~ 120°E、125°E ~ 135°E、139°E ~ 150°E、160°E ~

174°E。以热带气旋过程平均气压和最大风速分别作方差分析。

60年来在2029个热带气旋中共统计以上4个源地的热带气旋1392个（表5-5）。

表5-5 各源地的热带气旋描述统计

Table 5.5 A Descriptive Statistical Result for TC of Four Main Genesis Regions

源地/source	气旋个数/the number of cyclones	最大风速均值（m/s）/the mean maximum wind speed（m/s）	平均风速均值（m/s）/the mean average wind speed（m/s）	最低气压均值（hPa）/the mean minimum pressure（hPa）	平均气压均值（hPa）/the average pressure mean（hPa）
南海中北部	346	22.2182	16.0064	990.9206	997.8578
菲律宾群岛以东和琉球群岛附近	408	31.0103	20.4028	979.2800	993.4719
马里亚纳群岛	455	40.0273	25.0923	964.1674	987.5626
马绍尔群岛	183	43.8123	28.3001	957.6667	983.6710
合计	1392	33.1480	22.1102	974.2992	991.3040

其风速与源地的方差分析结果表明，产生于4个源地的热带气旋平均风速、最大风速、最低气压、平均气压均具有显著性差异。其P值几乎均为0.000，差异明显（表5-6）。

表5-6 热带气旋主要源地强度单因素方差分析

Table 5.6 A Single Factor ANOVA for TC Intensities

主要源地/the main source		最大风速/maximum wind speed		最低气压/minimum pressure	
		均值差异/mean difference	P值/P value	均值差异/mean difference	P值/P value
南海中北部	菲律宾群岛	-9.07 293*	0.000	11.64 059*	0.000
	马里亚纳群岛	-18.20 028*	0.000	26.75 319*	0.000
	马绍尔群岛	-21.10 282*	0.000	33.25 392*	0.000
菲律宾群岛以东和琉球群岛附近海面	南海中北部	9.00 283*	0.000	-11.64 059*	0.000
	马里亚纳群岛	-9.12 340*	0.000	15.11 260*	0.000
	马绍尔群岛	-12.21 680*	0.000	21.61 333*	0.000
马里亚纳群岛附近洋面	南海中北部	18.03 238*	0.000	-26.75 319*	0.000
	菲律宾群岛	9.20 323*	0.000	-15.11 260*	0.000
	马绍尔群岛	-3.10 342*	0.003	6.50 073*	0.002

续表

主要源地/the main source		最大风速/maximum wind speed		最低气压/minimum pressure	
		均值差异/mean difference	P 值/P value	均值差异/mean difference	P 值/P value
马绍尔群岛附近洋面	南海中北部	21.21 902*	0.000	−33.25 392*	0.000
	菲律宾群岛	12.23 607*	0.000	−21.61 333*	0.000
	马里亚纳群岛	3.00 312*	0.003	−6.50 073*	0.002

* 表示 0.05 显著性水平差异.

在 4 个主要的台风发生源地中，发源于马绍尔群岛附近的台风最强，热带气旋强度的总体趋势是由西往东增强。计算 0°~30°N 每两个纬距内的平均最大风速或平均最低气压，西北太平洋热带气旋的强度随其源地的纬度变化如图 5-2 所示。从图 5-2 中可见，随着源地纬度的增加，最大风速总体下降，而最低气压则平均增加。计算 0°~180°E 每 5 个经距结果（图 5-2），随着经度增加，平均最大风速增加，而平均最低气压降低。

纬度变化的 Cox-Stuart 趋势性检验的 *P* 值为 0.000，总的来说，源地偏南，热带气旋强度越强。经度变化的 Cox-Stuart 趋势性检验的 *P* 值为 0.000，总的来说，源地偏东，热带气旋强度越强。这可能是因为在此地区生成的台风未来在洋面上的移动距离最大，可以从热带洋面上吸收大量水汽潜热而发展成非常强的台风。

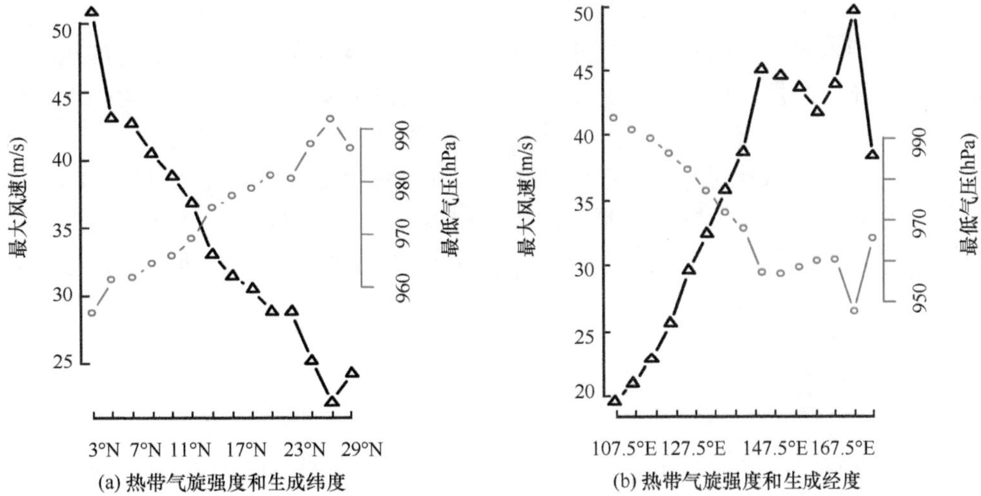

图 5-2 热带气旋最大风速和最低气压随源地的变化

Fig. 5.2 Maximum Velocity and Minimum Pressure Variation with TC Locations

为探讨源地的经纬度是否对西北太平洋热带气旋的强度存在交互效应，以10°的间距将西北太平洋源地的经度划分为8个类别，以5°纬距将南北区域划分为8个类别，选择观测变量最大风速分别作双因素方差分析。其结果见表5-7。

表5-7 热带气旋源地与强度的双因素方差分析

Table 5.7 A Dual Factor ANOVA for TC Genesis Locations and Intensities

误差来源/source of error	误差平方和/error sum of squares	自由度/degree of freedom	均方差/mean square error	F统计量 F-statistics	双尾P值 double tail P values
纬度因素	21 276.591	6	3 546.098	14.571	0.000
经度因素	58 732.928	7	8 390.418	34.476	0.000
纬度因素×经度因素	19 097.851	32	596.808	2.452	0.000
误差	480 171.795	1 973	243.371		
合计	3 213 196.000	2 019			

注：R^2 = 0.283（调整后 R^2 = 0.267）.

分析结果表明，源地所处经度对热带气旋强度有显著影响，其F统计量值为34.476，纬度的影响其F统计量值为14.571，相对较小，但仍然显著，这一结果说明源地经度的变化对热带气旋强度的影响相比于源地纬度对热带气旋强度的影响更为显著。交互影响的F统计量值尽管较小，但是统计检验仍然显著。纬度和经度对热带气旋强度有交互影响。

尽管平均而言，生成纬度越低，热带气旋的强度越强；气旋源地越偏东，气旋强度越强。但是，在同一纬度带上，并不是随经度偏东热带气旋平均强度一致性变小；在同一经度带上，也不是随着纬度的增加，其气旋平均强度一致性变小，这说明纬度和经度的影响存在交互作用。对观测变量热带气旋过程平均风速也得到类似的结论。热带气旋源地的经、纬度对气旋强度存在一定的交互影响，这一结果表明，存在一些气旋生成强度稍强的极值区域，其物理机制有待深入探讨。

5.3 小结

西北太平洋是我国台风灾害的主要源地。研究表明，尽管1949~2008年产生于西北太平洋的热带气旋的年频数有所降低，但是，超强台风的年频数的下降却最不显著（Tang and Sui ，2014c）。我国沿海地区人口和经济快速增长，西北太平洋的台风灾害给我国带来了更大的经济损失（Tang and Sui，2014d），其热带气旋的气候特征研究是台风灾害风险管理的基础。相比于以往对热带气旋气候特征研究的描述统计方法，本章使用推断统计方法，将热带气旋的数据作为随机样本，通过统计检验证实其是否具有非随机性，并得到了一些热带气旋源地、强度的季节变化及源地、强度的二者关系有意义的结论。

5.3.1 源地及其季节变化

热带气旋源地区域在广阔的西太平洋，其产生的位置相对集中。82.65%的热带气旋产生在 5°N~25°N 和 110°E~160°E 的区域中。有研究对1884~2006年的资料进行分析，认为在热带气旋源地中热带气旋频数最高的区域是吕宋岛西侧的中国南海东北部的狭小海面（张加春等，2008），可能与该地为南半球强烈冷空气侵袭地外，也与该地又处于孟加拉湾季风云区的背景有关。本章深入分析，认为其具体位置为 14°N~19°N，115°E~120°E 区域（5°×5°区域面积），该区域近60 年间生成了 106 个热带气旋。热带气旋源地 1~4 月较偏南偏东，5~8 月源地中心向北变化，9~12 月源地的中心逐渐向南转移。这一结论与陈敏和郑光永（1999）基于描述统计方法，采用 1949~1996 年资料发现热带气旋源地季节变化的结论类似，然而基于方差分析与非参数检验等推断统计方法对这一结论提供了非随机性的证据。此外，本研究统计各月份热带气旋源地分布的标准差发现，各季节热带气旋分布的集中度也存在差别。1~4 月热带气旋产生的范围相对集中，7~9 月产生的热带气旋不仅频数多，而且分布范围广。

5.3.2 源地与强度的关联性

西北太平洋生成的热带气旋强度随季节变化，1、2 月热带气旋强度较弱，7、8 月强度强于 1、2 月，7、8 月季节内气旋强度无显著变化，9~11 月热带气旋强度最强，方差分析的结果表明这一月份分类的热带气旋强度差异均具有统计显著性。

本章在源地和强度的双因素方差分析中发现，从统计的平均而言，近 60 年来，热带气旋强度随生成源地纬度偏南、经度偏东增强，经度的影响相比于纬度更为显著。导致这一结果的可能原因是偏东与偏南生成的热带气旋未来在洋面上的移动距离最大，可以从热带洋面上吸收大量水汽潜热从而发展成更强的热带气旋（陈敏和郑光永，1999）。然而，源地的经纬度与热带气旋强度呈一定的交互影响，即在西太平洋广阔的洋面上，并不是纬度最低、经度最高的源地热带气旋最强，存在一些强度的区域性极值。以往的气候特征研究尚没有相应的结论，导致该气候特征的相应物理机制也需研究。

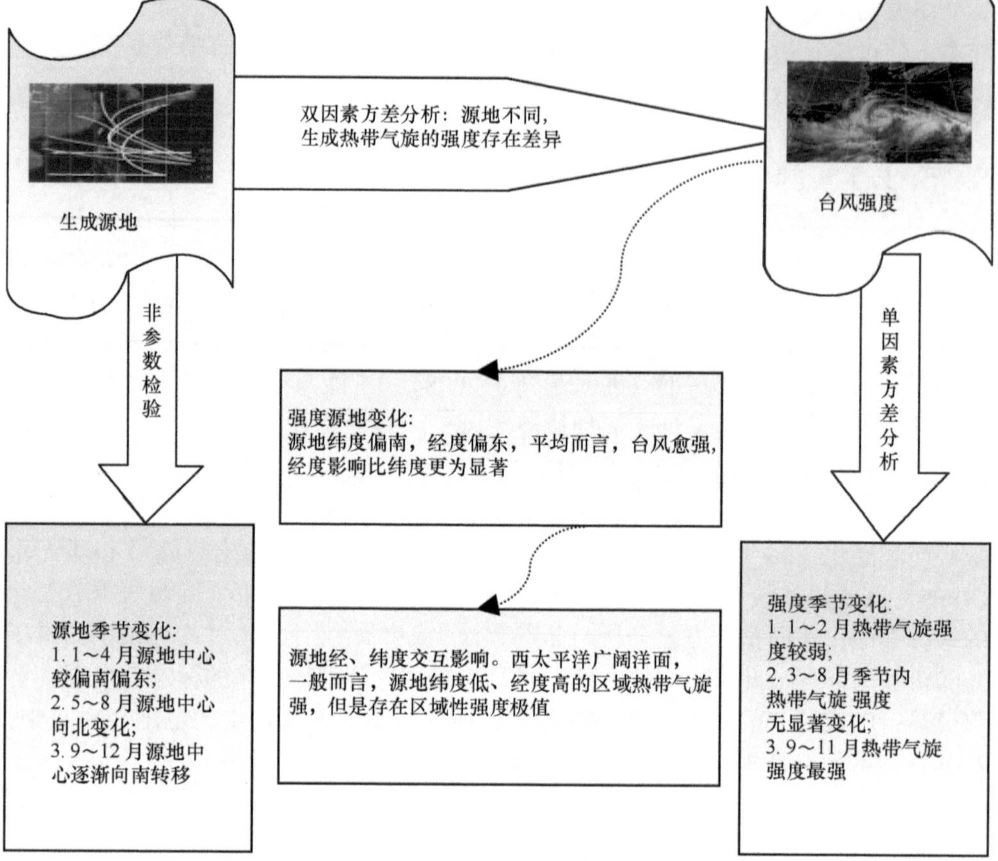

图 5-3　源地、强度的气候特征及关联

Fig. 5. 3　Association of the Genesis Locations and Intensity

如果仅局限于对资料的统计描述，对热带气旋气候特征的研究很难得到深入的认识。本章采用以推断为主的统计方法对热带气旋的气候特征进行研究，对热带气旋气候的统计特征提供非随机性的证据，进而提高了对西北太平洋热带气旋源地、强度及其关联性的认识。如果热带气旋样本容量扩大至更长时期，将获得更可靠的研究结论。

第6章 台风源地与其登陆概率的统计关系研究

Chapter 6 A Statistical Study on the Landfalling Probability of Typhoon and Its Genesis Location

摘要：本研究采用1949~2008年近60年的热带气旋资料，对热带气旋源地分布与登陆我国的概率进行了描述统计以及相关分析，并在此基础上建立Logistic模型，模拟热带气旋的登陆概率。结果显示：①西北太平洋热带气旋源地分布和登陆气旋的源地分布存在显著差异。②热带气旋登陆概率与源地存在显著相关关系。将西北太平洋热带气旋源地进行5°×5°的经纬度分类，源地越偏东登陆概率越小，而TC源地纬度变化对其登陆概率的影响不如经度变化显著。③Logistic模型对影响和登陆我国的热带气旋拟合表明，经度带由西向东4个生成TC频数较多的典型海区，即南海中北部海面、菲律宾群岛以东和琉球群岛附近海面、马里亚纳群岛附近海面、马绍尔群岛附近海面的登陆概率逐渐减低。本章首次将非参数检验、Logistic概率回归模型等统计方法应用于热带气旋气候特征研究，提高了对西北太平洋热带气旋源地与其登陆关联性的统计规律性认识。

关键词：登陆概率；等级相关；总体分布检验；Logistic回归；卡方检验；列联表分析；Logistic模型；列联系数

Abstract: A correlation analysis between distribution of source region and landing probability of tropical cyclone (TC) in the western North Pacific is conducted using TC data of 60 years (1949~2008). A logistic model that shows TC landing probability was derived. The results show: ① The spatial distribution pattern is different between all cyclones and landing cyclones. ②In a 5°×5° area, TC landing frequency decreases from west to east. The landing frequency is related to the longitude of the source region more than with the latitude of the source region. ③ Logistic model fitting implies that longitude is a significant factor that affects landing probability, but latitude is not. In the four main source regions, South China Sea area, the Philippines, Mariana Islands ocean area, Marshall Islands ocean area, the landing probabilities are gradually decreasing. Non-parametric test, logistic model and regression model are innovative applied in the study. These results provide a reference for studies of the characteristics of tropical cyclones and their prediction and risk assessment.

Keywords: landing probability; rank correlation; distribution test; logistic regression analysis; contingency coefficient; contingency table analysis; logistic model; chi square test

生成于热带或亚热带洋面的热带气旋，由于气象或海洋等多种因素，如副热带高压的形状、位置、强度变化等，其存在多种不同的移动路径。一些热带气旋会消失在热带海洋，而一些则会登陆相应的沿海地区。无疑，台风（泛指热带气旋，下同）是否登陆与台风灾情存在极为密切的关系。一般而言，登陆台风会产生更大的灾害，带来更大的人员伤亡和财产损失（Sui et al.，2014a）。从台风灾害的应急管理来看，台风灾前管理中更准确地预测台风是否登陆是有效减轻灾情的关键因素（Sui et al.，2014）。

台风登陆的过程中，由于陆面的介入，此阶段是其生命史中结构变化最为剧烈的阶段（Tang and Sui，2014a，b，e）。登陆台风是国际台风研究的前沿课题。然而，一般台风登陆研究集中在其结构和强度变化、路径突变、变性过程、大气流场、地形对台风路径的影响（陈联寿等，2004；陈玉林等，2005；叶英和董波，2002；王晓芳等，2007）。本章根据1949~2008年近60年的西北太平洋热带气旋资料，对热带气旋源地参数与其登陆规律，采用非参数统计方法进行相关关系分析，并在此基础上采用Logistic模型对西北太平洋热带气旋登陆我国的概率建立模型并预测登陆概率（魏章进等，2012），为热带气旋气候特征的研究及热带气旋预报预警、灾害风险评估与管理提供参考。

6.1 台风资料选取与统计分析方法

本章采用的资料为上海台风所受中国气象局委托按照《台风业务和服务规定》编制的CMA-STI热带气旋最佳路径数据集（1949~2008年）以及热带气旋年鉴（1949~2008年）。根据以上资料，提取台风源地的经纬度参数以及台风年鉴中相关参数进行整理。

本章的统计分析采用的主要方法有总体分布的卡方（χ^2，下同）检验（王静龙和梁小筠，2005）、列联表分析（王静龙和梁小筠，2005）、Logistic模型（李子奈，2000）。总体分布的χ^2检验是一种典型的对总体分布进行检验的非参数检验方法，其目的主要是根据样本数据，推断总体分布与期望分布或某理论分布是否一致，通过构建χ^2分布统计量的拟合优度来检验假设分布与理论分布的一致性。热带气旋气候特征在源地分布的研究中，过去基本局限于热带气旋源地的描述性统计，将热带气旋源地作为一个总体，将登陆热带气旋的源地作为另外一个总体，对两者进行分布一致性的统计推断，检验统计量为

$$\chi^2 = \sum_{i=1}^{r} \frac{(n_i - np_{i0})^2}{np_{i0}}$$

式中，n_i 为实际分布频数；p_{i0} 为理论分布频数。

列联表分析的目的是检验分类数据的相关性，并提供关联的紧密性。列联表分析检验统计量也是χ^2 统计量。Logistic 模型是一种离散选择模型，起源于范切尔（Fencher）于 1860 年进行的二元条件反射研究，其后 1962 年将它应用于经济领域，目前其主要的应用领域在于社会科学领域中人们的决策选择。因而，这一模型很少应用于自然科学领域。

总体分布检验、列联表分析以及二元离散选择模型，主要应用于社会科学领域。热带气旋的气候特征统计研究中几乎无人采用以上方法，然而，作为一种数据模拟的方法无疑也具有通用性。对热带气旋的相关源地参数进行相应的分类处理，就可以在热带气旋的气候特征的统计研究中应用这些方法（魏章进等，2012）。

6.2 西北太平洋热带气旋与登陆气旋的源地分布

6.2.1 热带气旋与登陆气旋的源地分布

西北太平洋热带气旋的生成源地在西北太平洋广阔的低纬度洋面上，源地分布在 0.5°N~32°N，106°E~180°E 均有热带气旋生成。热带气旋生成后一般自东向西移动，其中，一些热带气旋在合适的海洋、气象条件下登陆我国（图 6-1）。西北太平洋热带扰动加强发展为台风的初始位置，在经度和纬度方面都存在着相对集中的地带。

西北太平洋的登陆热带气旋主要发源地与热带气旋源地分布稍有不同，大多数登陆台风的源地于 170°E 以西、5°N~25°N。极少数登陆热带气旋发生在 30°N 以北，35°N 以北未见有热带气旋发生，15°N 附近登陆热带气旋发生最多，相比生成源地略偏北。而 160°E 以东登陆台风相比生成比例更低，登陆热带气旋源地与生成源地相比更为偏西（图 6-2）。

6.2.2 西北太平洋热带气旋与登陆气旋源地总体分布检验

西北太平洋生成热带气旋与登陆热带气旋是否具有相同的源地分布，对此进行一致性总体分布卡方检验。统计西北太平洋 5°×5°区域面积生成热带气旋频数如图 6-3 所示。

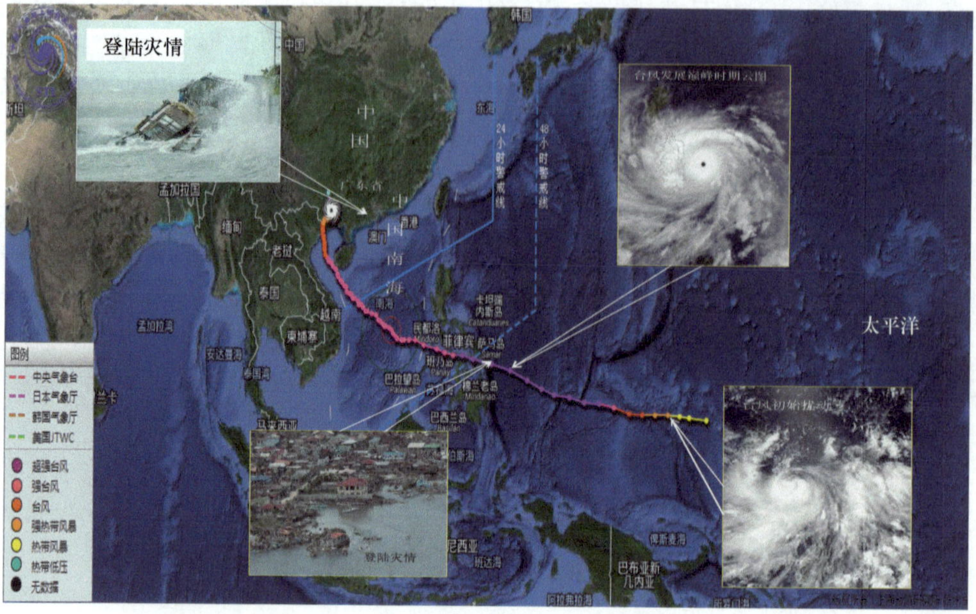

图 6-1　2013 年 11 月登陆台风“海燕”源地与登陆过程示意图

Fig. 6. 1　A Schematic Diagram of Source and Landing Process of Typhoon Haiyan in Nov, 2013

图片来源：http：//112. 124. 12. 97：8080/Typhoon.

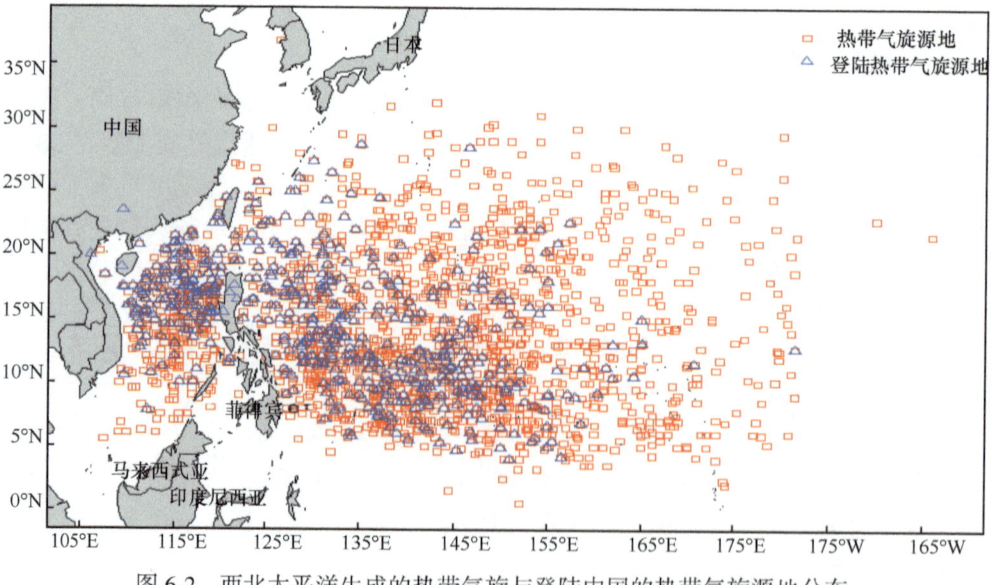

图 6-2　西北太平洋生成的热带气旋与登陆中国的热带气旋源地分布

Fig. 6. 2　Genesis Locations of TC Landfalling at China and in Northwest Pacific

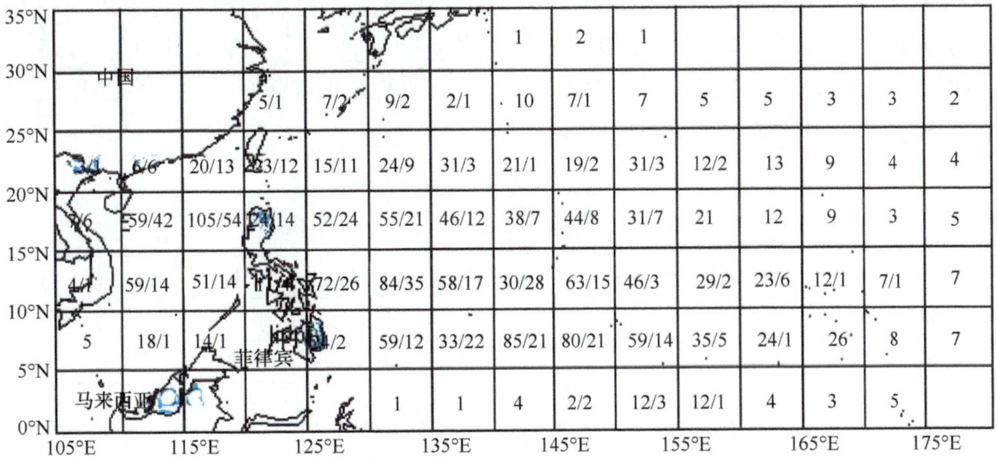

图 6-3　热带气旋频数以及登陆频数源地分布

Fig. 6. 3　Frequency of TC and Distribution for Landfalling TC

注：图中“/”后的数字为登陆频数 .

利用图 6-3 数据，统计相应经度带和纬度带的登陆频率与其对应区域的生成频率，做卡方拟合优度检验，结果见表 6-1。

表 6-1　纬度方向上的拟合优度检验

Table 6. 1　Fitting Goodness Test of Latitude

纬度	观察值/observed values	期望值/expected values	差异值/differences in values
0°~5°N	6	12. 9	6. 9
5°N~10°N	100	141. 8	-41. 8
10°N~15°N	168	165. 5	2. 5
15°N~20°N	195	137. 4	57. 6
20°N~25°N	63	63. 1	-0. 1
25°N~30°N	6	17. 2	-11. 2
30°N~35°N	1	1. 1	-0. 1
合计	539	—	—

χ^2 统计量值为 47. 5，P 值为 0. 000。检验结果表明，登陆热带气旋的频数在源地纬度上的分布和生成频数不一致。由表 6-1 可知，15°N~20°N 登陆频数和生成频数比偏高，而 0°~10°N 偏低，25°N~35°N 偏低。

类似地，对西北太平洋登陆我国的气旋与西北太平洋生成气旋的应区域的频率进行相应的拟合优度检验，结果见表 6-2。

χ^2 统计量值为 110.786，P 值为 0.000。同样，登陆热带气旋的频数分布在经度方向上和生成气旋频数分布不一致。登陆我国的热带气旋在 130°E~135°E 其频率高于气旋生成频率，而 135°E 偏东则低于气旋生成频率，越偏西热带气旋登陆频率越高于气旋生成频率。

表 6-2　经度方向上的拟合优度检验

Table 6.2　Fitting Goodness Test of Longitude

经度	观察值/ observed values	期望值/ expected values	差异值/ differences in values
105°E~110°E	8	4.9	3.1
110°E~115°E	63	38.6	24.4
115°E~120°E	82	54.4	27.6
120°E~125°E	31	17.4	13.6
125°E~130°E	65	46.2	18.8
130°E~135°E	79	63.1	15.9
135°E~140°E	55	60.4	-5.4
140°E~145°E	57	64.7	-7.7
145°E~150°E	49	59.8	-10.8
150°E~155°E	30	50.6	-20.6
155°E~160°E	10	31.0	-21.0
160°E~165°E	7	21.8	-14.8
165°E~170°E	1	16.9	-15.9
170°E~175°E	1	8.2	-7.2
合计	539	—	—

6.3　热带气旋登陆概率及预测

6.3.1　登陆热带气旋概率与生成源地经度相关分析

采用列联分析探寻登陆中国的热带气旋概率与其生成源地的相关关系。以 5°经度间隔将西北太平洋源地 0°~180°E 经度带划分为 16 个类别列联表分析，χ^2 检验结果见表 6-3。

表 6-3　经度 χ^2 检验结果

Table 6.3　χ^2 Test on Longitude

	统计量值/statistical quantity	自由度/degrees of freedom	双尾 P 值/double tail P values
皮尔逊卡方	162.820	14	0.000
极大似然比	185.552	14	0.000

χ^2 检验的 P 值为 0.000，登陆概率与其生成源地经度显著相关。计算其相关系数，列联系数、φ 系数、V 系数分别为 0.285、0.285、0.274。计算登陆类别与经度类别的等级相关系数 Kendall's tau-b、Kendall's tau-c、Gamma、Spearman Correlation 分别为-0.236、-0.282、-0.394、-0.277，均为负，表明源地越偏东的热带气旋登陆概率越少。

6.3.2 登陆中国的热带气旋与生成源地的纬度相关分析

对登陆热带气旋的频率与其生成源地的纬度进行相关检验，将西北太平洋热带气旋纬度划分为 5°间隔，进行纬度和是否登陆的列联表分析，结果见表 6-4。

表 6-4 纬度 χ^2 检验结果

Table 6.4 χ^2 Test on Latitude

	统计量值/statistical quantity	自由度/degrees of freedom	双尾 P 值/double tail P values
皮尔逊卡方	65.096	6	0.000
极大似然比	67.027	6	0.000
线性趋势检验	11.279	1	0.001

χ^2 检验 P 值为 0.000，然而 χ^2 统计量值为 65.096，远小于经度与登陆概率的相关性检验的 χ^2 统计量值 162.820，剔除自由度的差别，登陆概率与纬度相关性相对较弱，说明源地纬度与热带气旋登陆概率存在相关关系，但关联性不如与源地经度的关联性。两者的相关系数测量列联系数、φ 系数、V 系数分别为 0.180、0.180、0.177。类别间的等级相关系数 Kendall's tau-b、Kendall's tau-c、Gamma、Spearman Correlation 分别为 0.089、0.097、0.163、0.098，均为正号，且绝对值不大，表明源地偏北登陆的热带气旋登陆概率略增加。

6.3.3 Logistic 模型及概率预测

Logistic 模型假设因变量发生的概率与其各影响因素间呈现如下非线性关系：

$$p(Y_i = 1 | x_i) = F(x_i'\beta) = 1/(1 + e^{-x_i'\beta}) = e^{x_i'\beta}/(1 + e^{x_i'\beta})\ (i = 1, \cdots, n) \tag{6-1}$$

式中，p 为给定 x_i 的条件下，因变量取值为 1 的概率；x_i 为 $k \times 1$ 的解释变量向量；Yi 为登陆变量；β 为待估参数向量。随着 $x_i'\beta$ 的值从 $-\infty$ 到 $+\infty$，p 的值则从 0 变化到 1。

热带气旋的登陆概率受到诸多因素的影响，热带气旋在海洋上会受到各种气象要素的影响，难以直接建立概率关于其影响因素的模型。在大样本中，存在各种随机因素的平均影响，选择热带气旋源地变量，建立登陆概率的一个分布模型则存在可行性。

采用1949~2008年的热带气旋登陆与起源地的资料，设Y为登陆变量，$Y=1$代表登陆，$Y=0$代表未登陆，以x_1变量为其源地经度，x_2变量为其源地纬度，在热带气旋的源地与其登陆概率之间建立二元Logistic模型。采用最大似然估计的Quadratic Hill-climbing迭代方法，估计的模型为

$$\hat{p}(Y_i = 1 | x_i) = e^{x_i'\hat{\beta}}/(1 + e^{x_i'\hat{\beta}}) \quad (i = 1, \cdots, n) \tag{6-2}$$

式中，参数向量的估计值$\hat{\beta}$见表6-5。从表中结果看出，显示LR统计量为146.6251，其P值为0.000，表明模型有很好的拟合优度；x_i系数为负，表明生成源地越偏东，登陆概率越小；x_i系数为正，则表明平均来说纬度偏高，登陆概率偏小。

表6-5　Logistic模型的最大似然估计

Table 6.5　Maximum Likelihood Estimation of Logistic Model

变量/variable	系数/coefficient	标准误差/standard error	Z统计量/Z statistics	P值/P value
C	4.731 009	0.521 319	9.075 079	0.0 000
x_1	-0.042 956	0.003 572	-12.02 486	0.0 000
x_2	0.008 724	0.009 812	0.889 164	0.3 739
因变量均值	0.266 041	因变量标准差		0.441 995
回归估计标准误差	0.424 659	赤池信息准则		1.076 868
残差平方和	364.8 178	斯瓦兹准则		1.085 181
Log likelihood	-1 087.867	汉南-奎因准则		1.079 918
Restr. log likelihood	-1 173.625	对数似然数平均值		-0.536 953
LR统计值（2 df）	171.5 146	McFadden R-squared		0.073 070
P值（LR stat.）	0.000 000			

注：①表中数据是在中国气象局上海台风研究所热带气旋路径数据集整理的基础上计算得出的；②拟合方法：ML - Binary Logit；③样本容量：12 029；④5次迭代后收敛 .

在热带气旋的源地与其登陆概率之间建立二元Logistic模型。模型的拟合结果为

$$Y=1-@\text{LOGIT}\left[-(4.731\,009-0.042\,956\times x_1+0.008\,724\times x_2)\right] \tag{6-3}$$

$$(Z=9.075\,097)\qquad(-12.040\,286)\quad(0.889\,164)$$

$$(P=0.000)\qquad(P=0.000)\qquad(P=0.373\,9)$$

式中，x_2纬度参数的显著性检验P值为0.3081。由模型的拟合检验结果可知，该模型中的纬度对登陆概率非线性关系不够显著。

对自变量x_1单独建模，去掉x_2模型的拟合优度、对数似然值均无大的变化：

$$Y = 1-@\text{LOGIT}\left[-(4.879\,982-0.043\,135\times x_1)\right] \tag{6-4}$$

$$(Z=10.126\,24)\quad(-12.107\,96)$$

$$(P=0.000)\qquad(P=0.000)$$

由以上模型可知，x_1系数为负，表明生成源地越偏东，登陆概率越小；纬度

x_2系数为正，绝对值较小，而且检验 P 值较大，表明生成源地偏北，登陆概率平均略增加，与前述结论一致。Logistic 模型是非线性模型，其估计系数不能反映解释变量变动一个单位（其他解释变量不变）对被解释变量的影响程度，即边际效应。为此，设

$$\Lambda(x_i'\beta) = e^{x_i'\beta}/(1 + e^{x_i'\beta})$$

边际效应即解释变量的斜率由式（6-5）给出：

$$\frac{\partial E[y_i \mid x_i]}{\partial x_{ik}} = \Lambda(x_i'\beta)\ [1 - \Lambda(x_i'\beta]\ )\beta_k \qquad (i = 1,\ \cdots,\ n;\quad k = 1,\ 2) \quad (6\text{-}5)$$

显然，边际效应随解释变量取值的不同而不同。样本期 $\bar{x}_1 = 139.1862$，$\bar{x}_2 = 14.123\ 58$，由此计算的边际效应列于表 6-6 中。可见，其他解释变量不变，60 年热带气旋样本显示的统计规律为：x_1 在平均水平上变动一个单位，即源地经度向东增加一个单位，将使台风登陆的概率下降 0.007 949；而 x_2 在平均水平上增加一个单位，即源地纬度向北增加一个单位，登陆概率增加 0.001 614。

表 6-6　Logistic 模型的边际效应

Table 6.6　The Marginal Effect of Logistic Model

变量/variable	系数/coefficient	标准误差/standard error	斜率/slope
C	4.731 009	0.521 319	—
x_1	−0.042 956	0.003 572	−0.007 949
x_2	0.008 724	0.009 812	0.001 614

6.3.4　模型的拟合效果比较与探讨

考虑 60 年登陆热带气旋样本容量较小，为排除随机性，选择西北太平洋热带气旋产生频数较多的 10°×10°区域，并统计 1949~2009 年其登陆概率的源地分布（图 6-4），考虑模型（6-3）与模型（6-4）拟合优度差别不大，经过比较采用建立的 Logistic 概率的源地分布模型（6-3），计算对应区域热带气旋的登陆拟合概率（图 6-4 中的斜体数字），以检验模型的拟合效果。

从模型的拟合结果可以看出，从经度带上，热带气旋登陆我国的概率从西向东依次降低；在纬度方向上，热带气旋登陆概率变化相对不够显著。60 年的观测样本拟合结果已经显示了登陆概率随源地变化的规律性。由于样本容量的关系，观测值的随机波动影响模型拟合的精度，更长时期的样本，拟合精度以及登陆概率分布规律将更具有稳定性。

一般认为，热带气旋扰动发展为台风存在相对集中的 4 个典型海区，即南海中北部海面、菲律宾群岛以东和琉球群岛附近海面、马里亚纳群岛附近海面、马

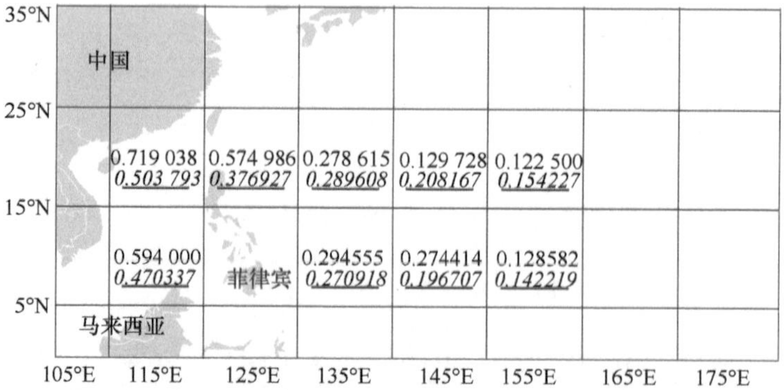

图 6-4 热带气旋登陆中国的统计概率与模型拟合概率

Fig. 6. 4 The Frequency and Fitting Probability of TC Landfalling at China

绍尔群岛附近海面（表 6-7 中简称为南海中北部、菲律宾海盆、马里亚纳群岛、马绍尔群岛）。我们也计算了 4 个典型海区热带气旋登陆的观测概率以及模型的拟合概率，并且选择台风路径进入 20°N 以北和 125°E 以西为影响我国的热带气旋，计算 4 个海区的热带气旋影响我国的观测概率与模型的模拟概率，进一步检验模型的拟合效果。采用模型（6-3）实证运行模拟上述源地平均登陆我国的概率和影响我国的概率，结果见表 6-7。

表 6-7 统计频率与模型拟合概率比较

Table 6. 7 A Comparison of Frequency and Fitting Probability

海域/basin	统计概率/statistic probability		模型拟合概率/model fitting probability	
	登陆概率/ log in probability	影响概率/ impact probability	登陆概率/ log in probability	影响概率/ impact probability
南海中北部/ the north of the south China sea	0. 4206	0. 5180	0. 4725	0. 6000
菲律宾海盆/ the Philippine sea basin	0. 3525	0. 4700	0. 3204	0. 4300
马里亚纳群岛/ Mariana Islands	0. 2269	0. 3080	0. 2066	0. 2768
马绍尔群岛/ Marshall Islands	0. 0492	0. 0770	0. 0951	0. 1251

登陆概率拟合的平均绝对误差 MAE = 0. 037 550，影响我国的概率拟合平均

绝对误差 MAE = 0.050 325。从比较结果可以看出，模型拟合概率与实际观测概率具有大小上的一致性，即从源地考虑，热带气旋对中国的影响和登陆可能性从南海中北部海面、菲律宾海盆附近洋面、马里亚纳群岛附近洋面到马绍尔群岛附近洋面逐渐减低。

6.4 小结

以往的热带气旋气候特征研究这一主题中，热带气旋源地分布研究大多采用描述性统计方法，热带气旋源地分布与登陆气旋的源地分布的差异性以及相关性研究较少。本章借鉴应用于社会科学领域的一些推断统计方法，首次对这一问题进行统计研究，其基本内容具有独创性，主要结论（图 6-5）如下。

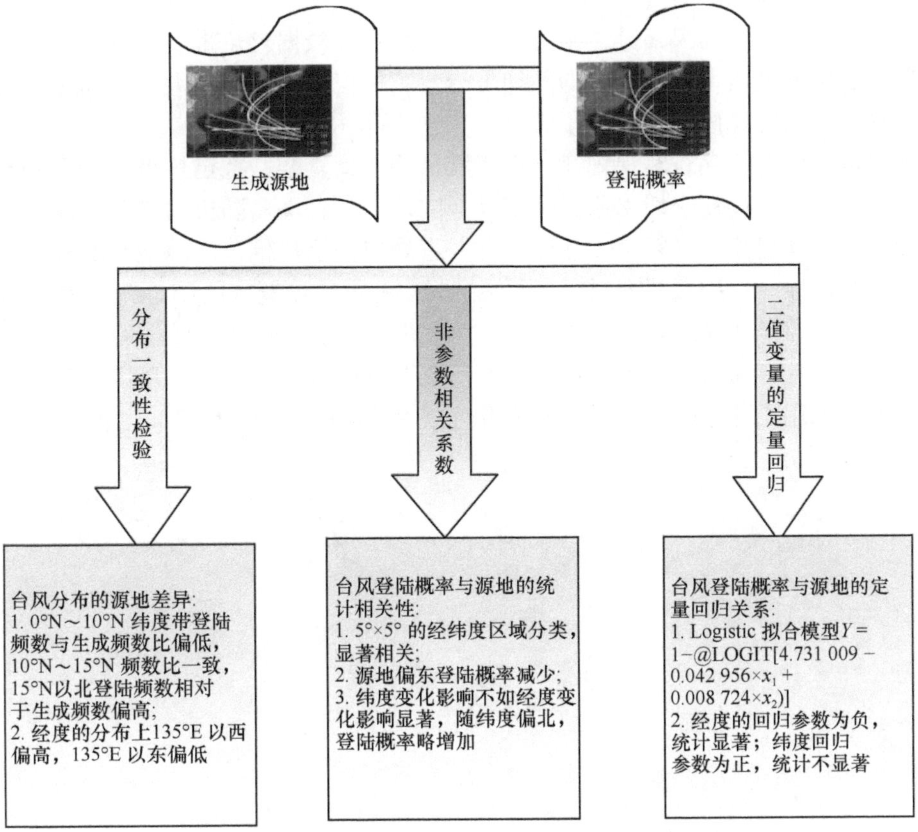

图 6-5 西北太平洋台风源地与登陆概率的统计关系

Fig. 6. 5 Correlation Between the Genesis Location and Probability of Typhoons in Northwestern Pacific ocean

1）登陆中国的热带气旋年频数与历年西北太平洋热带气旋生成年频数相关系数为0.588，两者存在一定的相关性。

2）西北太平洋热带气旋与源地分布和登陆热带气旋源地分布存在差异。0°~10°N登陆频数与生成频数相比偏低，10°N~15°N两者具有一致性，而15°N以北登陆频数相对于生成频数偏高。经度的分布上135°E以西偏高，135°E以东偏低。

3）热带气旋登陆概率与源地存在显著相关关系，5°×5°的经纬度区域分类，基于60年样本的相关分析结果表明，源地偏东登陆概率减少，而纬度变化对登陆概率的影响不如经度变化影响显著，但是随纬度偏北，概率略有增加。

4）Logistic模型对影响和登陆中国的热带气旋拟合表明，生成气旋源地纬度对热带气旋登陆概率影响不显著，而从经度带上，每增加一个经度单位，登陆概率减少0.007 749。

热带气旋的登陆因素是复杂的，本章应用统计数据对热带气旋登陆概率统计建模，以期通过热带气旋源地的经纬度变量，模拟其登陆中国大陆的概率，有助于对热带气旋的气候特征加深了解。

热带气旋登陆存在客观规律。由于其影响因素复杂，特定热带气旋登陆与其产生的时空条件存在密切关系，决定其登陆还会受到许多随机的气象、海洋因子影响，揭示其规律相当复杂，然而，这并不妨碍揭示热带气旋源地与其登陆之间的统计规律性。足够长的样本容量，热带气旋的登陆概率的统计规律稳定性更好。本章以60年的样本资料，对这一规律进行探索，受制于样本容量，模型的拟合效果还有待提高。此外，结合热带气旋登陆的气象因子与地理因子等登陆影响因素，采用更多相关因子建立热带气旋登陆概率统计模型，也值得进一步探讨。

第三篇　台风灾前防灾与减灾

Part Ⅲ　Research on Pre-Disaster Prevention and Mitigation for Typhoon

摘要：灾前防灾减灾是整个台风灾害评估与危机管理工作的基础。本篇主要从台风灾害的防灾减灾投资的经济效果、台风灾害承灾体的社会经济易损性、台风灾害的综合影响与防御措施3个维度深入研究台风灾前的防灾减灾工作。首先，减轻台风灾害应从工程措施与非工程措施两方面入手。防灾减灾的相关投资不仅可以减少台风灾害的影响，从经济学角度看还可以拉动当地经济增长，具有显著的经济效果。其次，台风灾情大小主要由致灾因子的强度和承灾体的易损性决定。就特定受灾区域而言，改变致灾因子相当困难；而承灾体则不同，人为因素对其起着重要作用，相同强度的灾害在不同承灾体上会造成完全不同的结果。研究承灾体的易损性对于因地制宜地实施灾前防灾减灾工程与非工程建设有着极为重要的意义。最后，台风灾害对社会的影响是多维度、多方面的，因此，本篇内容还关注了台风灾害的综合影响和防御措施。

Abstract: Pre-disaster prevention and mitigation is the foundation of typhoon disaster assessment and crisis management. This section consists mainly of three dimensions, namely; ①the economic effects on investments of disaster prevention and mitigation, ②the socio-economic vulnerability of entities bearing disasters and, ③the comprehensive effects of the typhoon disaster and prevention measures. Firstly, reducing the typhoon disaster requires integration of engineering measures with non-engineering measures. The required investments in disaster prevention and mitigation can not only reduce the impact of typhoon disasters from an economic point of view, but also can stimulate local economic growth with a significant economic effect. Secondly, the scale of typhoon disaster vulnerability is mainly determined by the vulnerability of entities bearing the brunt of said disasters and the disaster-inducing factors' intensity. For a specific affected area, it is very difficult to change the disaster-inducing factors, whereas there are different efforts that can be brought to bear with regards to the effect on the entities bearing the disasters. For the latter, the human factors play an important role. Thus, a disaster with the same intensity can affect different entities very differently. Studying the vulnerability of the entities in-question, those bearing the brunt of disasters have a significant responsibility for the implementation of engineering and non-engineering construction of disaster prevention and mitigation elements. Finally, the impact of typhoon disasters on society is multi-dimensional and multi-faceted, so this section is also concerned with the comprehensive effects of typhoon disasters as well as defensive measures.

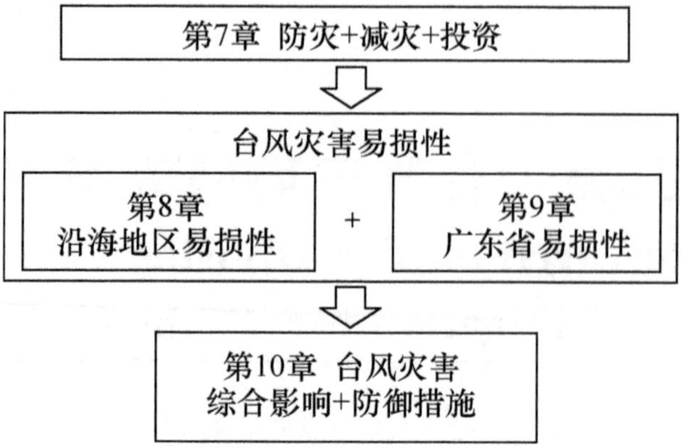
第7章 防灾+减灾+投资
台风灾害易损性
第8章
沿海地区易损性
+
第9章
广东省易损性
第10章 台风灾害
综合影响+防御措施

第 7 章 广东台风灾害的防灾减灾投资

Chapter 7 A Research on the Investment of Prevention and Reduction of Typhoon Disaster in the Guangong

摘要： 广东是全国遭受台风影响最严重的省份，每年因台风造成的经济损失巨大。为应对台风灾害，相应的防灾减灾体系建设则显得刻不容缓。防灾减灾体系不仅能增加广东省抵御台风灾害的能力，减少台风的破坏力。同时，防灾减灾投资还能通过乘数效应带动广东经济发展，成为积极财政政策的有效组成部分。

关键词： 防灾减灾；乘数效应；经济损失；投资乘数核算

Abstract: Guangdong is the province that seriously affected by typhoons. Typhoons cause huge economic losses to Guangdong every year. To mitigate and defend against typhoon catastrophes, the construction of catastrophe-proof and catastrophe-reduction systems should be put forward as soon as possible. The catastrophe-proof and catastrophe-reduction systems can enhance the ability to defend Guangdong province against typhoon catastrophes and reduce the of typhoon catastrophe. Meanwhile the investment in this infrastructure can help the economy with multiplier effect, and thus become the effective part of positive finance policy.

Keywords: catastrophe-proof and catastrophe-reduction; multiplier effect; economic loss; investment multiplier accounting

7.1 广东台风灾害经济损失严重

广东位于太平洋西岸，濒临南海，海岸线长达 4300 km，是台风登陆中国的主要地区之一（潘安定等，2002）。每年夏、秋雨季广东都受到台风侵袭，是中国受台风影响最多、影响时间最长、危害最大的省份。广东平均每年造成台风直接经济损失 46.89 亿元，其中 2006 年的直接经济损失高达 281.71 亿元。台风灾害犹如一颗定时炸弹时刻威胁广东省的经济发展。广东省沿海地区受其影响更深，灾情更严重。从表 7-1 中的数据来看，台风灾害对广东经济发展的严重影响有日益加剧的趋势。2008 年强台风“黑格比”在粤西登陆后，给广东造成直接经济总损失近 118.25 亿元。其中，广东茂名罗坑大型水库和黄沙、热水两中型水库共 4 条主副坝迎水坡浪损毁严重，31 座小型水库不同程度受损。水利设施直接经济损失达 10.7 亿元，占经济总损失约 15%。广东历年台风灾害的经济损失的具体情况见表 7-1。

由于统计部门在统计台风灾害的经济损失时，受到相关数据获取难度的制约，因此，全国统计部门基本上只统计台风灾害的直接经济损失。然而，台风灾害所造成的损失不仅包括直接经济损失，还应包括很多间接经济损失。例如，因道路损坏延误企业生产的损失等。由于间接经济损失较难统计，因此，这些损失通常没有包含在统计数据之列。从社会全局考虑，这些间接损失都应记在台风灾害的损失之中。如果包含了间接经济损失，台风引发的灾害就更加巨大。因此，防台风的防灾减灾体系建设刻不容缓（陈和等，2010）。

表 7-1 广东省台风灾害的经济损失与防灾减灾投资

Table 7.1 The Economic Loss from and the Investment in Typhoon Disaster & Defense and Reduction Measures in Guangdong

年份/year	台风灾害的经济损失（亿元）/the typhoon disaster economic loss（¥100 million）	农林、水利和气象支出（亿元）/agriculture and forestry, water conservancy and meteorological spending（¥100 million）
1980	5	3. 12
1981	0. 038	3. 36
1982	—	3. 47
1983	5	3. 65
1984	—	3. 77
1985	17. 16	5. 88
1986	22. 6	6. 3
1987	2. 5	6. 95
1988	11. 63	10. 09
1989	14. 13	12. 22
1990	3. 873	13. 43
1991	38. 99	14. 22
1992	8. 162	17. 55
1993	137. 44	25. 03
1994	72. 17	29. 16
1995	20. 116	33. 19
1996	187. 249	40. 9
1997	60. 11	38. 41
1998	6. 176	27. 52
1999	29. 973	55. 19
2000	13. 8	60. 29

续表

年份/year	台风灾害的经济损失（亿元）/ the typhoon disaster economic loss (￥100 million)	农林、水利和气象支出（亿元）/agriculture and forestry，water conservancy and meteorological spending (￥100 million)
2001	66. 18	64. 75
2002	19. 06	75. 79
2003	56. 745	84. 51
2004	0. 31	81. 18
2005	8. 15	97. 47
2006	281. 71	99. 57
2007	23. 635	172. 53
2008	154. 22	192. 6
平均	46. 89	44. 21

注：台风灾害的经济损失中 1980~1993 年的数据引自《中国气象灾害大典（广东卷）》，1994~2007 年的数据引自《广东省防灾减灾年鉴 1995~2008》，2008 年数据引自《2008 年中国海洋灾害公报》；广东省农林、水利和气象支出数据引自《广东省统计年鉴 1981~2009》，其中 2006 年之后的数据较之前的统计口径有所调整。

7. 2 广东防灾减灾投资的经济效应

广东历年受台风灾害影响巨大，针对台风的防灾减灾工作意义不彰自显。虽然防灾减灾本身不能直接创造利润，但防灾减灾可以保证生产的安全进行，减少因灾导致的生产损失，因此，防灾减灾能够产生间接效益。同时，防灾减灾不仅能抑制台风灾害造成的损失，还能通过相关投资直接拉动经济增长。

7. 2. 1 投资乘数理论与防灾减灾投资

(1) 投资乘数理论

乘数理论是由英国经济学家卡恩首创凯恩斯加以变化和推广的，用以测度新增投资引起的就业增量与总就业量之比（李柏洲和朱晓霞，2006）。凯恩斯在《就业、利息和货币通论》中提出投资乘数理论，从定量分析角度说明投资增量与收入增量之间的量变关系。其量变关系客观存在，是社会再生产环节与国民经济各部门之间内在关联的一种反映。凯恩斯认为，由于消费需求不足而造成的总需求不足，只能靠投资来弥补，投资需求能在多大程度上拉动经济增长主要取决于投资乘数，投资乘数从数量上表明了投资对经济增长的促进和推动作用。

乘数（K）是边际消费倾向的函数，与边际消费倾向成正比。乘数 K 的计算公式为

$$
\begin{aligned}
K &= \Delta Y/\Delta I \\
&= \Delta Y/(\Delta Y-\Delta C) \\
&= 1/(1-\Delta Y/\Delta C) \\
&= 1/(1-b)
\end{aligned}
$$

式中，ΔI 表示投资的变动；ΔY 表示收入的变动；ΔC 表示消费的变动；b 表示边际消费倾向，即每增加一个单位国民收入所能产生的消费增长。一般而言，$0<b<1$，所以投资乘数总是大于 1。

（2）防灾减灾投资

1949 年以来，广东全省已投入水利资金累计 1067 亿元，至 2005 年年底，共建成水库 6732 座，总库容 408 亿 m^3；水闸 5927 座，机电排灌装机 136 万 kW；江海堤围 1.63 万 km，其中防护面积达 666.7hm^2 以上的江海堤围 364 条，堤长 6763km，初步建成了具备一定防洪防潮能力的堤库结合防洪体系，全省易洪、易涝地区的 2010 万人口、113.9 万 hm^2 耕地得到了一定程度的保护。根据《广东省防灾减灾“十一五”规划》相关数据显示，在“十一五”期间，省政府计划投资近 404 亿元用于防灾减灾工作。防灾减灾的相关投资不仅能够有效降低未来灾害的破坏力，同时还能直接通过投资乘数直接带动经济增长。

7.2.2 广东投资乘数核算

投资乘数是指总投资增加而导致国民收入增加的倍数，它的大小取决于边际消费倾向，即 $K=\frac{1}{1-\mathrm{mpc}}$，其中 mpc 为边际消费倾向；$K$ 为投资乘数。

（1）长期投资乘数

在保罗·萨缪尔森（2008）的《乘数与加速原理的相互作用》中，他提出一个动态的乘数-加速数模型，如下

$$
\begin{cases}
Y_t = C_t + I_t + G_t & (7\text{-}1) \\
C_t = \alpha Y_{t-1} & (7\text{-}2) \\
I_t = \beta(C_t - C_{t-1}) & (7\text{-}3)
\end{cases}
$$

式中，Y_t 为当期国民生产总值；Y_{t-1} 为上一期的国民生产总值；C_t 为当期居民消费；C_{t-1} 为上一期的居民消费；I_t 为当期固定资产投资总量；α 为边际消费倾向；β 加速数；t 为基期。

从《广东省统计年鉴 2009》得到以支出法计算的国民生产总值和最终居民消费总量 C 的时间序列数据，时间段为 1980~2008 年。对式（7-2）进行估计：

直接用 Eviews 5.0 的最小二乘法进行估计得

$$C_t = 0.509Y_{t-1} + \varepsilon_t$$
$$(121.043)$$

$R^2 = 0.996$，DW 值（统计软件的输出结果）为 0.304，并且从残差的 Q 统计图可以看出，模型存在明显的一阶自相关。因此，运用 C-O 迭代的方法进行修正，以消除自相关。估计结果如下

$$C_t = 0.484Y_{t-1}$$

由此可知，广东省边际消费倾向为 0.484，则投资乘数为

$$K = \frac{1}{1-0.484} \approx 1.938$$

(2) 短期投资乘数

这里借鉴柳建光和李子奈（2006）的方法。首先，引入居民消费收入弹性的概念。它是指居民消费支出的相对变化与居民收入的相对变化之比，即

$$\xi = \frac{\mathrm{d}C/C}{\mathrm{d}Y/Y} = \frac{\mathrm{d}\ln C}{\mathrm{d}\ln Y}$$

故边际消费倾向可表示为

$$\mathrm{mpc} = \frac{\mathrm{d}C}{\mathrm{d}Y} = \frac{\mathrm{d}C/C}{\mathrm{d}Y/Y} \times \frac{C}{Y} = \xi \times \frac{C}{Y}$$

下面对广东省逐年的边际消费倾向进行估计。

从《广东省统计年鉴 2009》得到以支出法计算的国民生产总值 Y 和最终居民消费总量 C 的时间序列数据，时间段为 1980~2008 年，并对 Y 和 C 分别取对数，记为 $\ln Y$ 和 $\ln C$。

对 $\ln Y$ 和 $\ln C$ 进行单位根 ADF 检验，发现 $\ln Y$ 和 $\ln C$ 都存在单位根，并且都是一阶单整序列，因此进一步考虑对 $\ln Y$ 和 $\ln C$ 进行协整。

通过 $\ln C$ 对 $\ln Y$ 进行回归得出的残差 res 是时间序列平稳的，说明变量 $\ln C$ 对 $\ln Y$ 存在协整关系，并得到两个变量的长期均衡关系为

$$\ln C_t = -0.057 + 0.939\ln Y_t + \varepsilon_t$$
$$(-2.155) \quad (288.90)$$

$R^2 = 0.99$，DW = 1.48，通过了 F 检验。

建立关于变量 $\ln C$ 对 $\ln Y$ 的 ECM 误差修正模型，具体模型为

$$\Delta\ln C_t = 0.038 + 0.725\Delta\ln Y_t - 0.886\,\mathrm{res}_{t-1} + \varepsilon_t$$
$$(2.915) \quad (10.388) \quad (-5.367)$$

$R^2=0.869$，DW=1.566，通过了 F 检验。

上述 ECM 模型可以化为

$$\ln C_t=-0.012+0.725\ln Y_t+0.114\ln C_{t-1}+0.107\ln Y_{t-1}+\varepsilon_t$$

所以长期消费弹性为

$$\xi=\frac{0.725+0.107}{1-0.114}\approx 0.939$$

因为边际消费倾向 $\mathrm{mpc}=\frac{\mathrm{d}C}{\mathrm{d}Y}=\frac{\mathrm{d}C/C}{\mathrm{d}Y/Y}\times\frac{C}{Y}=\xi\times\frac{C}{Y}$，根据 1980～2008 年国民生产总值和居民消费总量的数据，可以算出广东省 1980～2008 年的边际消费倾向，再利用公式 $K=\frac{1}{1-\mathrm{mpc}}$，得出广东省 1980～2008 年的短期投资乘数（表 7-2）。

(3) 广东防灾减灾投资的乘数效应

投资的乘数效应可以从投资乘数的定义中推导而来。由 $K=\Delta Y/\Delta I$，可得 $\Delta Y=K\times\Delta I$。因此，防灾减灾的乘数效应可以用防灾减灾的投资增量乘以投资乘数。

经过测算广东长期投资乘数为 1.938，历年的短期投资乘数数值（表 7-2）与其相近，为了更准确地体现广东每年防灾减灾投资的乘数效应，这里使用历年的短期投资乘数来测算其乘数效应，广东历年防灾减灾的乘数效应具体情况见表 7-2。

表 7-2　广东短期边际消费倾向、投资乘数以及防灾减灾投资乘数效应

Table 7.2　The Marginal Propensity to Consume, Investment Multiplier, the Effect of Investment Multiplier of Guangdong

年份/year	Y	C	mpc	K	防灾减灾投资（亿元）/investment in disaster prevention and mitigation（¥100 million）	乘数效应（亿元）/multiplier effect（¥100 million）
1980	259.32	180.93	0.655 149	2.899 804	3.12	9.05
1981	305.22	201.43	0.619 693	2.629 456	3.36	8.83
1982	348.13	233.21	0.62 903	2.695 635	3.47	9.35
1983	367.36	252.07	0.64 431	2.811 437	3.65	10.26
1984	446.06	288.26	0.606 816	2.543 336	3.77	9.59
1985	568.98	347.18	0.572 959	2.341 694	5.88	13.77
1986	650.99	415.91	0.599 916	2.499 477	6.3	15.75
1987	815.05	516.02	0.594 495	2.466 058	6.95	17.14
1988	1 129.64	667.03	0.554 461	2.244 472	10.09	22.65

续表

年份/year	Y	C	mpc	K	防灾减灾投资（亿元）/investment in disaster prevention and mitigation（¥100 million）	乘数效应（亿元）/multiplier effect（¥100 million）
1989	1 348.54	857.33	0.596 966	2.481 182	12.22	30.32
1990	1 541.99	938.48	0.571 491	2.333 671	13.43	31.34
1991	1 847.99	1 081.39	0.549 475	2.219 635	14.22	31.56
1992	2 440.58	1 359.08	0.522 899	2.095 991	17.55	36.78
1993	3 465.31	1 852.06	0.501 855	2.007 449	25.03	50.25
1994	4 618.25	2 598.57	0.528 351	2.120 221	29.16	61.83
1995	5 933.05	3 363.38	0.532 309	2.138 162	33.19	70.97
1996	6 834.97	3 859.32	0.530 2	2.128 566	40.9	87.06
1997	7 774.53	4 245.18	0.512 729	2.052 244	38.41	78.83
1998	8 530.88	4 582.16	0.504 362	2.017 6	27.52	55.52
1999	9 250.68	5 083.6	0.516 016	2.066 185	55.19	114.03
2000	10 741.25	5 714.46	0.499 558	1.998 234	60.29	120.47
2001	12 039.25	6 255.92	0.487 93	1.952 857	64.75	126.45
2002	13 502.42	7 286.63	0.506 735	2.027 307	75.79	153.65
2003	15 844.64	8 643.44	0.512 236	2.050 171	84.51	173.26
2004	18 864.62	10 162.04	0.505 823	2.023 566	81.18	164.27
2005	22 366.54	11 533.44	0.484 201	1.938 74	97.47	188.97
2006	26 159.52	12 892.81	0.462 789	1.861 467	99.57	185.35
2007	31 084.4	15 166.71	0.458 157	1.845 554	172.53	318.41
2008	35 696.46	17 637.61	0.463 96	1.865 531	192.6	359.3

7.3 小结

防灾减灾体系是整个台风灾害防御体系的重要环节。防灾减灾体系通过相关工程措施和非工程措施能够有效增强区域经济对台风灾害的防御能力，降低台风经济损失也意味着为社会增加财富。防灾减灾体系还能够通过相关投资支出通过投资乘数效应拉动广东经济增长（陈和等，2010）。从表 7-2 中可以看出，2008 年广东省防灾减灾的投资乘数效应达到近 360 亿元，相当于一个中小型城市的经济总量，其经济带动作用可见一斑。从以上两方面可以看出，防灾减灾体系对于广东经济有着重要意义，它不仅为广东经济抵御灾害保驾护航，同时还是积极财政政策的有效组成部分。因此，大力发展台风灾害防灾减灾体系建设是一项利国利民的重大工程。

第 8 章　沿海地区受台风影响的社会经济易损性及应急管理

Chapter 8　Research on the Social Economical Vulnerability and Emergency Management to Typhoon Damage in Coastal Areas

摘要：台风灾害一直是威胁中国南方沿海地区社会经济发展的一个重大障碍。随着沿海地区社会经济和科学技术的飞速发展，这些地区面临遭受台风灾害影响的风险也在不断加大。目前，学术界和政府已经从台风灾害的形成、发展规律以及减灾技术等方面着手研究，并取得了大量成果，但是这些研究仅强调了自然因素的重要性，而社会经济因素则长期被忽略掉。灾情损失的形成是由致灾因子和承灾体相互作用的结果，而社会和经济就是自然灾害的承灾客体。本章从社会学和经济学的角度出发，通过建立关于承灾体的社会经济易损性的评价指标体系，运用统计学方法对沿海地区受台风影响的社会经济易损性进行实证分析，并结合台风灾害的应急管理工作提出相关的政策建议。

关键词：社会经济易损性；因子分析；层次分析；应急管理；承灾体；评价指标；实证分析

Abstract: Typhoon disasters are the major threats to social and economic development of disaster-prone areas in Southern China. With the rapid development of economic and science technology in these areas, the vulnerability to typhoon disasters is also increasing. Right now, even though academic circles and government agencies have already begun to study the causes of typhoon formation, development, regular patterns, and measures of disaster prevention and mitigation technologies. However, these researches, thus far, are only concerned with the disaster-causing factors and neglect the social and economic effects on the disaster-bearing areas. From the view point of sociology and economics, this chapter establishes an evaluation index system related to the social and economic vulnerability of typhoon disaster-bearing areas, and uses the factor analysis and AHP methods to establish an empirical study. We give some policy suggestions to the emergency management work against typhoon disaster.

Keywords: social and economic vulnerability; factor analysis; AHP method; emergency management; supporting body; evaluation indicators; empirical analysis

自然灾害是当今人类生存和发展所面临的全球性重大问题之一，尤其台风灾害更是全球发生频率最高、影响最为严重的自然灾害。根据联合国亚太经济及社会理事会（UN-ESCAP）和世界气象组织（WMO）所属的台风委员会编制的台风气候变化评估报告的统计数据，全球每年发生热带气旋（包括台风）大概 80~100 个，平均每年造成两万人死亡以及 100 亿美元以上的经济损失，个别台风造成的灾情损失更是惊人（雷小途，2011）。因此，掌握台风对社会经济的影响规律、因地制宜地制定防台减灾政策，既是保护人民生命财产的必要手段，也是促进经济增长与社会发展的重要研究课题。

8.1 台风灾害对中国沿海地区社会经济发展的影响

中国沿海地区是受台风灾害影响最为严重的地区之一。中国地处太平洋西岸，面临着世界上最大的台风发源地——西北太平洋（包括南海），其热带气旋和台风生成的数量大概占全球总数的 40%，这里发生的热带气旋约 1/4 在中国登陆。每年 6 月到 10 月是台风登陆中国的高发期，其中，东南沿海地区受台风影响尤为严重，包括广东、福建、浙江、上海、台湾、海南、广西等省份（梁必骥等，1999）。本章根据《热带气旋年鉴》、《中国气象灾害大典》（广东卷、福建卷、上海卷、江苏卷、浙江卷、山东卷、海南卷、广西卷）以及《中国民政统计年鉴》等能够获得的资料，对中国 20 多年来受台风灾害影响的损失情况进行了概略统计（表 8-1）。

表 8-1 中国 1990~2010 年台风灾害损失情况统计

Table 8.1 Statistics of Typhoon Disaster Losses from 1990 to 2010 of China

年份/year	登陆台风（次）/ the landing typhoon（time）	死亡人数（人）/ death toll（person）	受灾面积（万亩）/ damage area（10 thousand mu）	倒损房屋（万间）/ pour damaged houses（10 thousand room）	直接经济损失（亿元）/ direct economic loss（¥100 million）
1990	9	848	3479	87	249
1991	6	274	1396	82	86
1992	7	305	2451	168	171
1993	6	133	2359	134	153
1994	9	545	2588	249	429
1995	4	221	1927	68	130
1996	7	817	2134	281	371
1997	5	440	2509	136	303
1998	3	8	399	2	22
1999	4	238	1898	25	211
2000	8	106	917	19	120

续表

年份/year	登陆台风（次）/ the landing typhoon（time）	死亡人数（人）/ death toll（person）	受灾面积（万亩）/ damage area（10 thousand mu）	倒损房屋（万间）/ pour damaged houses（10 thousand room）	直接经济损失（亿元）/ direct economic loss（￥100 million）
2001	9	205	1393	103	129
2002	5	13	1043	1	118
2003	6	65	737	17	53
2004	6	180	767	26	192
2005	11	274	1259	56	323
2006	7	653	2214	15	526
2007	9	62	1315	33	298
2008	7	179	3465	57	320
2009	9	64	1719	15	190
2010	7	140	513	16	166

资料来源：《热带气旋年鉴》；《中国气象灾害大典》（广东卷、福建卷、上海卷、江苏卷、浙江卷、山东卷、海南卷、广西卷）；《中国民政统计年鉴》.

由表 8-1 可以看出，近 20 多年来中国因台风造成的伤亡人数略有下降，但经济损失却有逐年增加之趋势，尤其是 2000 年以来，全国每年因台风造成的直接经济损失均在百亿元以上。

台风对一个地区社会经济的影响是多方面综合的，它不仅对人民的生命和财产安全构成严重威胁，而且台风灾害几乎对各行各业都有影响。其中，农业生产首当其冲，受影响最大，每次台风袭击都会造成大面积的农作物受灾，粮食大量减产，经济作物被吹断，受灾地区往往在一两年内难以恢复生产。台风引发的巨浪和风暴潮对水产养殖业、海上捕捞和海洋开发等也有很大的影响，而且严重危害渔民和海上作业人员的生命安全。此外，台风对生命线工程（如交通运输、通信、供水、电力等）、水利工程、基础设施的破坏也相当严重，因台风灾害导致的大面积停水停电经常发生，造成人民生活和正常生产活动诸多不便，由此引发的间接经济损失更是难以估量。

长期以来，自然科学方面对于台风已经进行了不少研究，主要从台风灾害的形成、发展规律以及防灾减灾技术等方面着手，但是这些研究仅仅强调了台风灾害的自然属性，对台风灾害造成的社会经济影响的分析则不多见。台风灾害的严重程度一方面由台风登陆的时间、地点、降水、风力强度、持续时间、影响范围等自然因素决定，另一方面也与承灾地区的社会经济发展水平、防灾救灾能力密切相关。本章从社会学和经济学的角度出发，建立关于承灾地区的社会经济易损性的评价指标体系，并运用统计学方法对沿海地区受台风影响的社会经济易损性进行实证分析，并结合台风灾害的应急管理工作提出相关的政策建议。

8.2 社会经济易损性的内涵及测量方法

随着近几十年来全球因自然灾害造成的人员伤亡和经济损失急剧增加，国际社会和学术界开始关注这样一个问题：人类在自然灾害面前是否变得更加脆弱或易损？Kate 等（2001）在 *Science* 杂志上发表的《环境与发展：可持续科学》一文将“特殊地区的自然-社会系统易损性及恢复能力”的研究列为可持续发展的七个核心议题之一。自然灾害易损性逐渐成为全球气候变化和可持续发展的热点问题，也成为了灾害研究及各国制定防灾减灾策略的重要分析工具。

国外对自然灾害易损性（有些文献称“脆弱性”）的研究始于 20 世纪七八十年代①。早在 70 年代末，Burton 等（1978）编著的《环境灾害》一书就对自然灾害易损性做了简单的定义，即“易损性是指地区易于遭受自然灾害的破坏和损害”。Blaikie 等（1994）详细阐明了其含义，“所谓易损性是指个人或群体预见、处理、抵御灾害和从灾害中恢复的能力的特征，它涉及自然灾害威胁人们生产、生活的各种因素”。他们进一步给出解释灾害强度的模型，即灾害=致灾因子+承灾体易损性，在相同的致灾因子强度下，灾情损失随着承灾体易损性的增大会变得更为严重。Blaikie 等（1994）还意识到全球人口增长、经济一体化、气候变化等宏观因素对区域乃至个人易损性的影响。Smith（1992）提出一个更为宽泛的定义，“易损性是指对灾害风险及处理灾害事件的社会、经济能力的综合度量”。这种概括将灾害的危险性和人类应对灾害的反应能力结合起来，当我们制订自然灾害的防灾减灾计划时，应该强调对承灾体的社会结构和经济结构进行分析，重视社会和经济因素对灾害的响应、抵御和恢复能力的影响。

从整体上看来，自然灾害对社会经济系统的影响可以分为两种主要类型：①社会易损性，它包括承灾体的人口分布情况、居民生活水平、社会保障和抵御灾害、灾后恢复重建能力等。Kreps（1984）在《美国社会学年评》上发表的灾害社会学综述中特别强调灾害对社会整体及其子单位（如社区、家庭、个人）正常运作所带来的扰动，灾害的成因和后果都与社会结构和社会运行过程密不可分（王中宇等，1995）。从内容上看，社会易损性的内涵是非常丰富的，既可以大到社会组织构成的易损程度，也可以小到社会个体的承灾能力。例如，作为最基本的承灾体——社会个体成员，无论是男女老少，其对灾害的承受能力都包括生理

---

① 资料来源：中央气象台网站．http：//weather. gov. cn/.

和心理两方面，很明显年老多病、心理脆弱的人在自然灾害的冲击下更容易受到伤害；对于一个家庭来说也是如此，如果一个家庭的成员结构（年龄、身体状况）、收入和财产（工作、存款、房屋）、生活状况（衣食住行、交通通信）等方面较容易受到自然灾害影响的话，说明其易损性较高、承灾能力较弱；而一个社会整体的易损性则主要涉及社会固有基础建设、社会保障、生命线工程等方面。②经济易损性，由一些能够反映经济体发展情况的基本要素构成，主要包括地区的资源分布、基础设施建设、产业分布、农业发展情况等方面。台风灾害对经济系统的破坏可以分为两个层次：第一个层次是实物资产的损失，表现为对建筑物、机器设备、基础设施等的破坏，铁路、公路、水运等交通运输线路以及供电、供水和通信线路中断；第二个层次是扰乱经济系统的正常运行，这与经济系统中各个部门的生产能力、产业结构和区域资源分布有关。根据这些因素可以估算出当承灾体遭受不同强度自然灾害时的损毁程度与经济价值损失率。

社会经济易损性评价是针对某区域的社会经济系统的结构、功能等方面进行分析，预测和评价外部危险（自然的和人为的）对系统可能造成的破坏和影响，以及评估系统自身对抗外部危险的抵御能力和恢复能力，其目的是减轻外部危险对系统的不利影响，为系统的日常防御提供决策依据，维护系统的可持续发展。目前，关于易损性评价的实证研究在自然灾害、环境变化、生态系统等方面的成果较多，但是专门针对社会经济系统的易损性评价尚不多见。近年来，随着学术界对易损性的深入研究，已有一些国内学者按照自己的理解设计出不同的测量方案。例如，樊运晓等（2003，2001）深入探讨了承灾体易损性评价中的量化方法，通过人口情况、固有基础财富、正创造财富、特重大财富、生命线工程 5 个方面建立评价指标体系，运用层次分析的方法，从社会和经济等方面系统地反映了承灾体的易损程度。丁燕和史培军（2002）运用模糊综合评价的方法，以广东省 14 个市辖区为例，选择了人口密度、人均 GDP 以及农业占 GDP 比重等 3 个指标来综合评估承灾体受台风灾害影响的潜在损失风险，并在此基础上进一步分析了承灾体易损性的地区差异。杨慧娟等（2007）利用瑞士再保险公司-北京师范大学风险与保险技术研究中心建立的台风-地震数据库资料，采用人口密度和人均 GDP 指标研究了中国沿海地区受台风影响的人口潜在易损性和经济潜在易损性，并通过加权平均得到研究地区的综合潜在易损性。赵卫权（2008）从人口、社会结构、文化差异、生态脆弱 4 个方面建立相应的层次指标体系，运用因子分析的方法分析了重庆市受自然灾害影响的社会经济易损性。陈东景等（2010）从社会、经济、财产、资源环境、防灾减灾 5 个维度，选取 15 个指标建立了关于沿海城市海底地质灾害易损性的评价模型。

综上所述，综合指数评价法是目前关于易损性评价较常用的定量分析方法之一。该方法从易损性的产生原因、表现特征以及影响后果等方面建立评价指标体系，利用统计方法或其他数学方法综合生成易损性指数来表示被评价单元的易损程度。在综合指数评价法中较为常用的数学和统计方法有加权平均法、主成分分析法（即因子分析）、层次分析法（analytic hierarchy process，AHP）、模糊综合评价法、专家评分法等。但是从现有的实证文献看来，选取的指标大多数比较粗糙，而且缺乏专门针对台风灾害的全面的指标体系。鉴于此，8.3 节和 8.4 节试图通过建立一个较为完善的关于台风灾害方面的社会经济易损性评价指标体系，运用因子分析和层次分析的统计方法对我国沿海地区受台风影响的社会经济易损性进行实证分析。

8.3 台风灾害社会经济易损性的评价指标体系

台风灾害社会经济易损性是指人类社会结构或经济系统容易遭受台风灾害破坏和损害的敏感程度，它涉及台风灾害威胁人们生产、生活的各种因素，是人类社会结构以及经济系统薄弱环节的体现。从组成要素来看，社会经济易损性对台风灾害后果的影响并不难以识别，主要体现在两个方面：一是在台风灾害过程中，由于受致灾因子影响而导致的人员伤亡、房屋倒塌、财产损失、农作物受损、工矿企业停工、水利交通通信等生命线工程受毁等直接损害；二是在台风灾害发生过后，个人、社会和经济系统表现出来的应对灾害、恢复重建的能力，包括社会保障程度、人民生活水平、经济发展水平的恢复等。社会经济易损性越大，社会结构和经济系统受台风灾害的影响就越严重，其恢复能力也越弱。

台风灾害社会经济易损性的强弱是决定灾情大小的重要原因。Blaikie 等（1994）认为灾害强度=致灾因子+承灾体易损性，在相同的致灾因子强度下，灾害强度随着承灾体易损性的增大会变得更为严重。但由于不同区域的社会、经济存在发展差异，各个区域的社会经济易损性也会有所不同，因此，在分析台风灾害社会经济易损性过程中应该结合每个区域的发展现状和特点。城市地区由于人口密集、经济发达，发挥着交通、信息的中心枢纽作用，其易损性主要来源于生命财产、人民生活、企业生产、经济发展、生命线工程等。农村地区的特点是人民生活和社会保障水平较低、房屋结构抗灾能力较弱、农作物广泛分布、作业环境大多数在户外，其易损性主要来源于生命财产、人民生活、职业、农业发展等。除此之外，临海区域主要以海洋捕捞和养殖业为主，其易损性主要来源于渔业、养殖业和海上作业人员的生命安全。

从上述台风灾害对社会和经济的多方面影响来看，本章参照一些国内学者的方法（李鹤等，2008；陈香，2007），将台风灾害的社会经济易损性总结为以下几方面内容：①人口易损。主要包括农村和城镇人口构成，地区人口密度以及抗灾能力较差的弱势群体等方面。②职业易损。主要包括与台风灾害关系密切的职业，如农林牧渔业、采矿业、建筑业、交通运输业等。③人民生活水平。生活水平是反映人们生活状况的指标，主要包括家庭收入情况和住房情况，生活水平越高的群体受灾害的影响可能更大。④社会保障。社会保障体系是保证社会系统在紧急状态下正常运行的重要手段，社会保障的覆盖面越广，社会抵御灾害和灾后恢复的能力就越强。⑤经济发展水平。经济发展水平主要反映在国民生产总值、产业分布以及社会固有基础财富等方面。经济发展越好的地区，灾害的损毁后果可能更加严重。⑥农业情况。种植业和水产养殖业是受台风灾害影响最为明显的行业，而且农村地区往往也是受灾最严重的地区。⑦生命线工程。主要包括铁路、公路、水运等交通运输线路以及供电、供水和通信线路，保障灾害状态下人们能够安全地进行生产、生活。

一般而言，台风灾害的社会经济易损性可以通过灾前调查进行测量和评价。本章根据社会经济易损性的内涵，结合我国沿海地区台风灾害的特点，对上述7个方面进行分解，建立了一个三级指标体系（表8-2），对沿海地区受台风灾害影响的社会经济易损性进行实证研究。

表8-2 台风灾害社会经济易损性评价指标体系

Table 8.2 Vulnerability Assessment Index System of Typhoon Disaster on Socio-economic

一级指标	二级指标	三级指标	序号	单位	注释
台风灾害社会经济易损性	人口易损指数	农村人口数量	X_1	万人	
		城镇人口数量	X_2	万人	
		人口密度	X_3	人/km^2	
		弱势群体比例	X_4	%	0~14岁及65岁以上人群占总人口比例
		一人户比例	X_5	%	一人户占家庭总户数的比例
	职业易损指数	农林牧渔业就业人数	X_6	万人	
		采矿业就业人数	X_7	万人	
		建筑业就业人数	X_8	万人	
		交通运输业就业人数万人	X_9	万人	
		失业人数	X_{10}	万人	
	人民生活指数	城乡居民储蓄存款	X_{11}	亿元	
		城镇居民平均可支配收入	X_{12}	元	
		农村居民平均纯收入	X_{13}	元	
		农村住房平均面积	X_{14}	m^2/人	
		农村住房平均价值	X_{15}	元/m^2	

续表

一级指标	二级指标	三级指标	序号	单位	注释
台风灾害社会经济易损性	社会保障指数	城镇社区服务设施数量	X_{16}	个	
		失业保险参保比例	X_{17}	%	
		基本医疗保险参保比例	X_{18}	%	
		城镇养老保险参保比例	X_{19}	%	
		农村社会保险参保比例	X_{20}	%	
	经济发展指数	人均 GDP	X_{21}	元	
		第一产业产值	X_{22}	亿元	
		第二产业产值	X_{23}	亿元	
		第三产业产值	X_{24}	亿元	
		农村固定资产投资建设总规模	X_{25}	亿元	
		城镇固定资产投资建设总规模	X_{26}	亿元	
	农业情况指数	耕地面积	X_{27}	$10^3 hm^2$	
		农作物播种面积	X_{28}	$10^3 hm^2$	
		农林牧渔业总产值	X_{29}	亿元	
		水产品总产量	X_{30}	万 t	
		水库容量	X_{31}	亿 m^3	
		除涝面积	X_{32}	$10^3 hm^2$	
		水灾受灾面积	X_{33}	$10^3 hm^2$	
	生命线工程提数	铁路营业里程	X_{34}	km^2	
		公路里程	X_{35}	km^2	
		铁路旅客周转量	X_{36}	亿人 · km	
		公里旅客周转量	X_{37}	亿人 · km	
		水运旅客周转量	X_{38}	亿人 · km	
		铁路货物周转量	X_{39}	亿 t · km	
		公路货物周转量	X_{40}	亿 t · km	
		水运货物周转量	X_{41}	亿 t · km	
		长途光缆线路总长度	X_{42}	km	
		电力消费量	X_{43}	亿 kW · h	
		供水总量	X_{44}	亿 m^3	

8.4 实证分析

本章的研究采用沿海地区 8 个省份（包括上海、江苏、浙江、福建、山东、广东、广西和海南）2009 年的横截面数据作为样本。从《中国统计年鉴 2010》搜集出上述指标所需要的原始数据。然后运用 SPSS 软件对原始数据进行标准化。

实证分析的思路是先运用因子分析的方法（马庆国，2002）分别对 8 个省份的人口易损指数（Population-PC）、职业易损指数（Job-PC）、人民生活指数（Living-PC）、社会保障指数（Social Security-PC）、经济发展指数（Economy-PC）、农业情况指数（Agriculture-PC）以及生命线工程指数（Lifeline-PC）进行评估。然后运用层次分析法（郝海和踪家峰，2007）确定 7 个指标的权重，将 7 个指数的评估值进行加权平均，得出各个省份社会经济易损性的综合得分。应用 Mapinfo 软件，编制出中国沿海地区受台风灾害影响的社会经济易损性分布图。

8.4.1 因子分析

因子分析采用的方法是主成分法，因子旋转的方法是方差最大旋转法，通过上述步骤提取出各种指标的主成分公因子，并得出主成分公因子的因子得分矩阵，对因子得分进行加权平均加总作为相应指标的评估得分。

1）对 8 个省份的人口易损指标的标准化值进行因子分析，提取出 2 个公因子，一共可以解释 89.445% 的总变差。其中，第一主成分公因子的解释能力为 51.636%，第二主成分公因子的解释能力为 37.809%。经过 3 次因子旋转得到因子得分系数矩阵，并以此得出人口易损指数的两个公因子得分计算公式：

$$\text{Population-PC}_1 = -0.075Z_{\text{score}}(X_1) + 0.102Z_{\text{score}}(X_2) + 0.326Z_{\text{score}}(X_3) - 0.38Z_{\text{score}}(X_4) + 0.349Z_{\text{score}}(X_5) \tag{8-1}$$

$$\text{Population-PC}_2 = 0.487Z_{\text{score}}(X_1) + 0.512Z_{\text{score}}(X_2) - 0.128Z_{\text{score}}(X_3) - 0.122Z_{\text{score}}(X_4) + 0.022Z_{\text{score}}(X_5) \tag{8-2}$$

2）对 8 个省份的职业易损指标的标准化值进行因子分析，提取出 2 个公因子，一共可以解释 74.598% 的总变差。其中，第一主成分公因子的解释能力为 39.538%，第二主成分公因子的解释能力为 35.06%。经过 3 次因子旋转得到因子得分系数矩阵，并以此得出职业易损指数的两个公因子得分计算公式：

$$\text{Job-PC}_1 = 0.177Z_{\text{score}}(X_6) + 0.561Z_{\text{score}}(X_7) - 0.108Z_{\text{score}}(X_8) + 0.196Z_{\text{score}}(X_9) + 0.459Z_{\text{score}}(X_{10}) \tag{8-3}$$

$$\text{Job-PC}_2 = -0.571Z_{\text{score}}(X_6) - 0.265Z_{\text{score}}(X_7) - 0.505Z_{\text{score}}(X_8) + 0.18Z_{\text{score}}(X_9) + 0.013Z_{\text{score}}(X_{10}) \tag{8-4}$$

3）对8个省份的人民生活指标的标准化值进行因子分析，提取出2个公因子，一共可以解释93.139%的总变差。其中，第一主成分公因子的解释能力为52.111%，第二主成分公因子的解释能力为41.028%。经过3次因子旋转得到因子得分系数矩阵，并以此得出人民生活指数的两个公因子得分计算公式：

$$\text{Living-PC}_1=-0.03Z_{\text{score}}(X_{11})-0.056Z_{\text{score}}(X_{12})+0.36Z_{\text{score}}(X_{13})+0.365Z_{\text{score}}(X_{14})+0.357Z_{\text{score}}(X_{15}) \tag{8-5}$$

$$\text{Living-PC}_2=0.49Z_{\text{score}}(X_{11})-0.497Z_{\text{score}}(X_{12})+0.061Z_{\text{score}}(X_{13})+0.073Z_{\text{score}}(X_{14})+0.063Z_{\text{score}}(X_{15}) \tag{8-6}$$

4）对8个省份的社会保障指标的标准化值进行因子分析，提取出2个公因子，一共可以解释97.156%的总变差。其中，第一主成分公因子的解释能力为66.562%，第二主成分公因子的解释能力为30.596%，经过3次因子旋转得到因子得分系数矩阵，并以此得出社会保障指数的两个公因子得分计算公式：

$$\text{Social Security-PC}_1=0.131Z_{\text{score}}(X_{16})+0.301Z_{\text{score}}(X_{17})+0.302Z_{\text{score}}(X_{18})+0.301Z_{\text{score}}(X_{19})+0.122Z_{\text{score}}(X_{20}) \tag{8-7}$$

$$\text{Social Securitv-PC}_2=0.494Z_{\text{score}}(X_{16})-0.023Z_{\text{score}}(X_{17})-0.082Z_{\text{score}}(X_{18})-0.019Z_{\text{score}}(X_{19})+0.614Z_{\text{score}}(X_{20}) \tag{8-8}$$

5）对8个省份的经济发展指标的标准化值进行因子分析，提取出2个公因子，一共可以解释94.124%的总变差。其中，第一主成分公因子的解释能力为71.171%，第二主成分公因子的解释能力为22.953%。经过3次因子旋转得到因子得分系数矩阵，并以此得出经济发展指数的两个公因子得分计算公式：

$$\text{Economy-PC}_1=-0.116Z_{\text{score}}(X_{21})+0.296Z_{\text{score}}(X_{22})+0.206Z_{\text{score}}(X_{23})+0.2Z_{\text{score}}(X_{24})+0.211Z_{\text{score}}(X_{25})+0.189Z_{\text{score}}(X_{26}) \tag{8-9}$$

$$\text{Economy-PC}_2=0.786Z_{\text{score}}(X_{21})-0.403Z_{\text{score}}(X_{22})+0.085Z_{\text{score}}(X_{23})+0.095Z_{\text{score}}(\text{X}_{24})-0.043Z_{\text{score}}(X_{25})+0.144Z_{\text{score}}(X_{26}) \tag{8-10}$$

6）对8个省份的农业情况指标的标准化值进行因子分析，提取出2个公因子，一共可以解释86.461%的总变差。其中，第一主成分公因子的解释能力为58.584%，第二主成分公因子的解释能力为27.877%。经过3次因子旋转得到因子得分系数矩阵，并以此得出经济发展指数的两个公因子得分计算公式：

$$\text{Agriculture-PC}_1=0.231Z_{\text{score}}(X_{27})+0.237Z_{\text{score}}(X_{28})+0.241Z_{\text{score}}(X_{29})+0.169Z_{\text{score}}(X_{30})+0.007Z_{\text{score}}(X_{31})+0.219Z_{\text{score}}(X_{32})-0.01Z_{\text{score}}(X_{33}) \tag{8-11}$$

$$\text{Agriculture-PC}_2=0.041Z_{\text{score}}(X_{27})+0.02Z_{\text{score}}(X_{28})$$

$$+0.023Z_{\text{score}}(X_{29})+0.05Z_{\text{score}}(X_{30})+0.489Z_{\text{score}}(X_{31})-0.173Z_{\text{score}}(X_{32})+0.488Z_{\text{score}}(X_{33}) \tag{8-12}$$

7）对 8 个省份的生命线工程指标的标准化值进行因子分析，提取出 3 个公因子，一共可以解释 89.624% 的总变差。其中，第一主成分公因子的解释能力为 42.631%，第二主成分公因子的解释能力为 33.473%，第三主成分公因子的解释能力为 13.52%。经过 5 次因子旋转得到因子得分系数矩阵，并以此得出生命线工程指数的两个公因子得分计算公式：

$$\begin{aligned}\text{Lifeline-PC}_1 = &-0.1Z_{\text{score}}(X_{34})+0.075Z_{\text{score}}(X_{35})\\&+0.201Z_{\text{score}}(X_{36})+0.2Z_{\text{score}}(X_{37})+0.085Z_{\text{score}}(X_{38})\\&-0.169Z_{\text{score}}(X_{39})-0.126Z_{\text{score}}(X_{40})+0.105Z_{\text{score}}(X_{41})\\&+0.156Z_{\text{score}}(X_{42})+0.291Z_{\text{score}}(X_{43})+0.29Z_{\text{score}}(X_{44})\end{aligned} \tag{8-13}$$

$$\begin{aligned}\text{Lifeline-PC}_2 = &0.227Z_{\text{score}}(X_{34})+0.124Z_{\text{score}}(X_{35})\\&+0.023Z_{\text{score}}(X_{36})-0.011Z_{\text{score}}(X_{37})+0.137Z_{\text{score}}(X_{38})\\&+0.339Z_{\text{score}}(X_{39})+0.39Z_{\text{score}}(X_{40})+0.063Z_{\text{score}}(X_{41})\\&-0.088Z_{\text{score}}(X_{42})-0.056Z_{\text{score}}(X_{43})-0.27Z_{\text{score}}(X_{44})\end{aligned} \tag{8-14}$$

$$\begin{aligned}\text{Lifeline-PC}_3 = &0.233Z_{\text{score}}(X_{34})+0.029Z_{\text{score}}(X_{35})\\&-0.118Z_{\text{score}}(X_{36})-0.028Z_{\text{score}}(X_{37})-0.24Z_{\text{score}}(X_{38})\\&-0.097Z_{\text{score}}(Xv_{39})-0.184Z_{score}(X_{40})-0.7Z_{score}(X_{41})\\&0.253Z_{\text{score}}(X_{42})-0.273Z_{\text{score}}(X_{43})+0.182Z_{\text{score}}(X_{44})\end{aligned} \tag{8-15}$$

参照王学军等（2008），各项指标的公因子权重计算公式为

$$\text{Weight}_i=\frac{\text{第 } i \text{ 个公因子的方差贡献率}}{\text{总累积方差贡献率}} \tag{8-16}$$

可得出各个指标主成分的加权公式：

$$\text{Population-PC}=0.577\text{Population-PC}_1+0.423\text{Population-PC}_2 \tag{8-17}$$

$$\text{Job-PC}=0.531\text{Job-PC}_1+0.469\text{Job-PC}_2 \tag{8-18}$$

$$\text{Living-PC}=0.559\text{Living-PC}_1+0.441\text{Living-PC}_2 \tag{8-19}$$

$$\text{Social Security-PC}=0.685\text{Social Security-PC}_1+0.315\text{Social Security-PC}_2 \tag{8-20}$$

$$\text{Economy-PC}=0.756\text{Economy-PC}_1+0.244\text{Economy-PC}_2 \tag{8-21}$$

$$\text{Agriculture-PC}=0.678\text{Agriculture-PC}_1+0.322\text{Agriculture-PC}_2 \tag{8-22}$$

$$\text{Lifeline-PC}=0.476\text{Lifeline-PC}_1+0.373\text{Lifeline-PC}_2+0.15\text{Lifeline-PC}_3 \tag{8-23}$$

经过上述步骤，可以算出 8 个省份的人口易损指数、职业易损指数、人民生活指数、社会保障指数、经济发展指数、农业情况指数以及生命线工程指数的评估得分（表 8-3）。其中同一指标得分越高，表明该指数的易损性越强。

表 8-3 中国沿海地区受台风灾害影响的社会经济易损性指标得分

Table 8.3 Scores of Typhoon Disaster Socio-economic Vulnerability of China Coastal Areas

省份	Population-PC	Job-PC	Living-PC	Social Security-PC	Economy-PC	Agriculture-PC	Lifeline-PC
上海	0.652 122	0.029 74	1.044 388	1.391 264	−0.120 67	−1.254 86	−0.830 67
江苏	0.371 588	0.104 632	0.257 569	0.459 444	0.873 811	0.441 518	0.307 652
浙江	0.252 239	0.459 021	0.529 214	0.488 458	0.344 485	−0.029 71	0.110 559
福建	−0.250 2	−0.358 26	−0.308 26	−0.567 13	−0.464 21	−0.423 4	−0.322 43
山东	0.421 19	1.125 76	−0.166 89	−0.163 04	0.594 537	1.203 783	0.800 441
广东	0.660 312	0.389 039	0.504 809	−0.076 23	0.835 238	0.546 467	0.713 183
广西	−0.885 11	−0.551 73	−0.869 57	−0.929 92	−0.781 16	0.458 506	0.042 759
海南	−1.222 14	−1.198 2	−0.991 27	−0.602 85	−1.282 04	−0.942 31	−0.821 5

8.4.2 确定指标权重

本章采用层次分析法来确定指标权重，其基本思路是：将复杂的问题分解成多个因素以建立特殊的指标评价体系，形成有层次的结构，即递阶层次结构。然后通过多方面综合判断以决定诸要素的相对重要性或相对优劣次序排列，得出各个因素重要度的判断矩阵并确定其权重。通过专家打分法以及参照学者（樊运晓等，2003，2001；陈香，2007）的做法，得出台风承灾体各项指标重要性程度的判断矩阵（表 8-4）。

表 8-4 各项指标重要性程度的判断矩阵

Table 8.4 Matrix of the Importance Extent of Each Indicator

指标	Population-PC	Economy-PC	Agriculture-PC	Lifeline-PC	Job-PC	Living-PC	Social Security-PC
Population-PC	1	2	3	4	5	6	7
Economy-PC	1/2	1	2	3	4	5	6
Agriculture-PC	1/3	1/2	1	2	3	4	5
Lifeline-PC	1/4	1/3	1/2	1	2	3	4
Job-PC	1/5	1/4	1/3	1/2	1	2	3
Living-PC	1/6	1/5	1/4	1/3	1/2	1	2
Social Security-PC	1/7	1/6	1/5	1/4	1/3	1/2	1

矩阵中各项 b_{ij} 对应指标 B_i 与 B_j 相比的重要性程度，通常用“1，2，3，…”以及它们的倒数表示，其含义为：取值 1 表示 B_i 与 B_j 一样重要；取值 2 表示 B_i 比 B_j 重要一

点，…，数值越大表示 B_i 比 B_j 的重要程度越高。相应的，倒数表示不重要程度。

根据层次分析方法，运用 Matlab 软件算出上述比较矩阵的特征根和对应的特征向量。其中，矩阵的最大特征根为 $\lambda_{max}=7.1955$，对应的特征向量为 $\omega=(0.352,\ 0.241,\ 0.159,\ 0.104,\ 0.068,\ 0.045,\ 0.031)^T$。所得的特征向量 ω 对应 7 项指标的权重。

为了考察判断矩阵的可靠性，必须进行一致性检验。首先，计算一致性指标 CI，$CI=\frac{\lambda_{max}-n}{n-1}=\frac{7.1955-7}{7-1}\approx 0.0326$。一般来说，判断一致性的难度随着判断矩阵阶数的增加而增加，笔者根据郝海和踪家峰（2007）列出的各阶矩阵的平均随机一致性指标值 RI（表 8-5），得出判断矩阵一致性指标与平均随机一致性指标 RI 之比，称为随机一致性比率 CR，即 $CR=\frac{CI}{RI}$；当 CR≤10% 时，一般可以认为判断矩阵具有令人满意的一致性。本章中的 $CR=\frac{0.0326}{1.36}\approx 0.024$，通过一致性检验，即所得的特征向量的权重较为准确。

表 8-5　平均随机一致性指标

Table 8.5　Average Random Consistency Index

阶数	3	4	5	6	7	8	9	10
RI	0.52	0.89	1.12	1.26	1.36	1.41	1.46	1.49

资料来源：郝海，踪家峰. 2007. 系统分析与评价方法. 北京：经济科学出版社.

8.4.3　社会经济易损性综合评估

前面两节通过运用因子分析和层次分析的方法，分别计算出中国沿海地区受台风灾害影响的社会经济易损性 7 项指标的因子得分和权重。其中，因子得分越高，说明该项指标的易损性越强；权重越大，说明该项指标对整个社会经济的影响较大。通过加权平均，得出沿海 8 个省份的社会经济易损性综合评估得分，见表 8-6。

表 8-6　中国沿海地区受台风灾害影响的社会经济易损性综合评估得分

Table 8.6　Comprehensive Assessment of Socio-economic Vulnerability of Typhoon Disaster in China's Coastal Areas

省份	上海	江苏	浙江	福建	山东	广东	广西	海南
综合得分	0.0067	0.4765	0.2488	−0.3566	0.6302	0.6416	−0.5279	−1.1192
排序	5	3	4	6	2	1	7	8

运用 Mapinfo 软件技术，编制出中国沿海地区受台风灾害影响的社会经济易损

性分布图（图 8-1）。图 8-1 和表 8-3 反映了中国沿海地区台风灾害社会经济易损性的分布特点：中国沿海地区受台风影响的社会经济易损性空间分布很不均匀。从单项指标来看，人口易损性最高的是广东和上海，经济发展易损性最高的是广东和江苏，人民生活易损性和社会保障程度最高的是上海，农业和职业易损性最高的是山东，生命线工程易损性最高的是山东和广东。从区域综合情况来看，整体易损程度最高的是广东和山东两省，而最低的是广西和海南两省。推测其原因在于：广东与上海的经济发展和城市化水平一直领先于全国，故其人口易损性和经济易损性指数都明显高于其他省份；而山东省是全国粮食作物和经济作物重点产区，海洋生物和油气资源丰富，发电量位居全国第三位，农业、养殖业、石油开采、电力是其支柱产业，故农业易损性、职业易损性和生命线工程易损性指数较高。除此之外，广西和海南的 7 项指标均排名最低，主要是因为两省的人口相对稀少、经济发展比较落后，暴露在台风灾害中的承灾体较少，综合看来，其易损程度也较低。

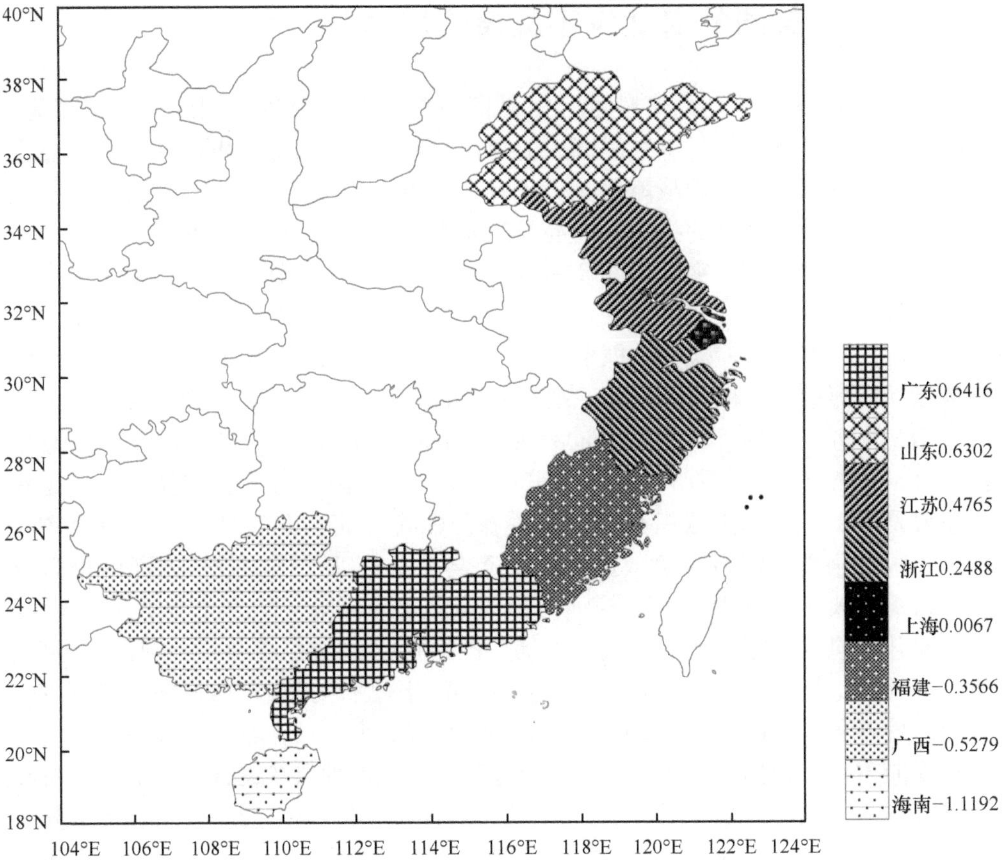

图 8-1　中国沿海地区台风灾害社会经济易损性分布

Fig. 8. 1　Distribution of Typhoon Disaster Socio-economic Vulnerability in China's Coastal Areas

上述的台风灾害易损性研究主要是围绕社会、经济因素进行展开，社会经济的发展水平对台风灾害的易损性具有较强的决定作用，因此，台风灾害的社会经济易损性的空间分布与社会经济发展的程度具有很大的相似性。中国沿海地区是台风灾害频发的区域，而各个省份的承灾体构成结构差异较大，其受台风灾害影响的程度也各异。此外，应急管理系统是一个复杂的系统，它需要因地制宜和从多个方面统筹规划。因此，政府部门在制订相应的防灾减灾对策时，应该充分考虑承灾体构成要素的差异性和协调性，因地制宜地采取相应的灾前应急管理措施。

8.5 国外防台风经验借鉴——以美国飓风应急管理体系为例

8.5.1 美国的自然灾害应急响应框架

自“卡特里娜”飓风事件之后，美国政府对其应急管理制度进行了反思，于2006年10月制定了《卡特里娜后应急改革法案》，明确提出建立国家应急准备系统，对国家应急管理战略做重大调整。2008年1月颁布《国家响应框架》，该框架是美国应急响应的指南，规定了各级政府、私营部门以及非政府组织的角色和职责，以美国国家突发事件管理系统为平台，为应急管理工作提供了一套完善的框架。

美国的自然灾害应急响应框架（图8-2）采用国家—州政府—市政府三级管理体制，应急救援一般遵循属地原则和分级响应原则。自然灾害应急管理具体由联邦紧急事务管理局（Federal Emergency Management Agency，FEMA）负责总指挥，FEMA在全国设立了10个应急管理分局。在美国现行的联邦体制下，国家级主要是由FEMA牵头组织和协调相关部门制定灾害应急管理方面的政策和法律，组织协调重大灾害应急救援，提供资金、物质以及科学技术方面的信息支持，组织开展应急管理的专业培训，协调外国政府和国际救援机构的援助活动等。联邦政府的国家海洋与大气管理局、国家疾病预防控制中心、国民警卫队、运输部、航空管理局、农业部、红十字会等部门，也承担着自然灾害应急管理等方面的管理职能。FEMA并非对每个灾害都做出反应，只有当某灾害超过一个州的承受能力且州长提请联邦救助时才会行动。处理各种自然灾害问题的主要责权在州一级，并且可通过专门授权，向州属各城市分权。州政府主要负责制订州一级的应急管理和减灾规划，运用税收和增加公益金的手段从事广泛的自然灾害管理活动，包括兴修水库、堤防、海塘及投资于划分灾害风险区、绘制风险图、预报灾害和社会教育等计划。同时，各个州政府建立州级的应急处理中心，在自然灾害发生时监督和指挥地方应急机构开展工作。地方政府（主要县、市级）承担灾害应急一线职责，具体组织灾害应急工作。根据灾害应急管理职责和运作程序，由灾害发生或可能发生地的政府首先开展灾害应急工作，当灾害发展到超过其应急管理权限和应对能力时，逐级报上一级政府负责接管灾害应急工作。

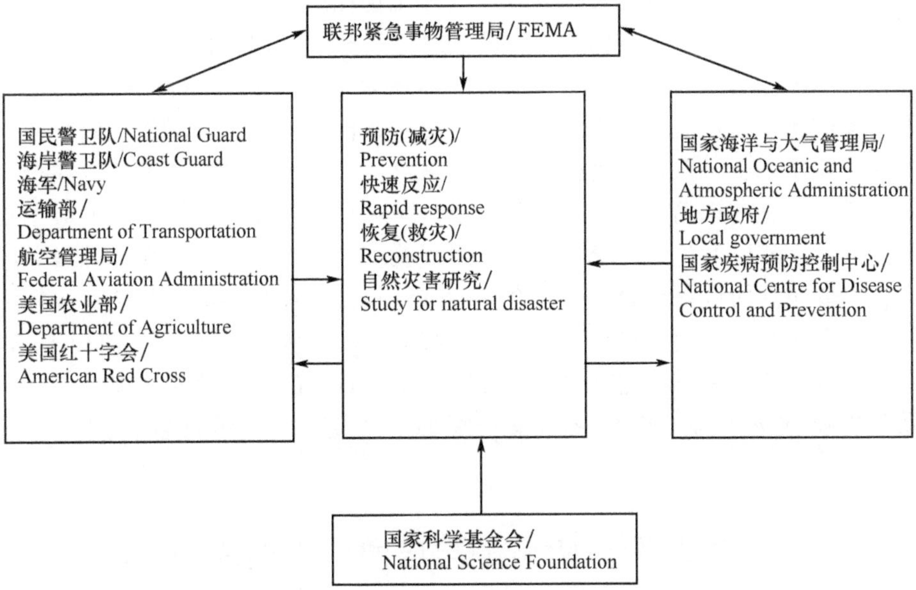

图 8-2　美国自然灾害应急响应框架

Fig. 8. 2　U. S. Natural Disaster Emergency Response Framework

资料来源：FEMA history. http：//www. fema. gov/about/history. shtm.

8. 5. 2　针对自然灾害的应急管理预案与落实措施

美国一贯重视通过立法来界定政府机构在灾害管理中的职责和权限，理顺各方关系。美国已先后制定了上百部专门针对自然灾害和其他紧急事件的法律法规，且经常根据情况变化进行修订。1950 年制定并经 1966 年、1969 年和 1970 年多次修改的《灾害救助和紧急援助法》，是美国第一部与应对突发灾害事件有关的法律，规定了联邦政府的救援范围及全面协调预警、防灾、减灾、紧急管理、恢复重建等工作。根据美国最新的国家灾难恢复框架（National Disaster Recovery Framework）及国家应急反应框架（National Response Framework），美国应急响应预案体系由联邦、州、地方三级政府和民间的不同领域应急计划和预案组成（杨新红，2012）。这些应急计划和预案一般都对应急反应的目标、范围、框架、组织、权责、政策、调动、指挥、实施等做出了规定和安排，并在不同程度上涉及政府、私人部门和民间志愿组织应对紧急事件的准备、反应、恢复和减灾的具体分工和安排，部分应急计划和预案相互间存在一定的联系。

美国自然灾害应急管理措施具体分为减灾措施—灾前准备—应急响应—灾后重建4个环节（梁永朵等，2009）：①减灾措施主要指联邦和地方政府通过制订一些减灾计划和措施，以减少和排除灾害对人民生命财产的影响。例如，设计和建设防灾减灾工程，对各种灾害易发区的建筑物和设施是否按照国家标准建设进行日常检查，并责成有关方面对存在的问题进行整改，在各种灾害易发区开展政府支持的灾害保险等。②灾前准备主要包括提供应对各种自然灾害的技术支持，建设灾害监测预警系统，建立灾害服务信息迅速传播的平台和工作机制；建设必要的应急避难场所，做好灾害公共卫生、医疗、救助抢险等应急准备；在全国广泛开展灾害应急知识培训、灾害应急演示、防灾科普教育等。③应急响应主要指灾害预计发生或已发生时，通过政府的组织管理，努力并及时调配资源紧急应对灾害，主要包括协调各级政府、各个部门进行救援，组织人员紧急转移，加强灾情的评估及预测，迅速、科学地评估灾害影响程度，紧急调配设备、队伍、资源应对灾害等。④灾后重建包括对灾后受害者提供紧急的临时性安置建设，根据灾情及时提供救灾资金，进行灾后重新规划、恢复重建，进行各种灾后保险赔偿等。

8.5.3 美国飓风风险监测与应急管理的成功经验

在应急响应框架下完善的预案体系及落实措施保证了美国政府应对飓风的成功，本章将美国应对飓风的成功经验归结为以下几点。

1）系统统筹。美国自然灾害应急响应架构显示了美国联邦政府在应对自然灾害时的统一协调系统。FEMA在整个灾害风险应对和应急管理中起着关键作用，使整个风险管理职责明确且统一规划和行动。

2）建立完善的数据库并在此基础上预测评估灾害风险。美国飓风风险管理研究文献相当多，其主要来源于美国国家自然科学基金会资助的研究项目和FEMA的有关资料，内容翔实，涉及风险监测与识别、评估、处理和预测等方面。这说明美国风险管理学者对飓风的预测、评估工作高度重视，同时，这些工作是建立在长期监测和完整收集数据的基础上的。国家海洋与大气管理局根据对飓风监测获得的相关数据，由国家飓风中心建立预测数据库，及时预测和预报飓风的发生、发展和变化情况。

3）风险分级预警，跨部门整合专业合作。应急管理体系根据风险的严重程度进行量化分级管理，如飓风发生后联邦各部门及非政府组织的反应、国家疾病预防控制中心（CDC）应急人员的组成等。在风险应急和管理方面，有机整合多部门多专业人员，不仅见效快、成本低，而且较好地解决了平战结合及知识、队伍、设备不断更新的矛盾。

4) 管理规范，不断完善改进。根据风险管理的实际经验，制定或修订各种相关法律法规，使风险管理有法可依。灾害管理政策类型多样，充分考虑了风险的预防、控制和分担，体现了应急管理政策的权威性和实用性。

5) 灾后救助不仅考虑受灾人群的身体健康，同时考虑心理恢复问题，体现了人本主义思想。CDC 专家提出了灾难后心理影响的金字塔模型（文进等，2006），金字塔模型从塔尖到塔底的 5 个层次依次为：①统计的个体受害者；②家庭和社会网络；③救援人员、医疗保健服务提供者及其家庭和社会网络；④脆弱人群及受影响行业；⑤普通人群及其社区。由此以便开展快速公共卫生评估和监测、伤害和疾病的预防及心理支持工作。

8.6 中国针对台风灾害的应急管理机制建设

自然灾害的损失是由天灾或自然因素（致灾因子）加上承灾体的易损性所造成的。致灾因子作为一种自然威胁是无法消除的，但可以借助防灾技术来减轻其破坏程度，而承灾体的易损性则是可以人为管理的。因此，掌握台风规律、提高承灾地区防御台风的应急管理能力，成为了抵抗台风和降低台风灾害损失的永恒课题。中国沿海地区由于其所处的特殊地理位置，每年不可避免地会遭受台风袭击。随着对台风规律认识的提高，以及多年来应对台风灾害的经验，各省政府逐渐形成了统一指挥、分级管理、以人为本的防台风应急管理机制。

8.6.1 中国自然灾害应急管理的现状及存在问题

目前，中国尚未颁布专门针对台风灾害的有关预案和法规，而是将其归于自然灾害的应急管理之中。国务院是针对自然灾害应急管理的最高行政机构，统一领导和指挥各省省委、省政府应对各类突发性自然灾害的预防和处置工作。当遭遇重大突发性自然灾害时，由国务院成立临时性指挥机构并担任总指挥，统一协调各部门、各地区的应急工作；各有关部门和各级地方政府分别负责相关类型的突发性自然灾害预防和处置工作，必要时其他部门协助配合，按照突发性自然灾害的规模和范围实行分级管理。这种应急管理体制具有明显的部门分工、区域分工的特征，针对单一的自然灾害和公共事件能够较为高效、专业地应对和处理，但是其建立在条块状分割的基础之上，缺乏统一稳定的协调机制，往往难以整合各方的救灾抗灾力量。实践表明，中国政府在自然灾害应急管理中普遍存在着以下问题：一是部门分割，职责交叉，部门之间的分工协作关系不够明确，统一协调能力不足，不利于快速反应和资源整合；二是部门应急职责划分不清晰，属地化管理，导致部门行动衔接配合不足、管理脱节、协调困难等问题；三是各部门、地方政府的信息系统相互分割，缺乏互联互通、资源共享的信息平台；四是法律体系薄弱，应急预案可操作性不强，虽然我国先后制定了关于重大自然灾害的《防洪法》和《防震减灾法》等，不过这些法律本身具有很强的独立性，缺乏针对单一灾种的法规和应急预案，内容笼统，管理部门分散，可操作性不强。

在地方政府层面，经过长期实践，各级地方政府逐渐形成了各具特色的应急管理模式，可以概括为以下两大特点：一是分兵把口，成立由地方政府牵头、各有关力量积极参与的专业公共抢险救援队伍，并组建了指挥、通信、消防、救护、治安、抢险等专门小组，根据灾害产生、发展和结束的各个环节，参照各职能部门的功能实行分阶段管理。这种模式有利于发挥各职能部门、各专业救灾队伍的作用。从组织管理看，各应急部门的垂直管理体系较为完备，但部门横向之间的职责分工关系并不十分明确，职责交叉和脱节现象并存，缺乏统一协调的基础。二是突击式的群众运动。一旦某一地方发生了危机，政府、军队、民众就会立即被动员起来，像攻坚战一样在短期内迅速组织强大的资源应付，这种方式效益未必最佳。分兵把口、群众运动式的应急管理模式在小规模、单一灾害发生时较为有效，但在沿海地区发达城市，这样的自然、经济、社会复合系统内则显得力不从心，尤其是随着社会和技术环境的不断变化，灾害发生的潜在可能性在逐步增加。因此，自然灾害应急管理模式的适应性变革迫在眉睫。

8.6.2 沿海地区建立基于社会经济易损性的防台应急响应机制

自然灾害应急管理一个重要的政策选择在于把危机管理工作与经济、社会的可持续发展紧密结合起来，制订预防危机的战略、政策和规划，积极防灾、科学抗灾、建构统一高效的自然灾害管理体制。对于沿海地区来说，加强对突发性台风灾害的发生成因、损害方式、应急措施以及善后恢复等进行研究、分析，并制订综合性防台风应急响应机制是非常必要的。由于台风灾害的发生具有突发性、影响面广、危害性大等特点，地方政府在开展台风灾害应急管理工作中，应该因地制宜地建立防台风的灾前预警机制和灾中应急处理机制，与各种社会组织和人员以及各行各业紧密联系，提高台风灾害应急管理中处理各方面关系的能力。下面通过介绍一些沿海省份建立防台风应急响应机制的成功经验，为沿海地区防御台风的应急管理工作提供一些参考性建议。

随着对台风规律认识的提高，以及多年来累计的应对台风灾害经验，一些沿海省份逐渐形成了以人为本的防台风综合应急响应机制。

(1) 责任机制

省、市、县/区分别建立防台风行政首长责任制，各个相关部门建立防台风主管部门责任制或行业监督管理责任制，乡镇（街道）、村（社区）和防洪工程管理单位（业主）、企事业单位建立直接管理责任制和岗位责任制，全面形成强而有力的领导指挥系统。各个部门（气象、水利、民政以及其他单位）责任明确、负责专门任务，由地方三防总部保证抗灾减灾工作形成合力、有序进行。在台风发生期间，防台风责任人全部要求进岗到位，履行相应的防台指挥职责，并同时实行责任追究制度。

(2) 预案体系

省、市、县（区）以及大部分乡镇（街镇）和村（社区）制订台风应急预案。水利、气象、国土资源、民政等部门制订相应的工作预案和办法规定。各级部门依据规范的预案制订和发布程序，定期组织开展预案演练。在台风发生期间，由省级单位层层下达指挥，同步启动预案，分阶段、分层次防御台风。

(3) 防台风决策支持机制

1）台风气象预测。省防汛、水利、气象、海洋与渔业等部门加强预报，密切监视台风动向，及时将最新消息报送有关部门；国土资源、交通、电力、建设、海事、旅游、农业、教育等部门24小时值班，密切关注台风动向；省水利、国土资源、海洋与渔业、交通、建设、民政等部门派工作组到台风影响地区指导防台工作。

2）水情监测网络和预警。省内主要流域和小型以上水库已建成沿海地区的水情信息采集系统，各自动遥感监测站点的数据直接连接到省水利厅，对洪水进行实时预报和调度，为防汛决策指挥提供准确的水情预警。各小型水库落实一名局（科）级以上行政干部为水库安全监督管理责任人，在台风发生期间驻库巡查，发现问题及时禀报上级作出处理，务求把安全隐患消除在萌芽状态。

3）防汛远程会商。利用已基本建成的省、市、县（区）三级防汛远程会商系统，各级政府部门实施面对面的防台防汛会商调度指挥。当台风来临时，省级三防指挥部及时召开防台风形势分析会，气象部门对台风发展趋势提出具体的分析和预报意见，省级三防指挥部提出防御重点、措施和建议，海洋与渔业、国土资源、建设、交通、民政等部门提出各自的防御对策。

(4) 基层防汛防台体系

乡镇级设立防汛防台指挥部（简称乡级防指），下设监测预警组、人员转移组、抢险救援组、宣传报道组和后勤服务组等应急工作组，具体负责防汛防台日常管理、预案管理、监测预警、人员转移、抢险救灾、信息收集与报送等防汛防台工作。由乡镇级负责组织村级、社区划定自然村、居民区、企事业单位、水库山塘、堤防海塘、山洪与地质灾害易发区、危房、船只、公路和避灾场所等防汛防台责任区网格，并明确若干责任人，负责相应网格防汛防台工作。

(5) 群众防台风的长效机制

明确人民群众是防台减灾的主体，加强对全社会的应急教育、培训、演练和引导工作。由于沿海地区外来务工者较多，他们大多数对台风灾害危害程度认识不够。地方政府各级宣传办联合气象部门，通过广播、电视、报纸和手机短信等形式，广泛普及防台减灾知识，提高群众的防台减灾意识和避险自救能力。当台风来临时，及时预报台风动向，并对外发布防灾预警信息和人员转移方案。

(6) 试行政策性农业保险

以浙江为例。浙江省从2006年起启动政策性农业保险试点，积极探索政府适当补贴的农业保险机制，以及探索发展农民住房保险等业务，变政府的事后救助为事前防范，换取较大的经济和社会效益。浙江省政策性农业保险按照“政府推动+市场运作+农户自愿”的原则，创造了以“共保经营”为主的模式。三年来进展顺利、运行平稳，农业、农民抗风险能力明显增强，在各种自然灾害事故中发挥了重要作用。

通过建立完善的灾前预警、灾中应急处理、灾后恢复的防台应急响应机制，可以有效地降低台风灾害的不利影响。但是，再完善的机制也离不开落实。从浙江省防御台风灾害的经验看来，政府和各级负责人高度重视、以人为本、狠抓落实的态度，是其成功的关键。

8.7 政策建议

台风灾害作为沿海地区常见的突发性自然灾害，决定了地方政府必须将其应急管理纳入日常的公共管理运作之中，而不能仅将其当作是临时性应急任务。从灾害综合管理的角度而言，本章认为台风灾害频发的沿海地方政府应当建立一个专门针对台风灾害的应急响应机制，具体由以下几方面构成。

1）制订防台应急预案。设立专门应急管理机构，由地方政府主要领导人牵头负责处理台风灾害引发的各种危机事件的综合协调，实行行政首长负责制。纵向方面，要建立各级政府及相关部门上下联动的工作关系，形成省政府领导、衔接地市、下接乡镇的应急联动体系；横向方面，地方政府的相关工作部门应当分工明确、承担不同类型的应急管理职责，针对台风灾害，由气象局和水利部门担负主要职责，财政、民政、农业、海洋渔业、宣传、电力、电信等部门以及相关企事业单位配合防台风应急管理机构的统筹协调。从根本上来说，地方政府的防台应急响应机制建设应该形成纵向联动、横向协调的立体网络。

2）构建全面的应急预警体系。从某种意义上说，自然灾害的灾前预防要比灾中管理显得更加重要，如果能够在自然灾害未能发生之前就及时把产生危机的根源消除，那么不仅有利于保障社会秩序稳定，还可以节约大量的人力、物力和财力。因此，地方政府应针对所在辖区的气候环境特征、社会经济发展水平进行科学分析，发现和总结台风灾害应急处置的基本规律和特点，因地制宜地建立完善的台风灾害应急预警体系。同时，还要在财政资源上予以支持，将危机预警、预控的资金、物质、技术、人才、设备等所需经费纳入地方政府财政预算，并从法律上给予保障。

3）建立统一的自然灾害信息系统和信息公开机制。自然灾害应急管理是一项系统工程，通过建立统一的灾情信息系统，有利于各级政府以及各部门制订正确的应急管理对策，不失时机地采取防灾减灾措施。另外，地方政府在应对自然灾害时应注意保障社会公众的知情权和参与权，依靠地方媒体及时、迅速、准确地将灾情信息公开披露，利用舆论的导向作用，正确引导公众情绪，澄清错误信息与消极判断，避免发生大规模的社会恐慌。

4）引入政策性金融工具。建立灾后恢复、补偿的财政保障机制。地方政府应该把灾后恢复、补偿和社会保障机制结合起来，实行政策优惠，对重建家园的相关税费能减则减，能免则免。同时，针对地方政府在灾后恢复中面临的巨大财政压力，笔者认为应该引入政策性金融工具，充分发挥其特有的支持保障性功能和主动性作用。从国外的经验看来，政策性金融的业务形式不仅是指一般意义上的政策性贷款，而且还包括一切带有特定政策性意向的存款（如住房储蓄、社会保障保险存款）、投资、担保、贴现、信用保险、存款保险、农业保险、公益信托、利息补贴、债权重组、外汇储备投资等一系列特殊性资金融通行为活动。通过采取政策性金融体系的运作来资助灾后重建工作，有利于政府资金和社会资源的有效配置。

第9章　广东台风灾害承灾体社会经济易损性研究

Chapter 9　A research on the Social and Economic Vulnerability of Typhoon Disaster in Guangdong

摘要：传统的台风灾害研究注重致灾因子与孕灾环境对于灾害的影响，但现实情况不断显示承灾体的社会经济易损性程度对于灾害有着重要影响。以广东为例，建立广东台风灾害社会经济易损性的评价指标体系，并运用《广东统计年鉴2010》中数据对广东21个地级市的台风灾害社会经济易损性程度进行实证分析。在此基础上本章指出，社会经济易损性研究能够有效提升台风灾害的应急管理工作效率。

关键词：社会经济易损性；孕灾环境；承灾体；层次分析法；主成分方法；因子得分矩阵；判断矩阵；特征根；特征向量

Abstract: Previous research about integrated damages of typhoon disasters is focused on the influence of the disaster-causing factors and disaster-forming environment as they relate to the disaster, but reality unceasingly shows that the supporting body's socio-economic vulnerability level has an important impact on the long-term outcome of both of the disaster and recovery efforts. This chapter takes Guangdong as an example, establishing the integrated damage of typhoon socio-economic vulnerability evaluation indicators systems and using the statistics of the "Guangdong Statistical Yearbook: 2010" to analyze 21 prefecture-level cities' typhoon socio-economic vulnerability levels empirically. Based on this, it is pointed out that the research of socio-economic vulnerability can improve the effectiveness of typhoon emergency managements

Keywords: social and economic vulnerability; hazard-formative environment; hazard-bearing body; analytic hierarchy process; principal component analysis; component score coefficient matrix; judgement matrix; eigenvalue; eigenvector

9.1　引言

广东位于太平洋西岸，濒临南海，海岸线长达4300km，是台风登陆中国的主要区域（潘安定等，2002；唐晓春等，2003）。每年夏秋时节广东都受到台风侵袭，沿海地区受影响更深，灾情更严重。广东平均每年因台风所引发直接经济损失达46.89亿元，其中2006年直接经济损失高达281.71亿元。台风灾害强烈地威胁到广东经济发展与社会公共安全（陈和和申明浩，2010a）。因此研究台风灾害的影响因素，有效防治台风是有关广东乃至全国公共安全与应急管理的重要课题。影响台风灾害损失程度的主要构成有台风致灾因子、孕灾环境、承灾体三大因素。本章尝试在致灾因子与孕灾环境不可改变的前提下，研究不同类型的承灾体将对广东台风灾害造成何种影响。

9.2 承灾体易损性——台风灾害研究不可忽视的因素

20 世纪 70 年代以前，学者们普遍认为致灾因子、孕灾环境等物理因素是影响灾害损失大小的主要原因（陈香和陈静，2007），因此，强风、暴雨、气压、地形、风暴潮、海浪等致灾因子和孕灾环境是构成台风灾害的主要“元凶”。然而，随着人类社会的不断进步发展，各地区的防灾减灾技术手段和物质实力都明显增强，灾害所造成的损失却并未因此减少（郭跃，2010）。基于这一客观事实，学者们意识到除致灾因子、孕灾环境以外，还有一些被忽略的因素对于台风灾害有着显著影响，于是有更多的学者开始关注人类社会作为承灾体的易损性对于灾害损失有哪些影响。

20 世纪 90 年代以来，中国学者普遍采用致灾因子与灾情相结合的方法开展台风灾情评估研究，由于没有考虑承灾体的异质性情况，忽略了各地区特有的社会环境、经济能力及抵抗灾害的能力，各地区评估台风实际损失时存在较大误差（娄伟平等，2009；张俊香等，2010）。因此，综合考虑台风灾情与承灾体的相互关系，开展与实际相符的台风灾害损失预测与评估，对于做好防灾减灾工作具有重要意义。

在刘毅等（2010）的研究基础上，我们对自然灾害的区域易损性界定为：在自然灾害的侵扰或压力作用下以及一定的社会经济背景条件下，区域承灾体的人类社会经济活动可能遭受的损害程度，即区域面临自然灾害时易于受到伤害和损失的程度。9.3 节和 9.4 节将在前人的基础上加以扩展，建立关于台风灾害方面更为完善的社会经济易损性评价指标体系，并进行相应的实证分析（陈和等，2012）。

9.3 广东台风灾害社会经济易损性的评价指标体系

灾害损失的严重程度由致灾因子的强弱、孕灾环境的危险性、承灾体的易损性以及区域的应急能力所决定，大量的灾害案例表明承灾体易损性是导致灾害产生巨大损失的重要因素（张斌等，2010）。因此，基于灾前承灾体社会经济易损性指标体系的确定则成为区域防灾减灾的重要工作任务。承灾体社会经济易损性研究是根据区域的经济、社会指标确定当自然灾害发生时区域可能造成的损失情况，因而建立合理的评价模型，对区域承灾体社会经济易损性程度进行准确的综合评价十分必要（樊运晓等，2003）。

区域承灾体社会经济易损性是人类社会结构以及经济系统薄弱环节的体现。从其组成要素来看，社会经济易损性对自然灾害后果的影响不难识别，可以通过灾前调查进行测量和评价。从广东台风灾害对社会经济的影响看来，社会经济易损性应主要包括以下几方面内容。

1）人口易损。主要包括农村和城镇人口构成以及地区人口密度。人是社会最重要的财富，人员伤亡也是衡量灾害损失的最重要指标，因此，人口的分布、构成以及密度将极大地影响台风灾害的损失程度。

2）职业易损。不同职业有不同的特点，有些职业与台风灾害的关系十分密切，如农林牧渔业、采矿业、建筑业、交通运输业等，因此，这类职业属于易损职业。

3）社会保障。社会保障体系是保证社会系统在紧急状态下正常运行的重要手段，社会保障的覆盖面越广，社会抵御灾害和灾后恢复的能力就越强。

4）经济发展。经济发展水平主要反映在国民生产总值、产业分布以及社会固有基础财富等方面。经济发展越好的地区，灾害的损毁后果可能更加严重。

5）农业情况。种植业和水产养殖业是受自然灾害影响最为明显的行业，而且农村地区由于基础设施不够完善，往往也是受灾最严重的地区。

6）生命线工程。主要包括铁路、公路、水运等交通运输线路以及供电、供水和通信线路，生命线工程能保障人们在灾害状态下安全地进行生产生活。

根据社会经济易损性的内涵，结合广东台风灾害的特点，对上述6个方面进行分解，建立了以下分层次指标体系，对广东受台风灾害影响的社会经济易损性进行研究（表9-1）。

表9-1　台风灾害社会经济易损性评价指标体系

Table 9.1　The Index System of the Social and Economic Vulnerability of Typhoon Disaster

人口易损指数/population vulnerability index	农村人口数	X_1	万人
	城镇人口数量	X_2	万人
	人口密度	X_3	人/km^2
职业易损指数/professional vulnerability index	农林牧渔业就业人数	X_4	万人
	采矿业就业人数	X_5	万人
	建筑业就业人数	X_6	万人
	交通运输业就业人数	X_7	万人
	失业人数	X_8	万人

续表

社会保障指数/ social protection Index	卫生事业机构数量	X_9	个
	失业保险参保比例	X_{10}	%
	失业参保人数	X_{11}	万人
	医疗保险参保人数	X_{12}	万人
	基本养老保险参保人数	X_{13}	万人
	基本医疗保险参保比例	X_{14}	%
	城镇养老保险参保比例	X_{15}	%
经济发展指数/ economic development index	人均 GDP	X_{16}	元
	第一产业产值	X_{17}	亿元
	第二产业产值	X_{18}	亿元
	第三产业产值	X_{19}	亿元
	农村固定资产投资建设总规模	X_{20}	亿元
	城镇固定资产投资建设总规模	X_{21}	亿元
农业情况指数/ agricultural situation index	耕地面积	X_{22}	$10^3 hm^2$
	农作物播种面积	X_{23}	$10^3 hm^2$
	农业产值	X_{24}	亿元
	林业产值	X_{25}	亿元
	牧业产值	X_{26}	亿元
	渔业产值	X_{27}	亿元
	农林牧副渔业总产值	X_{28}	亿元
	水产品产量	X_{29}	万 t
生命线工程指数/ the lifeline engineering index	公路里程	X_{30}	km
	旅客周转量	X_{31}	亿人・km
	货运周转量	X_{32}	万 t・km
	货运量	X_{33}	万 t
	港口货物吞吐量	X_{34}	万 t
	邮电业务总量	X_{35}	亿元
	电力消费量	X_{36}	万 kW・h
	供水总量	X_{37}	万 m^3

9.4 广东承灾体社会经济易损性实证分析

本章采用广东 2009 年 21 个地级市的横截面数据作为样本。首先从《广东统计年鉴 2010》搜集出指标体系所需要的原始数据，对原始数据进行标准化处理；然后运用 SPSS 软件的因子分析方法，分别对 21 个地级市的人口易损指数（Population-PC）、职业易损指数（Job-PC）、社会保障指数（Social Security-PC）、经济发展指数（Economy-PC）、农业情况指数（Agriculture-PC）以及生命线工程指数（Lifeline-PC）进行评估。最后运用层次分析法确定 6 个指标的权重，对上述 6 个指标的评估值通过加权平均方法得出各个区域承灾体易损性的综合得分，进行比较分析。

9.4.1 因子分析

对 6 个指标的评估采用的是 SPSS 软件的因子分析方法（马庆国，2002），提取公因子的方法是主成分方法，因子旋转的方法是方差最大旋转法，通过上述步骤提取出 4 种构成要素的主成分公因子，并得出主成分公因子的因子得分矩阵，然后对因子得分进行加权平均加总即可得出相应的评估得分。

首先对 21 个地级市的人口易损指标、职业易损指标、社会保障指标、经济发展指标、农业情况指标以及生命线工程指标的标准化值进行 KMO 和 Bartlett's 检验，得出 KMO 值均显著大于 0.5，表明指标数据可以进行因子分析。通过对 21 个地级市的人口易损指标的标准化值进行因子分析，提取出 1 个公因子，可以解释 56.887% 的总变差，无需经过因子旋转得到因子得分矩阵，并由此得出人口易损指数评估得分的计算公式：

$$\text{Population-PC} = -0.469Z_{\text{score}}(X_1) + 0.34Z_{\text{score}}(X_2) + 0.5Z_{\text{score}}(X_3) \tag{9-1}$$

通过对 21 个地级市的职业易损指标的标准化值进行因子分析，提取出 2 个公因子，一共可以解释 89.331% 的总变差。其中，第一主成分公因子的解释能力为 57.403%，第二主成分公因子的解释能力为 31.928%。经过 3 次因子旋转得到因子得分矩阵，并以此得出职业易损指数的两个公因子得分计算公式：

$$\begin{aligned}\text{Job-PC}_1 = {} & 0.00Z_{\text{score}}(X_4) - 0.076Z_{\text{score}}(X_5) + 0.341Z_{\text{score}}(X_6) \\ & + 0.35Z_{\text{score}}(X_7) + 0.333Z_{\text{score}}(X_8)\end{aligned} \tag{9-2}$$

$$\begin{aligned}\text{Job-PC}_2 = {} & 0.548Z_{\text{score}}(X_4) - 0.578Z_{\text{score}}(X_5) - 0.11Z_{\text{score}}(X_6) \\ & - 0.075Z_{\text{score}}(X_7) + 0.015Z_{\text{score}}(X_8)\end{aligned} \tag{9-3}$$

参照王学军等（2008）的各个公因子权重的计算公式为

$$\text{Weight}_i = \frac{\text{第}\ i\ \text{个公因子的方差贡献率}}{\text{总累积方差贡献率}} \tag{9-4}$$

由此得出第一主成分公因子的权重为 0.643，第二主成分公因子的权重为 0.357，所以职业易损指数评估得分的计算公式

$$\text{Job-PC} = 0.643\text{Job-PC}_1 + 0.357\text{Job-PC}_2 \tag{9-5}$$

通过对 21 个地级市的社会保障指标的标准化值进行因子分析，提取出 2 个公因子，可以解释 80.099% 总变差。其中，第一主成分公因子的解释能力为 54.787%，第二主成分公因子的解释能力为 25.312%。经过 3 次因子旋转得到因子得分矩阵，并由此得出社会保障指数的两个公因子得分计算公式为

$$\begin{aligned}\text{Social Security-PC}_1 = &0.239Z_{\text{score}}(X_9) - 0.235Z_{\text{score}}(X_{10}) \\ &+0.165Z_{\text{score}}(X_{11}) + 0.239Z_{\text{score}}(X_{12}) + 0.168Z_{\text{score}}(X_{13}) \\ &+0.346Z_{\text{score}}(X_{14}) + 0.017Z_{\text{score}}(X_{15}) - 0.092Z_{\text{score}}(X_{16})\end{aligned} \tag{9-6}$$

$$\begin{aligned}\text{Social Security-PC}_2 = &-0.105Z_{\text{score}}(X_9) + 0.576Z_{\text{score}}(X_{10}) \\ &+0.052Z_{\text{score}}(X_{11}) - 0.072Z_{\text{score}}(X_{12}) + 0.066Z_{\text{score}}(X_{13}) \\ &-0.323Z_{\text{score}}(X_{14}) + 0.275Z_{\text{score}}(X_{15}) + 0.479Z_{\text{score}}(X_{16})\end{aligned} \tag{9-7}$$

参照王学军等（2008）的方法，得出第一主成分公因子的权重为 0.684，第二主成分公因子的权重为 0.316，所以社会保障指数评估得分的计算公式为

$$\text{Social Security-PC} = 0.684\text{Social Security-PC}_1 + 0.316\text{Social Security-PC}_2 \tag{9-8}$$

通过对 21 个地级市的经济发展指标的标准化值进行因子分析，提取出两个公因子，可以解释 86.567% 总变差。其中，第一主成分公因子的解释能力为 64.271%，第二主成分公因子的解释能力为 22.296%。经过 3 次因子旋转得到因子得分矩阵，并由此得出经济发展指数的两个公因子得分计算公式为

$$\begin{aligned}\text{Economy-PC}_1 = &0.218Z_{\text{score}}(X_{17}) + 0.088Z_{\text{score}}(X_{18}) \\ &+0.211Z_{\text{score}}(X_{19}) + 0.292Z_{\text{score}}(X_{20}) - 0.174Z_{\text{score}}(X_{21}) \\ &+0.296Z_{\text{score}}(X_{22})\end{aligned} \tag{9-9}$$

$$\begin{aligned}\text{Economy-PC}_2 = &0.05Z_{\text{score}}(X_{17}) + 0.305Z_{\text{score}}(X_{18}) \\ &+0.095Z_{\text{score}}(X_{19}) - 0.167Z_{\text{score}}(X_{20}) + 0.838Z_{\text{score}}(X_{21}) \\ &-0.197Z_{\text{score}}(X_{22})\end{aligned} \tag{9-10}$$

参照王学军等（2008）的方法，得出第一主成分公因子的权重为 0.742，第二主成分公因子的权重为 0.258，所以经济发展指数评估得分的计算公式为

$$\text{Economy-PC} = 0.742\text{Economy-PC}_1 + 0.258\text{Economy-PC}_2 \tag{9-11}$$

通过对 21 个地级市的农业情况指标的标准化值进行因子分析，提取出 2 个公因子，可以解释 88.933% 总变差。其中，第一主成分公因子的解释能力为 52.985%，第二主成分公因子的解释能力为 35.949%。经过 3 次因子旋转得到因子得分矩阵，并由此得出农业情况指数的两个公因子得分计算公式为

$$\begin{aligned}\text{Agriculture-PC}_1 = &0.265Z_{\text{score}}(X_{23}) + 0.225Z_{\text{score}}(X_{24}) \\ &+0.332Z_{\text{score}}(X_{25}) + 0.228Z_{\text{score}}(X_{26}) - 0.152Z_{\text{score}}(X_{27}) \\ &+0.153Z_{\text{score}}(X_{28}) - 0.107Z_{\text{score}}(X_{29})\end{aligned} \tag{9-12}$$

$$\text{Agriculture-PC}_2 = -0.07Z_{\text{score}}(X_{23}) + 0.02Z_{\text{score}}(X_{24})$$

$$-0.252Z_{score}(X_{25})+0.01Z_{score}(X_{26})+0.47Z_{score}(X_{27})$$
$$+0.152Z_{score}(X_{28})+0.437Z_{score}(X_{29}) \quad (9\text{-}13)$$

参照王学军等（2008）的方法，得出第一主成分公因子的权重为0.596，第二主成分公因子的权重为0.404，所以经济发展指数评估得分的计算公式为

$$\text{Agriculture-PC}=0.596\text{Agriculture-PC}_1+0.404\text{Agriculture-PC}_2 \quad (9\text{-}14)$$

通过对21个地级市的生命线工程指标的标准化值进行因子分析，提取出2个公因子，可以解释92.422%总变差。其中，第一主成分公因子的解释能力为77.108%，第二主成分公因子的解释能力为15.314%，经过3次因子旋转得到因子得分矩阵，并由此得出生命线工程指数的两个公因子得分计算公式为

$$\text{Lifeline-PC}_1=0.113Z_{score}(X_{30})+0.173Z_{score}(X_{31})$$
$$+0.173Z_{score}(X_{32})+0.171Z_{score}(X_{33})+0.183Z_{score}(X_{34})$$
$$+0.124Z_{score}(X_{35})+0.119Z_{score}(X_{36})+0.124Z_{score}(X_{37}) \quad (9\text{-}15)$$

$$\text{Lifeline-PC}_2=0.869Z_{score}(X_{30})+0.098Z_{score}(X_{31})$$
$$+0.118Z_{score}(X_{32})+0.102Z_{score}(X_{33})+0.192Z_{score}(X_{34})$$
$$-0.162Z_{score}(X_{35})-0.174Z_{score}(X_{36})-0.156Z_{score}(X_{37}) \quad (9\text{-}16)$$

参照王学军等的方法，得出第一主成分公因子的权重为0.834，第二主成分公因子的权重为0.166，所以经济发展指数评估得分的计算公式为

$$\text{Lifeline-PC}=0.834\text{Lifeline-PC}_1+0.166\text{Lifeline-PC}_2 \quad (9\text{-}17)$$

经过上述步骤得出的计算公式结合原始数据的标准化值，可以算出广东21个地级市的人口易损指数、职业易损指数、社会保障指数、经济发展指数、农业情况指数以及生命线工程指数的评估得分。其中得分越高，表明该指数的易损性越强。

9.4.2 指标权重的确定

运用层次分析法确定上述6个指标的权重，并通过加权平均方法得出各个区域社会经济易损性的综合得分。参照国内同行的做法（陈香，2007；樊运晓等，2001；郝海和踪家峰，2007），编写出台风承灾体各项指标重要性程度的判断矩阵（表9-2）。

运用Matlab软件算出判断矩阵的最大特征根及其对应的特征向量，分别为$\lambda_{max}=6.122$，$\omega=[-0.764, -0.5, -0.319, -0.201, -0.128, -0.086]^T$。根据层次分析法（郝海和踪家峰，2007），得上述6项指标的权重分别为37.7%、25.2%、16.1%、10.2%、6.5%、4.3%。

表 9-2　各项指标重要性程度的判断矩阵

Table 9. 2　The Determinant Matrix of Importance of The Indicators

指标	人口易损指数/Population-PC	经济发展指数/Economy-PC	农业情况指数/Agriculture-PC	生命线工程指数/Lifeline-PC	职业易损指数/Job-PC	社会保障指数/Social Security-PC
人口易损指数 Population-PC	1	2	3	4	5	6
经济发展指数 Economy-PC	1/2	1	2	3	4	5
农业情况指数 Agriculture-PC	1/3	1/2	1	2	3	4
生命线工程指数 Lifeline-PC	1/4	1/3	1/2	1	2	3
职业易损指数 Job-PC	1/5	1/4	1/3	1/2	1	2
社会保障指数 Social Security-PC	1/6	1/5	1/4	1/3	1/2	1

通过前面的因子分析得出的各项指标评估得分和层次分析方法得出的各项指标权重，可以计算出广东 21 个地级市受台风灾害影响的社会经济易损性的综合得分。其中，因子得分越高，说明该项指标的易损性越强；权重越大，说明该项指标对整个社会经济的影响较大。通过加权平均的方法，得出广东 21 个地级市的社会经济易损性综合得分和排名，如表 9-3 所示。

表 9-3　广东受台风影响的社会经济易损性指标得分

Table 9. 3　The Index Score of the Social and Economic Vulnerability of Guangdong Typhoon Disaster

地级市/prefecture-level cities	人口易损指数/population vulnerability index	职业易损指数/professional vulnerability index	社会保障指数/social protection index	经济发展指数/economic development index	农业情况指数/agricultural situation index	生命线工程指数/the lifeline engineering index	综合得分/synthesis score	排名/ranking
广州	1. 628 68	2. 180 164	1. 508 584	2. 263 21	0. 495 634	3. 078 814	1. 784 757	1
深圳	2. 345 961	1. 076 993	2. 115 119	1. 458 964	-1. 033 35	1. 305 13	1. 379 795	2
珠海	0. 326 415	-0. 120 34	0. 042 134	0. 018 306	-0. 810 2	-0. 458 63	-0. 055 56	8
汕头	1. 814 123	-0. 308 29	-0. 401 54	-0. 284 21	-0. 380 59	-0. 465 37	0. 466 256	4
佛山	1. 199 965	-0. 279 4	0. 642 053	1. 415 964	0. 054 42	0. 139 008	0. 841 597	3
韶关	-0. 378 96	0. 365 967	-0. 393 31	-0. 458 26	-0. 106 97	-0. 177 42	-0. 286 79	12

续表

地级市/prefecture-level cities	人口易损指数/population vulnerability index	职业易损指数/professional vulnerability index	社会保障指数/social protection index	经济发展指数/economic development index	农业情况指数/agricultural situation index	生命线工程指数/the lifeline engineering index	综合得分/synthesis score	排名/ranking
河源	-0.881 51	-0.197 92	-0.559 76	-0.537 35	-0.401 11	-0.118 76	-0.581 37	21
梅州	-1.075 28	-0.382 65	-0.325 08	-0.587 33	0.1463 07	-0.121 22	-0.581 05	20
惠州	-0.178 41	-0.325 69	0.106 721	-0.059 45	-0.173 29	-0.081 64	-0.135 05	10
汕尾	-0.208 25	-0.189 46	-0.684 2	-0.583 18	-0.256 43	-0.661 22	-0.375 94	15
东莞	0.756 887	-0.607 64	1.051 446	0.508 932	-0.976 72	0.249 122	0.287 472	5
中山	0.292 11	-0.591 45	0.183 056	0.176 677	-0.614 6	-0.435 88	-0.019 34	7
江门	-0.170 5	-0.248 69	-0.206 42	-0.108 65	0.419 567	-0.106 38	-0.06	9
阳江	-0.426 32	-0.177 96	-0.543 77	-0.467 95	0.390 914	-0.571 29	-0.308 93	13
湛江	-0.960 82	1.280 293	0.326 315	-0.180 24	1.664 705	0.516 701	0.010 321	6
茂名	-0.894 78	0.515 46	-0.484	-0.389 97	1.515 197	-0.032 31	-0.182 26	11
肇庆	-0.857 76	-0.394 39	-0.387 12	-0.302 56	0.850 441	-0.347 07	-0.340 38	14
清远	-0.868 44	-0.404 82	-0.393 56	-0.155 14	0.091 425	0.036 829	-0.391 26	16
潮州	-0.338 72	-0.589 41	-0.474 66	-0.645 83	-0.681 3	-0.645 63	-0.524 71	19
揭阳	-0.636 52	-0.274 85	-0.489 03	-0.558 52	-0.133 34	-0.547 77	-0.496 95	18
云浮	-0.487 88	-0.325 91	-0.632 98	-0.523 41	-0.060 71	-0.555 01	-0.430 62	17

由表 9-3 可以看出，广东台风灾害社会经济易损性的分布特点是：广东 21 个地级市受台风影响的社会经济易损性空间分布很不均匀，易损程度最高的地区为珠江三角洲地区和粤东、粤西两翼，最低的是粤北地区。结合表 9-3 的 6 项指标得分综合分析，发现其原因在于：珠江三角洲经济发达、人口稠密，人口易损性、经济易损性等方面显著高于省内其他地区，因此，珠江三角洲地区城市的社会经济易损性指数在广东省内排名均居于前列。粤东地区的汕头人口稠密，同时又是粤东的经济中心，因此，汕头的社会经济易损性指数也非常高。粤西地区的湛江农业发达，同时，职业易损性、生命线易损性较高，因此湛江的社会经济易损性指数也非常高。由于粤北地区经济相对欠发达，人口相对稀少，暴露在台风灾害中的承灾体较少，因此，粤北地区社会经济易损性指数相对较低。

9.5 小结

传统的台风灾害研究注重致灾因子与孕灾环境对于灾害的影响，但现实情况不断显示承灾体的社会经济易损性程度对于灾害有着重要影响。以广东为例，如果从台风灾害致灾因子与孕灾环境来看，粤东和粤西是广东台风灾害登陆频率与强度最高的地区。然而，如果我们忽视承灾体的易损性情况，则无法理解为何相同级别的台风在珠江三角洲登陆，其危害损失则有可能数倍于在粤东、粤西登陆的台风。

因此，从台风灾害社会经济易损性还将引申出另一个问题——台风灾害的应急管理。依然以广东为例，如果从台风登陆频率与强度来看，粤东与粤西是广东的防灾重点。课题研究团队在这两个地区调研时，也印证了这一观点。因为常有台风登陆，粤东和粤西地区政府非常重视台风灾害的应急管理。虽然台风较少登陆珠江三角洲地区，但台风一旦登陆这一地区，由于应急管理工作历练不够充分，外加这一地区社会经济易损性程度非常高，台风灾害通常带来较大损失。由此可见，台风灾害社会经济易损程度的高低也为相关应急管理工作提供了理论依据。即使台风登陆的频率和强度不高，也不能忽视防灾减灾工作，因为本身社会经济易损程度高的地区，一旦发生灾害，将造成较大的社会经济影响。

综上所述，有关台风灾害的研究从致灾因子、孕灾环境扩展到承灾体易损性是一个有益的开始。本章也仅是一个初步工作。

第 10 章　台风灾害综合影响与防御措施——以“莫拉克”台风为例

Chapter 10　A comprehensive Research on the Impact and Prevention of Typhoon Disasters-A Case Study of Morakot Typhoon Disasters

摘要：台风灾害是全球性问题，伴随中国经济发展水平的不断提高，台风灾害对中国沿海地区的综合危害程度日益凸显，广东所受影响尤其显著。台湾在“莫拉克”台风灾害防御中得到许多宝贵经验。本章通过分析“莫拉克”台风对台湾的综合影响以及台湾采取的各项应急措施来剖析其中利弊，尝试寻求适合广东防御台风灾害的经验借鉴。

关键词：防御措施；经验借鉴；危机管理体系；密集观测作业；管理信息系统；间接效益；乘数效应

Abstract: Typhoon disasters are important global issue. As China′s economic development level continuously improving, the comprehensive impact of typhoon disasters related to coastal areas has become increasingly prominent, particularly in Guangdong area. By analyzing the comprehensive impact of typhoon Morakot in Taiwan and the emergency measures taken by the government, including the pros and cons, this chapter tries to point out the effective means and benefits of prevention practices for typhoon disaster to the decision makers in Guangdong Province area.

Keywords: preventive measures; experience; crisis management system; intensive observation network; MIS-management information system; indirect benefit; multiplier effect

自然灾害是全世界共同关注的问题，针对自然灾害的防御与应急措施则显得尤为重要（隋广军等，2010）。台湾是台风频发地区，因此已经形成一些台风防灾和台风应急方案。但 2009 年“莫拉克”台风侵袭期间，台湾虽采取大量应急措施，但仍给社会各方面带来巨大损失，甚至影响到社会安定（刘说安等，2009）。本章尝试从“莫拉克”台风对台湾的影响及台湾所采取的各项应急措施中寻求适合广东防御台风灾害的借鉴（陈和等，2011b）。

10.1　2009“莫拉克”台风对台湾的综合影响

10.1.1　灾害的经济影响

2009 年强台风“莫拉克”给台湾社会经济带来了巨大损失。台湾灾害应变部门统计数据显示“莫拉克”台风造成全台共 461 人死亡、192 人失踪、46 人受伤（崔鹏等，2010），农林渔牧损失累计约 146 亿（新台币，下同），全部经济损失高达 700 多亿新台币。其中农作物损失超过 44 亿新台币，农林渔牧设备损失超过 42 亿新台币，渔产损失超过 41 亿新台币。救灾时台湾当局撤离灾民共 24 950人，共开设 56 处收容所，收容灾民 5822 人。同时，台风给台湾水电交通造成了巨大破坏。

10.1.2 灾前预报和防灾

台风“莫拉克”的事前预报、事中跟踪和事后观察有较大偏差和失误。从气象预报来看，“莫拉克”开始移动缓慢，普遍认为其破坏力较小，因此，未能预测到它带来巨大降水量。“莫拉克”在台湾局部地区带来 2000mm 降水，引起山洪暴发，泥石流吞没村庄，造成重大人员和财产损失（林笑茹等，2009）。在这次灾难中，尽管当地政府已经全力救灾，但仍暴露出救灾反应迟钝、救灾效率低、救灾体系混乱、基础设施薄弱等诸多问题，加之气象预报失误、上下协调不畅及未及时颁布“紧急命令”等因素，给社会的方方面面带来重大损失。从台风“莫拉克”的经验可以看出，灾前的防灾减灾体系是降低台风灾害的重要保障。

10.1.3 灾中的政治危机

台风“莫拉克”酿成台湾“八八水灾”，当地主管部门面对突如其来的灾害，危机管理体系的事前预警不足，在灾害发生后，政府官员与媒体沟通合作不畅、应急处理不力等弊端暴露无遗，导致被批评救灾不力，最终引发行政官员下台。由此可见，如果台风灾害危机管理环节处理不善，将给政府带来诸多负面影响。

10.1.4 灾后的赔偿措施

台风“莫拉克”过后，吸取之前救灾效率低下的教训，积极开展灾后的损失评估以及各种赔偿活动，保障灾后重建的顺利进行。台湾地区颁布《莫拉克台风灾后重建特别条例》，条例规定：“农民健康保险及国民年金保险被保险人因台风受灾，于灾后一定期间内应负担保险费，由政府支付；其资格、条件、期间及其他应遵行事项办法，由‘内政部’审定……劳工保险及就业保险被保险人因台风受灾，于灾后一定期间内应负担保险费，由政府支付……劳工保险被保险人因台风致伤，得请领伤病费用；其所需经费，由政府支应……全民健康保险对象因台风受灾者，于灾后一定期间内，其应自付之保险费、医疗费用部分负担及住院一般膳食费用，由政府支应；其资格、条件、期间及其他应遵行事项办法，由‘行政院卫生署’审定……”由于灾后的赔偿措施较为得力，民众的不满情绪得以逐步缓和。

10.2 台湾的台风防灾工作

台湾省地处台风频发地区，常受台风侵扰。每年6~10月是台风季节，其中7~9月台风次数最为频繁。鉴于此，台湾已有一些台风应急方案。应急方案大致可分为资料收集、分析与预报及发布警报等三大步骤。

10.2.1 资料收集

当台风接近时，气象部门除通过全球气象通信网路，收集世界各地每3~6h一次的气象观测报告外，分布于台湾各地的24个气象站及4个气象多普勒雷达站即进入密集观测作业，实时将观测数据传送至台北。同时，气象卫星中心每小时接收地球同步气象卫星观测的云图数据，并将分析所得的台风中心位置与强度变化，提供台风预报工作小组做进一步分析应用。

10.2.2 分析与预报

各项资料先经台湾当地工作小组成员详细分析后，并每日定时举行4次台风预报讨论会，详细讨论综观环境状况、有关台风中心定位强弱、暴风范围、各种预报方法路径预报、各地风雨状况，并由这些数据决定台风路径预测以及台风对各地可能造成的影响和各地风、雨预测等，最后决定警报发布的阶段及警报内容，包括警报涵盖区域与警戒事项等。

10.2.3 警报发布

海上台风警报阶段，每3h发布一次台风警报。陆上台风警报期间，为每小时加发一次，利用自动化电话传真、点对点服务系统、电子邮件等方式，实时将警报信息传送至当地各级政府机构、灾害防救单位、大众传播机构和各地方气象站以及直接透过气象服务电话报导台风警报消息。同时，每日定时举行台风警报记者说明会以及定时与各广播电台做30次实时联机报导。

台湾气象部门每年针对在西北太平洋及南海海域出现的台风进行校验，根据过去 10 年路径预报平均距离误差的数据，其预报能力已有提升，但目前的预报仍有误差，且预报误差会随时间跨度的增加而加大。这一预报难度在 2009 年台风“莫拉克”的预报上体现尤为明显。台风“莫拉克”开始移动缓慢，从气象预报来看，普遍认为其破坏力较小，但气象部门未能预测到它带来的巨大降水量。

10.3 台风“莫拉克”灾后台湾新的应急条例

台风“莫拉克”灾害后台湾紧急采取了新的应急措施，见表 10-1。当地主管部门及时颁布了“莫拉克台风灾后重建特别条例”等一系列灾后应急条例，以经济援助、基础建设、科学研究、医疗和教育、环境等方面为主轴，灾后重建工作逐渐步入正轨。

表 10-1 台风“莫拉克”灾后台湾地区新的应急条例

Table 10. 1 Taiwan's New Emergency Regulations Following Typhoon Morakot

台湾地区颁布部门	颁布条例
“行政院”	台风“莫拉克”灾后重建特别条例
“行政院”	“行政院”台风“莫拉克”灾后重建推动委员会组织架构
“财政部”	各项财政措施
“内政部营建署”	灾民房屋毁损安置措施
“农委会”	农业天然灾害救助办法
“农委会”	产业专案辅导措施
“经济部”	协助企业灾后（“莫拉克”风灾）复建服务团
“劳委会”	八八临工专案
“行政院原民会”	原住民族聚落迁建计划
“交通部”	“莫拉克”风灾公路系统抢修及复建计划
“行政院卫生署”	卫生施政报告

10.4 台风“莫拉克”灾后台湾地区新的应急措施

台风“莫拉克”灾后台湾地区新的应急措施见图 10-1。

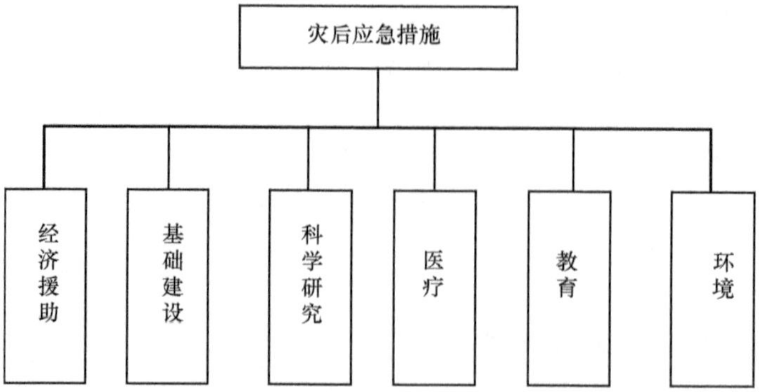

图 10-1　台风“莫拉克”灾后台湾地区新的应急措施

Fig. 10. 1　Taiwan's New Emergency Measures after Typhoon Morakot

10. 4. 1　经济援助

台风“莫拉克”侵袭造成重大灾情，为协助灾后重建，责成“国税局”、地方税务机关，主动协助受灾户办理各项租税，“国有”土地租金减免，并积极协调各“国有”银行提供各项解困贷款，协助受灾户融资。此外，为配合各级主管机关灾后复原重建工作，通过优先动支相关经费、移缓济急、善用特别统筹款等，以支付各项灾害救助及复建所需费用。

在家园重建方案中，特别制订“灾民房屋毁损安置措施”，提供现金补助及协助安置，制定“农业天然灾害救助办法”办理现金救助及低息贷款，并拟订“产业专案辅导措施”，提供专案复耕复养协助。在工商业扶助部分，当地成立“协助企业灾后（莫拉克风灾）复建服务团”，提供业者灾后复建及租税减免申请等相关协助，并以中小企业发展基金支持办理中小企业灾害恢复专案贷款。为振兴岛内劳动市场，并协助受灾失业者早日就业、重建家园，推出“八八临工专案”，提供约 14 000 个工作机会，推动灾区子弟安置职业训练计划，受灾民众职业探索研习等计划。

10. 4. 2　基础建设

为处理后续重建工作，通过“莫拉克台风灾后重建特别条例”，将编列 1000 亿元新台币预算，三年内完成灾后重建的工作。台风“莫拉克”造成省道桥梁至少 44 座以及乡县道桥梁至少 23 座断裂、阻断，亟须办理抢修及复建。当地批准交通主管部门《莫拉克风灾公路系统抢修及复建计划》，于 2009~2012 年筹集预算经费292.57亿元，办理“莫拉克”风灾毁损的省、县、乡道公路系统抢修及复建。而灾民关心永久屋兴建问题，主管单位一共勘测了85处基地，供县（市）政府协调灾民意愿确定迁村地点。针对灾民安置部分，未来危险地区将列为不适宜居住区，居民必须迁移，台湾当局收购灾民原有土地并给予灾民优惠补偿，安置到公有或公营事业土地。

10.4.3 医疗和教育

灾后不论是生理还是心理方面的疾病发生率均有提高，台湾在“卫生施政报告”中强调持续监督疫情、防治疾病及心理重建，并于年度预算内移缓济急，筹措经费补助灾区购置急救设备、医疗器材，并支持其心理重建；编列特别预算86.6亿元，用以办理健保救助、心理辅导、卫生所室重建及防止疫病发生；有效支持灾区医疗照护工作，确保医疗保健防疫的服务不中断；自2009年11月起，针对灾民、医护防疫人员、孕妇、1~6岁的婴幼儿，逐类接种H1N1新型流感疫苗。同时进一步落实台风灾区健康保险优惠措施。

此外，也把防灾宣传教育作为中小学教学内容，公众可以通过电视、报纸、墙报、户外公益广告等多种方式了解防灾知识。同时，在每个“直辖”市、县建有防灾教育馆，向学生和市民开放，防灾教育馆中除防灾知识宣传外，还有各种灾害的影像播放厅、儿童专门防灾教室、综合性灾害通报指挥室、气象灾害展示区、高层建筑室外逃生演练装置等。

10.4.4 环境与学术研究

为强化环境灾害管理信息系统功能，办理信息系统使用以及海洋污染应变训练与演练。汛期前即开始加强督导地方整备作业及垃圾场安全维护，整合环保单位资源及建立清理机具厂商数据，并视辖境内废弃物清理能力与厂商定开口合约。补助灾区租用机具、人力与清洁用具、环境清洁、消毒及饮用水检测总计约1.2亿元。

灾后，科学界立即展开有关台风灾害的科学研究。科技主管和成功大学共同主办“八八水灾灾后重建研讨会”，各界专家学者等200多人与会，分别从坡地、水利、海岸、桥梁等实地勘察到提供防灾策略。此次研讨会针对灾情和防治策略进行综合性完整且深入的探讨，从技术面和政策面提出看法，为政府日后灾害防治提供重要依据。

10.5 小结

10.5.1 台湾灾后应急措施的启示

同为台风多发省份，广东可以从台风“莫拉克”灾后台湾应急措施中得到以下启示。

1）政府必须高度重视台风灾害，建立一套完善的台风灾害危机管理体系。通过建立台风灾害危机的事前预警、中间应急处理和事后恢复等机制有效抑制台风灾害的不利影响。同时，也需推进灾害危机管理法制化建设，通过完善灾害管理的相关法律法规以保障台风灾害暴发时的管理效率。

2）政府需凭借相关政策救助灾区民众和企业，以最快速度恢复灾区经济与灾民生活。如果灾民生活不能得到有效救助，灾区企业大量破产，将极大影响灾区社会的和谐与稳定。

3）台风灾害在破坏灾区财富的同时，其重建工作也将耗费巨大的政府财力。如果政府不能及早采取应对措施，灾害一旦发生，灾区财富不但被摧毁，政府也将背负巨大的财政压力。因此，社会各界都亟须建立和完善相应的巨灾保险制度化解台风灾害所造成的经济影响，建立高效的巨灾保险制度是台风灾后重建工作的有力保障。

10.5.2 台风灾害防御体系建设的政策建议

以台风“莫拉克”为鉴，广东建立台风灾害防御体系应从灾前防灾减灾体系、灾中危机管理体系以及灾后损失评估及赔偿体系三个环节入手。

1）灾前防灾减灾体系建设（陈和等，2011b）。灾前防灾减灾体系可以增加广东抗台风的能力，同时防灾投资的支出还能拉动经济增长（陈和等，2010）。虽然防灾减灾本身不能直接创造效益，但防灾减灾可以保证生产安全进行，减少因灾导致的生产损失，产生间接效益。防灾减灾的效益与防灾减灾投入密切相关。有学者统计，防灾减灾的投入与收益之比为 1∶20，有的甚至高达 1∶100（孙广忠，1992）。可见，防灾减灾是一项有效的增产节约措施。2008 年国家发展和改革委员会颁布《珠江三角洲地区改革发展规划纲要》，强调推进水利等方面基础设施的现代化。同年 7 月，广东省委、省政府公布《关于加快建设现代产业体系的决定》，提出发展以堤坝库水利工程等为支撑的基础产业。从国家到广东省的相关文件精神可以发现，当前国家重视与防灾减灾相关基础产业的发展。相关基础产业的发展不仅能减少灾害带来的经济损失，也能配合国家当前积极的财政政策，凭借相关基础产业投资，通过投资的乘数效应，拉动经济增长。

2）灾中危机管理体系建设（陈和等，2011b）。灾中危机管理体系是直面台风灾害的环节，有效的危机管理系统可以将台风灾害的破坏降到最低（陈和和申明浩，2010a）。从发展的角度来看，台风灾害给整个社会发展所造成的影响巨大。构建应对台风的危机管理体系是构建和谐社会的必然要求，是维护省政府形象的必要条件。政府危机管理是政府针对潜在的或突发的危机事件的事前预警、中间应急处理和事后恢复的一种管理手段。通过实施各种行之有效的、具前瞻性预见性的措施及时有效地消除危机萌芽和处理发生危机，恢复社会正常生活，转危为机。可见，建立高效的灾中危机管理体系是广东台风灾害防御体系建设的核心环节。

3）灾后损失评估及赔偿体系建设（陈和等，2011b）。灾后损失评估及赔偿体系是恢复经济、重建人民家园的重要保障，也是整个防御系统的善后环节。近年来，影响广东的台风频率和强度不断增加，但对台风所造成的经济损失统计尚缺乏科学的测评体系，无法做到快速有效地评估台风灾害损失，有关部门只是被动地防灾赈灾。同时，由于缺乏准确的评估体系，灾后相应的赔偿体系也不能及时建立，影响到受灾地区重建工作有效开展。因此，建立科学的损失评估体系为未来的防御工作提供了科学依据，同时，建立完善的赔偿体系也可以将社会大众的损失降至最低。

第四篇　台风灾中损失预评估

Part Ⅳ　Study on Pre-Typhoon Loss Evaluation

摘要：台风灾害发生过程中的损失评估是抗灾救灾工作的一个关键环节，也是亟待解决的重点和难题。本篇首先总结归纳了6种主要的统计指标综合方法，总结了统计模拟评估法的基本步骤，在此基础上比较了台风灾情评估方法的不同特点，从评估的模型、指标选择以及评估结果等几个方面评述了指标评估方法以及统计模拟法存在的问题。随后分别建立了Elman神经网络模型、支持向量回归机（SVR）、聚类与回归方法等多种预评估模型。最后建立了基于广义回归神经网络（GRNN）、SVR、GA-Elman神经网络3种模型的组合模型的台风灾害损失预评估方法。

Abstract: The loss evaluation process of typhoon disasters while in-motion is one key step of the comprehensive emergency system, along with prevention and disaster-relief measures, all of which pose significant challenges and problems to be solved. This chapter first summarizes and introduces six types of statistical indices, such as integrated methods. It then summarizes the basic steps of statistical simulation/evaluation methods on which they are based, and the different features of typhoon disaster evaluations are compared and estimated. The problems that exist within index evaluation methods and statistical simulation methods are examined from several points-of-view such as evaluation models, index selection and evaluation, etc. Then, various established and applied methods and techniques of pre-typhoon loss evaluation models such as the Elman Neural Network Model, SVR, and various clustering and regression methods are discussed and evaluated. Finally, this chapter establishes criteria for typhoon disaster loss pre-typhoon loss evaluation methods based on the combined models of GRNN, SVR, and the GA-Elman Neural Network.

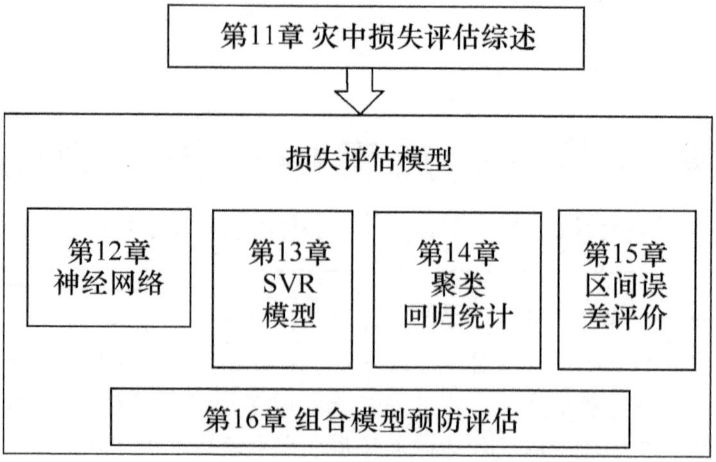
第11章 灾中损失评估综述
损失评估模型
第12章
神经网络
第13章
SVR
模型
第14章
聚类
回归统计
第15章
区间误
差评价
第16章 组合模型预防评估

第11章　台风灾害评估及方法综述

Chapter 11　An Overview of Progress and Approaches on Typhoon Disaster Assessment

摘要：台风是一种导致严重灾害的天气系统，其灾害评估是减灾防灾的决策基础。国内外台风灾情评估基本区分为统计指标综合法和统计模拟法。本章论述了6种主要统计指标综合方法，简述了统计模拟评估法的基本步骤，在此基础上比较了台风灾情评估方法的不同特点。从评估的模型、指标选择以及评估结果等几个方面评述了指标评估方法以及统计模拟法存在的问题。最后，对灾情评估发展趋势的5个方面进行展望。目前，国内统计模拟方法的评估较少开展，应与指标评估方法相结合，积极开展统计模拟方法的灾情评估；选择不同的行业，针对行业具体特点，建立敏感行业的灾情评估模型；加强高新技术，特别是卫星遥感技术在台风灾害评估中的应用，同时要加强评估决策支持系统研究。

关键词：综合指标法；统计模拟法（蒙特卡罗法）；决策支持系统；模糊数学法；层次分析法；可拓方法；神经网络法；灰色关联分析方法；风灾地区损失模型

Abstract: Typhoons are one of the major disaster weather systems having extremely important impacts on China. The author discusses the status of typhoon disaster assessment and compares and classifies the main methods of typhoon disaster assessment. These are confirmed via a statistical index, which is the main method applied in China, in contrast to statistical simulation that is the main method applied abroad. After illustrating six kinds of statistical index methods as applied to typhoon assessment and procedures of statistical simulation, the author points out the problems and features of typhoon disaster assessments by analyzing five aspects on typhoon disaster assessments. Namely, combining statistical simulation with statistical indexing is done to strengthen the application of higher and newer technologies, especially satellite remote sensing technology, as applied to typhoon disaster assessment and to research on assessment decision supporting systems.

Keywords: aggregative indicator method; monte carlo; decision support system; fuzzy mathematics; analytic hierarchy process; extensive method; neural network method; grey relation analysis; wind-field damage model

灾害评估是灾害的预测、防治乃至灾害补偿研究的基础，其评估结果是国家和区域减灾决策制定和实施的可靠依据。灾害评估对防灾减灾以及经济和社会的可持续发展具有现实和长远的实践意义。近年，通过灾中的台风气象要素以及受灾地区的经济、地理、社会要素，统计模拟预测灾情，或者通过灾后的遥感监测与灾情汇报采集数据，对灾害造成的人员、经济损失形成灾害等级等各种灾害评估的理论与实践取得了许多的进展。

本章主要针对台风灾情评估进展，分别对台风灾情评估理论及其方法进行比较，指出其特点与存在的问题，并对台风灾情评估的发展趋势进行展望。

11.1 台风灾情的主要评估方法

台风灾害的风险评价是根据台风灾害的频度、强度以及承灾体的属性，对未来承灾地区可能发生的台风灾害的预评估。而灾情评估（亦称为灾害的损失评估）是指在掌握丰富的历史与现实灾害数据资料的基础上，应用统计方法对已经或正在发生的灾害可能造成的、正在造成的或已经造成的人员伤害与财产或利益损失进行定量的估算，并评估其灾害严重程度。台风灾情评估与台风灾害的风险评价相比，侧重点不同。台风风险评估是以承灾地区为评估对象，定量计算其遭受损失的可能性及大小。台风灾情评估的对象则是一次正在或已经发生的台风灾害，量度其综合破坏程度。目前，台风灾情指数评估方法以大范围地区的宏观评估为主，另外一种则以台风灾害发生频度、强度以及具体承灾体结构的统计模拟为主。

11.1.1 灾情的指标评估方法

台风灾情指标评估主要是针对宏观范围，如某次台风对受灾地区产生破坏的严重程度或者某次台风所致的总的破坏严重程度。目前的研究主要采取回归分析法、模糊综合评价法、层次分析法等。

(1) 回归分析法

回归是一种通过因变量模拟或预测响应变量的常用统计方法。应用回归分析评估台风灾情，一类是直接考虑具体的致灾因子与承灾体因子，即自变量是各个致灾因子，如台风雨量、台风登陆风速，因变量是各个灾后因子，如倒损房屋数、人员伤亡数等。另一类则是以致灾因子或者灾后因子作为自变量，而以表征台风灾害综合毁损程度的指数作为被模拟与预测变量建立回归模型，如可将灾情（如倒损房屋数、受淹农田面积等）合成为综合灾情等级，并作为响应变量与具体致灾因子——台风风速和降水量等建立回归关系式，模型输出的响应变量则是评估或预估的灾情综合指数（刘玉函等，2003）。

具体的回归形式上，选择各有不同。第一种采用联立方程模型形式，分别用灾情因子（如受灾面积、倒损房屋和人员伤亡）和致灾因子（如台风中心气压、过程降雨量、登陆风力、底层中心附近最大风速等）建立联立方程模型。灾情因子作为响应变量通过联立方程组进行统计估计（钱燕珍等，2001）。第二种采用多项式拟合，通过将台风灾害的主要致灾因子合成为风指数、雨指数以及承灾体指数，建立国民经济直接损失模式（ELM）和倒损房屋数量模式（HCM 和 HDM）等灾害损失预测模式，其回归多项式阶数根据预测效果进行确定（吕纯濂和陈舜华，1993）。第三种形式则采用幂函数拟合（林继生和罗金铃，1995）（表11-1）。

（2）模糊综合评价方法

模糊综合评价法是采用模糊数学方法对多因素进行综合的一种综合评估方法。在台风灾害评估中，多因素模糊集合一类为台风灾害的灾后因子，如倒损房屋、受淹农田，这类评估为台风过后的灾后评估。另一类为灾中的台风风速和雨量以及地理等因子，这种评估具有灾前性质，则为灾情的预评估。上述两类均采用模糊方法确定单因素权重，从而进行综合合成。在灾害评估中采用模糊综合评判方法，其优点是可以将本来模糊的、主观性很大的定性评估转变为定量评判，其思路清晰、评判结果直观，且能满足灾害评估的精度要求。模糊数学评价方法具体使用时，指标选取各有特色。例如，梁必骥等（1999）选取台风强度、登陆地区的社会经济等有关资料对热带气旋可能造成的灾害经济损失进行计算和分级评估。王秀荣等（2010）则考虑了更多因子，尤其是将减灾防灾能力进行定量评估融入到模糊数学评价模型中，用台风影响时间和致灾因子与脆弱性因子等10个因子构建综合评价系数，并与通过经济损失给出的实际灾情进行对比分析，该模型既可对灾情进行预估也可以灾后评估。在模糊综合评估中也可通过致灾因子进行评估，并与通过灾后因子的灾后评估结果进行比较，修正预评估模型。

（3）层次分析法

层次分析法是较为典型的统计综合评价方法，其通过对台风致灾影响因素建立指标系统，并进一步建立亚指标系统，形成指标分层，通过判断矩阵确立各指标权重，并进行多指标综合，计算总指数，从而进行灾害的综合评估。这一方法在台风灾害风险评估与灾情评估中均有广泛应用。例如，李春梅等（2006）利用1949~2003年登陆和严重影响广东省的热带气旋的特征参数、气象资料、直接经

表 11-1　台风灾情指标评估方法

Table 11.1　The Index Assessment Methods of Typhoon Disaster

灾情评估/disaster evaluation	预评估/pre-evaluation			灾后评估/post-disaster assessment		
	变量或指标/variable or indicators	评估结果/assessment result	代表文献/on behalf of the literature	变量或指标/variable or indicators	评估结果/assessment result	代表文献/on behalf of the literature
回归多元线性	承灾体密度、降水指数、大风指数	经济损失值、倒塌房屋、房屋损坏	林继生和罗金铃（1995）	受伤人数、倒塌房屋数、受淹农田面积	灾情指数	钱燕珍等（2001）
回归幂函数	受灾人口、农作物受灾面积及直接经济损失	综合评价指数	赵飞等（2011）	灾后指标	—	尚无
回归联立方程	过程降雨量、风力最大风速、台风中心气压	受灾面积、倒损房屋、受伤人数	吕纯濂和陈舜华（1993）	灾后指标	—	尚无
模糊评价	过程最大雨量、受灾区域易损性等 10 个因子	综合灾情指数	马清云等（2008）	农业受灾面积、死亡人数等 9 项灾后指标	综合灾情指数	梁必骥等（1999）
层次分析	17 项指标合成为风参数、雨参数、地理参数、气旋强度参数	综合影响指数	李春梅等（2006）	采用灾后指标，层次法综合评价	—	尚无
神经网络	分地区过程降水量和过程最大风速等	直接经济损失指数	娄伟平等（2009）	可采用灾后指标训练	—	尚无
可拓方法	降水量、降水强度、最大风速	灾害损失等级	刘少军等（2010）	采用灾后指标	—	尚无
灰色关联	可采用灾情指标建立损失度的关联系数	—	尚无	死亡人数、房屋倒损数、农作物受灾面积数、直接经济损失数	综合灾害损失等级	王秀荣等（2010）

济损失和造成的灾情损失等资料，对参与评估的指标进行分层，分为中心最低气压、地理综合参数、风综合参数、雨综合参数 4 个亚评估指标和 17 个单项评估分指标，利用专家打分法进行相对重要性的判别，确立权重系数，最后建立“热带气旋综合影响指数”，并采用“热带气旋综合影响指数”对热带气旋灾害的影响程度进行分级评判。与模糊综合评估和回归分析法一样，选择不同的指标，可分别进行灾情的预评估与灾后评估。

(4) 可拓方法

可拓方法是我国学者蔡文于 1983 年提出的，它用形式化工具，从定性和定量两个角度去研究解决矛盾问题的规律和方法，其核心内容为物元理论和可拓集合理论，基本方法是通过建立多指标参数的质量评定模型来完整地反映样本的综合水平（刘少军等，2010）。学者将可拓方法应用到台风灾害损失评估中，选择降水量、降水强度、最大风速、经济易损性作为评价的指标，利用可拓方法，将评价指标及其特征值作为物元通过计算综合关联度，判断灾害损失的等级（刘少军等，2010）。

(5) 神经网络法

神经网络方法是一种非线形关系的多变量建模方法，其具有高度计算能力、自学能力、容错能力。在台风灾情预评估中，致灾因子主要是雨量以及近地面中心最大风速等，灾损因子通常则包括台风受淹农田、倒损房屋数、直接经济损失等。这种联系的具体形式是复杂和非线性的，通过一些历史数据的神经网络训练建立网络结构模型，从而预测台风损失灾情（娄伟平等，2009）。神经网络方法具有模拟精度高的特点，网络构建合理，则会有较好的灾情预测效果，否则灾情预测效果与模拟效果存在较大差距。

(6) 灰色关联分析方法

灰色关联度分析法（grey relation analysis）是一种多因素统计分析方法，它以各因素的样本数据为依据，用灰色关联度来描述因素间关系的强弱、大小和次序，若样本数据反映出的两因素变化的态势基本一致，则它们之间的关联度较大，反之，则关联度较小。与传统的多因素分析方法相比，灰色关联度分析法对数据要求较低且计算量较小。因此，该方法已广泛运用于社会和自然科学的各个领域，尤其在灾情评估和经济领域内取得了较好的应用效果（傅立，1992）。该方法应用于评估台风灾情等级时，将台风灾害造成损失的各单项因子进行归一化处理，然后将各次台风造成损失的各单指标归一化值与所有历史台风灾情单指标的最大值构成的序列求关联系数，再按照关联系数的大小确定各次台风灾情的综合严重程度（刘伟东等，2007）。实际应用中，该方法更多用于台风灾后评估（刘伟东等，2007；牛海燕等，2011a；陈仕鸿等，2012a）。

值得指出的是，上述目前存在的台风灾害损失主要评估方法中，如果采用灾后灾情因子，则评估结果为灾后评估。如果采用灾害过程中的致灾因子（如台风大风、雨量等），其灾害评估则是对灾情的预测性评估，也称预评估。理论上，回归分析法、模糊综合评判、层次评价法等均可以灾前或灾中对灾情损失进行评估，也可以采用灾后因子进行灾后评估，目前灾后灾情评估更多的是多指标直接合成，采用统计模型灾后评估较少（表 11-1）。

11.1.2　台风灾情评估的统计模拟方法

台风灾情的统计模拟评估主要是以台风灾害发生的强度、频度以及承灾体具体结构的统计模拟为主，即通过受台风威胁地区台风的发生频度、强度以及承灾体的具体特性和位置分布进行相应的统计模拟来评估台风灾害灾情或风险。这一方法在国外开展较多，主要评估台风风灾，台风带来的大范围降雨致灾则被归入洪涝灾害。

台风灾情的统计模拟方法一般包括台风频度、强度、路径模拟、台风风场模拟、工程结构的风破坏模拟以及预期保险损失的模拟等（图 11-1）。

目前受台风威胁地区的台风发生频数模拟采用的方法有三类：一类为直接采用历史数据（Yoshida，1998；魏章进等，2012）；第二类则采用拟合频数的概率分布（Choi et al. ，2010；魏章进和唐丹玲，2011）；第三种则以台风实际发生过程为依据，对台风的产生进行模拟再现（Powell et al. ，2005）。台风再现模拟中，气旋活动的十年际变化、热带气旋的年际变化、厄尔尼诺、拉尼娜等影响台风活动因子等作为参数选择因子，通过负二项分布或者泊松分布（Poisson）模拟气旋发生频数（Hamid et al. ，2010）。

台风路径模拟则模拟台风的强度变化以及路径变化，通过给定地区的登陆数检验确定模拟的准确度。台风风场模拟应用成熟台风的物理模型和台风参数资料，采用数值方法模拟台风风场（Twisdale，2000）。台风进入受威胁地区的一定影响范围内，则台风风场模式与地区的建筑结构、地形数据相结合的风损失模型被应用，并评估破坏程度。评估的基本方法是通过构造风灾地区损失模型（wind-field damage model）对地区风灾损失或风险进行度量。风灾地区损失模型一般通过确定各种台风风速发生的概率，然后建立风速与破坏程度大小的函数关系，从而确定损失发生的概率，计算预期损失来评估可能的灾情或者将已经发生的台风灾害相关数据带入模型，评估台风灾情。风灾地区损失模型中，自变量是台风风速，响应变量为台风造成的预期损失。如 Huang 等（2001）、Dorland 等（1999）、Klawa 和 Ulbric（2003）、Unanwa 等（2000）分别构建了适合当地的台

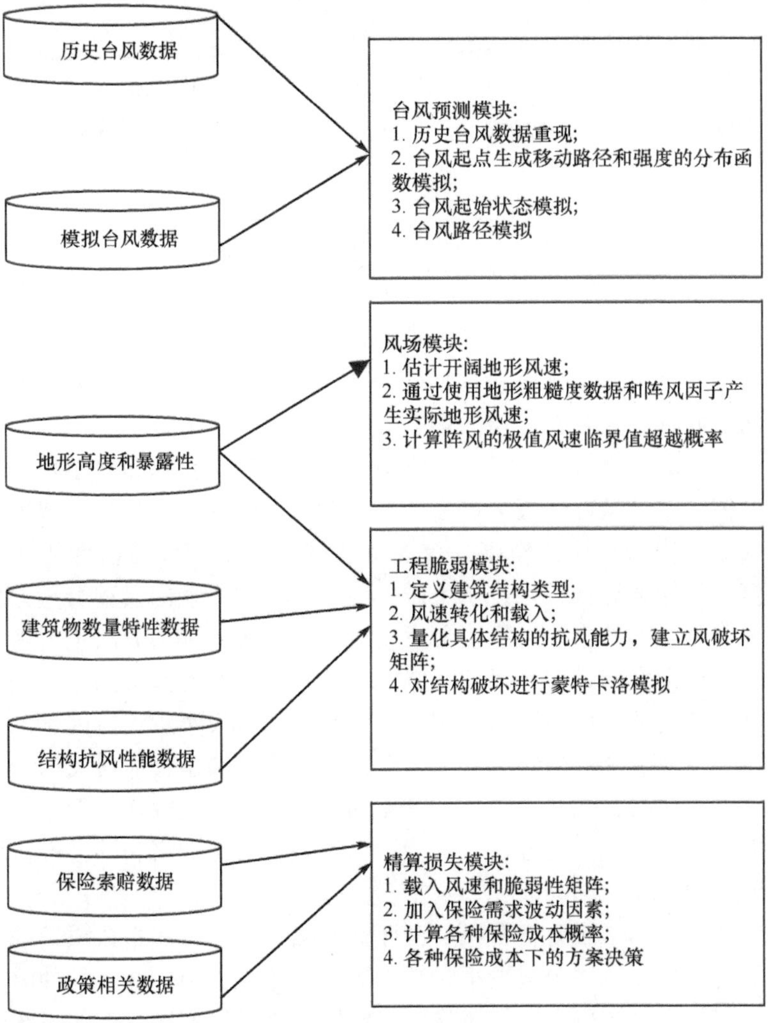

图 11-1　台风灾害统计模拟评估法基本框架

Fig. 11. 1　The Framework for Statistical Simulation of Typhoon Disaster

风风速与损失率函数。前二者采用指数函数构建风速损失模型，而后者采用幂函数建立预期损失与台风风速的关系。

台风统计模拟损失估计分别使用各种类型建筑体结构的脆弱性矩阵，计算预期损失。具体评估损失时一般采用两种方法：一种方法通过估计每种保险方案下的全部的保险损失，然后再除以每年的台风频数，得到每年的预期损失。然后分别根据各地区承灾结构的暴露性程度，从而计算每个地区的预期损失；另一种方法则与之相反，通过计算每个地区的台风分布函数，得到每个地区的预期损失，通过累加估计各种保险方案下的整个地区的预期保险损失（Mitsuta and Fujii,

1996)。

各种学术研究中的台风灾情统计模拟评估，其基本流程可归纳为三个组成部分共四个模块。三个部分主要为台风气象模拟、台风工程模拟以及保险模拟，其具体的四个模块则为台风预测模块、风场模块、工程脆弱性模块以及精算损失模块（图11-1）。

11.2 灾情评估方法的问题与局限

指标评估方法在国内评估研究中较为常见，是国内台风灾害风险与损失评估的主流方法，各种具体实施方法较多（表11-1)，目前并没有形成普遍公认的统一方法，而且此种方法存在一定的局限性。

从评估使用的技术方法上考虑，灾情评估方法经历了从简单粗略到复杂的演变过程，评估结果的精确性逐渐提高，然而台风灾情评估模型仍不成熟。常用的评估方法（如层次分析法、模糊综合评价法等）在确定评估指标的权重时往往采用专家打分，导致评估结果过于主观，应发展更为合理的权重衡量方法。

从台风灾害评估的指标选择上考虑，目前台风灾害评估方法主要考虑台风强度和频度，包括雨量与近中心风速、路径以及台风频数等致灾因子方面，承灾体的脆弱性与其遭受的损失程度密切相关，但在对台风灾害承灾体因子的选择上并没有达成较为一致、全面的看法，综合考虑孕灾环境与承灾体对灾情影响的评估较少。另外，有些研究虽然考虑了承灾体的社会经济地理因素，但未能结合台风路径、强度和经济地理空间分布，未能恰当地融合自然因素和社会经济因素以及其在灾害形成中的相互影响。

从评估的最终结果来看，台风灾害评估的结果基本上以指数或等级表征。然而，目前学者们量化灾情等级大小时缺乏统一标准（表11-1)。各种综合指数出现在不同的文献中，台风灾情等级临界值也缺乏统计标准，标准的不统一导致各自的评估结果无法进行比较，使得以指数或等级大小表示的评估结果缺乏明确、直观的意义。

在台风灾情的损失评估中，直接经济损失的大小是灾情的一个更为直观的指标。运用数理统计方法对台风灾害的直接经济损失进行预测和评估，也可为防灾和减灾提供较为合理、科学的依据。然而，台风灾害经济损失价值的统计预测模型学术关注度较低，相应成果较少。台风灾害影响的经济损失值的统计评估模型与预测尚未有成熟的方法。

台风灾害的统计模拟方法的主要问题在于，模拟过程各环节的复杂性，各种参数的选择，导致结果的不确定性与差异。如在气象模块中，台风风速模型及近地风场参数的不确定性和差异，会导致最终估算的台风损失具有较大不稳定性

(Huang et al.，2001；Dorland et al.，1999)。在工程模块中，风荷载模型基本上根据风荷载规范或风洞试验结果建立，不能真实反映结构在台风气候下的风荷载，基于建筑结构的台风易损性矩阵构建对实际状况的模拟出现偏差（Munich Re. Winter Storms in Europe，1993)。此外，台风灾害的统计模拟方法主要模拟风灾，对于台风降雨引起的洪涝灾害、风暴潮灾害，海洋强浪引起的灾害未予考虑，无法衡量台风灾害所致的破坏总程度。

11.3 两种主要灾情评估方法的比较

台风灾害的风险评估与台风灾情损失评估国内外显现出不同的特点。台风灾害的指标评估方法是目前国内主要的灾情评估方法，采用指标方法的统计综合评估由于研究区域一般以省、区为单元，范围太大，实际效用较小。而国外较为主流的则是以台风路径、风场、建筑结构、损失的统计模拟为主，在模拟地区进行风险评估，保险损失的计算（表 11-2)。

表 11-2 台风灾情评估方法比较

Table 11.2 A Comparison for the Assessment Methods of Typhoon Disaster

评估主流方法/evaluation of the mainstream method	指标评估法/index evaluation method	统计模拟法/statistical simulation method
评估内容	包括降水所致洪灾	不包括洪灾，只评估风灾
评估对象	宏观范围的台风致灾综合损失程度或一次台风破坏严重程度	具体建筑结构的破坏程度
评估结果	一般为综合指数	预期保险损失，应用于保费制定
优点	整体描述一次台风灾害破坏度或承灾地区的受灾严重度	针对具体地区风灾损失的估计有较高准确度
缺点	评估结果为指数，由于评估范围大，实用性较低	由于未考虑降雨，无法衡量台风灾害的全面破坏程度

11.4 小结

台风灾情评估在理论和减灾防灾实践中已有较多的成果。然而，以往对其研究现状尚无相应综述。本章综合现有研究，对台风灾情评估现状进行总结并重点评述台风灾情评估的方法。基于台风灾情评估现状，笔者认为台风灾情评估发展应着力于以下几个方面。

1）统计模拟方法的台风评估与指标法综合评估结合。国内灾情评估的研究无论是模糊数学方法还是层次分析等方法基本上是以指标的综合指数衡量一个地区的风险或灾情大小。其不足之处为，由于评估范围较大，实用性有所欠缺。国外基于情景模拟的台风灾害损失研究较为广泛，应借鉴一些国外研究成果，如Florida飓风损失评估系统等，更为广泛地开展基于情景的台风灾害评估研究。将指标法与情景模拟的台风灾害评估结合起来，才能在减灾防灾中发挥更大作用。

2）分行业的台风灾害评估。不同的行业对台风灾害的承受能力存在差异，台风灾害对不同的行业具有不同的影响特点，其产生的灾情也具有不同的表现形式，如考虑以农业和水产养殖业等敏感行业为突破口，研究满足不同行业需求的台风灾害损失评估模型。

3）加强高新技术，特别是卫星遥感技术和GIS技术在台风灾害评估中的应用。近几年，随着航空航天技术的发展，卫星遥感技术在灾害研究中已经得到较多应用，如海啸（Pan and Tang，2012）、地震（Pan and Tang，2010）、溢油（Pan and Tang，2009；Tang et al.，2004）、藻华（Tang et al.，2006，2009；Chen et al.，2011a）等。卫星遥感技术有观测面积大、数据应用期长、历史数据可以回顾，具有可比性、可视性等优势（Zhao et al.，2009），利用遥感和GIS，可以在台风灾情评估中快速将多源数据复合，通过网络集成多种技术成果和数据后，进行快速、准确、连续、动态与全天候的台风灾害监测与评估。利用高分辨率的卫星遥感技术提供的小尺度灾情数据，将促进台风灾情的监测和评估向高分辨率发展，将有效改变目前台风灾情评估由于评估区域较大，准确度和实用性不高的缺点。

4）积极开展减灾决策支持系统研究。台风灾害评估是一个复杂的过程，其数据量大，数据结构复杂，与地理空间数据和属性数据关系密切，而GIS又具有功能齐全的空间数据分析和与专业模型相结合的能力，将评估模型与GIS结合，开发决策支持系统，为减灾防灾提供可视化信息，为决策者提供可视化决策参考，具有重要的实际意义，应加强台风灾害评估决策支持系统研究（Chen et al.，2011b；隋广军等，2010）。鉴于现有的成熟的系统开发成果较少，基于统计信息与统计模型的人机对话的台风灾害决策系统仍需不断深化研究。

5）亟须深化台风灾害评估内容。自然灾害评估中，灾害的间接经济损失以及宏观经济效应是灾害评估的课题之一。然而，针对台风灾种的灾害宏观经济效应评估研究较少，尚缺乏以台风灾害为研究对象的间接经济损失的实证研究。台风灾害的生态评估和减灾防灾效益评估由于影响因素的复杂性而较少开展（钟兆站，1997）。台风灾害评估应尽可能开展间接损失、生态以及减灾防灾效益评估的一些模型和实证研究，使评估的内容更为全面，有助于更为有效地实施台风灾害的减灾防灾及风险管理。

第 12 章　基于 Elman 神经网络的台风灾情预评估模型

Chapter 12　Pre-Tropical Cyclone Disaster-Evaluation for Guangdong Province Based on the Elman Neural Network Model

摘要：热带气旋灾情评估是防台减灾工作的重要环节。本章介绍 Elman 神经网络的基本原理，并将 Elman 神经网络应用于广东省热带气旋灾害经济损失评估中。选取 14 个评估因子，选用 1998~2008 年影响广东的 36 个台风作为数据样本，再运用主成分分析法降维处理，本章构建了基于 Elman 神经网络和基于 BP 神经网络的评估模型。分析结果显示，基于 Elman 神经网络模型的评估结果均方误差（MSE）为 0.953，平均误差率为 17.76%，优于 BP 神经网络。本研究的模型可实际应用于广东省实际热带气旋灾害经济损失评估，为防台减灾工作提供决策信息。

关键词：灾情预评估；Elman 神经网络；主成分分析；致灾因子；孕灾环境；承灾体；物价指数；反馈神经网络

Abstract: Estimations of tropical cyclone disaster losses are an important part of the prevention and disaster mitigation work. This chapter introduces the basic principles and application of the Elman neural network in estimating tropical cyclone disaster losses in Guangdong Province. In total, 14 evaluation factors were selected, 36 typhoon data sets for Guangdong were chosen between 1998 and 2008 as examples to process using principal component analysis to reduce factors and the dimensionality of the problem. The study establishes two kinds of tropical cyclone disaster loss estimation models: The Elman Neural Network Model, and the BP Neural Network Model. The comparative analysis shows that test results for the Elman Neural Network Model, with mean square error of 0.953 and mean error rate of 17.76% are better than that of the BP Neural Network analysis. This model can be used in estimations of tropical cyclone disaster losses in Guangdong Province and may provide important information on typhoon disaster reduction and decision support work/concepts.

Keywords: pre-disaster risk evaluation; Elman neural network; principal component analysis; disaster-causing factors; hazard-formative environment; hazard-bearing body; price index; feedback neural network

12.1 引言

在抗灾救的决策过程中，需要及时掌握灾情数据以辅助决策。然而目前台风灾情信息收集主要靠有关部门灾后统计出来，再逐级上报，这种方式得到的数据时效性差，不能满足抗灾救灾及时、准确的要求。另外，气象部门预报台风的强度是根据其中心附近最大风速来划分的。台风的破坏力与台风强度的关联性不大（张庆红等，2010），灾害损失不能仅依据台风的强度来预估。因此，及时、准确地评估台风灾情具有重要意义。台风灾情评估研究是全球关注的热点，本章以广东台风灾害为研究对象，根据影响广东省的台风特点，有针对性地选取评估因子，采用 Elman 神经网络进行结构建模分析（刘晓庆等，2013），评估广东台风灾情，在应用测试中取得较为满意的结果。

12.2 研究方法

12.2.1 评估因子的选取

台风灾害是致灾因子、孕灾环境与承灾体综合作用的结果（史培军，1996），因此，台风灾情评估因子应从这 3 个方面选取。

（1）承灾体

台风灾害承灾体是指个人或群体预见、处理、抵御灾害和从灾害中恢复的能力的特征（Blaikie et al.，1994），主要包括台风影响地区人口密度、经济发展水平、农业面积等。同一致灾因子强度下，灾害损失随着承灾体易损性的增大会变得更为严重。本章分区域研究广东省的易损性。通过对广东省的地理位置、地形特征、经济发展水平、人口密度、台风侵扰的强度和频率等多方面综合分析，同时考虑统计数据的便利，将广东分为 4 个区域，分别是粤东区域，包括汕头、梅州、汕尾、潮州、揭阳；粤西区域，包括阳江、湛江、茂名、云浮；粤北区域，包括清远、韶关、河源、肇庆；其余的 8 个地市划为珠三角区域。具体如图 12-1 所示。

本章参照文献（丁燕和史培军，2002）中的易损性评估方法，选取人口密度、人均 GDP、农业占 GDP 比重 3 个因素，计算方法如下：

$$V=v_j,\ v_j=\sum_{i=1}^{3}\left(0.5+0.5\times\frac{a_{ij}-\min(a_i)}{\max(a_i)-\min(a_i)}\right)\times w_i,\quad i=1,2,3;\ j=1,2,3,4 \tag{12-1}$$

式中，a_{ij}为第 j 个区域第 i 个因素的值；w 为因素的权重值，取值参照文献（丁燕和史培军，2002）。再根据 2001 年广东省统计年鉴数据，计算出 4 个区域的易损性值。

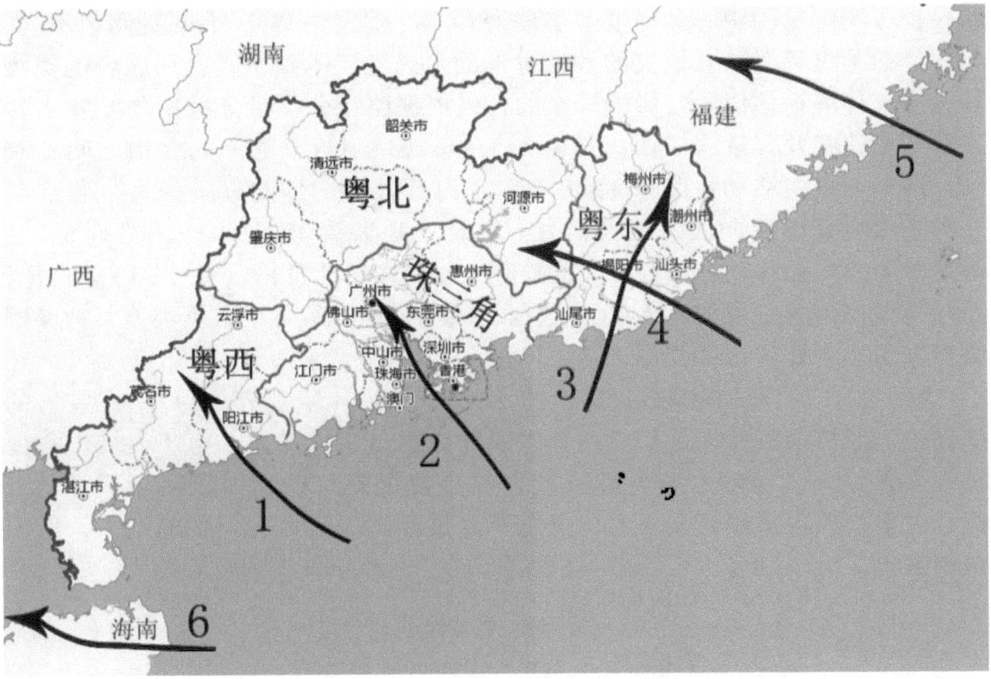

图 12-1　广东省 4 个区域划分及 6 类台风路径

Fig. 12. 1　The Six Kinds of Tropical Cyclone Paths and Four Regional Divisions in Guangdong Province

(2) 致灾因子

致灾因子主要包括台风带来的强风、降雨等因子。致灾因子的强度取决于台风中心气压、过程降雨量和近中心最大风速，因此，可以用这 3 个因素代表致灾因子的强度。其中，降雨量与台风灾害损失关联最强，以往学者常采用过程降水量极值来代表降雨影响因素，这稍显片面。本章除了过程降水量极值以外，还加入各个区域的过程最大雨量、平均日降雨量作为评估因子。台风影响的持续时间和影响范围也是影响灾情的重要因素。台风持续的时间按台风登陆到消失的时间计算。影响区域可根据台风带来 50mm 以上过程降雨或 6 级以上大风影响的范围来确定。影响区域的易损性值之和作为影响区域的易损性综合值，并选为评估因子。

(3) 孕灾环境

孕灾环境主要受台风登陆地区的气候条件、登陆地区地形地貌特征和台风移动路径的共同影响（丁燕和史培军，2002）。台风登陆后的环流场和登陆地区地形的海拔高度、坡度、坡向等都能在一定程度上影响台风风速、降雨等致灾因子，而不同的环流场还反映出不同的路径，台风登陆地区和移动路径也影响雨量的中心和强度（陈联寿和丁一汇，1979）。台风的路径不同，与途经的孕灾环境结合成灾的效果也不同。因此，本章引入台风路径的类型作为孕灾环境评估因子。影响广东的台风根据路径分类可分为6类：路径1，在粤西登陆并西移进入广西；路径2，在珠江口附近（惠东与台山之间）登陆后向偏北方向移动；路径3，在粤东沿海登陆后向偏北方向移动；路径4，在粤东沿海登陆后向西北或偏西方向移动（唐晓春等，2003）；路径5，在福建登陆向内陆移动；路径6，在海南岛登陆移向北部湾（图12-1）。这样，路径类型得到的是数值是1~6的数据，很明显是非线性的数据类型，神经网络模型正适合处理这类数据。

综上，作为评估模型数据输入的评估因子有14个（表12-1）。在灾害的损失中，经济损失和人员伤亡两个方面的数据最引人关注，由于人员伤亡偶然性因素较大，且随着防台减灾能力的日益提高，伤亡人数明显下降，因此，对伤亡人数预测意义不大，仅选择直接经济损失作为评估的结果，即模型的输出。

表12-1　评估因子

Table 12.1　List of Evaluation Factors

因子类别/factor categories	评估因子/evaluation factors
致灾因子	登陆时中心气压 X_1
	最大风速 X_2
	降雨量：过程降雨极值 X_3，各区域的过程最大降雨量（X_4~X_7）、各区域平均日降雨量（X_8~X_{11}）
	持续时间 X_{12}
孕灾环境	台风路径类型 X_{13}
承灾体	影响区域易损性综合值 X_{14}

12.2.2　数据收集及处理

台风路径、中心气压、大风及降雨量数据取自《热带气旋年鉴》；台风灾害直接经济损失数、受灾人口取自《中国气象灾害大典：广东卷》。GDP、经济损失金额等按2000年广东省物价指数为基准进行了换算。在1998~2006年影响广东的40个台风中选取36个，剔除4个资料不全的台风。

由于评估因子数量较多，部分因子之间存在一定的相关性。主成分分析法能对多个因子化进行降维处理，化简为少数几个互不相关的综合指标，从而优化数据信息。主成分提取有两个原则，其一是特征值大于 1，其二是累计方差贡献率达 80% ~85% 及以上。本章采用 SPSS 软件的主成分分析模块对评估因子进行处理。主成分分析结果如表 12-2 所示，按原则提取前 5 个主成分。经主成分分析调整后的数据集中，随机地从小中大 3 个灾级台风中各选取 1 个样本作为测试集。

表 12-2　方差分解主成分提取分析

Table 12. 2　Variance Analysis of Principal Component

成分/composition	初始特征值/initial eigenvalue			提取的因子方差/extracted factor variance		
	特征值/eigenvalue	贡献率（%）/contribution（%）	累计贡献率（%）/cumulative contribution rate（%）	特征值/eigenvalue	贡献率（%）/contribution（%）	累计贡献率（%）/cumulative contribution rate（%）
1	4. 873	34. 810	34. 810	4. 873	34. 810	34. 810
2	2. 503	17. 879	52. 689	2. 503	17. 879	52. 689
3	1. 864	13. 312	66. 001	1. 864	13. 312	66. 001
4	1. 289	9. 207	75. 208	1. 289	9. 207	75. 208
5	1. 131	8. 078	83. 286	1. 131	8. 078	83. 286

12. 3　结果与分析

12. 3. 1　基于 Elman 的台风灾情评估模型

台风灾害的评估因子和灾情之间具有高度不确定的非线性关系，各因子的相互作用具有很大的不确定性，而且缺乏充足的样本数据，这种情况下，人工神经网络模型是不错的选择。

人工神经网络（artificial neural networks）是一种模仿动物神经网络触发行为的信息处理算法模型。这种网络通过调整内部大量节点之间相互用连接权值来表示连接关系，从而达到处理信息的目的（朱凯和王正林，2010）。这些连接权值通过训练样本学习获得，因此，不需要建立复杂的数学模型。在面对一些有一定模糊性的事物联系，推理规则不清楚，数据映射关系无法用明确的函数来表达的时候，采用人工神经网络来处理会特别有效。

根据连接方式的不同，神经网络主要分为前馈型网络和反馈型网络。前馈型网络，由输入层、隐含层和输出层组成，每一层的神经元只接受前一层神经元的输入。输入模式经过各层的顺序变换后，输出层输出，BP 神经网络属于这种类型。反馈神经网络是一种反馈动力系统，它的每个神经元同时将自身的输出作为输入反馈给其他神经元（韩旭明，2006），与前馈神经网络相比，具有动态记忆特征。Hopfield 网络和 Elman 网络属于这种类型。

Elman 神经网络是 Elman 于 1990 年提出来的，它是一种典型的动态神经网络。Elman 网络可以看作一个具有局部记忆单元和局部反馈连接的前向神经网络。Elman 网络一般分为四层：输入层、隐含层、承接层和输出层，如图 12-2 所示。输入层、隐含层、输出层的连接类似于前馈式网络，其连接权可以进行学习修正。承接层又称上下文层，它从隐含层接收反馈信号，每一个隐含层节点都有一个与之对应的承接层节点连接。承接层的作用是通过连接记忆将上一个时刻的隐含层输出，连同当前时刻的网络输入一起作为隐含层的输入，相当于状态反馈。这种反馈方式使网络对历史状态的数据具有敏感性，内部反馈网络的加入增加了网络本身处理动态信息的能力，从而达到动态建模的目的（韩旭明，2006；李春华等，2006）。

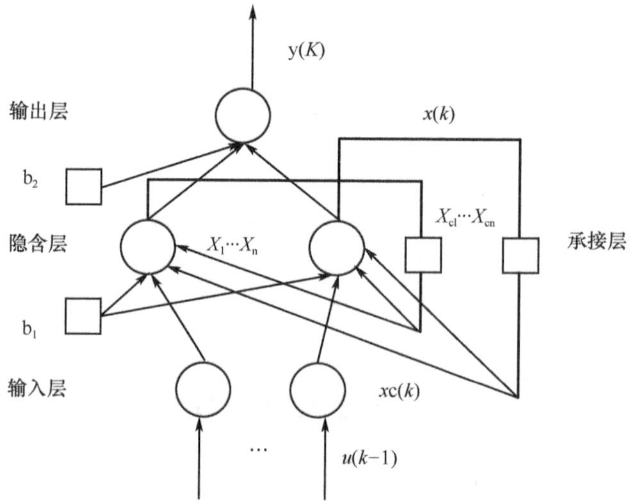

图 12-2　Elman 神经网络结构

Fig. 12. 2　The Structure of Elman Neural Network

图片来源：韩旭明，2006.

台风灾情评估实质上是一个动态系统，本章利用经过样本训练后的 Elman 神经网络作为数学模型，映射台风灾害损失与各评估因子之间的复杂非线性关系。

12. 3. 2　实证结果分析

Elman 神经网络模型在 Matlab 软件中实现，利用 Matlab 中的 newelm 函数构建网络，Elman 网络的隐含层数为 20，隐含层传递函数为 logsig，输出层传递函数为 purelin，训练函数为 trainlm，学习函数为 learngdm。网络训练次数为 1000，学习目标为 0.0001。以表 12-3 中的训练集数据作为模型的输入，以灾害经济损失金额作为输出变量，训练网络。以训练集作为网络的输入进行拟合，得到的拟合结果如表 12-3 所示。再用测试集作为网络输入进行测试，测试结果如表 12-4 所示。同时，为进行比较，建立 BP 神经网络评估模型进行评估，BP 的三层网络结构为 16-8-1，网络迭代次数为 500，学习率为 0.05，网络学习目标为 0.0001。BP 的测试结果同在表 12-4 中。

表 12-3 训练集在 Elman 模型中的拟合结果

Table 12.3 Training Set Principal Component Data and Fitting Results

台风编号/typhoon ID	实际值（亿元）/actual value（¥100 million）	拟合值（亿元）/fitting values（¥100 million）	台风编号/typhoon ID	实际值（亿元）/actual value（¥100 million）	拟合值（亿元）/fitting values（¥100 million）	台风编号/typhoon ID	实际值（亿元）/actual value（¥100 million）	拟合值（亿元）/fitting values（¥100 million）
199803	4.1	3.6	200116	0.6	3.6	200605	12.8	12.9
199810	2.1	2.1	200212	9.4	9.6	200606	66.3	66.3
199903	12.3	12.4	200214	6.5	6.3	200707	20.99	20.8
199908	7.6	3.9	200220	0.8	0.4	200709	0.72	0.2
199909	1.5	1.5	200307	20.2	20.5	200801	3.98	3.9
199910	9	9.0	200313	29	29.0	200806	15.25	15.5
200010	6.1	6.1	200418	0	0.3	200807	0.25	0.7
200013	12.8	12.9	200510	3	3.0	200808	5.71	5.7
200104	28.8	28.6	200518	3.4	3.4	200809	4.21	4.2
200107	8.3	8.3	200601	43.9	43.9	200812	3.4	4.5
200114	7.9	7.9	200604	143.7	143.7	200814	98.35	98.3

表 12-4 测试集在 Elman 和 BP 模型中评估结果

Table 12.4 Testing Set Principal Component Data and Forecasting Result

台风编号/typhoon ID	实际损失（亿元）/actual loss（¥100 million）	Elman 模型/Elman model		BP 模型/BP model	
		评估值（亿元）/evaluating value（¥100 million）	误差率（%）/error rate（%）	评估值（亿元）/evaluating value（¥100 million）	误差率（%）/error rate（%）
200218	2.8	3.0	5.5	44.2	1477.0
200312	8.7	5.9	31.8	9.0	3.0
200103	29.6	34.3	16.0	28.2	4.7

由表 12-3 的拟合结果可见，Elman 网络模型对中灾、大灾的拟合值与实际值接近，均方误差仅有 0.874。由表 12-4 中 Elman 和 BP 模型的评估结果可以看出，BP 模型的评估结果 MSE 为 7.2，误差较大；而 Elman 模型评估的 MSE 为 0.953，平均误差率为 17.76%，最大误差仅 31.8%，评估的结果是可以接受的，对防台减灾工作辅助决策具有实际意义。

12.4 小结

根据广东台风成灾的特点，将影响广东省的台风路径分为 6 类，将广东省划分为珠三角、粤东、粤西和粤北 4 个影响区域，引入台风路径类型和影响区域易损性综合值作为损失评估评估因子，更加全面地反映出致灾因子、孕灾环境和承灾体对台风灾害损失的影响。

本章实现了基于 Elman 神经网络的广东台风灾情评估模型，其效果优于 BP 神经网络模型。虽然在评估中存在一定的误差，但是误差在可接受的范围内，具有实际应用价值。

在灾情评估应用中，模型采用的是已发生台风的实际数据。如果能够得到气象部门对降雨量、风速等数据的预报值，预报偏差不大的情况，模型能够在台风灾害发生之前实现对灾情的预测。这将进一步提升模型的应用价值。

第13章　基于SVR的台风灾害损失预评估

Chapter 13　Pre-Evaluation of Typhoon Disaster Losses for Guangdong Province Based on the SVR Model

摘要： 台风灾害损失评估是防台减灾工作的一个重点和难题。本章介绍的支持向量机回归模型（SVR）的基本原理以及参数寻优的方法，并将SVR应用于中国南方台风灾害损失评估中，重点为华南地区。选取14个评估因子，选用1998～2008年影响广东的36个台风作为数据样本，再运用主成分分析法降维处理，构建了4种台风灾害损失评估模型，包括一种BP神经网络评估模型和3种SVR模型。这3种SVR模型均以径向基（RBF）核函数作为核函数并基于交叉验证法（CV）训练，分别利用网格搜索、遗传算法和粒子群算法进行参数优化。对这4种模型的评估效果进行比较分析，结果显示采用径向基核函数作为核函数、基于交叉验证法训练、并利用遗传算法进行参数优化建立的SVR模型为最优的模型。

关键词： 支持向量机回归模型；径向基核函数；遗传算法；粒子群算法；VC维；结构风险最小化；非线性映射；拉格朗日乘子法

Abstract: Estimating the potential of typhoon disaster losses is an important part of preventing and mitigating disaster and providing disaster relief. This chapter introduces the basic principle of SVR (Support Vector Regression) and parameter optimization methods, as well as the applications of SVR in the estimation of typhoon disaster losses in Guangdong Province. In total, 14 evaluation factors were selected, 36 sets of typhoon data for Guangdong Province between 1998 and 2008 were chosen to process, reducing dimensionality using principal component analysis. The study establishes four kinds of typhoon disaster loss estimation models, including three SVR models and a BP Neural Network Model. The three SVR models are all based on RBF (Radial Basis Function) and cross validation methodologies and apply, separately, GSA (Grid Search Algorithms), GA (Genetic Algorithms) and PSO (Particle Swarm Optimization) to achieve parameter optimization. The comparative analysis shows that the SVR optimal model, based on RBF kernel function and cross validation and applying GA for parameter optimization is the best among the four models. This estimating model can provide important information to typhoon disaster reduction and decision support work.

Keywords: SVR; RBF-Radial Basis Function; Genetic algorithm; Particle swarm optimization; Vapnik-Chervonenkis Dimension; SRM-Structural Risk Minimization; Non Linear Mapping; Lagrangian multiplier method

台风灾害具有破坏性大、突发性强的特点，及时掌握灾情信息是抗灾救灾的关键。由于影响台风灾情的因素众多，关系复杂，传统的人工经验预判存在很大的误差，而精确的统计结果又过于迟缓。因此，如何快速准确地评估台风灾情成为众多学者的研究内容。目前，对台风灾情快速评估方法的研究尚不多见（魏章进等，2012），本章以广东省为例，采用支持向量机作为研究方法，旨在提高台风灾害损失评估的准确性和稳定性，为防台减灾工作提供决策辅助信息。

13.1 SVR 的基本原理

支持向量机（support vector machine，SVM）是 Vapnik 等于 1995 年首先提出的。它是以统计学习理论的 VC 维理论和结构风险最小原理为基础，最终转化为一个二次型寻优问题，因此局部最优解一定是全局最优解。SVM 最初提出是用来处理分类问题的，但也可用于回归分析。

用于解决回归问题的 SVM 称为支持向量机回归模型（support vector regression，SVR）。其基本原理是将输入样本 x 通过非线性映射 $\Phi(x)$ 转化到一个高维的特征空间，然后在这个特征空间，然后在这个特征空间中拟合 $\{\Phi(x_i), y_i\}$，拟合函数（徐恺，2008）为

$$f(x, w)=w \cdot \Phi(x)+b \tag{13-1}$$

如果存在 $f(x, w)$，使得 $|y_i-f(x, w)| \leqslant \varepsilon$，$(\varepsilon>0)$，即 ε-线性回归，为使 $\dfrac{\varepsilon}{\sqrt{1+\|w\|}}$ 最大化，在允许拟合误差的情况下，引入松弛变量 ξ 和 ξ^*，那么 ε-线性回归问题转化为优化问题：

$$\min_{w,b\xi,\xi^*} \frac{1}{2}\|w\|^2+C\sum_{i=1}^{n}(\xi_i+\xi_i^*),\ i=1,2,\cdots,n$$

s. t.

$$\begin{cases} y_i-w\cdot\Phi(x)-b\leqslant\varepsilon+\xi_i^* \\ w\cdot\Phi(x)+b-y_i\leqslant\varepsilon+\xi_i \\ \xi_i,\ \xi_i^*\geqslant 0 \end{cases} \tag{13-2}$$

式中，C 为惩罚因子，用于控制拟合误差 ε 的影响。使用拉格朗日乘子法，得到优化问题的对偶形式：

$$f(x)=\sum_{i=1}(\alpha_i-\alpha_i^*)K(x_i, x)+b \tag{13-3}$$

式中，α_i，α_i^* $(i=1, 2, \cdots, n)$ 为拉格朗日乘子；$K(x_i, x)$ 为核函数。

原有的空间样本数据转换到高维特征空间的过程中，发挥这种非线性转换映射作用的正是核函数。它是 SVM 处理非线性问题的关键，核函数及其参数的选

择也是直接影响 SVM 算法的重要因素。目前最常用的核函数主要有以下 4 种：线性核函数、多项式核函数、RBF（径向基）核函数和 Sigmoid 核函数（郭成报，2011）。本章选择的核函数为应用最广泛、适应性强的 RBF，即

$$K(x, y) = \exp\left\{-\frac{\| x-y \|^2}{2\sigma^2}\right\}, \gamma>0 \tag{13-4}$$

式中，σ 为函数的宽度参数。

13.2 SVR 参数寻优

在基于 RBF 核函数的 SVR 模型中，惩罚因子 C 和核函数的参数 γ 的选取十分关键。这两个参数的优化选取，学术上并没有公认统一的最好方法，目前比较常用的有网格搜索法（GSA）、遗传算法（GA）和粒子群算法（PSO）。这 3 种方法的基本原理和优缺点如表 13-1 所示。

表 13-1　网格搜索法、遗传算法、粒子群算法的基本原理和优缺点

Table 13.1　Basic Principles, Advantages and Disadvantages of GSA, GA, PSO

寻优方法/optimization method	基本原理/basic principle	优点/advantages	缺点/disadvantages
网格搜索（朱天一，2011）	将各参数变量值在一定范围内划分成网线，网线交织形成的每个网格就是一个设计方案，对网格进行逐一搜索比较，选其中最优的点并在其附近加密网格，重复上述搜索过程，直至网格间距小于控制误差为止	可以并行处理，具有较高的学习精度	计算量大，在有两个参数的情况下计算复杂度为 $O(n^2)$
遗传算法（周明等，2002）	模拟生物进化和遗传学机理，利用历史信息模拟生物进化过程来推测下一代寻优点集，不断进化，最后收敛到一个最适应环境的个体上，求得问题的最优解	快捷、简便、容错性强	容易局部收敛、编程实现复杂、计算量大
粒子群算法（刘希玉等，2008）	模拟鸟群的捕食行为，将每个优化问题的解看作是搜索空间中的飞行粒子，每个粒子受自身经验和最优粒子经验的影响进行动态调整，经过迭代后找到最优解	精度高、快速收敛，容易实现，参数较少	对于离散的优化问题处理不佳，容易陷入局部最优

在训练样本有限的情况下，随机选择训练集和测试集，测试的结果偶然性较大，难具说服力。目前常用的解决方法是交叉验证法（cross validation，CV），其基本思想是将数据样本分为 K 组，将每个子集分别做一次测试集，同时其余的 $K-1$组样本子集作为训练集，得到 K 个 SVR 模型。用这 K 个模型的准确率均值作为 SVR 的性能指标，或者说是适用度。这样可以有效地避免过学习以及欠学

习状态的发生，得到的测试结果也更具有说服力（Matlab 中文论坛，2010b）。

13.3 数据来源及预处理

13.3.1 评估因子的选取

本章通过对广东省的地理位置、地形特征、经济发展水平、人口密度、台风侵扰的强度和频率等多方面综合分析，同时考虑到早期地方数据统计不全，将广东分为4个区域，分别是粤东、粤西、粤北、珠三角（陈仕鸿等，2012），如图13-1所示。

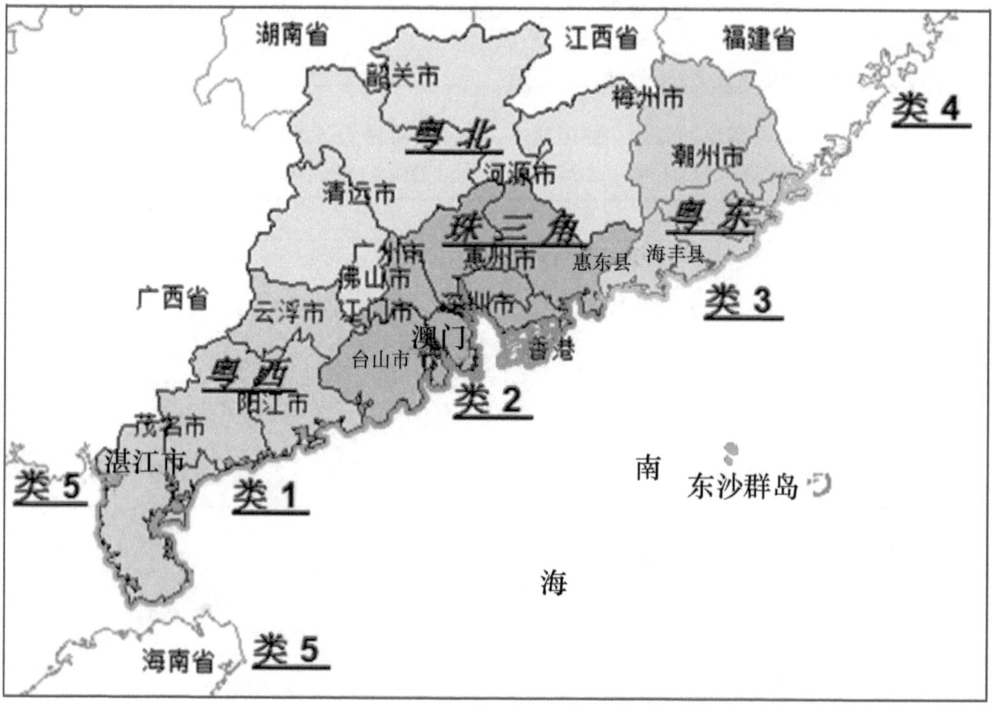

图13-1 广东省4个区域划分和5类台风登陆地点示意图

Fig. 13.1 Diagram of 4 Regions of Guangdong Province and 5 Classification Sites of Typhoons Landing

台风承灾体易损性对灾害有重要的影响，本章参照第10章、第11章的数据、算法和文献（陈和等，2012；隋广军和唐丹玲，2012），计算出4个区域的易损性综合值，并将其作为一个评估因子。

参照12.2.1中致灾因子选取方法，选取风、雨等致灾因子。

广东省具有全国最长的海岸线，台风登陆地点不同，其致灾特点也不同，因此将登陆地点分类，并作为评估因子。有学者（唐晓春等，2003）经统计分析，将台风在广东的登陆地点分为 3 类，即类 1，粤西（阳江至湛江岸段）；类 2，珠江口（惠东至台山岸段）；类 3，粤东（饶平至海丰岸段）。本章研究范围较大，根据台风登陆情况（魏章进等，2012），我们在 3 类基础上增加两类台风登陆地点：类 4，在福建沿海登陆；类 5，在海南或广西登陆。如图 13-1 所示。

综上，作为评估模型数据输入的评估因子有 14 个，即台风灾害易损性综合值（X_1）、登陆时中心气压（X_2）、最大风速（X_3）、过程降雨极值（X_4）、4 区域的过程最大降雨量（$X_5 \sim X_8$）、4 区域平均日降雨量（$X_9 \sim X_{12}$）、台风影响持续时间（X_{13}）、台风登陆点类别（X_{14}）。在灾害的损失中，经济损失和人员伤亡两个方面的数据最引人关注，由于人员伤亡偶然性因素较大，且随着防台减灾能力的日益提高，伤亡人数明显下降，因此，对伤亡人数预测意义不大，仅选择直接经济损失作为评估的结果，作为模型的输出 Y。

13.3.2 数据来源

台风路径、中心气压、大风及降雨量数据取自《热带气旋年鉴》；台风灾害直接经济损失数据取自《中国气象灾害大典：广东卷》，损失金额按 2000 年广东省物价指数为基准进行了换算。在 1998~2008 年影响广东的 40 个台风中选取 36 个，剔除 4 个资料不全的台风。经主成分分析调整后的训练集、测试集数据分别如表 13-3、表 13-4 所示。

13.4 计算结果与分析

本章实验利用 Matlab+LIBSVM 加强工具箱，建立 4 种模型：3 种不同参数寻优的基于径向基核函数的 SVR 模型，以及 BP 神经网络评估模型，如表 13-2 所示。其中，3 种 SVR 模型均采用 6 折的交叉验证法进行训练。

表 13-2　实验选用的模型

Table 13.2　The Models of the Experiment

模型编号/model ID	模型类型/model type	参数寻优方法/parameter optimization method
①	SVR	CSA
②	SVR	GA
③	SVR	PSO
④	BP 神经网络	—

4 种模型的拟合结果如表 13-3 所示，评估结果和比较如表 13-4 所示。4 种模型评估的结果与实际值在灾害级别上基本一致，说明 4 种模型的评估结果均可以

接受。为比较分析各模型的优劣，选用均方根误差（RMSE）和可决系数 R^2 作为判断回归效果的依据。模型计算的拟合及评估结果分析如表 13-5 所示。可以看出，4 种模型拟合值的 RMSE 和 R^2、评估值的 RMSE 和 R^2，都较为理想，说明 4 种评估模型均是适用的。其中，模型②的 RMSE 最小，可决系数 R^2 最接近 1，所以，在台风灾害损失评估中效果最好的是采用径向基核函数作为核函数、基于交叉验证法、利用遗传算法进行参数优化建立的 SVR 模型为最优的模型。

表 13-3　训练集主成分数据及模型的拟合结果

Table 13.3　Training Set Principal Component Data and Fitting Results

台风编号/typhoon ID	主成分/principal component					灾损实际值（亿元）/the practical value of disaster loss (¥100 million)	拟合值/the fitted values			
	F_1	F_2	F_3	F_4	F_5		模型①/model①	模型②/model②	模型③/model③	模型④/model④
200214	-0.05	-0.65	0.12	-0.22	0.27	6.5	14.32	14.06	12.71	1.28
200116	0.01	0.06	0.24	0.19	-0.04	0.6	10.97	5.51	12.43	35.43
200307	0.73	-0.21	0.08	-0.07	-0.22	20.2	23.27	28.14	16.39	12.66
200218	-0.48	-0.6	-0.14	0.56	0.07	2.8	12.79	15.21	10.02	3.47
200312	0.68	-0.3	0.1	-0.01	-0.16	8.7	21.81	23.07	15.86	11.32
200510	0.1	0.29	-0.17	-0.13	0.1	3	3.7	-3.07	6.33	7.57
200518	0.34	0.51	-0.38	-0.47	-0.56	3.4	17.76	17.74	13.37	4.33
200809	-0.13	-0.63	-0.06	0.14	0.11	4.21	11.33	12.6	11.41	12.85
200812	0.2	-0.69	-0.14	0.04	0.15	3.4	12.21	12.79	10.6	10.94
200807	0.17	0.45	-0.23	-0.24	0.25	0.25	2.93	1.21	3.06	1.29
199903	-0.64	-0.13	0.01	-0.6	0.1	12.3	26.71	26.6	19.49	17.24
200814	0.59	-0.61	-0.06	-0.13	-0.47	98.35	34.34	83.93	23.69	42.09
199810	0.59	0.73	0.49	0.65	-0.16	2.1	16.44	16.54	9.29	28.14
199803	0.46	-0.12	0.15	0.15	0.18	4.1	8.04	-10.31	7.97	-3.61
200103	0.22	-0.38	0.17	0.08	-0.26	29.6	20.98	37.97	18.55	34.60
200220	0.29	0.39	-0.53	0.14	0.64	0.8	-3.24	4.94	-6.4	-5.89
200801	-0.25	-0.1	0.62	-0.17	0.55	3.98	17.73	15.74	11.18	-14.53
200808	-0.22	0.63	-0.07	-0.04	-0.19	5.71	15.38	16.5	12.19	27.01
200107	0.72	-0.59	-0.08	0.05	-0.08	8.3	22.69	22.63	15.29	3.61

续表

台风编号/typhoon ID	主成分/principal component					灾损实际值（亿元）/the practical value of disaster loss (¥100 million)	拟合值/the fitted values			
	F_1	F_2	F_3	F_4	F_5		模型①/model①	模型②/model②	模型③/model③	模型④/model④
199909	0.68	0.68	0.1	0.28	0.36	1.5	8.29	15.9	−0.04	−9.33
200605	−0.31	0.28	−0.15	−0.25	0.12	12.8	10.65	3.42	10.06	14.55
200707	0.04	−0.55	−0.25	0.13	0.13	20.99	7.3	6.65	8.54	17.20
200212	−0.58	0.29	0.19	0.19	−0.05	9.4	23.78	23.84	16.56	65.91
200601	0.37	0.66	0.44	0.28	−0.13	43.9	16.94	29.56	10.97	16.13
200806	−0.55	−0.1	0.21	0.29	−0.14	15.25	22.97	20.3	18.46	30.04
200418	0.39	0.26	−0.39	−0.08	0.32	0	−0.81	−7.3	−0.03	5.81
200604	−1.51	0.37	0.25	−0.13	−0.19	143.7	75.35	129.39	36.51	90.59
200114	−1	0	−1.14	0.65	−0.17	7.9	22.28	22.21	9.31	25.55
200010	−0.09	0.55	−0.09	−0.38	−0.21	6.1	16.35	14.72	13.29	5.12
200104	−0.04	−0.34	−0.01	−0.13	−0.07	28.8	14.4	19.4	15.19	37.16
199908	−0.08	0.12	0.24	0.33	−0.18	7.6	13.55	10.88	14.4	42.61

表 13-4 测试集主成分数据及模型评估结果

Table 13.4 Testing Set Principal Component Data and Estimating Results

台风编号/typhoon ID	主成分/principal component					灾损实际值（亿元）/the practical value of disaster loss (¥100 million)	拟合值/the fitted values			
	F_1	F_2	F_3	F_4	F_5		模型①/model①	模型②/model②	模型③/model③	模型④/model④
200606	−0.60	−0.36	0.41	0.00	−0.21	66.30	33.68	38.25	25.49	43.10
200709	0.20	0.30	−0.62	−0.31	−0.07	0.72	3.98	1.87	5.25	12.77
199910	−0.31	−0.26	0.05	−0.33	0.12	9.00	15.58	11.12	14.92	24.10
200313	0.52	−0.12	0.06	−0.26	−0.10	29.00	18.07	22.27	14.31	5.17
200013	−0.45	0.13	0.58	−0.21	0.19	12.80	27.98	28.63	18.60	21.94

表 13-5　实验拟合及评估结果分析

Table 13.5　Experiment Analysis of Fitting and Estimating Results

模型/model	最优 C/the optimal C	最优 γ/the optimalγ	拟合值 RMSE/the fitted values RMSE	拟合值 R^2/The fitted values R^2	评估值/RMSE value	评估值 R^2/assessed value R^2
①	1	0.268	19.97	0.81	17.14	0.61
②	67.255	0.780	11.16	0.91	14.76	0.67
③	9.181	0.010	25.15	0.70	19.85	0.66
④	—	—	22.04	0.65	17.68	0.53

13.5　小结

1）台风灾害损失的影响因素有很多，本章选取 14 个重要的且数据方便获取的因子作为评估因子。为了消除因子之间相关性带来的信息重叠影响，本章采用主成分分析法降低数据维数。

2）为适应台风灾害与评估因子间存在的复杂非线性关系，本章选用非线性的 SVR 和 BP 神经网络作为评估模型。SVR 的核函数中，RBF 适应性最强、应用最广泛，CV 交叉验证法训练能使模型更稳定，网格搜索、遗传算法和粒子群算法可帮助 SVR 优化参数选取。本章构建了 3 种分别利用网格搜索、遗传算法和粒子群算法进行参数优化的 SVR 模型，以及 BP 神经网络模型。从样本数据训练和测试得出的结果来看，4 种模型的评估值与实际值在灾害级别上基本一致，均达到预期效果。总体上看，SVR 模型要优于 BP 模型。其中，利用遗传算法进行参数优化的 SVR 模型，拟合、评估结果的 RMSE 分别为 11.61、14.76，是 4 种模型中最小的，拟合、评估结果的可决系数 R^2 分别为 0.91、0.67，是 4 种模型中最大的。因此，SVR 模型是 4 种模型中最优的。

3）本章构建的台风灾害损失评估模型可以为广东省台风灾情评估研究提供一种实用的方法，可为防台减灾工作提供决策辅助信息。这些模型方法也可为其他地区的台风灾害、或者洪涝、地震等灾害的损失评估提供借鉴。由于本章的评估样本尚偏少，在评估因子的选取上还不够全面，评估的准确性还有提高的空间。样本数据的收集积累与模型的改进与完善将是今后进一步的研究方向。在模型中引入 GIS 和 RS 技术，也将是今后研究的一个重要方面。

第 14 章 基于聚类与回归方法的灾情统计评估

Chapter 14 A Statistical Assessment for Typhoon Disaster Based on Cluster and Econometric Model

摘要：以广东为例，对台风所造成的灾情建立了灾情指数序列，采用有序样品聚类方法对灾情划分等级，并以灾情指数为因变量，探讨致灾因子与灾情因子之间的相关关系，建立了台风灾情预评估模型，并对模型进行了相关统计检验和实证分析。结果表明，建立的统计模型具有较好的灾情预评估能力，可为台风减灾防灾决策提供重要参考。

关键词：多元回归；有序样品聚类；最优分割法；模糊综合评价法；系统聚类法；动态聚类法；损失函数；多重共线性；逐步回归法

Abstract: The disaster indexes were calculated for the typhoon disasters within Guangdong Province, and the disaster severity was determined by using ordered sample cluster. Using disaster indexes as dependent variable, the authors investigated the relationship between inducing-disaster factors and disaster index. An evaluation model was constructed using multivariate regression techniques. An experimental research program with an established model was conducted to calculate levels of severity of the principal disasters and the calculated values were compared with observed ones. The result of these comparisons indicates that the model can be applied and provide a quantitative evaluation oftyphoon disasters.

Keywords: multivariable regression; ordered sample cluster; optimal segmentation; fuzzy comprehensive evaluation; hierarchical clustering method; dynamic clustering algorithm; loss function; multicollinearity; stepwise regression

台风灾情评估是应急管理决策的依据，也是防灾减灾战略决策的理论基础。而随着社会经济总量的增加，台风灾害造成的损失呈攀升趋势，对我国沿海地区经济发展的威胁日益增加（隋广军等，2010；魏章进和唐丹玲，2011），台风灾情的评估因而具有日益重要的意义。

许多学者对于台风灾情评估进行过相应研究，包括分析了近 50 年广东沿海地区登陆台风的灾害特征（唐晓春等，2003），采用多项式拟合建立了广东台风灾情的评估与预测模式（林继生和罗金铃，1995），采用模糊综合评价法建立了台风的灾前预测与灾后评价模型（樊琦和梁必骐，2000），采用层次分析法建立了广东省台风灾情预评估模型（李春梅等，2006）等。

回顾以往研究，缺乏对于灾情长时间的统计特征研究，对于灾情指数与气象因子关联分析未能针对不同地区和气旋不同登陆路径进行区别。此外，由于台风灾情的致灾因子与灾情因子直接回归模型拟合优度较差，基于回归方法的台风灾情预评估鲜有研究（林继生和罗金铃，1995；刘玉函等，2003）。

广东省是中国受台风灾害影响最为严重的地区，平均每年登陆中国的7.2个台风中，广东省就占了3.2个，占登陆中国台风年平均总数的44%。本章选择影响广东省的主要台风，通过统计综合方法计算其灾情指数。然后利用有序样本聚类分析方法划分灾情等级以刻画灾情严重程度等级，探讨气象因子与灾害因子的联系。最后采用灾情指数与致灾因子间建立了多元回归统计模型，并对模型的有效性和灾情预评估能力进行了相关统计检验。

14.1 数据与方法

本研究中采用的热带气旋气象资料为中国气象局编著的台风年鉴（1949~1988年）和1989~2003年的《热带气旋年鉴》。台风灾情资料来源于《中国气象年鉴》、《广东农村统计年鉴》、《广东年鉴》以及《广东省防灾减灾年鉴》。影响广东省的台风频数较高，然而台风灾情历史资料记载很不完整，有些灾情缺乏记载，有些灾情只是描述性的，没有准确的数据。为此，本章在现有记载资料下，经过整理提取了1949~2008年影响广东省的有完整灾情记录的台风61个，包括台风序号、中央编号、台风登陆风力等级、台风发生过程的最大日雨量和台风登陆的最大风速，台风导致的死亡人数、倒塌房屋数以及农作物受灾面积等指标建立了台风数据文件，以此进行统计分析。

采用的主要统计方法包括有序样品聚类方法，线性回归，两个样本的 t 检验方法等。为了更直观、简单地显示灾害的严重程度，传统上大多研究对灾情指数的大小采取了主观判断的办法进行分类，划分灾情等级。采用有序样本聚类方法对灾情等级进行分类更为客观，有序样本聚类依据定义的研究对象之间的相近程度、距离或相似系数将性质相近的对象聚为一类，性质不相近的对象不能聚为一类。在一般的系统聚类和动态聚类中，研究对象之间是不考虑顺序的，只要两个样本之间的距离最近，就将其聚为一类。一般聚类分析样品的地位是彼此独立的，没有考虑样品的次序。如果用 $X(1)$，$X(2)$，…，$X(n)$ 表示 n 个有序的样品，则每一类必须是这样的形式，即 $X(i)$，$X(i+1)$，…，$X(j)$，其中 $1\leqslant r\leqslant n$，且 $j\leqslant n$，简记为 $G_i=\{i, i+1, \cdots, j\}$，同一类中的样品是次序相邻的。因此，对于有限的 n 和 k，有序样品的所有可能分类结果是有限的，可以在某种损失函数意义下，求得最优解，因而有序样品聚类分析又称为最优分割，有序样本聚类的基本原理及统计量构造参见文献（高惠璇，2001）。各次台风灾情指数的大小存在顺序。对其采用有序样本聚类的统计方法进行灾情等级的分类，克服了灾情指数的等级划分的主观随意性。

一般地，回归模型 $Y=b_0+b_1X_1+b_2X_2+\cdots+b_iX_i+\cdots+b_jX_j$ 中由于自变量取值单位不同而导致的回归系数的变化并不能反映自变量对因变量影响的变化。本章台风致灾因子中登陆的风速、风力级、雨量具有不同的单位和显著的标准差差异，标准化回归系数 $b_{j'}=b_j\times$（X_j 的标准差/Y 的标准差）反映多元回归中自变量对响应变量影响的重要性。为探讨致灾因子对灾情影响的大小，本章采用了变量标准化回归。

14.2 台风灾情的灾后评估

台风灾情程度评估的主要方法是对台风灾害指标进行多指标综合，以综合指标，即灾情指数综合衡量灾情的严重程度。依照灾情指数的评估及等级划分是灾情比较、灾情分级管理以及救灾减灾决策的主要依据。

台风影响造成的直接损失，可表现为死亡人数、受伤人数、倒塌房屋、受淹农田、水库倒塌、林木损失、粮食损失、牲畜损失、桥梁水利设施损失等。在这些众多受损的项目中，我们选定用死亡人数、倒塌房屋和受淹农田作为台风造成的灾情指标，因为这 3 个指标基本上反映了台风灾害对社会经济和人民生命财产造成的主要影响，其数值大小也代表了总的灾情严重程度。为了进行台风灾害损失的定量测算，减少死亡人数、倒塌房屋数和农作物受灾面积 3 项灾情指标的随机波动和资料本身的误差，本章引用冯利华（1993）提出的灾级概念（下称灾情指数），具体方法如下。

首先把死亡人数、倒塌房屋数、农作物受灾面积三个灾情单指标转换成规范化指数，即当死亡人数（d）大于等于 100 人，倒塌房屋数（e）大于等于 10 000 间，农作物受灾面积（h）大于等于 6667hm ^{2}时，利用对数函数关系换算成规范化指数，其数学表达式为

$$I_d=\log_{10}d-1;\quad I_e=\log_{10}e-2;\quad I_h=\log_{10}h-2$$

当 d 小于 100 人，e 小于 10 000 间，h 小于 6667hm^2 时，则利用线性函数关系换算成规范化指数，即

$$I_d=d/100;\quad I_e=e/10000;\quad I_h=h/100\ 000$$

然后计算灾情指数 G，即

$$G=I_d+I_e+I_h$$

对 1949~2008 年影响广东的资料完整的 61 个台风进行实证分析。灾情指数见表 14-1，实证结果可见灾情指数 G 较好地代表了灾情的轻重程度，如“7913”号 Cecil（赛西尔）台风，导致广东全省 116 人死亡，倒塌房屋 14.2 万间，受灾农作物面积 212.33 万 hm^2，灾情特别严重，灾情指数也就最大，达到 8.54。

表 14-1 有序样本聚类分类结果

Table 14.1 Ordered Sample Cluster

分类数/the number of classification	误差函数/error function	最优分割结果/the optimal result
2	2.625 68	1-43，44-61
3	2.382 18	1-12，13-44，45-61
4	2.171 49	1-12，13-56，57-60，61
5	1.978 26	1-12，13-26，27-38，39-50，51-61
6	1.738 8	1-12，13-49，50-53，54-56，57-60，61
7	1.546 34	1-12，13-14，15-49，50-53，54-56，57-60，61
8	1.384 17	1-2，3-4，5-12，13-49，50-53，54-56，57-60，61

由于灾情指数具体反映了灾情的大小，可将其作为划分灾情的依据。各次台风的灾情指数大小存在顺序，对其采用有序样本聚类的统计方法进行灾情等级的分类，克服了灾情指数等级划分的主观随意性。

依据中国国家气象局对灾情等级的划分相关文件（中国气象局政策规划司，2009），且大多数灾害评估理论中均将灾害等级分为5类（梁必骥等，1999；王秀荣等，2010）。依此，本章也将灾情指数按照最优分割法的结果分成5个等级，具体的划分如下：$G \geqslant 7.6$，等级5，巨灾；$5.8 \leqslant G < 7.6$，等级4，大灾；$4.0 \leqslant G < 5.8$，等级3，中灾；$2.6 \leqslant G < 4.0$，等级4，小灾；$G \leqslant 2.6$，等级1，轻灾。61个热带气旋的灾情等级见表14-2。

表 14-2 广东省 1949~2008 年台风灾情指数及灾情等级

Table 14.2 1949~2008 Typhoon Disaster Index and Disaster Grade of Guangdong Province

台风编号/the typhoon number	灾情指数/等级/the disaster index/grade	台风编号/the typhoon number	灾情指数/等级/the disaster index/grade	台风编号/the typhoon number	灾情指数/等级/the disaster index/grade	台风编号/the typhoon number	灾情指数/等级/the disaster index/grade
6903	8.32/5	7619	7.85/5	8106	3.81/2	8702	5.76/3
7011	7.84/5	7812	6.49/4	8217	5.68/3	8805	5.87/4
7108	3.26/2	7908	7.29/4	8402	6.23/4	8817	5.13/3
7114	3.66/2	7913	8.54/5	8410	6.29/4	8908	5.98/4
7118	5.93/4	8004	2.46/1	8411	2.61/2	9004	3.91/2
7307	7.35/4	8006	2.57/1	8504	5.92/4	9009	5.31/3
7411	5.97/4	8007	7.95/5	8515	5.84/4	9107	7.23/4
7513	6.80/4	8009	3.08/2	8517	6.08/4	9108	5.30/3

续表

台风编号/the typhoon number	灾情指数/等级/the disaster index/grade	台风编号/the typhoon number	灾情指数/等级/the disaster index/grade	台风编号/the typhoon number	灾情指数/等级/the disaster index/grade	台风编号/the typhoon number	灾情指数/等级/the disaster index/grade
9111	5.81/4	9316	5.78/3	0313	6.28/4	0709	0.10/1
9116	5.91/4	9318	6.12/4	0510	2.58/1	0801	2.13/1
9119	2.64/2	0103	5.49/3	0516	0.05/1	0806	3.02/2
9207	4.14/3	0104	4.68/3	0518	3.18/2	0812	2.89/2
9212	3.12/2	0107	3.37/2	0601	4.03/3	0814	6.68/4
9302	6.30/4	0114	3.17/2	0604	7.53/4		
9309	6.68/4	0307	5.68/3	0605	5.08		
9315	6.17/4	0308	3.48/2	0606	6.42/4		

注：①本表计算结果依据 1949~2008 年登陆或影响广东的台风资料及其灾情资料，其中台风资料来源于《台风年鉴》；②台风灾情资料来源于《中国气象年鉴》、《广东农村统计年鉴》、《广东年鉴》以及《广东省防灾减灾年鉴》。

近 60 年来，登陆和影响广东的造成严重灾情的台风分别是 7913 号 Cecil 台风，灾情指数为 8.54；6903 号 Viola 台风，灾情指数为 8.32；8007 号 Joe 台风，灾情指数为 7.95；7619 号 Dot 台风，灾情指数为 7.85。

14.3 台风灾情预评估模型

上述灾情评估等级是灾后救助与管理的依据。从灾害过程看是台风灾害的灾后评估。通过灾害发生过程中台风灾害的气象致灾因子直接预测灾害等级，则是灾害的预评估。准确、有效的灾害预评估不仅能够减少台风灾害后统计调查的人力和物力成本，而且有助于更快地对灾情的预防与救助做出有效的决策。基于此，本章依照台风灾情历史统计资料以及上述计算的灾情指数建立两者间的统计模型。

14.3.1 模型建立

台风灾情主要由台风大风以及降雨所致的洪涝灾害引起，本章选取台风登陆时风力级、台风影响时最大日雨量以及台风登陆时最大风速为自变量建立对台风灾情指数的拟合预测模型。

为考察主要灾情因子与致灾因子的数量变动关系，根据 1949~2008 年有较完整记录的 61 个台风资料，以灾情指数为因变量，以台风登陆风力级、台风影响时的最大日雨量和台风登陆时的最大风速为自变量，建立多元回归模型。

模型（14-1）如下：

$$G' = 0.744X_1 + 0.007X_2 - 0.024X_3 - 4.094 \tag{14-1}$$

t 检验：(3.385)　(3.713)　(−0.567)　(−2.290)

P 值：(0.001)　(0.001)　(0.572)　(0.026)

$R^2 = 0.463$　调整后　$R^2 = 0.429$　$D.W. = 1.512$　$F = 10.822$

式中，G'为评估指数；X_1 为台风登陆风力级；X_2 为台风影响时的最大日雨量；X_3 为台风登陆时的最大风速。

14.3.2 模型检验

由于式（14-1）中 X_3 的 P 值大于 0.05，不能通过 t 检验。对模型进行多重共线性检验，三个致灾因子相互间的相关系数如表 14-3 所示。

表 14-3　致灾因子相关系数

Table 14.3　Correlation Coefficient of the Inducing Factors

项目	项目	登陆风力级/login wind scale	最大日雨量/maximum daily precipitation	最大风速/maximum wind speed
登陆风力级/login wind scale	皮尔逊相关系数	1	−0.074	0.763
	P 值（双尾）		0.571	0.000**
最大日雨量/maximum daily precipitation	皮尔逊相关系数	−0.074	1	−0.020
	P 值（双尾）	0.571		0.878

** 意指相关系数 0.01 水平下显著（双尾）.

由表中数据可以发现 X_1 与 X_3 存在显著的正相关关系，且模型的 F 值较大，而变量 X_3 的参数估计值的 t 检验值却相对较小，说明各解释变量对 G'的联合线性作用显著，但是由于 X_3 与 X_1 间存在共线性而使得其对 G'的独立作用不能分辨，故 t 检验不显著，即式（14-1）存在多重共线性，采用逐步回归法，最终进入的自变量只有 2 个：台风登陆风力级 X_1，台风影响时的最大日雨量 X_2。剔除多重共线性，重新构造的回归模型为

$$G' = 0.649X_1 + 0.007X_2 - 3.724 \tag{14-2}$$

t 检验：　(4.594)　(3.709)　(−2.249)

P 值：　(0.000)　(0.000)　(0.028)

$R^2 = 0.459$　调整后　$R^2 = 0.437$　$D.W. = 1.460$　$F = 16.260$

在式（14-2）的基础上继续进行怀特异方差检验（White heteroskedasticity test，简称怀特检验），无交叉项怀特检验的 F 检验值为 0.148，P 值为 0.963。有交叉项怀特检验的 F 检验值为 1.504，P 值为 0.204。由于两者的 P 值均大于 0.050，不能拒绝同方差的原假设，因而说明该模型的随机干扰项不存在异方差性。对式（14-2）进行拉格朗日乘数检验，得到含 1 阶滞后残差项的辅助回归方程，但方程的显著性水平检验 F 检验值为 0.017，P 值为 0.895，大于 0.050，另外，LM（统计量）$=60\times0.0003=0.018$，该值小于显著性水平（5%），自由度为 1 的χ^2 分布的临界值为 3.84，模型不存在序列相关性。

14.3.3 模型结果分析与评价

回归模型 $G'=0.649X_1+0.007X_2-3.724$ 表明影响灾情严重程度的主要因素是台风登陆风力级 X_1 和台风影响时的最大日雨量 X_2 两个变量，两者都与评估指数呈正相关关系，台风登陆风力级越大，相应出现的最大日雨量也较多，灾情也就越严重。自变量 X_1 与 X_2 对因变量 G 的影响程度分别为：台风登陆风力级 $X_1>$台风影响时的最大日雨量 X_2；当 X_1 变化 1%，灾情将相应变化 0.649%；当 X_2 变化 1%，灾情则相应变化 0.007%。雨量偏回归系数值较小。究其原因，由于雨量值的取值变化区间远大于风力级变化区间，其一个单位的变化对灾情指数的影响较小。然而未标准化的回归系数值，并不能准确反映雨量对灾情的影响。为此，对其进行相应的标准化后回归，常数项未能通过显著性检验，模型为

$$G'=0.4950X_1+0.5112X_2 \tag{14-3}$$

t 检验：（4.198）（4.335）

P 值：（0.000）（0.000）

$R^2=0.459$　调整后　$R^2=0.412$　$D.W.=1.461$　$F=16.405$

将因变量灾情指数和自变量风力级、最大日雨量值无量纲标准化回归后系数绝对值大小能直接反映各自变量对灾情指数的影响程度。由标准化回归系数可见，雨量与风力对台风灾情均具有较大影响。

标准化回归系数能准确反映自变量之间的重要性，然而，响应变量的拟合预测采用直接回归对于拟合结果的计算更为简洁实用，因而将 61 个台风的致灾因子数据分别代入式（14-2）中，并与灾后实际灾情指数（表 14-1）进行对比。评估差异的统计显著性，对灾情指数和评估指数这两组数据做原假设为均值无差异的两样本 t 检验，结果见表 14-4。

表 14-4 两样本 t 检验

Table 14.4 The Two Sample t-test

<table>
<tr><td rowspan="2">项目</td><td rowspan="2">项目</td><td colspan="2">Levene 方差齐性检验/Levene homogeneity of variance test</td><td colspan="4">均值相等的 t 检验/t-test of equal mean</td></tr>
<tr><td>F 值</td><td>P 值</td><td>T 值</td><td>自由度</td><td>P 值（双尾）</td><td>均值差异</td></tr>
<tr><td rowspan="2">灾情指数与评估指数/the disaster index and evaluation index</td><td>方差齐性/the homogeneity of variance</td><td>21.402</td><td>0.000</td><td>0.182</td><td>120</td><td>0.856</td><td>0.052 54</td></tr>
<tr><td>方差非齐性/the non homogeneity of variance</td><td></td><td></td><td>0.182</td><td>97.497</td><td>0.856</td><td>0.052 54</td></tr>
</table>

Levene 方差齐性检验结果为 $F=21.402$，$P=0.000$，小于 0.050，即两组数据的方差是不齐的；方差不齐时的 t 检验结果，$t=0.182$，$P=0.856$，大于 0.050，不能拒绝原假设 H_0，不能认为两组数据的均值有差异。由此说明，此回归模型从平均意义上讲，模型评估指数与实测灾情指数之间并无显著差异。

在实际的评估工作中，平均受灾情况的评估反映了一个地区的台风风险，但每次台风受灾情况的评估在减灾防灾的即时性决策中更具有实际意义。模型评估指数的平均值 $\overline{G}$ 为 5.10，实测灾情指数的平均值 $\overline{G'}$ 为 5.04；模型评估指数与实测灾情指数的偏差绝对值的平均值为 0.62，只超过实测灾情指数平均值的 10% 左右。从图 14-1 中可看出，模型对历次台风灾情指数的评估与实际情况总体上是基本吻合的。

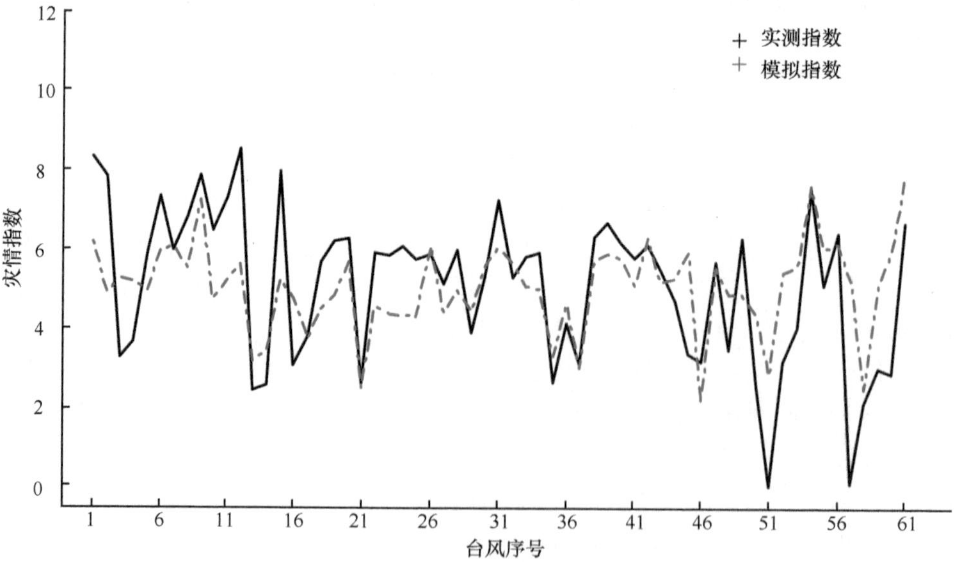

图 14-1 实测灾情指数与模型评估指数比较

Fig. 14.1 A Comparison of the Measured Damage Index and Model Assessment Index

综上，回归模型 $G=0.649X_1+0.007X_2-3.724$ 能有效地评估出灾害损失变化的趋势，对于大多数台风来说，其灾情预评估的拟合效果较好，表明此模型有一定的应用价值，可以充分利用台风登陆前或影响初期的一些气象预测或实测数据，预测出其可能会带来的灾害损失程度。但这个模型对一些异常极值点的预测仍存在一定误差，因而模型应用时应剔除极端值。

14.4 小结

本章基于回归方法的台风灾情预评估方法，对台风灾情的灾后损失指标值加以综合，进行灾后等级评估，采用灾情指数作为响应变量，建立了灾情的统计模型；通过影响因子标准化，比较了台风致灾因子对灾情的影响大小；引入有序样本聚类方法对灾情等级进行客观划分，克服了以往划分灾情等级的主观随意性。采用实测或预测的气象数据，应用本章的灾情预评估模型能定量地大致估算台风的灾情。台风减灾决策部门则在台风刚过，尚未得到具体灾情资料时，可以依此预评估模型大致评估出灾害的严重程度，以便采取正确的减灾应急决策措施，从而减少灾害损失。

一般认为，当社会经济发展水平较低时，自然灾害造成的人员伤亡较重，但直接经济损失的绝对值较小。在社会经济发展水平较高时，救灾技术更为先进，因而灾害造成伤亡人数明显下降，但经济发展规模增加大，灾害造成的直接经济损失也相应增加（吕勇平等，2000；Zhang et al.，2009）。在同等的灾害强度下，经济发展程度越高，经济总量越大，灾害造成的经济损失绝对量就越大（吕勇平等，2000）。因此，加大对台风灾情评估的研究与投资力度具有重要的理论和实践意义。

基于自然灾害系统理论，台风灾害的灾情是孕灾环境稳定性、台风的致灾因子强度以及承灾体脆弱性综合作用的结果，结合承灾体的经济、地理、社会属性的完善，台风灾情的预评估方法尚值得进一步深入研究。

第 15 章　区间误差评价法及其在灾害评估中的应用

Chapter 15　Interval Error Evaluation Method (IEEM) and Its Application in Disaster Assessment

摘要：针对数值范围较大时误差评价中存在的绝对误差值和误差率均不能合理反映误差的问题，本章提出一种以区间划分为基础、以模糊数学理论为依据的误差评价新方法——区间误差评价法（IEEM）。此方法先对序列数据进行区间划分，区间划分以现实中广泛应用的等级划分为依据，再根据区间临界点建立连接点，误差评价函数可以是连接点连接而成的分段函数，也可以是根据连接点得到的拟合函数。这种基于区间划分的误差评价方法可以避免常规方法对降雨量预测误差评价不合理的问题。IEEM 用于广东省 5 个台风灾害损失预测的误差评价中，得到了更为合理的结果。

关键词：误差评价；区间划分；函数拟合；区间误差评价法；转换函数

Abstract: This chapter proposes a new method of error evaluation, named Interval Error Evaluation Method (IEEM). Based on interval division and fuzzy mathematic theory, IEEM is to avoid those problems whereby the absolute error value and the error rate do not reasonably reflect the error in error evaluation for a large range of values. In this method, first, the sequential data is interval-divided according to the grading division that was widely used in reality; second, connection points are established based on the critical point interval. The error evaluation function can be a piecewise function connected by the connecting point, or a best-fit function according to it. This new method, based on interval division, can avoid the problem of unreasonable error evaluation of conventional methods for rainfall forecast. Results improved when IEEM was used in error evaluation of typhoon disaster cost forecasts for 5 typhoons in Guangdong Province.

Keywords: error evaluation; interval division; fitting function; interval error evaluation method; transition function

15.1　引言

误差是客观存在而难以避免的。误差评价是检验预测、评估、观察精确性的核心指标。评价某项误差，简单而常用的方法是采用绝对误差、误差率（或相对误差)、误差平方和、均方误差等。然而，在数值取值范围较大时，采用绝对误差方法存在一个明显的缺点，就是只能从反面说明观测值偏离实际值的绝对数，而不能从正面说明这种观测的准确程度（李绍文，1987）。例如，有同性质的 A、B 两项观测，A 的实际值为 100 个单位，预测的误差为 1，B 的实际值为 10 个单位，误差同样为 1，我们通常会认为 A 的观测值较为可靠。同样，采用误差率的评价方法，也无法反映观测的偏离绝对值。

台风等自然灾害的评估和应急管理要求有效的分析方法（Tang and Sui，2014）。有学者利用基于 BP 神经网络的台风降雨量进行预测研究（封毅等，2012），采用误差率作为降雨量预测误差评价依据。在此我们进行扩展，拟出表 15-1 中某地 3 个雨日的降雨量预测数据进行分析。如果按误差率来评判，“雨日 1”的预测最差；按绝对误差值来算，则“雨日 3”的预测最差。可见采用不同的误差评价方法，可能会产生截然不同的效果。实际上，“雨日 1”的实际值和预测值均属于小雨范围，“雨日 3”则是大暴雨的范围，误差不大。反而“雨日 2”的实际值和预测值分别是大雨和暴雨，之间的误差应该是最大的（表 15-1）。这也表明：在数值范围较大的情况下，绝对误差值和误差率计算而得的误差，与我们对误差的认识还存在一定的差距。

表 15-1　4 种方法计算的误差结果

Table 15.1　Computational Error Results of Four Different Methods

雨日/rainy days	降雨量实际值（mm）/ rhe actual values of rainfall（mm）	降雨量预测值（mm）/ the rainfall prediction value（mm）	误差评价方法/error appreciation method			
			误差绝对（mm）/ absolute error（mm）	相对误差（%）/relative error（%）	IEEM	
					线性分段误差函数/linear piecewise error function	拟合误差函数/fitting error function
雨日 1	5	10	5	100	0.5	0.48
雨日 2	35	60	25	71	0.8	0.74
雨日 3	150	190	30	20	0.3	0.29

注：IEEM 为区间误差评价法.

因此，在确定评价方法之前，先要仔细研究所论问题的误差性质，通过分析事物的内在联系，再将理论联系实践，用适当的误差评价方法来分析误差（杜志俊，1992；刘向阳等，2003；Jiang et al.，2003）。误差理论由经典时代发展到现代阶段，取得了丰硕的理论成果和广泛的实际应用。误差的评价在具体的行业和专业中都有各自的原则和规范（曲斯瑶，2003）。本章提出一种基于区间划分的误差评价方法——区间误差评价法（interval error evaluation method，IEEM），并将其应用于台风灾害损失预测模型评价中。

15.2 IEEM 方法描述

定义 1：设对同一对象的某个指标序列 $\{\hat{x}_t\}$ （$t=1, 2, \cdots, n$）进行观测，观测值为 $\{x_t\}$ （$t=1, 2, \cdots, n$）。在 x 的定义域内 R 分为 m 个区间，第 i （$1\leqslant i\leqslant m$）个区间表示为：$\overline{X}_i = [\underline{x}_i, \overline{x}_i) = \{x\in R \mid \underline{x}_i \leqslant x < \overline{x}_i, i=1, 2, \cdots, m\}$。其中，$\underline{x}_i$ 称为第 i 个区间的下界，$\overline{x}_i$ 称为第 i 个区间的上界，如果 R 是连续的，那么 $\overline{x}_i = \underline{x}_{i+1}$。

在现实中，等级划分已被广泛应用，如风力等级、降雨量等级、风险等级等，这为区间划分提供可靠的依据。

定义 2：设单调的误差评价函数 $f(x)$，IEEM 误差评价值为 $v\text{-}e_t$，则

$$v\text{-}e_t = f(\hat{x}_t) - f(x_t), \quad t=1, 2, \cdots, n \tag{15-1}$$

注 1：$f(x)$ 实际上是一个转换函数，$v\text{-}e_t$ 是 $\hat{x}_t$ 与 x_t 经 $f(x)$ 映射后的差值。如果 $\hat{x}_t$ 和 x_t 均属于区间 X_i，表示它们处于相同的级别，那么根据函数的单调性可知，$f(\hat{x}_t) - f(x_t) \leqslant f(\overline{x}_i) - f(\underline{x}_i)$。

定义 3：设定各区间内的最大误差评分序列为 K，$K = \{k_i \mid k_i = f(\overline{x}_i) - f(\underline{x}_i)\}$。

注 2：k_i 原则上取值为 1，但也可以弹性取值。可知，$v-e_t$ 的最大值为 $\sum_{i=1}^{m} k_i$。

定义 4：以区间的临界点为横坐标，以最大误差评分序列为 K 的累积和为纵坐标，设立 $m+1$ 个连接点 p_i，$i=0, 1, 2, \cdots, m$。其中，p_0 的坐标为 $(\underline{x}_1, 0)$；p_i （$i>0$）的坐标为 $(\underline{x}_i, \sum_{j=1}^{i-1} k_j)$。误差的评价实质上是一个模糊系统，误差评价函数即其模糊函数。

定义 5：根据模糊数学理论，将连接点连接起来，构建分段误差评价函数 $f_{\text{piecewise}}(x)$：

$$f_{\text{piecewise}}(x) = \begin{cases} f_1(x), & x\in X_1 \\ f_2(x), & x\in X_2 \\ \vdots & \\ f_m(x), & x\in X_m \end{cases} \tag{15-2}$$

式中，$f_i(x)$ 一般选择简单的线性函数，也可以是指数函数、对数函数等非线性函数。如果选择线性函数，则

$$f_{\text{piecewise}}(x)=\begin{cases}\dfrac{x-\underline{x}_1}{\overline{x}_1-\underline{x}_1}, & x\in X_1\\ \dfrac{x-\underline{x}_2}{\overline{x}_2-\underline{x}_2}+k_1, & x\in X_2\\ \dfrac{x-\underline{x}_i}{\overline{x}_i-\underline{x}_i}+\sum\limits_{j=1}^{i-1}k_j, & x\in X_i\\ \dfrac{x-\underline{x}_m}{\overline{x}_m-\underline{x}_m}+\sum\limits_{j=1}^{m-1}k_j, & x\in X_m\end{cases} \tag{15-3}$$

定义 6：根据连接点的分布，拟合形成的函数，称为拟合误差评价函数 $f_{\text{fitting}}(x)$。如果函数拟合的效果理想时，即拟合的 R^2 接近 1，SSE 和 RMSE 接近 0，$f_{\text{fitting}}(x)$ 才可以作为有效的误差评价函数。与分段函数相比，拟合函数的曲线更加平滑，因此，理论上的计算结果更加理想。

15.3 案例分析

15.3.1 绝对误差值、误差率

现以表 15-1 中的降雨量预测误差评价为例。设当地的 24h 降雨量范围为 0~200mm，降雨量等级划分为 5 个等级，如表 15-2 所示。

表 15-2 24h 降雨量等级划分

Table 15.2 Rainfall Grading in 24 Hours

区间/section	等级名称/class name	降雨量范围（mm）/the rainfall range（mm）
X_1	小雨	(0，10)
X_2	中雨	[10，25)
X_3	大雨	[25，50)
X_4	暴雨	[50，100)
X_5	大暴雨	[100，200)

设定同一区间内最大误差评分均为 1，即 $k_i=1$，$i=1, 2, \cdots, 5$，根据式（15-3）构建线性分段函数作为误差评价函数，则

$$
f_{\text{piecewise}}(x)=\begin{cases}\dfrac{x}{10},\ x\in(0,\ 10)\\ \dfrac{x-10}{15}+1,\ x\in[10,\ 25)\\ \dfrac{x-25}{25}+2,\ x\in[25,\ 50)\\ \dfrac{x-50}{50}+3,\ x\in[50,\ 100)\\ \dfrac{x-100}{100}+4,\ x\in[100,\ 200)\end{cases} \tag{15-4}
$$

图 15-1 是$f_{\text{piecewise}}(x)$的函数图。观察图 15-1 中的连接点，很明显呈对数分布。运用 Matlab 软件，对连接点进行对数拟合。选择常用的以 10 为底的对数，拟合函数$f_{\text{fitting}}(x)$为

$$
f_{\text{fitting}}(x)=3.856\log_{10}(10+x)-3.918,\ x\in(0,\ 200) \tag{15-5}
$$

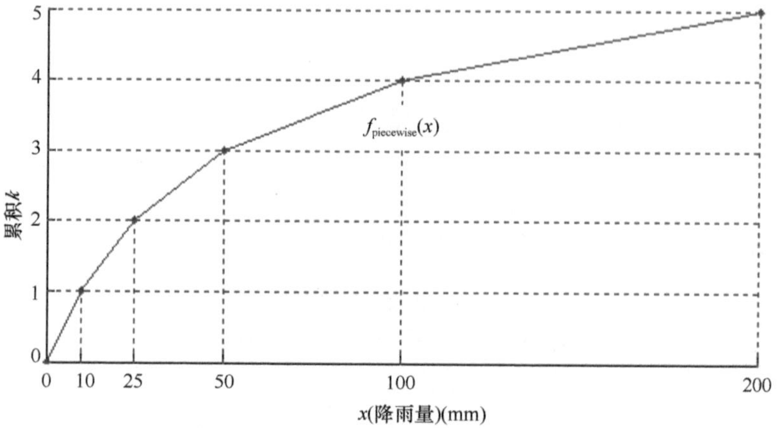

图 15-1　降雨预测线性分段误差函数

Fig. 15. 1　The Error Function Diagram of Rainfall Forecast Linear Segmentation

$f_{\text{fitting}}(x)$拟合的 R^2 为 0.9987，SSE 为 0.022 15，RMSE 为 0.074 41，说明拟合效果非常理想。拟合函数见图 15-2。

采用线性分段误差函数，即按式（15-1）、式（15-4）和采用拟合误差函数，即按式（15-1）、式（15-5）分别计算表 15-1 中 3 组预测结果的 IEEM 误差评价值（表 15-1）。可以看出，两种误差评价函数的计算结果中，第 2 组降雨量预测误差最大，这恰好符合我们的认识。

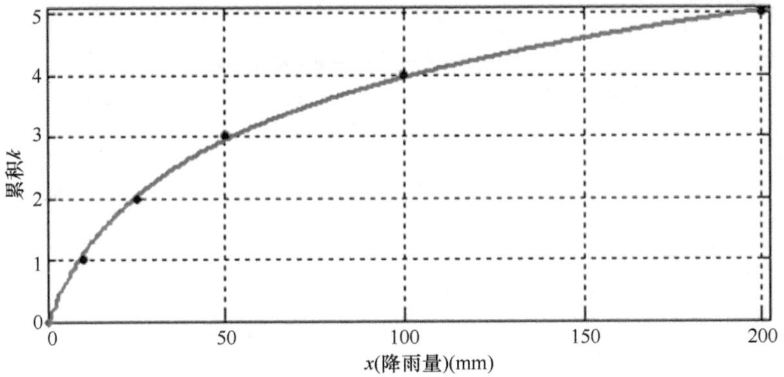

图 15-2　降雨量预测的拟合误差评价函数

Fig. 15. 2　The Fitting Error Evaluation Function Diagram of Rainfall Prediction

15. 3. 2　均方误差

有学者采用误差平方和（何金等，2005）与 MSE（崔德友，2012）来评价降雨量预测误差。误差平方和与均方误差性质一样，都能反映序列误差变化程度，计算方法也相似，本章仅选取均方误差来分析。均方误差计算公式为

$$\text{MSE} = \sum e_t^2/n,\ t=1,\ 2,\ 3,\ \cdots,\ n \tag{15-6}$$

式中，n 为观测（预测）次数；e_t 为观测值与实际值的偏差。MSE 值越小，说明预测效果越好。

在表 15-1 的基础上，拟出 3 组预测数据，如表 15-3 所示。3 组预测中，“预测 2”没有很大误差，效果最优，其次是“预测 1”，“预测 3”在前两个“雨日”预测明显失误，因而是最差的。

表 15-3　3 组降雨量预测数据

Table 15. 3　Three Groups of Data for Rainfall Prediction

雨日/ rainy days	实际值/ actual value	预测 1/ predicting 1	预测 2/ predicting 2	预测 3/ predicting 3
雨日 1	5	10	6	20
雨日 2	35	60	36	60
雨日 3	150	190	185	140

分别采用常规方法、线性分段误差函数［式（15-1）、式（15-4）、式（15-6）］、拟合误差函数［式（15-1）、式（15-5）、式（15-6）］计算的 MSE 值，如表 15-4 所示。常规方法计算的预测效果优劣次序与预期相差甚远。而采用区间划分的方法，利用线性分段误差函数、拟合误差函数分别计算的 2 种误差评价

结果均与预期相符合。

表 15-4 3 种方法计算的 MSE 值

Table 15.4 MSE Value Calculated by Three Kinds of Methods

方法/method		MSE		
		预测 1/predicting 1	预测 2/predicting 2	预测 3/predicting 3
常规方法		750	409	317
IEEM	线性分段误差函数	0.35	0.04	0.67
	拟合误差函数	0.31	0.04	0.64

15.4 在台风灾害损失误差评价中的应用

为使大众更容易理解灾害的程度，简化灾害的描述，一些学者提出灾害评级的概念（冯利华，1993）。在灾害损失预测的研究中，有学者将灾害损失以等级划分的形式进行预测（于小龙等，2011；沈瑜等，2004；司巧梅，2010），预测结果与实际结果只要在级别上一致便视为预测正确。这可能会钝化误差的细节，不利于对模型优劣的精确评价。而以灾害损失的数值作为预测结果的参照时（Chen et al.，2011a），因为数值范围较大，也会遇到如前所描述的误差评价困惑。

我们在第 15 章构建了 4 种广东台风灾害损失预测模型，分别编号①~④。用于模型检验的 5 个台风灾损实际值和预测值的比较如表 15-5 所示。利用 RMSE 来判断模型预测效果优劣。RMSE 与 MSE 相似，RMSE 值越小，说明预测效果越好，其计算公式为

$$\mathrm{RMSE}=\sqrt{\sum e_t^2/n},\quad t=1,\ 2,\ 3,\ \cdots,\ n \tag{15-7}$$

表 15-5 5 个台风灾损实际值和 4 种模型预测值

Table 15.5 Actual Value of the Five Typhoon Disaster Cost and the Forecast Value of Four Models

台风编号/typhoon ID	灾损实际值（亿元）/the practical value of disaster loss（￥100 million）	预测值（亿元）/predicted value（￥100 million）			
		模型①/model①	模型②/model②	模型③/model③	模型④/model④
200606	66.30	33.68	38.25	25.49	43.10
200709	0.72	3.98	1.87	5.25	12.77
199910	9.00	15.58	11.12	14.92	24.10
200313	29.00	18.07	22.27	14.31	5.17
200013	12.80	27.98	28.63	18.60	21.94

注：数据由表 15-4 整理而得.

用常规方法，即按式（15-7）计算的 4 种模型检验结果的 RMSE 值，如表 15-6 所示，可以看出模型③的 RMSE 值最大，因而模型③的预测效果最差。但实际上模型③优于模型④。分析原因，计算 RMSE 过程中，模型③在“200606”号台风的预测结果带来太大的偏差值，导致计算出来的 RMSE 值偏大。可见常规方法有不合理之处。

表 15-6 常规方法和区间划分方法计算的 4 种模型的 RMSE

Table 15.6 RMSE of the Four Models Calculating by Conventional Method and Interval Division Method

模型编号/the model number	RMSE		
	常规方法/the conventional method	IEEM 线性分段误差函数/piecewise linear error function	拟合误差函数/the fitting error function
①	17.14	0.71	0.70
②	14.76	0.59	0.55
③	19.85	0.78	0.76
④	17.68	1.07	1.25

注：数据由表 15-5 整理而得.

采用 IEEM 来解决上述问题。首先确定区间划分，将广东台风灾情划分为巨灾、大灾、中灾、小灾、微灾 5 个等级，划分规则如表 15-7 所示。

表 15-7 按经济损失划分的广东台风灾害分级标准

Table 15.7 Guangdong Standard of Typhoon Disaster Grading Divided by Economic Cost

灾级/disaster grade	微灾/micro disaster	小灾/small disaster	中灾/secondary disaster	大灾/large-scale disaster	巨灾/huge disaster
直接经济损失范围（亿元）*/the range of direct economic loss (100 million yuan)	[0, 5)	[5, 20)	[20, 30)	[30, 100)	[100, 175]

* 按 2000 年广东省物价指数为基准进行换算后的数据.

我们同样设定 $k_i=1$，$i=1, 2, \cdots, 5$，根据区间划分的临界点，生成基于线性函数的误差函数 $f_{\text{piecewise}}(x)$：

$$f_{\text{piecewise}}(x)\begin{cases}\dfrac{x}{5},\ x\in[0,5)\\ \dfrac{x-5}{20}+1,\ x\in[5,20)\\ \dfrac{x-20}{30}+2,\ x\in[20,30)\\ \dfrac{x-30}{100}+3,\ x\in[30,100)\\ \dfrac{x-100}{175}+4,\ x\in[100,175]\end{cases}\tag{15-8}$$

函数图如图 15-3 所示。

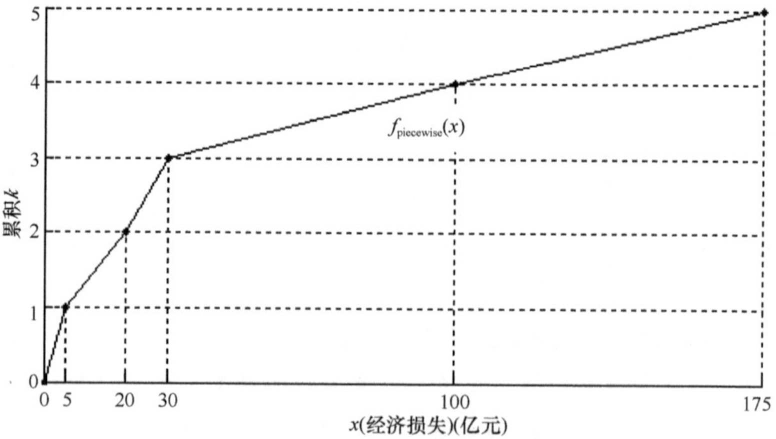

图 15-3　基于线性函数的广东台风灾损误差评价函数

Fig. 15. 3　The Typhoon Disaster Cost Error Evaluation Function Diagram of Guangdong Based on Linear Function

根据连接点的分布，选择指数函数进行拟合，得到函数：

$$f_{\text{fitting}}(x) = 3.074e^{0.002\,765x}-3.007e^{-0.0562x}\tag{15-9}$$

函数拟合的 R^2 为 0. 9914，SSE 为 0. 151，RMSE 为 0. 2747，说明拟合效果非常理想（图 15-4）。

我们运用 IEEM，分别运用线性分段误差评价函数，按式（15-1）、式（15-7）、式（15-8）计算，以及运用拟合误差评价函数，按式（15-1）、式（15-7）、式（15-9）计算而得的 RMSE，如表 15-4 所示。线性分段误差函数和拟合误差函数误差的计算结果中，模型④的 RMSE 值最大，即模型④的预测效果最差。按优劣排序为②①③④，这符合我们现实的判断，证明此方法切实可行。

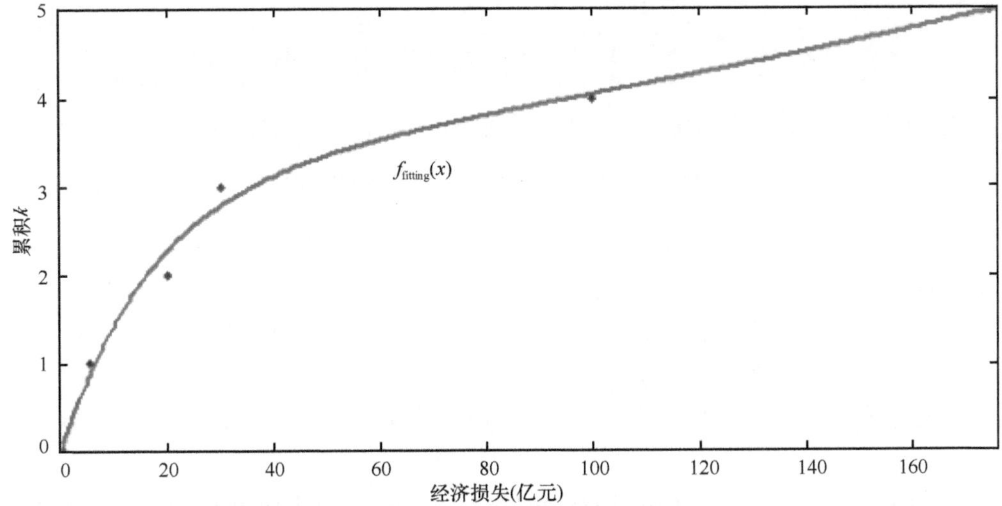

图 15-4 广东台风灾损拟合误差评价函数

Fig. 15. 4 Fitting Error Evaluation Function of Guangdong Typhoon Disaster Cost

15.5 小结

数值范围较大时，误差评价中存在的绝对误差值和误差率均不能合理反映误差的问题，在对序列数据进行区间划分的基础上，根据模糊数学理论并利用误差函数转换的方式，得到合理的误差评价。IEEM 解决了对降雨量误差评价存在的问题，并且运用于台风灾害损失预测的误差评价中，得到合理的结果。

IEEM 在区间划分的基础上进行，区间的合理划分成为决定误差评价效果的关键，而现实中广泛应用的等级划分使之迎刃而解。根据区间的连接点可以连成线性的分段误差评价函数，也可以拟合为具有单调性的非线性函数。一般来说，拟合函数的误差评价更合理，如果函数的拟合比较困难或者拟合结果不理想，那么简单的线性分段误差评价函数也是很好的选择。

第 16 章　基于组合模型的灾情预评估

Chapter 16　Study of Typhoon Disaster Pre-evaluation Based on Combined Model

摘要：本章的内容分析和整理了 1993～2009 年广东台风灾害数据，建立广义回归神经网络（GRNN）、GA-Elman 神经网络、支持向量回归机（SVR）3 种模型组合而成的台风灾情评估模型。结果表明，组合模型的评估效果优于各单项模型，是一种更精确更稳定的评估方法。

关键词：广义回归神经网络；径向基函数神经网络；概率密度函数；拓扑结构；粒子群算法

Abstract：This chapter analyses and sorts Guangdong Province typhoon disaster data between 1993 and 2009，establishes the typhoon disaster evaluation model using a combination of three models（the GRNN model，the GA-Elman neural model and the SVR model）. The result shows that the combined model is superior to the application of each model separately and that the evaluation method is more accurate and stable.

Keywords：general regression neural network；radial basis function neural network；probability density function；topological structure；particle swarm optimization

16.1　引言

全球气候变暖的影响下，大气环流异常，气旋灾害频生。我国沿海地区每年遭受台风灾害损失日趋严重，是影响我国最严重的自然灾害之一。目前，一方面气候变暖加剧气旋活动；另一方面，在灾害面前，自然界受到人类活动的干扰和影响而变得脆弱。在这双重因素影响之下，台风带来的灾害正在加剧，台风灾情预测显得越来越重要，要求也越来越高。由于台风灾害的影响因子众多、关系复杂，对台风的致灾机制尚不很清楚，台风灾情预测一直是防台减灾工作的瓶颈。

众多学者在尝试研制各种台风灾情预测模型和方法。但是，单个预测模型仅包含或体现了研究系统的局部信息，用不同的方法对系统进行模拟，各方法往往具有各自的特点和不足，很难用某个单一模型准确描述台风致灾的规律。将若干种预测方法组合成一个预测模型，称为组成预测模型——它能综合各单项模型的优点，可有效地集结更多的有用信息，可以更合理地描述系统的客观实际，从而提高预测精度。

广义回归神经网络（GRNN）、GA-Elman 神经网络、支持向量回归机（SVR）这 3 种模型方法均是理论成熟的非线性模型，在不同领域中已有一定的研究和应用。本章拟采用这 3 种方法分别建立台风灾情预测模型，再基于这 3 个模型，建立均权的广东台风灾情预测组合模型。

16.2 单项预测方法

16.2.1 广义回归神经网络

人工神经网络技术综合了数理统计、神经计算、符号逻辑等人工智能理论技术，是一非线性的动力学系统，不要求对事物机制有明确的了解，不需建立复杂的数学模型，并且有线性映射能力强等优点，系统的输出只取决于系统输入和输出之间的连接权，而这些连接权的数值则是通过训练样本学习获得，这种方式对解决具有一定的内在规律、机理尚不明确，有一定模糊性的问题特别有效。神经网络中有多种模型，其中，广义回归神经网络（general regression neural network，GRNN）是由 Specht（1991）提出的，是径向基函数神经网络的一种。

设自变量为 x，因变量为 y，定义 x、y 的联合概率密度为 $f(x, y)$，已知 x 的观测值为 X，则 y 相对于 X 的回归，即条件均值为

$$\hat{Y}=E(y/X)=\frac{\int_{-\infty}^{+\infty} yf(X, y)\mathrm{d}y}{\int_{-\infty}^{+\infty} f(X, y)\mathrm{d}y} \tag{16-1}$$

式中，$\hat{Y}$ 为在输入为 X 的条件下，Y 的预测输出。

Specht 指出，连续概率密度函数可以从观测值估计得到：

$$\hat{f}(X, y)=\frac{1}{n(2\pi)^{\frac{p+1}{2}}\sigma^{p+1}}\sum_{i=1}^{n}\mathrm{epx}\left[-\frac{(X-X_i)^T(X-X_i)}{2\sigma^2}\right]\mathrm{epx}\left[-\frac{(X-X_i)^2}{2\sigma^2}\right] \tag{16-2}$$

式中，X_i、Y_i 分别为随机变量 x 和 y 的第 i 个样本观测值；σ 为平滑参数；p 为随机变量 x 的维数；n 为样本数目。

用 $\hat{f}(X, y)$ 代替 $f(X, y)$，将式（16-2）代入式（16-1），经计算得

$$\hat{Y}(\mathrm{X})=\frac{\sum_{i=1}^{n}Y_i\,\mathrm{epx}\left[-\frac{(X-X_i)^T(X-X_i)}{2\sigma^2}\right]}{\sum_{i=1}^{n}\mathrm{epx}\left[-\frac{(X-X_i)^T(X-X_i)}{2\sigma^2}\right]} \tag{16-3}$$

GRNN 有四层组织结构，分别是输入层（input layer）、模式层（pattern layer）、求和层（summation layer）与输出层（output layer）。

输入层神经元的数目等于学习样本中输入向量的维数，各神经元是简单的分

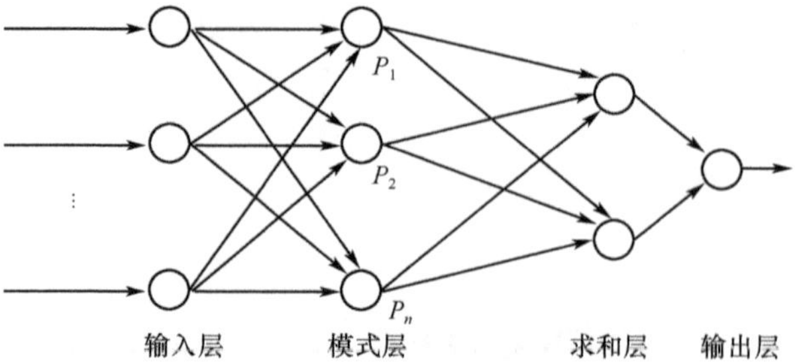

图 16-1 GRNN 拓扑结构

Fig. 16.1 The Topological Structure Diagram of GRNN

图片来源：史峰等，2010.

布单元，直接将输入矢量的各元素传递给模式层。

模式层单元数等于训练样本数 k，各单元对应不同的样本，其传递函数为

$$p_i = \text{epx}\left[-\frac{(X-X_i)^T\ (X-X_i)}{2\sigma^2}\right],\ i=1,\ 2,\ \cdots,\ n \tag{16-4}$$

求和层中包括两种类型的单元，其中一类单元为式（16-3）的分母，它对所有模式层单元的输出进行算术求和，其模式层与各神经元的连接权值为 1，传递函数为

$$S_d = \sum_{i=1}^{n} P_i \tag{16-5}$$

另一类单元为式（16-3）的分子，它利用模式层中输出样本 Y 中的各个元素 y_i 作为连接权值，对模式层对应神经元的输出进行加权求和，传递函数为

$$S_N = \sum_{i=1}^{n} y_i P_i \tag{16-6}$$

输出层中的输出层单元数等于训练样本输出矢量的维数 k，各单元将求和层的输出相除，即

$$y_i = \frac{S_N}{S_D} \tag{16-7}$$

由以上可知，GRNN 的拓扑结构取决于训练样本，人为调节的参数少，影响网络输出的唯一因素是平滑参数 σ，网络的训练实质上是平滑参数的优化过程（史峰等，2010）。这个特点决定了 GRNN 网络能最大限度地避免人为主观假定对预测结果的影响。

16.2.2 GA-Elman 神经网络

Elman 神经网络，如第 12 章所述，其网络的权值和阈值参数是随机生成的，传统的训练算法容易收敛到局部极小，使得网络不稳定。本章采用遗传算法来优化 BP 神经网络的初始权值和阈值，以期解决这个问题。

遗传算法（GA）是一种模拟生物界自然选择和自然遗传机制的随机全局搜索和优化的算法。它在搜索过程中自动获取和积累有关搜索空间的知识，并自适应地控制搜索过程以求得最优解。遗传算法利用编码技术，形成类似于染色体的数字串，即个体，每个个体按一定的规则确定出其适应度，遗传算法通过有组织、随机的信息交换形成新的个体，类似生物的进化过程，适应度高的个体有更多的机会遗传到下一代，最终得到最优或者接近最优解（周明和孙树栋，2002）。

遗传算法的 3 个基本操作是选择、交叉和变异。选择的目的是择优繁殖，适应度高的个体被选择的概率要大，体现出适者生存的原则。交叉是指两个个体通过部分数字串的交换组合，形成新的个体，类似基因交换。变异是以某一概率改变数字串某部分的值，产生新的个体，类似于基因突变（周明和孙树栋，2002）。

基于遗传算法改进的 Elman 神经网络模型，即采用遗传算法对 Elman 网络的参数先行优化。首先随机生成若干组网络参数初值，以网络的误差为适应度，利用遗传算法对这些网络参数初值进行适应度计算；然后经过若干代进化之后找到最能够适应给定 Elman 网络的一组网络参数，再将这组网络参数用于 Elman 网络，使用训练数据对网络进行进一步优化，最终使输出结果达到要求的精度。因此，GA-Elman 模型的基本结构应当包括 Elman 网络和遗传算法改进部分两个环节。GA-Elman 算法的流程如图 16-2 所示。

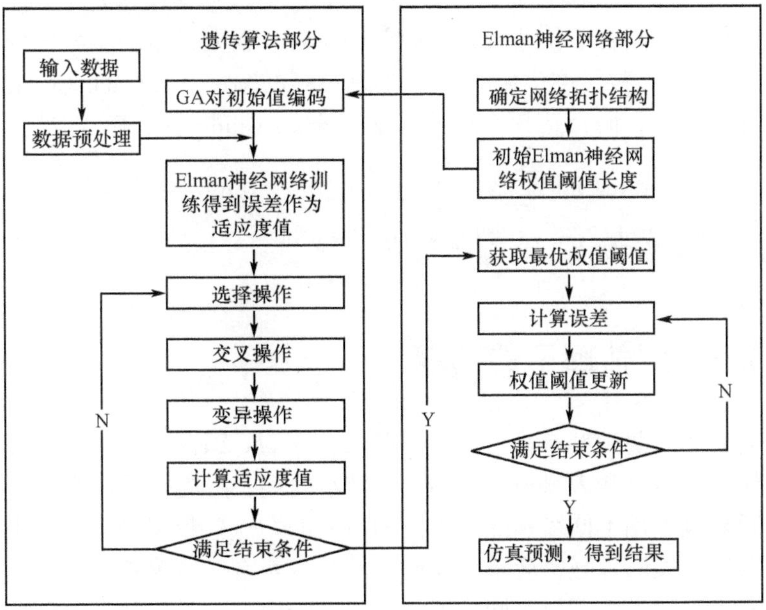

图 16-2 GA-Elman 算法的流程

Fig. 16. 2 The Flow Diagram of GA-ELMAN Algorithm

图片来源：张秋余和朱学明，2013.

16.2.3 基于 PSO 优化的 SVR

如第 15 章所述，在基于 RBF 核函数的 SVR 模型中，惩罚因子 C 和核函数的参数 γ 的选取十分关键。这两个参数的优化选取，学术上并没有公认统一的最好方法，本章采用粒子群算法（PSO）进行优化。

粒子群算法（PSO）（Kernnedy and Eberhart，1995）的基本思想是通过群体中个体之间的协作和信息共享来寻找最优解。所谓的粒子，是在 n 维搜索空间中一个没有重量和体积的微粒。优化的函数决定每个粒子的适应值（fitness value），每个粒子以一定的速度飞行。设 $X_i=(x_{i1}, x_{i2}, \cdots, x_{in})$ 为粒子 i 的当前位置，$V_i=(v_{i1}, v_{i2}, \cdots, v_{in})$ 为粒子 i 的当前飞行速度，$P_i=(p_{i1}, p_{i2}, \cdots, p_{in})$ 为粒子 i 所经历的适应值最好的位置，粒子在搜索的过程中，根据如下的公式来更新自己的速度和位置：

$$v_{id}=wv_{id}+c_1\text{rand}_{id}(p_{id}-x_{id})+c_2\text{rand}_{pd}(p_{gd}-x_{id})$$
$$x_{id}=x_{id}+v_{id} \tag{16-8}$$

式中，x_{id}为粒子的当前位置向量；v_{id}为粒子运动速度向量；p_{id}为粒子个体位置最优值；p_{gd}为群体最优值 c_1 和 c_2 加速因子；rand_{id}和 rand_{pd}为随机数。这样，各粒子根据自己个体的极值和全局极值来进行动态调整，直到找到全局最优解为止。

粒子群优化优势在于快速收敛，简单易实现，需要调节的参数较少（刘希玉和刘宏，2008）。经粒子群优化的 SVR 具有更高的精度和更好的适应能力。

在训练样本时，同样选择交叉验证法（cross validation，CV）进行多次训练和测试。

16.3 数据来源及预处理

16.3.1 评估因子的选取

台风灾害的主要类型有暴雨灾害、狂风灾害等。因此，选用热带气旋影响到广东时的最低气压、最大风速、降雨量、持续时间、影响范围作为评价指数的关键因子。影响范围用不同级别的降雨量和风速的站点数量来表示。其中，降雨量与台风灾害损失关联最强，应重点监测。广东省具有全国最长的海岸线，台风登陆地点不同，其致灾特点也不同，因此，将登陆地点分类，并作为评估因子，本章将台风在广东的登陆地点分为 5 类，分类方法详见第 15 章。

此外，由于广东各地区的经济发展不平衡，人口密度也相差较大，同一台风在不同地区造成的灾害也不同，所以模型也考虑了影响区域的人口、耕地面积以及 GDP。其中，影响区域定义为台风发生时过程降雨量 50mm 以上或者最大风速 7 级以上的区域。

这样，共选取 17 个因子放入模型中进行计算：A_1 为最大过程降雨量，A_2 为最大日降水量，A_3 为过程降雨量为 300mm 以上的站点数，A_4 为过程降雨量为 200mm 以上的站点数，A_5 为过程降雨量为 100mm 以上的站点数，A_6 为最大日降雨为 100mm 以上的站点数，A_7 为日降雨为 50mm 以上的站点数，A_8 为过程降雨量为 50mm 以上的站点数，A_9 为最大风速，A_{10}为最大风速为 7 级以上的站点数，A_{11}为最大风速为 10 级以上的站点数，A_{12}为最低气压，A_{13}为影响持续时间，A_{14}为登陆点，A_{15}~A_{17}分别为台风发生年份影响区域的人均 GDP、人均耕地面积和人口密度。

在灾害的损失中，经济损失和人员伤亡两个方面的数据最引人关注，由于人员伤亡偶然性因素较大，且随着防台减灾能力的日益提高，伤亡人数明显下降。因此，对伤亡人数预测意义不大，仅选择直接经济损失作为评估的结果，作为模型的输出 Y。

16.3.2 数据来源

考虑到早期的台风资料不全、失真数据较多，参考意义不大，经分析，舍去 1992 年以前的台风数据，选取 1993~2009 年影响广东的 67 个台风数据作为样本。台风路径、中心气压、大风及降雨量数据取自《热带气旋年鉴》和中国气象科学数据共享服务网（http：//cdc. cma. gov. cn），台风灾害直接经济损失数据取自《中国气象灾害大典：广东卷》和《广东防灾减灾年鉴》，GDP、人口和耕地面积源于《广东统计年鉴》，GDP 和损失金额按 2009 年广东省物价指数为基准进行了换算，部分数据因统计缺失而采用趋势分析方法填补。

16.3.3 主成分分析法降维

由于评估因子数量较多，部分因子具有一定相关性，为降低数据的复杂程度，需要降维处理，降维后的综合因子之间互相独立。主成分分析法是一种常用的降维统计方法，它对多变量表示数据点集合寻找尽可能少的正交矢量表征数据信息特征。

构建组合模型 67 个台风数据中，随机选取 60 个作为训练数据，剩余的 7 个作为测试数据，分别构建基于 GA-Elman、SVR、GRNN 的 3 种评估模型。模型的测试结果如表 16-1 所示。

表 16-1　3 种单项模型及组合模型评估结果

Table 16.1　Evaluation Results of the Three Prediction Models and Combined Model

台风编号/typhoon ID	实际值/the actual value	GA-Elman	SVR	GRNN	组合模型/the combined model
199318	22.72	15.99	16.58	24.00	18.86
199419	11.65	6.03	10.70	17.13	11.28
199803	4.60	0.00	6.45	0.00	2.15
199710	36.37	35.79	17.29	39.42	30.83
199909	1.67	0.00	5.63	6.24	3.96
200212	10.64	10.33	7.61	11.11	9.69
200510	3.42	12.20	3.19	7.78	7.72
RMSE		5.05	7.85	3.82	3.30

组合预测方法就是利用两种或两种以上不同的单项预测法对同一预测对象进行预测，然后对各个单项的预测结果做适当的加权平均，最后取其加权平均值作为最终预测结果的一种预测方法（刘语佳，2007）。本章建立基于上述三种模型的组合评估模型，构建的流程如图 16-3 所示。

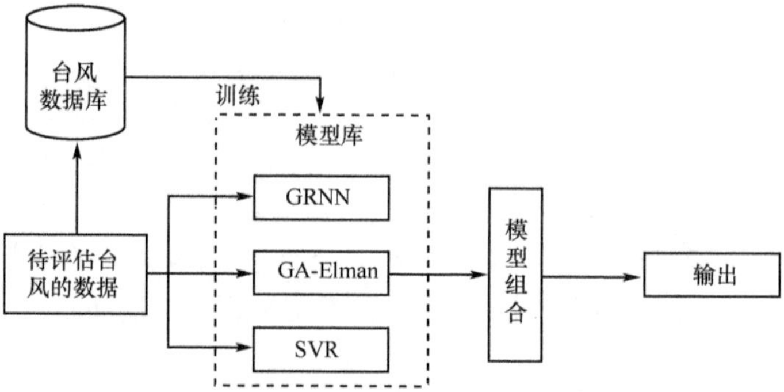

图 16-3　组合模型结构示意

Fig. 16.3　The Schematic Diagram of Combined Model Structure

常用的组合预测方法主要有等权平均法、方差-协方差法等。本章采用对三种模型的等权平均法。组合模型的评估结果如表 16-1 所示。为比较分析各模型的优劣，选用均方根误差（RMSE）作为判断评估效果的依据，RMSE 值越小，效果越佳。如表 16-1 所示，组合模型评估的 RMSE 值最小，得到比 3 种单项模型更优的评估效果，提高了评估准确度，降低了评估风险。

16.4 小结

在对台风灾情预测中，本章建立了广义回归神经网络、GA-Elman 神经网络、支持向量回归机 3 种模型组合而成的台风灾情评估模型，结果表明，组合模型有效地集结多种模型的有用信息，因此，预测精度和预测稳定性较单个预测模型高，适应动态系统变化的能力也较单个预测模型强。本章所得的组合预测模型为台风灾情预测拓宽了一种新的预测方法。

台风带来的灾害关系着我国沿海居民的生命和财产安全，深入研究台风灾害，最大限度地减少台风灾害损失，具有重大的意义。由于台风致灾机理尚不清晰，可供分析的历史数据不多，这一问题研究面临许多挑战。有必要在理论方法和模型构建等方面探索新的途径。

第五篇　台风灾后损失评估和赔偿

Part V　A Study on Loss-Evaluation of Typhoon Disaster and Compensation

摘要：台风灾后损失评估对防台减灾和救灾工作十分重要，为此，本篇提出两种评估方法：一种是基于台风灾害历史案例分析、综合模糊数学和灰色关联分析的综合评估模型；另一种是基于离散型 Hopfield 神经网络的评估模型。这两种评估方法以灾级呈金字塔分布为原则进行评估，使得评估结果合理，且方法简单、计算量小，值得推广。本篇分别运用 Wang 两因素模型和 CAMP 模型初步设计出台风灾害债券产品，以作为对在中国推出巨灾债券提供相应的理论支持。最后从中国当前建立巨灾保险制度的有利条件入手，通过借鉴外国巨灾保险业的经验，分析了巨灾保险市场面临的问题，提出着力发展保险衍生品是发展中国巨灾保险业的一条有效途径。

Abstract: Loss-evaluation for typhoon disaster is important for emergency management of both pre-disaster and post-disaster-relief efforts. This chapter provides two types of evaluation methods: one is an integrated evaluation model based on typhoon disaster history case analysis, combined with a synthetically fuzzy mathematical and grey correlation analysis; the other is an evaluation model based on discrete Hopfield Neural Network methods. The two evaluation methods are based on the principle that the distribution of disaster classifications presents pyramid distributions, and this approach makes the result reasonable. This method is simple and the calculations steps are few. Accordingly, it seems worthy of popularizing. Wang's Two-Factor Model and the CAMP Model were individually used in the research to help design bonded products related to typhoon disasters, both of which provide corresponding theoretical support to the establishment of catastrophe bonds in China. At the end of the chapter, starting from our current catastrophe insurance system and proceeding to establish favorable conditions, we analyzed the problems the catastrophe insurance market is facing in China. This is done by drawing on the experience of foreign catastrophe insurance industry data. Making efforts to develop the insurance derivatives market is an effective way to develop a catastrophe insurance industry in China.

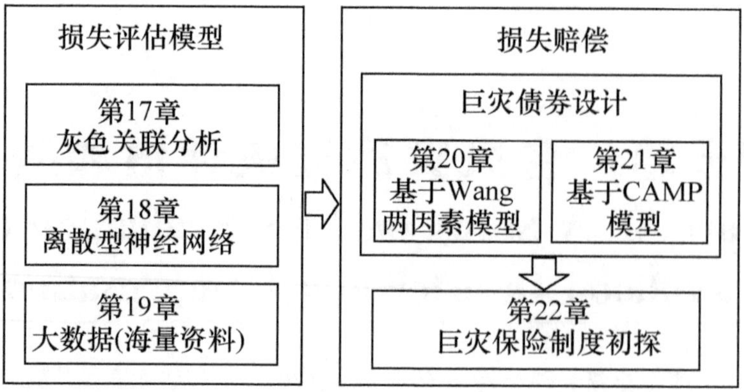
损失评估模型
第17章
灰色关联分析
第18章
离散型神经网络
第19章
大数据(海量资料)
损失赔偿
巨灾债券设计
第20章
基于Wang
两因素模型
第21章
基于CAMP
模型
第22章
巨灾保险制度初探

第 17 章　基于灰色关联分析的灾情综合评估模型

Chapter 17　A Study on Comprehensive Evaluation Model of Typhoon Disaster Based on the Grey Correlation Analysis Method

摘要：本章对台风灾情评估提出了一种基于台风灾害历史案例分析、综合模糊数学和灰色关联分析的综合评估模型；利用模糊隶属函数将台风灾情原始数据无量纲化，再设定一极重灾为参考序列。根据台风各评估指标与参考序列的距离，计算出关联系数；将关联系数加权平均和定义为灾度，根据灾度值评定台风的灾级，并以广东省台风灾情为例，验证了此模型。

关键词：灰色关联分析；层次分析法；专家评估法；判断矩阵；递阶层次结构模型；一致性检验

Abstract: This chapter provides an evaluation model based on an analysis of a typhoon disaster case history series which comprehensively applies the fuzzy mathematics and gray system theory. Using this model, the typhoon disaster raw data were dealt with via a dimensionless method using a fuzzy subjective function. We selected one area that is frequently the hardest hit as a reference. These data were used to calculate the coefficient of association according to the distance between the typhoon evaluation factors and the reference series. We then defined the weighted average sum of association coefficients as a measure of disaster degree and used the value of disaster degree to evaluate and establish the disaster grade of the typhoon. Finally we checked the model using examples drawn from the typhoon disaster historical data of Guangdong Province.

Keywords: gray relation analysis; analytic hierarchy process; expert evaluation method; judgment matrix; hierarchical structural model; consistency check

17.1　引言

在台风灾害结束后，为了指导灾区灾后重建工作以及台风灾害的风险评估、防台减灾的研究工作，需要在灾情统计数据的基础上，按一定的模型算法对灾情进行等级评估。本章从台风灾害历史案例出发，综合运用模糊数学、灰色关联分析等方法，提出一种快速有效的台风灾情综合评估模型。

17.2 综合评估模型

17.2.1 数据来源

本章所用资料为1991~2008年影响广东省的65个台风灾情个例，数据由《中国气象灾害大典》、《热带气旋年鉴》整理而得，其中，直接经济损失数据已按2000年广东省物价指数为基准进行换算。灾级评估追求时效性，因此，评估指标的数据应该能够较快、较易取得。一般情况下，选取5个具有代表性的评估指标：农作物受灾面积（X_1）、死亡人口（X_2）、受灾人口（X_3）、倒塌房屋（X_4）、直接经济损失（X_5）（陈仕鸿和刘晓庆，2011）。

17.2.2 台风灾情评估指标的转换函数

设台风灾情原始数据集为X，则$X=(x_{ij})_{n\times m}$。其中，n为台风样本个数，m为评估指标个数，在本实例中，n的值为65，m的值为5。由于各指标的量纲不同，彼此之间难以比较，所以要先对评估指标作相应的函数转换，使各单指标值都转换成[0，1]的值。台风灾情评估是一个模糊的系统。因此，可以选择某一合适的模糊隶属+函数f作为转换函数，将X转换为模糊矩阵U，即$U=f(X)$，实现各指标数据无量纲化。

本案例将灾害划分微灾、小灾、中灾、大灾和巨灾5个等级。划分方法遵循两个原则（谢龙大等，2001）：①符合金字塔状规律分布，即巨灾和大灾一般应为少数，中小灾害应为多数；②符合历史，即对少数灾害，尤其是造成很大影响的灾害，应能符合巨灾或大灾等级。根据广东省的实际情况，以65个影响广东省的台风灾情数据作为灾害案例历史序列，制订出各评估指标等级的划分方法（陈仕鸿和刘晓庆，2011），如表17-1所示。

表17-1 广东省台风灾害评估指标分级标准

Table 17.1 The Grading Standard of Typhoon Disaster Evaluation Factors of Guangdong Province

评估指标/evaluation index	巨灾/huge disaster	大灾/large-scale disaster	中灾/secondary disaster	小灾/small disaster	微灾/micro disaster
X_1：农作物受灾面积/万 hm^2	≥40	30~40	20~30	5~20	0~5
X_2：死亡人数/人	≥100	20~100	10~20	1~10	0

续表

评估指标/evaluation index	巨灾/huge disaster	大灾/large-scale disaster	中灾/secondary disaster	小灾/small disaster	微灾/micro disaster
X_3：受灾人口/万人	≥900	700~900	300~700	100~300	0~100
X_4：倒塌房屋 /万间	≥10	3~10	1~3	0.5~1	0~0.5
X_5：直接经济损失/亿元	≥100	30~100	20~30	5~20	0~5

对评估指标进行等价转换，转换函数依据单个评估指标分级标准来构造，目的是使各评估指标都转换成 0~1 的值，并与 5 个灾级一一对应，即单个评估指标在［0.8，1］区间时，对应的是巨灾；在［0.6，0.8）、［0.4，0.6）、［0.2，0.4）和［0，0.2）区间时分别对应大灾、中灾、轻灾和微灾。因此，转换函数应该是一个分段函数，于是，根据表 17-1 的评估指标分级标准，建立灾级临界点矩阵 $\boldsymbol{V}$：

$$\boldsymbol{V}=\begin{pmatrix} 40 & 30 & 20 & 5 & 0 \\ 100 & 20 & 10 & 1 & 0 \\ 900 & 700 & 300 & 100 & 0 \\ 10 & 3 & 1 & 0.5 & 0 \\ 100 & 30 & 20 & 5 & 0 \end{pmatrix} \tag{17-1}$$

本章选择 2 次抛物形分布作为转换函数，即 $f(x)=\left(\dfrac{x-a}{b-a}\right)^2$，$(a\leqslant x\leqslant b)$。根据临界矩阵 $\boldsymbol{V}$，确定转换函数 $f(X)$ 为分段函数，a、b 的取值决定了 $\boldsymbol{V}$，转换后得模糊矩阵 $\boldsymbol{U}$：

$$\boldsymbol{U}=f(x_{ij})=\begin{cases} 0.8+0.2\times\left(\dfrac{x_{ij}-v_{j1}}{\max(X_i)-v_{j1}}\right)^2, & x_{ij}\geqslant v_{j1}; \\ 0.6+0.2\times\left(\dfrac{x_{ij}-v_{j2}}{v_{j1}-v_{j2}}\right)^2, & v_{j2}\leqslant x_{ij}<v_{j1}; \\ 0.4+0.2\times\left(\dfrac{x_{ij}-v_{j3}}{v_{j2}-v_{j3}}\right)^2, & v_{j3}\leqslant x_{ij}<v_{j2}; \\ 0.2+0.2\times\left(\dfrac{x_{ij}-v_{j4}}{v_{j3}-v_{j4}}\right)^2, & v_{j4}\leqslant x_{ij}<v_{j3}; \\ 0.2\times\left(\dfrac{x_{ij}-v_{j5}}{v_{j4}-v_{j5}}\right)^2, & v_{j5}\leqslant x_{ij}<v_{j4} \end{cases} \tag{17-2}$$

式中，$x_{ij} \in X$，$v_{jp} \in \boldsymbol{V}$，$p=1$，2，3，4，5；$\max(X_j)$ 为评估指标 X_j 的最大值。经过函数转换后，$\boldsymbol{U}$ 的分布如图 17-1 所示。可以看出，各指标的灾级呈金字塔分布。

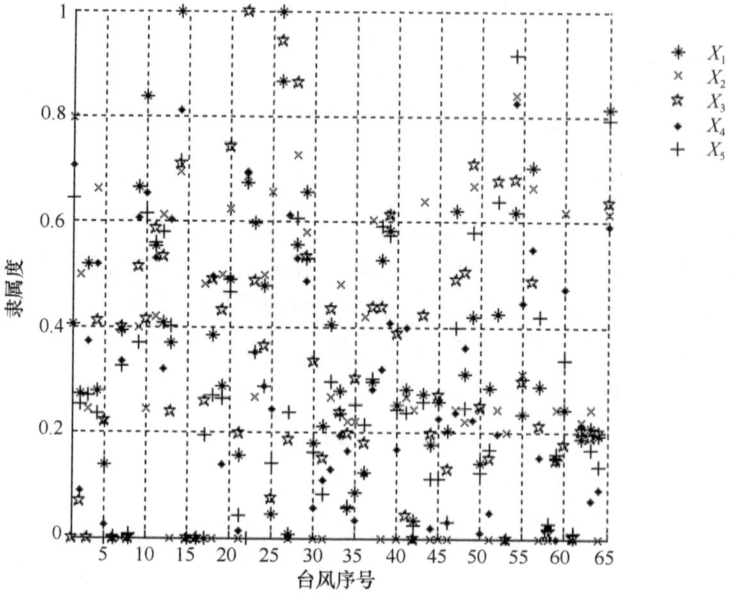

图 17-1　65 个台风 5 个灾情评估指标分布

Fig. 17. 1　The Distribution Graph of 5 Disaster Condition Indexes from 65 Typhoons

17. 2. 3　计算台风灾情关联系数

设极重灾 $U_0=(U_{0j})$，$(U_{0j}=1$；$j=1$，2，3，…，$m)$ 为参考序列（王秀荣等，2010），U_{ij}为比较序列，计算比较序列与参考序列的距离矩阵 $\boldsymbol{D}$：

$$\boldsymbol{D}=(d_{ij}),\ (d_{ij}=|u_{0j}-u_{ij}|,\ i=1,2,3,\cdots,n;\ j=1,2,3,\cdots,m) \tag{17-3}$$

模仿灰色关联系数的定义方法（刘合香和黄鹄，2009），计算比较序列与参考序列各评估指标间的关联系数矩阵 $\boldsymbol{R}$，计算方法为

$$\boldsymbol{R}=(r_{ij}),\ (r_{ij}=\frac{1}{1+\xi\cdot d_{ij}^{k}},\ i=1,2,3,\cdots,n;\ j=1,2,3,\cdots,m) \tag{17-4}$$

17. 2. 4　灾度的计算和灾级划分

引入文献（任鲁川，1996）中提出的灾度概念，本章用比较序列各评估指标

间关联系数的加权平均和作为灾度 **G** 的值，即

$$\boldsymbol{G}=(g_i),\ (g_i=\sum_{j=1}^{m}w_jr_{ij},\ i=1,2,3,\cdots,n;\quad j=1,2,3,\cdots,m) \tag{17-5}$$

式中，w_j 为第 j 个评估指标的权重。

17.2.5 计算评估指标的权重

为使评估更加合理而客观，需要考虑评估指标权重的影响。目前常用的定权方法主要有专家估测法、频数分析法、加权统计法、层次分析法等。

层次分析法是美国匹兹堡大学教授 Saaty 最早提出的，它是一种多层次权重解析法。层次分析法以定性与定量相结合的方法处理各种决策因素，通过判断矩阵、排序计算和一致性检验得出结果。与前面提到的方法相比，这种方法计算权重，将人的主观判断用数量形式表达和处理，克服了由人的主观性引起的偏差，系统性强，使用灵活、方便，在社会经济研究的多个领域得到了广泛的应用（汪应洛，1998）。因此，本章采用层次分析法确定台风灾情评估因子权重值。具体步骤如下（陈仕鸿和刘晓庆，2011）。

步骤 1：确定影响台风灾情评估的指标集，建立系统的递阶层次结构模型。

步骤 2：分析系统中各评估指标间的关系，对同一层的各元素关于上一层中某一准则的重要性进行两两比较，采用九分位法的比较方法，比较尺度如表 17-2 所示，同时构造两两比较判断矩阵 **R**，如表 17-3 所示。

表 17-2 各评估指标的权重

Table 17.2 The Weight of Evaluation Factor

两因子间比较/comparison of two factors	特别重要/particular importance	很重要/very important	重要/important	比较重要/the more important	同等重要/equally important	比较不重要/less important	不重要/not important	很不重要/not very important	特别不重要/especially not important
量化值	9	7	5	3	1	1/3	1/5	1/7	1/9
两相邻判断的中间值			8，6，4，2，1/2，1/4，1/6，1/8						

表 17-3 判断矩阵 *R*

Table 17.3 The Judgment Matrix *R*

	X_1	X_2	X_3	X_4	X_5
X_1	1	1/2	2	1	1/3
X_2	2	1	3	3	1

续表

	X_1	X_2	X_3	X_4	X_5
X_3	1/2	1/3	1	1/2	1/3
X_4	1	1/3	2	1	1/3
X_5	3	1	3	3	1

步骤 3：由判断矩阵 ***R*** 计算被比较元素对该准则的相对权重，然后计算各层评估指标对系统目标的合成权重，并进行层次总排序和一致性检验，计算结果如表 17-4 所示。

表 17-4 各评估指标的权重

Table 17. 4 The Weight of Evaluation Factor

评估指标/evaluation index	X_1	X_2	X_3	X_4	X_5	总和/the sum
权重值 w/weight value w	0. 130	0. 308	0. 087	0. 140	0. 335	1

17. 2. 6 计算灾度和灾级

根据式（17-3），d_{ij}的取值区间为［0，1］；根据式（17-4），r_{ij}的结果范围是［0. 5，1］。所以，根据式（17-5），灾度 g_i 的范围也是区间［0. 5，1］。灾度与灾级的对应关系如表 17-5 所示。

表 17-5 灾级与灾度的对应关系

Table 17. 5 The Correspondence Between Disaster Rank and Disaster Degree

灾级/the disaster grade	巨灾/huge disaster	大灾/large-scale disaster	中灾/secondary disaster	小灾/small disaster	微灾/micro disaster
灾度 the disaster degree	［0. 9，1］	［0. 8，0. 9）	［0. 7，0. 8）	［0. 6，0. 7）	［0. 5，0. 6）

在参考文献（刘合香和黄鹄，2009）的基础上，本章在式（17-4）中加了 ξ 和 k 两个系数，目的是对关联系数进行适当的调整，使得计算出来的灾级分布符合金字塔分布。在本案例中，假设由重到轻的 5 个台风灾级数量的比例大致为 1∶2∶3∶4∶5，经过反复训练，确定 ξ 与 k 的最佳取值分别为 1 和 1. 9。

根据式（17-5）以及表 17-4 的权重值，最终计算出 65 个台风的灾度，按表 17-5 中灾级与灾度的对应关系，最终转换成灾级，如表 17-6 所示。

表 17-6　影响广东省 65 个台风的灾度及灾级

Table 17.6　The Table of Disaster Rank and Disaster Degree of 65 Typhoons Affected Guangdong Province

序号/order number	台风编号/typhoon ID	灾度/the disaster degree	灾级/the disaster grade	序号/order number	台风编号/typhoon ID	灾度/the disaster degree	灾级/the disaster grade	序号/order number	台风编号/typhoon ID	灾度/the disaster degree	灾级/the disaster grade
1	199107	0.85	大灾	23	199515	0.71	中灾	45	200218	0.56	微灾
2	199108	0.66	小灾	24	199516	0.72	中灾	46	200220	0.53	微灾
3	199111	0.66	小灾	25	199610	0.67	小灾	47	200307	0.71	中灾
4	199116	0.74	中灾	26	199615	1	巨灾	48	200510	0.58	微灾
5	199119	0.56	微灾	27	199618	0.6	小灾	49	200518	0.56	微灾
6	199206	0.5	微灾	28	199710	0.88	大灾	50	200312	0.66	小灾
7	199207	0.63	小灾	29	199713	0.82	大灾	51	200313	0.82	大灾
8	199212	0.5	微灾	30	199803	0.56	微灾	52	200601	0.75	中灾
9	199302	0.76	中灾	31	199810	0.54	微灾	53	200602	0.53	微灾
10	199309	0.79	中灾	32	199903	0.66	小灾	54	200604	0.96	巨灾
11	199315	0.8	中灾	33	199908	0.67	小灾	55	200605	0.67	小灾
12	199316	0.81	大灾	34	199909	0.57	微灾	56	200606	0.88	大灾
13	199318	0.66	小灾	35	199910	0.6	小灾	57	200707	0.62	小灾
14	199403	0.93	巨灾	36	200010	0.64	小灾	58	200709	0.51	微灾
15	199404	0.5	微灾	37	200013	0.73	中灾	59	200801	0.58	微灾
16	199411	0.5	微灾	38	200103	0.7	中灾	60	200806	0.74	中灾
17	199413	0.63	小灾	39	200104	0.83	大灾	61	200807	0.5	微灾
18	199419	0.64	小灾	40	200107	0.59	微灾	62	200808	0.61	小灾
19	199504	0.69	小灾	41	200114	0.64	小灾	63	200809	0.6	微灾
20	199505	0.82	大灾	42	200116	0.55	微灾	64	200812	0.55	微灾
21	199506	0.53	微灾	43	200212	0.72	中灾	65	200814	0.9	巨灾
22	199509	0.78	中灾	44	200214	0.54	微灾				

这些台风灾度、灾级分布以及灾级的汇总分析如图 17-2 所示。可以看出，灾级的分布呈金字塔分布。在被评估为“巨灾”的台风中，“200814”号台风“黑格比”在粤西登陆后，造成广东受灾人口 737 万，死亡 26 人，房屋倒塌 2.92 万间，农业受灾面积 41 万 hm^2，直接经济总损失达 113.8 亿元。而编号为“199403”、“199615”、“200604”的 3 个台风给广东省带来的灾害更严重。这 4 个台风被评估为“巨灾”，符合相关专家的认定，与公众对“巨灾”的理解相吻

合，也符合“少数造成很大影响的灾害，应能符合巨灾”的原则。

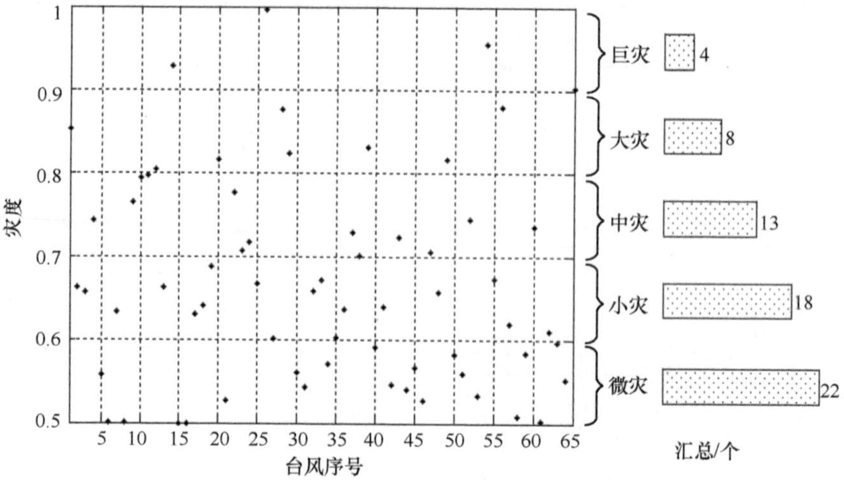

图 17-2　65 个台风灾度、灾级分布及灾级汇总

Fig. 17. 2　The Distribution and Summary Graph of Disaster Rank and Disaster Degree from 65 Typhoons

17. 3　小结

本章对台风灾情评估提出了一种基于台风灾害案例的历史序列分析，综合模糊数学和灰色关联分析的评估模型，方法简单、计算量小、评估结果合理，实例证明，该模型切实可行，可以作为台风灾情评估的实用方法。该模型方法还可以运用到不同灾种、不同地域的灾情评估中。评估时只要分析历史灾情数据，建立评估因子的灾级临界点矩阵 V［式（17-1）］，在式（17-4）中，调节 ξ 和 k 的值，使得灾级呈金字塔分布即可，简单灵活，值得推广。

第 18 章　基于离散型 Hopfield 神经网络的灾情评估模型

Chapter 18　A Study on Typhoon Disaster Evaluation Model Based-on Discrete Hopfield Neural Network

摘要：台风灾情评估对防台减灾和救灾工作十分重要。为此，本章提出并建立了一种基于离散型 Hopfield 神经网络的评估模型。该模型选取 5 个评估因子，根据广东省台风灾害历史数据，按灾害等级划分原则制定评估因子 5 个等级的划分方法，然后将待分级的台风进行 Hopfield 编码，建立离散型 Hopfield 神经网络模型，并用实例对模型进行了验证，分析模型的不足，将评估因子的权重因素引入到模型中，使模型更加合理。

关键字：风暴潮；洪涝；神经元；非线性函数；阈值函数；李雅普诺夫函数；加权规划法；层次分析法；判断矩阵

Abstract: Impact evaluation of typhoon disasters is essential for typhoon emergency, disaster-reduction, and disaster-relief efforts. This chapter presents one type of evaluation model based on the Discrete Hopfield Neural Network. In this model five evaluation factors were chosen on the basis of the typhoon disaster historical data in Guangdong Province by the disaster classification. In addition, a classification method was drawn up utilizing five grades of evaluation factors. Then the typhoon is coded via the Hopfield model and, as a result, it is possible to form a discrete Hopfield Neural Network Model and check the model using the available examples. Finally, the weak points of our model were analyzed, and then the weighting of the evaluation factors was taken into consideration in the model in order to make it more rational.

Keywords: storm surge; flood; neuron; nonlinear functions; threshold function; Lyapunov function; weighted programming; analytic Hierarchy; judgment matrix

18.1　引言

一个科学、准确、客观的台风灾情评估模型对防台减灾和救灾工作十分重要。本章利用离散型 Hopfield 神经网络方法，提出一种快速有效的台风灾情评估模型。

18.2　离散型 Hopfield 神经网络原理简介

Hopfield 神经网络及学习算法最初是由美国物理学家 Hopfield 于 1982 年提出

的，它作为一种全连接型的神经网络，曾经为人工神经网络的发展开辟了新的研究途径。Hopfield 最早提出的网络是二值神经网络，神经元的输出只取 1 和 -1，分别表示神经元处于激活和抑制状态，所以也称离散型 Hopfield 神经网络（discrete hopfield neural network，DHNN）（朱凯和王正林，2010）。

18.2.1 DHNN 网络结构

以一个由 3 个神经元组成的 DHNN 为例，其结构如图 18-1 所示（MATLAB 中文论坛，2010a）。

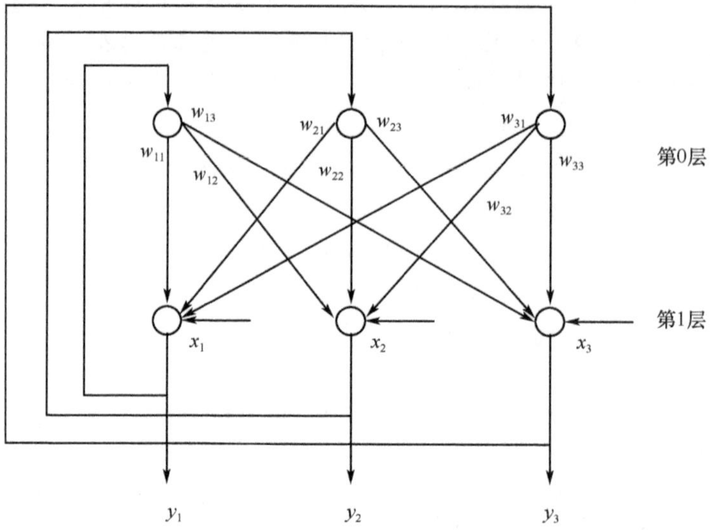

图 18-1 离散型 Hopfield 网络结构

Fig. 18.1 Structure Chart of Discrete Hopfield Neural Network

图中第 0 层仅作为网络的输入，它不是实际的神经元，所以没有计算功能；第 1 层是神经元，故执行对输入信息与权系数的乘积求累加和，并经非线性函数 f 处理后产生输出信息。f 是一个简单的阈值函数。如果神经元的输出信息大于等于阈值 θ，那么神经元的输出取值为 1；如果小于阈值 θ，则神经元的输出取值为-1。

二值神经元的计算公式：

$$u_j = \sum_i w_{ij} y_i + x_j \tag{18-1}$$

式中，x_j 为外部输入，且有

$$\begin{cases} y_j = 1, & u_j \geq \theta_j \\ y_j = -1, & u_j < \theta_j \end{cases} \tag{18-2}$$

一个 DHNN 的网络状态是输出神经元信息的集合，对于一个输出层是 n 个神经元的网络，其 t 时刻的状态为一个 n 维向量：

$$Y(t)=[y_1(t),\ y_2(t),\ \cdots,\ y_n(t)]^{\mathrm{T}} \tag{18-3}$$

$y_i(t)$ $(i=1,\ 2,\ 3,\ \cdots,\ n)$ 可以取值为 1 或-1，故 n 维向量 $Y(t)$ 有 2^n 种状态，即网络有 2^n 种状态。考虑 DHNN 的一般节点状态，用 $y_j(t)$ 表示第 j 个神经元，即节点 j 在时刻 t 的状态，则节点的下一个时刻 $(t+1)$ 的状态可以求得

$$y_j(t+1)=f[u_j(t)]=\begin{cases}1,\ u_j(t)\geqslant 0\\-1,\ u_j(t)<0\end{cases}$$

$$u_j(t)=\sum_{i=1}^{n}W_{ij}y_i(t)+x_j-\theta_j \tag{18-4}$$

18.2.2 DHNN 网络工作方式

从 DHNN 的结构可以看出，Hopfield 网络是一种多输入、含有阈值的二值非线性动态系统。网络按动力学方式运行，其工作过程为神经元状态的演化过程，即从初始状态按李雅普诺夫（Lyapunov）能量函数的减小方向进行演化，直至达到稳定状态。稳定状态定义为，如果网络从某一时刻以后，状态不再发生变化，则称网络处于稳定状态，即

$$v(t+\Delta t)=v(t)\qquad \Delta t>0 \tag{18-5}$$

网络的稳定状态就是网络的输出。Hopfield 网络的能量函数含有全局小点和局部小点。将这些点作为记忆状态，就可以将 Hopfield 网络用于联想记忆。

18.3 基于 DHNN 的台风灾情评估模型

18.3.1 评估因子选取与等级划分

影响广东的台风灾级划分参照第 18 章，选取 5 个具有代表性的评估因子：农作物受灾面积（X_1）、死亡人口（X_2）、受灾人口（X_3）、倒塌房屋（X_4）、直接经济损失（X_5），将灾害划分微灾、小灾、中灾、大灾和巨灾 5 个等级，制订出评估因子等级的划分方法，如表 18-1 所示。

18.3.2 构建 DHNN 模型

离散型 Hopfield 神经网络神经元的状态只有-1 和 1 两种状态，因此，将评估因子映射为神经元的状态时需要将其进行编码，编码规则为：当评估因子数值在

某个等级的范围内时，对应该等级的神经元状态设为 1，否则为-1。首先设定 5 个理想的评估因子等级编码，如图 18-2 所示，DHNN 即以它们为训练样本。

接下来按照编码规则对待分类台风的评估因子数据进行编码，限于篇幅，仅列出具有代表性的 6 个台风，如表 18-1 所示，其编码结果如图 18-3 所示。

表 18-1　6 个具有代表性的台风灾情

Table 18. 1　Table of Six Representative Typhoon Disaster Situations

台风编号/typhoon ID	农作物受灾面积（万 hm²）/ the crops disaster area (ten thousand hectares)	死亡人口（人）/ mortality population (people)	受灾人口（万人）/ the affected population (ten thousand people)	倒损房屋（万间）/ damaged buildings (ten thousand)	直接经济损失（亿元）/ the direct economic loss (¥100 million)
200104	29. 17	26	712. 34	1. 09	28. 78
200114	11. 27	4	21. 27	1	7. 89
200220	5. 14	0	64. 35	0. 08	0. 78
200604	30. 9	123	779	12. 12	143. 67
200606	35. 18	46	473. 5	2. 49	66. 27
199710	27. 9	71	913. 4	2. 3	32. 18

注：数据由《中国气象灾害大典：广东卷》整理而得，直接经济损失数据已按 2000 年广东省物价指数为基准进行换算．

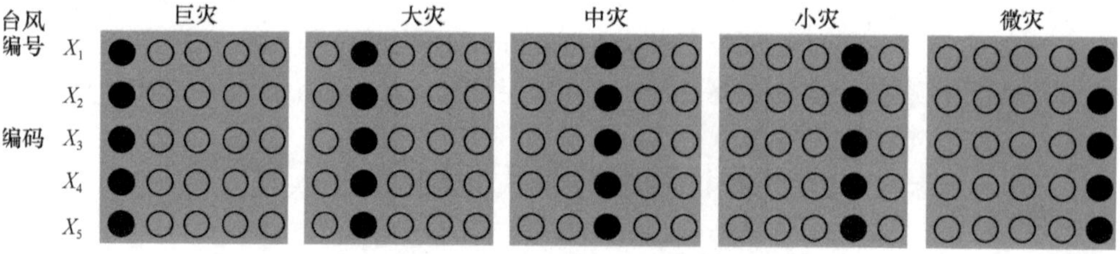

图 18-2　理想的评估因子等级编码

Fig. 18. 2　Chart of Coding for Desired Evaluation Factor Ranking

注：本章的图示中，用●表示神经元状态 1，○表示-1

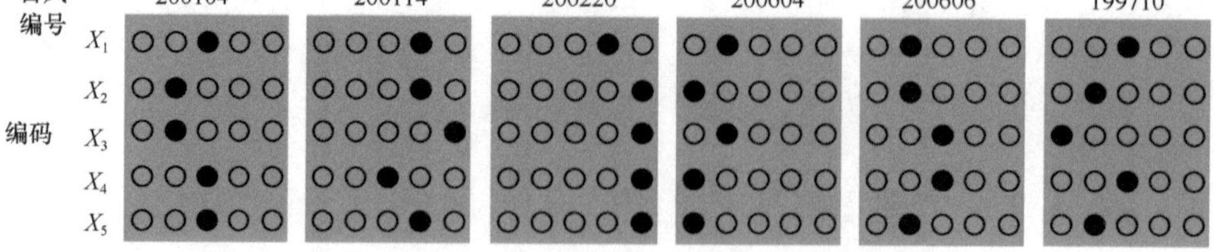

图 18-3　待分类的 6 个台风灾情评估因子等级编码

Fig. 18. 3　Chart of Coding of Disaster Evaluation Factor Ranking of Unspecified Six Typhoons

最后，在编码完成后，将其作为网络的输入，在 Matlab 软件中构建 DHNN 模型，经过 20 次学习，得到仿真结果，如图 18-4 所示。前 5 个仿真结果能很好地反映台风的灾情等级，而第 6 个编号为“199710”的台风无法得到正确的分类，原因是此台风的各评估因子等级差异较大，DHNN 无法找到与之接近的平衡点，也就是说，DHNN 也有失效的时候，下面对其进行改进。

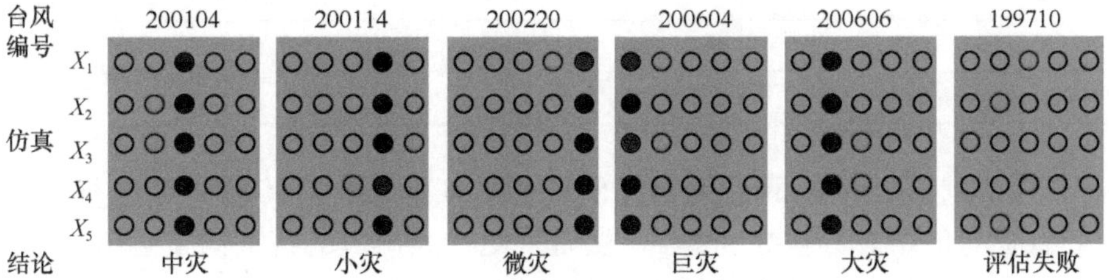

图 18-4　DHNN 模型仿真结果

Fig. 18. 4　The Simulation Result Chart of DHNN Model

18. 4　引入评估因子权重的 DHNN 模型

以上的分析过程没有考虑评估因子权重的影响。要使评估更加合理客观，必须考虑权重的影响。权重系数的大小反映了各参评因子的相对重要程度，取值的好坏将直接影响到评估结果的好坏。常用的定权方法有专家咨询法、相关分析法、调查统计法、加权规划法等。由于层次分析法适合难以直接准确计量分析的复杂决策，本章采用层次分析法确定权重值。

18. 4. 1　层次分析法确定权重

层次分析法（analytic hierarchy process，AHP）是美国运筹学家、匹兹堡大学的 Satty 于 1980 年提出的一种系统分析方法，是将与决策总是有关的元素分解成目标、准则、方案等层次，在此基础上进行定性和定量分析的决策方法（汪应洛，1998）。其在台风灾情评估中应用，具体步骤如下。

1）确定台风灾情评估因子集，建立系统分析的层次结构。

2）分析系统中各评估因子间的关系，对同一层次各元素关于上一层次中某一准则的重要性进行两两比较，通常采用的比较方法是九分位法，比较尺度如表 18-2 所示。经过咨询相关专家，构造出评估因子两两比较的判断矩阵 ***R***，如表 18-2 所示。

表 18-2 判断矩阵 $\boldsymbol{R}$

Table 18. 2 The Judgment Matrix $\boldsymbol{R}$

	X_1	X_2	X_3	X_4	X_5
X_1	1	1/2	2	1	1/3
X_2	2	1	3	3	1
X_3	1/2	1/3	1	1/2	1/3
X_4	1	1/3	2	1	1/3
X_5	3	1	3	3	1

3）求解判断矩阵 $\boldsymbol{R}$ 的最大特征值下的特征向量，对特征向量进行标准化，使该特征向量的所有分量之和为 1，然后将此标准化后的特征向量近似地作为对应的各项指标的权重，计算结果如表 18-3 所示。

表 18-3 评估因子权重及对应的神经元数

Table 18. 3 The Weight of Evaluation Factor and the Respective Number of Neurons

评估因子/evaluation factor	X_1	X_2	X_3	X_4	X_5	总和/the sum
权重值/weighted value	0. 130	0. 308	0. 087	0. 140	0. 335	1
神经元数/the number of neurons	13	31	9	14	33	100

18. 4. 2 引入评估因子权重的 DHNN 模型

如何在 DHNN 中表达各评估因子的权重，是一个比较困难的问题。本章通过调节神经元数目的方法来解决这一难题，即将神经元对应评估因子进行分组，评估因子权重越大，其对应的组所包含的神经元数目越多，对神经网络的评估结果影响越大（高芳等，2004），其具体做法如下。

设评估因子总数目为 m，各项指标的权重在标准化之后，分别为 w_i，$1<i<m$，则有 $0<w_i<1$，$\sum_{i=1}^{m} w_i = 1$。设权重 w_i 对应的组所包含的神经元数为 n_i，则

$$n_i = \text{RND}\ (100 \times w_i) \tag{18-6}$$

式中，RND（·）为取整函数。在评估因子的编码，即 DHNN 的输入中，同组的神经元取相同的值。由于这些同组的神经元在记忆和联想过程中取值相同，所以会对评价结果产生“吸引”的作用。因子的权重越大，其对应的组所包含的神经元数目越多，“吸引”的作用力越大，对神经网络的评估结果影响越大。

以表 18-1 中编号为“199710”的台风为例，首先，将作为训练样本的

理想的各灾情等级样本重新编码，每个等级的神经元总数为 100，根据各评估因子的权重，确定其对应的神经元数量，如表 18-3 所示。随后，对“199710”号的台风也依照各因子对应的神经元数进行重新编码，神经元总数也是 100，编码结果如表 18-4 所示。最后，在 DHNN 模型中仿真，其仿真结果为“大灾”。分析评估结果，评估因子 X_2 和 X_5 的权重之和占六成以上，因此，“大灾”的评估结果是合理的。引入权重的影响后，此台风之前仿真失败的问题得到解决。

表 18-4　引入权重后的评估因子编码

Table 18.4　The Table of Evaluation Factor Coding After Introducing Weights

台风编号	因子	神经元序号	编码
199710	X_1	1～13	○○●○○
	X_2	14～44	○●○○○
	X_3	45～53	●○○○○
	X_4	54～67	○○●○○
	X_5	68～100	○●○○○

用上述建立的引入评估因子权重的 DHNN 模型对影响广东省的 65 个台风灾情进行分类，分类结果为：巨灾 2 个，分别是“199615”和“200604”号台风，大灾 7 个，中灾 15 个，小灾 18 个，微灾 23 个。分类结果能很好地符合实际情况，且各灾级台风在数量上呈宝塔状分布，符合灾级划分原则。

18.5　小结

DHNN 采用模式联想，训练过程简单，不需要大量样本。设计的 DHNN 模型能够有效地进行分类从而对台风灾情进行评估，模型引入评估因子权重的影响以后，评估结果更加准确合理，同时也解决了在评估因子等级差异较大的情况下模型仿真失败的问题。实例证明，上述评估模型切实可行，值得推广。

第19章 灾害评估的大数据（海量资料）分析技术

Chapter 19 Big Data Analysis of Typhoon Disaster Losses

摘要：台风灾害评估包含大量资料的统计问题。影响台风灾害变化预测的因素有很多，如台风动态、经济动态及环境状况等。由于传统的统计分析无法完全掌握台风灾害损失变化，因此，研究人员一直尝试使用各种新方法。本章介绍了大数据（海量资料）分析模型的基本概念以及各种常用的大数据分析方法。例如，灰色理论、模糊理论、神经网络等各种预测方法均可提供卓越的性能。然而，如何有效地利用观测到的数据来预测台风灾害损失又是另一个巨大的挑战。寻找可扩展的智能算法是台风灾害预测不可或缺的。台风动力学和经济学的知识可以帮助我们有效解释从大数据（海量资料）中得出重要信息。投入更多的努力以建构台风灾害损失与各个因子之间的关系，并发展出更先进的资料采矿演算技术，有助于我们建构更优的预测模型。

关键词：大数据分析模型；智慧型计算；数据挖掘；颗粒度；欧氏距离；马氏距离；Polytomors 模型；有序逻辑模型；随机森林；贝叶斯分类器；决策树；卡方自动交互效应检测树；快速无偏有效统计树；Cubist 树；混沌现象；自回归移动平均模型；门限自回归模型；遥感

Abstract: Typhoon Disasters, as a statistical issue, can be regarded as 'Big Data' (also called massive data) challenges. There are many factors, such as typhoon dynamics, economic trends and environmental conditions which influence the prediction of typhoon disasters. Using only traditional statistical analysis one cannot fully grasp the challenges posed by typhoon disaster losses, thus researchers are using various new approaches. This chapter introduces the basic concepts of 'big (massive) data analysis' and a variety of commonly used methods for 'big data' analyses. The forecasting models, like gray theory, fuzzy theory, and neural networks, can provide superior performance. However, how to most effectively use the observed data to predict typhoon disaster losses remains a huge challenge. Looking for scalable intelligent algorithms is indispensable for typhoon disaster prediction. The knowledge of typhoon dynamics and economics helps us interpret the output from big data analysis, thus we can devote more effort toward constructing relationships between the various factors and typhoon disaster losses, and, in following steps, develop more advanced technology of data mining algorithms, using both to help us construct better forecasting model.

Keywords: big data (Massive data) analysis; intelligent computing; data mining; particle size; euclidean distance; mahalanobis distance; polytomors model; orderly logical model; random forest; bayesian classifier; decision tree; chi-square automatic interaction effect detection tree; Cubist tree; QUEST: quck unbiased effective statistical tree; ARMA: auto-regression moving average model; TAR: threshold autoregression model; remote sensing

台风可带来巨大灾害。但由于它的复杂性，使得台风的灾害预测变得十分困难。传统的统计模型提供了人工经验的判别方式，然而，在云计算兴起之后，大量资料的判别变得更加繁复。而由于防台减灾工作涉及时间与空间的预测，因此，找到一个有效的方法，可以迅速地掌握台风的灾情动态，已成为关注台风经济影响的学者们的新研究课题，而近年兴起的人工智能也是可以应用于台风灾害损失分析的重要工具（Wang et al., 1996; Goguen, 1967; Dubois and Prade, 1988）。本章以大数据分析为例，说明如何应用大数据挖掘技术协助我们更好地做决策分析。

19.1 大数据分析的决策模型

19.1.1 大数据分析数据挖掘

大数据分析（big data analysis, BDA）是近年所发展出来的预测模型。它是以基本统计学理论配合颗粒度演算以及人工智能演算为基础，并转化成为一个优化模型的分析方法。因此，它应用到了传统的统计理论，也导入了较新的模糊数学，并且与决策分析的理论合二为一，是对于台风应急管理有实质帮助的分析方法。

BDA 模型是要从大量数据中找到规则的模型，因此它实际上与数据挖掘（资料探勘）（data mining）有很密切的关系（Levy et al., 1997, 1999）。在台风灾害损失预测中，我们要处理大量的资料、图形以及信号。因此首先要问的是：如何从这些信息中选择最有用的资料？如何将这些资料以最单纯的形式表达出来？如何使用机器学习（machine learning）的技术来发现大数据中的隐藏规律？

数据挖掘是近几年发展起来的一种新的分析方法。这是非常适合台风灾害决策分析的方法，因为在台风相关信息中有很多潜规则隐藏在其中。数据挖掘技术可以帮助我们找到这些规则。最常用的数据挖掘方法包括：分类（classification）、聚类（clustering）或分割（segmentation）、关联（association）或序列（sequence）、预测（prediction）或评估（estimation）。

分类可用于台风管理的决策，因为它告诉我们原始资料在分类后的一个明确的结果。分类的结果，只有 yes 或 no 两种情况。分类是进行了集群化工作后的项目，它告诉我们在这种情况下属于哪一个类别。因此，分类是区分群集之后的工作。分类的技术可以清楚地告诉我们，这台风动态的条件所属的类别究竟是什么。

聚类方法可以将台风的资料加以分群或分组。聚类方法可以用来预测台风的动态特性。例如，用聚类方法来分析什么样的天气系统下产生的台风会有怎样不同的时空状态。有些学者试图从台风的动力学物理原理中来找出其中的重要影响因子。然而，在聚类方法的研究中，并不考量其中的物理原理，它是直接由所显示的数据结果来确定的。由此可以看出，聚类方法为我们提供了一种技术，单从统计数据进行聚类分析。这个结果可以在台风的物理动态模型中相互验证。

关联分析或序列分析是找到在一定条件下的伴随环境因素的方法。因此，它也可以用于预测台风的灾害损失预防决策。例如，台风灾害损失及台风雨量之间的关联是什么？台风灾害损失与温度或湿度有关吗？如果有可能找到相互的关系，这将是台风灾害预测的重大进展。

有许多经常使用的聚类分析方法，包括层次分析法（hierarchical analysis）和非层次分析法（non-hierarchical analysis）。层次分析法包括凝聚法（agglomerative）和分裂法（divisive）两种方法。有两种类型的距离，包括点间距（the distance between the points）以及类间距（inter-cluster distance）。而欧氏距离（Euclidean distance）、马氏距离（Mahalanobis Distance）和城市街廓距离（city block distance）则是 3 种最典型的计算方式。非阶层分析方法包括 *K*-均值法（*K*-means）、密度基准法（density based）和自组织映射（self-organizing map，SOM）等。*K*-均值法是在开始时将数据分割成 *K* 类，然后根据以下的两个规则来做校正，即最小类内距离（minimal variation within the group）和最大类间距离（maximum variation between groups）。

有许多方法可以用来做台风灾害损失的分类，如逻辑回归模型（logistic regression model）、polytomors 模型、有序逻辑模型（ordinal logistic model）。这 3 种模式都可以为待分析的数据做良好的分类。除了上述方法外，还有其他分类方法，包括判别分析（discriminate analysis）、分类树（classification tree）、随机森林（random forest）、人工神经网络（artificial neural network）、支持向量回归机（SVM）和贝叶斯分类器（Bayesian classifier）等。

19.1.2 BDA 参数优化

有两种方法用于查找两个参数之间的交叉关系。一个是关联分析（association analysis），而另一个是序列分析。在一般情况下，常用的统计软件即可以进行上述分析。这是台风灾害防治决策必须完成的第一项工作。

两个参数之间的定量关系是决定两者之间关联的度量。相关性分析（correlation analysis）是研究两个变量之间线性关系的方法。而两个连续变量之间的关联可以通过散射图（scattering plot）和相关系数（coefficient of correlation）来表示。其计算方法为

$$r = \frac{\mathrm{cov}(x,\ y)}{s_x\, s_y} = \frac{\sum (X - \overline{X})(Y - \overline{Y})}{\sqrt{\sum (X - \overline{X})^2 (Y - \overline{Y})^2}} = \frac{SP_{xy}}{\sqrt{SS_x SS_y}} \tag{19-1}$$

基于以上分析，有必要建立一个通用的架构，其基本原理如图 19-1 所示。

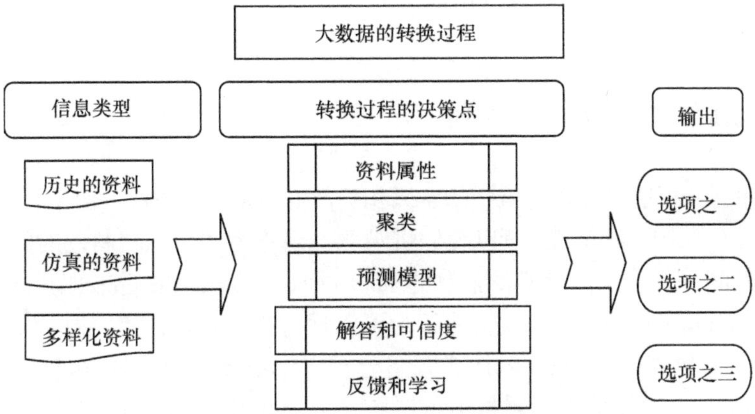

图 19-1　大数据分析模型应用于台风灾损分析的架构

Fig. 19. 1　The Framework for the Application of BDA Model in Typhoon Damage Analysis

19. 1. 3　BDA 的决策树

台风灾害损失预测的决策树研究应用可以帮助我们判断台风灾害损失状况与在不同状况之下可以执行的决策。决策树由决策图和可能造成的结果构成，包括资源、成本和风险。它可以被用来创建一个计划，以达到所希望完成的目标。它使用特殊的树结构来做决策过程中的辅助工具。所以，决策树实际上是一个树状的决策支援工具、图形或模型。它是一种演算法，用来显示一个随机事件、资源、成本以及其他实用的结果（Cha and Tappert，2009；Yuan and Shaw，1995；Deng et al.，2011）。

决策树通常用于运筹学，特别是在决策分析的领域。它可以帮助我们确定最有可能达到目标的策略。根据这个功能，它可以被划分为分类树（classification tree）和回归树（regression tree）两种。在实务上，一个决策往往是在没有充分信息的情况下就被决定了。决策树使用平行概率模型（parallel probabilistic model）作为其最佳选择模型（best choice model）。线上选择模型（online selection model）也可以作为选择决策方案的一种替代演算方法。另一个使用决策树的场合，是计算事件发生的条件概率（conditional probabilities），此时将它当做一个描述性的工具（descriptive tool）。

常用决策树包括 CART 分类回归树，CHAID 卡方自动交互效应检测树（chi-squared automatic interaction detection），QUEST 快速、无偏、有效、统计树（quick，unbiased，efficient，statistical tree），C4.5 树，随机森林树（Random Forest），Cubist 树，等等。

19.2 BDA 时间序列模型

19.2.1 线性时间序列

时间序列分析法是分析时域中的台风相关数据最常用的方法。由于台风的相关测量数据来自于各个监测资讯，所以我们将观测结果称为“台风资料的时间序列”。台风资料的时间序列是由环境系统中的随机过程（stochastic process）与混沌现象（chaotic occurrence）所产生。此混沌行为可以通过很多数学工具，如直方图（histogram）、波浪分析（wave analysis）或频谱分析（spectral analysis）来进行调查（Luo et al.，2005a，b）。它可以是线性的或非线性的。非线性的特征来自很多原因，如尺度不变性（scale-invariant）和集群特性（clustering characteristics）等。

Yao 和 Liu（2013）曾使用线性和非线性的时间序列来预测在上海区域的环境参数之变化。这也是从大数据中提取的隐藏信息的重要方式。Box 和 Jenkins（1976）所提出的集成移动平均自回归法（autoregressive integrated moving average，ARIMA）模型是最常见的时间序列方法。季节性单变量的 ARIMA（p，d，q）（P，D，Q）s 模型为

$$\Phi(B)\left[\Delta y_t-\mu\right]=\Theta(B)\,a_t \quad t=1, \cdots, N \tag{19-2}$$

其中，

$$\Phi(B)=\varphi p(B)\,\Phi P(B) \tag{19-3}$$

$$\Theta(B)=\theta q(B)\,\Theta Q(B) \tag{19-4}$$

式中，μ 是一个可选的模型常数。

独立变量 x_1，x_2，…，x_m 也可以包括在模型中。有自变量的模型由式（19-5）给出

$$\Phi(B)\left[\Delta\left(y_t-\sum_{i=1}^{m} c_i x_{it}\right)-\mu\right]=\Theta(B)\,a_t \tag{19-5}$$

式中，c_i，$i=1, 2, \cdots, m$，为自变量的回归系数。

19.2.2 非线性时间序列

考虑到时间序列具有波动性、复杂性和非线性的特征，回归模型已经演化发展成了 TAR 门限自回归模型（threshold auto regression）（Tsay，1986，1989）。其中可能有许多区间（regimes）在这些数据中，所以，这段时间，系列是一种自激阈值自回归过程（self-exciting threshold autoregressive process），其公式（Tong，1978；Tong and Lim，1980；Tong，1983）为

$$X_t = \begin{cases} \alpha_0^{(1)} + \sum_{i=1}^{p} \alpha_i^{(1)} X_{t-i} + \varepsilon_t^{(1)} & \text{if} \quad X_{t-d} \leqslant r_1, \\ \alpha_0^{(2)} + \sum_{i=1}^{p} \alpha_i^{(2)} X_{t-i} + \varepsilon_t^{(2)} & \text{if} \quad X_{t-d} > r_1 \end{cases} \tag{19-6}$$

式中，$t \in (p+1, \cdots, N)$，N 为观测数。

若时间序列有三个区段，则其公式为

$$y_t = \begin{cases} \alpha_1 + \beta_1 y_{t-1} + \varepsilon_{1t} & z_{t-d} < \gamma_1 \\ \alpha_2 + \beta_2 y_{t-1} + \varepsilon_{2t} & \gamma_1 \leqslant z_{t-d} < \gamma_2 \\ \alpha_3 + \beta_3 y_{t-1} + \varepsilon_{3t} & z_{t-d} \leqslant \gamma \end{cases} \tag{19-7}$$

如果这个时间系列有更多的区段，那么公式可扩展为

$$y_t = \begin{cases} \alpha_0^{(1)} + \sum_{i=1}^{p} \alpha_i^{(1)} y_{t-i} + \varepsilon_t^{(1)} & \text{if} \quad y_{t-d} \leqslant \gamma_1 \\ \alpha_0^{(2)} + \sum_{i=1}^{p} \alpha_i^{(2)} y_{t-i} + \varepsilon_t^{(2)} & \text{if} \quad \gamma_1 < y_{t-d} \leqslant \gamma_2 \\ \alpha_0^{(k)} + \sum_{i=1}^{p} \alpha_i^{(k)} y_{t-i} + \varepsilon_t^{(k)} & \text{if} \quad \gamma_{k-1} < y_{t-d} \end{cases} \tag{19-8}$$

非线性时间序列的方程可以表示为

$$y_t = \beta_1 \Omega\ (z_{t-d} < \gamma_1) + \beta_2 \Omega\ (\gamma_1 \leqslant z_{t-d} < \gamma_2) + \cdots + \beta_k \Omega\ (\gamma_{k-1} \leqslant z_{t-d}) + \varepsilon_t \tag{19-9}$$

式中，如果不等式成立，则 $\Omega=1$，否则 $\Omega=0$。

19.3 BDA 大数据智慧演算

19.3.1 BDA 人工神经网络

人工神经网络是一个试图模仿人类神经系统的计算系统。它是由许多非线性运算（即神经元），以及这些运算单元之间的联结所构成。这些运算单元大致上是以平行和分散式的方法来算，然后使用电脑来模拟处理的生物神经网络系统。

在一般情况下，整个神经网络的功能像大脑一样，它可以通过样本或受过训练的资料来显示学习、记忆、归纳和演绎的能力。类神经网络在处理复杂工作时的特点是：①不需要复杂的数学模型来定义问题；②不必求解微分方程、积分方程或者任何其他数学方程；③通过学习环境来面对所面临的复杂问题和不确定因素（Pedrycz，2013）。

有5种可用于台风灾害损失研究的类神经网络：前馈式ANN（FFANN），倒传递ANN（BPANN），径向基础函数ANN（RBFANN），多层感知ANN（MLPANN）及自组织映射（self-organizing map）ANN（SOMANN）。这些模式可以根据不同的要求来应用。

类神经网络的结构是非常相似的，它包括一个输入层、一个隐藏层和一个输出层。该计算方法为

$$A_j(\bar{x}, \bar{w}) = \sum_{i=0}^{n} x_i w_{ji} \tag{19-10}$$

$$O_j(\bar{x}, \bar{w}) = \frac{1}{1 + e^{A(\bar{x}, \bar{w})}} \tag{19-11}$$

$$E_j(\bar{x}, \bar{w}, d) = (O_j(\bar{x}, \bar{w}) - d_j)^2 \tag{19-12}$$

$$E(\bar{x}, \bar{w}, \bar{d}) = \sum_j (O_j(\bar{x}, \bar{w}) - d_j)^2 \tag{19-13}$$

$$\Delta w_{ji} = -\eta \frac{\partial E}{\partial w_{ji}} \tag{19-14}$$

Huang和Gu（2012）曾应用倒传递类神经网络来进行大气中的能见度研究。研究的第一步是变量筛选，其中，所选出来的环境变数包括前一天的湿度、风速、风向、日照时数、地面辐射、雨量、气压等。隐层神经元和训练次数的数量分别为17和35 000。虽然台风的预测变数与这个研究不完全相同，但是可以作为参考。

19.3.2 BDA模糊聚类

模糊聚类分析是基于模糊理论所发展出来的成果。Zadeh（1965）首先提出了模糊集理论，并认为有必要使用模糊概念理论，以应对不确定性和复杂性的问题。在模糊集理论中，一个对象的属性，不再是传统的两分法，而是变为隶属函数的表达式。隶属度为所讨论对象的模糊印象的集合。因此，该函数原来有一个离散的范围{0，1}功能可以扩展到连续范围[0，1]的隶属函数。由隶属函数确定的值，就是隶属度。

这种方法可以帮助我们来分析台风资料，只要结合海量数据与计算机的高速处理能力，运用“隶属度”以取代以往的“二进制逻辑”方法的推理过程可以保持数据的原始特征。原始信息不会在推理过程中流失。

这种模糊聚类方法可与时间序列预测模型并行使用，所以，已有大量的研究应用到环境问题中。Chen 基于模糊时间序列的方法，进行了一项研究，以预测悬浮微粒浓度（Chen and Wang，2012）。

台风时间序列可以通过模糊理论来预测，如

$$X_{\mathrm{vis}} = \{x_{\mathrm{vis}\,t},\ t=1,\ \cdots,\ N\} \tag{19-15}$$

台风的模糊时间序列可以通过事件特征函数（event characterization function，ECF）来进行估计，如

$$\mathrm{ECF}=g(t)=\mathrm{g}\ (X_i,\ X_{i-1},\ \cdots,\ X_l) \tag{19-16}$$

ECF 可定为

$$g(t)=\frac{X_{i+1}-X_i}{X_i} \tag{19-17}$$

如果需要做前一步的台风预测，式（19-15）中的事件描述函数（event characterization functions）可被选择。模糊时间序列的隶属函数 $f(x, a, c)$，由以下方程给定。其中，a 和 c 是向量 x 上的一个映射

$$f(x,\ a,\ c)=\frac{1}{1+\mathrm{e}^{-a(x-c)}} \tag{19-18}$$

时间（n+1）的值是由隶属函数 $f(x, a, c)$ 确定的，而前一个步骤的值为

$$X_{\mathrm{vis}}(t_{n+1})=X_{\mathrm{vis}}(t_n)+f(x,\ a,\ c)\cdot[X_{\mathrm{vis}}(t_{n+1})-X_{\mathrm{vis}}(t_n)] \tag{19-19}$$

19.4 实例分析

19.4.1 研究案例

由于大数据分析使用到了许多不同技术，因此，本章中仅取其中的一个范例作为参考。本案例以台湾台风观测的大数据，利用非线性时间序列进行分析，并比较台风前和台风后的消费者物价指数之变化。

研究案例使用在台湾的历史记录作为数据库以建构实证模型。这些数据收集自 1981 年 1 月至 2011 年 12 月。在 2009 年、2010 年和 2011 年进行更详细的分析。消费者物价指数 CPI 的数据是从 DGBAS 的网页资料库中取得的。

19.4.2 台风发生与消费物价指数的变化

图 19-2 显示了台湾 2009 年、2010 年和 2011 年的六大类消费者物价指数变化，包括食品、服装、住宅、交通、教育、医疗、娱乐等。其中，最具影响的类别是食品。从图 19-2 中可以看出，若与整个台湾的台风发生时间相比，消费物价指数的峰值与台风的发生时间是一致的。

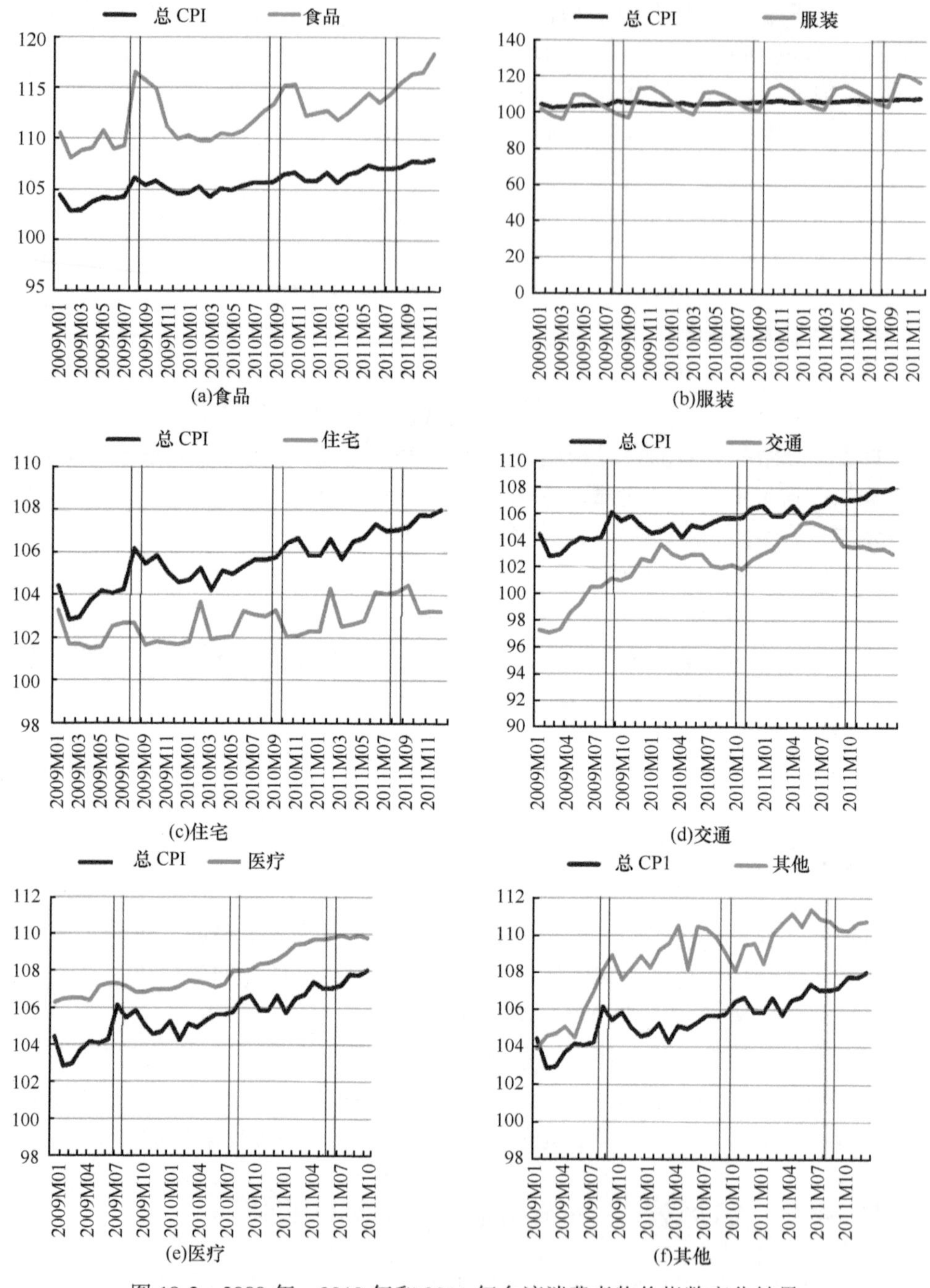

图 19-2 2009 年、2010 年和 2011 年台湾消费者物价指数变化结果

图中的垂直线代表在台湾发生台风的月份（Chen et al., 2012）

Fig. 19.2 The Results of Taiwan's Consumer Price Index Change in 2009, 2010, and 2011

The vertical lines represent the occurrence of typhoons in this month（Chen et al., 2012）

19.4.3 BDA 非线性模型结果

TAR 模型中的阈值由理论基础的经济假设或实证的经验值来确定。本案例中我们假设在消费者物价指数的时间序列上有两个区域，即有台风的季节与没有台风的季节。台风天被定义为台风在这个区域的日子。它可以从以前的遥感图像来获得。阈值是由其前 3 个时间的三阶移动平均的落后值（lags）所定义。方程式定义为

$$\gamma_{th}=\mu(t-3)+\mu(t-2)+\mu(t-1) \tag{19-20}$$

式中，$\gamma_{th}(t)$ 是 CPI 时间序列的阈值；t 是台风发生的时间，$t-1$、$t-2$ 及 $t-3$ 是时间 1、2 及 3 的滞后时间。

由于消费物价指数记录了每月的数据（图 19-2）。然而台风可能发生在本月的开始或结束时。因此，有必要进行时间因素偏差的转换。在这项研究中由以下模糊推理机完成调整。

假设台风的影响会出现在台风 5d 后，则影响的天可通过以下假设来确定。如果一个月分为 6 个时间段，每一部分有 5d，且每部分由 P1，P2，P3，P4，P5 和 P6 表示。如果台风发生在 P1 期间，则它会影响以下 5 个时期。因此，只有消费物价指数 5/6 贡献了这一移动平均值。如果它是在 P3 期间，那么它会影响到后面的 P4，P5 和 P6 的时期。因此，当月 CPI 的 3/6 受此台风影响。如果是发生在 P6 期，那么影响将发生在未来的一个月内，所以这个月的 CPI 值可以被视为不受台风影响。

模糊推理机可以通过下面的等式来表示：

$$\gamma_{th}(P_1)=(5/6)\mu(t-3)+(1/6)\mu(t-2)+(5/6)\mu(t-2)+(1/6)\mu(t-1)+(5/6)\mu(t-1)+(1/6)\mu(t),$$

$$\gamma_{th}(P_2)=(4/6)\mu(t-3)+(2/6)\mu(t-2)+(4/6)\mu(t-2)+(2/6)\mu(t-1)+(4/6)\mu(t-1)+(2/6)\mu(t),$$

$$\gamma_{th}(P_3)=(3/6)\mu(t-3)+(3/6)\mu(t-2)+(3/6)\mu(t-2)+(3/6)\mu(t-1)+(3/6)\mu(t-1)+(3/6)\mu(t),$$

$$\gamma_{th}(P_4)=(2/6)\mu(t-3)+(4/6)\mu(t-2)+(2/6)\mu(t-2)+(4/6)\mu(t-1)+(2/6)\mu(t-1)+(4/6)\mu(t),$$

$$\gamma_{th}(P_5)=(1/6)\mu(t-3)+(5/6)\mu(t-2)+(1/6)\mu(t-2)+(5/6)\mu(t-1)+(1/6)\mu(t-1)+(5/6)\mu(t),$$

$$\gamma_{th}(P_6)=\mu(t-2)+\mu(t-1)+\mu(t) \tag{19-21}$$

根据以上模型预测台湾食品类消费价格指数及残差如图 19-3 所示。最后，高和低两个区段的转换如图 19-4 所示。

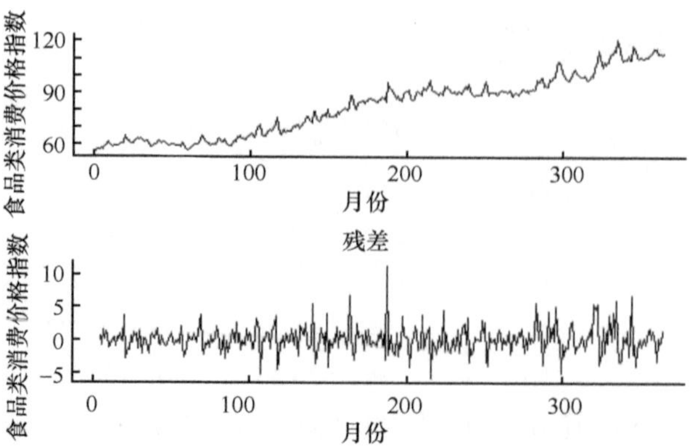

图 19-3　台湾在 1981 年 1 月至 2011 年 12 月的食品类消费者物价指数时间序列预测与残差（Chen et al.，2012）

Fig. 19. 3　Food Category CPI Time Series Variation from 1981 to 2011（Chen et al.，2012）

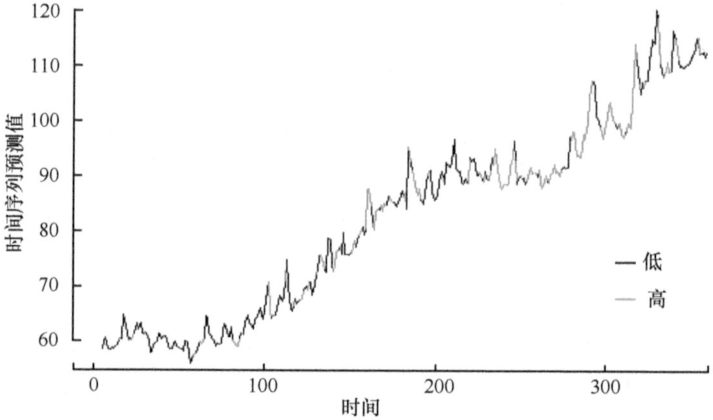

图 19-4　AR 模型中的两个区段的转换（Chen et al.，2012）

Fig. 19. 4　Transition Zone of Two Regime in AR Model（Chen et al.，2012）

19.5　小结

台风是一个涉及大量资料运算的自然界现象，因此，引入大数据分析的技术有助于我们掌握台风的动态，且可以较精确地预测可能的灾害损失。本章概要地介绍了各种可能的大数据分析方法，以提供未来者研究的方向。

大数据分析，主要有决策分析模型（decision analysis model）、时间序列模型（time series models）以及智慧演算模型（intelligent computing model）三大类。由

于现代的云计算有使用越来越多的趋势，如何应用恰当的模型来分析台风观测数据的大数据，并从其中找到有意义的潜规则，是研究者值得努力的目标。

本章中以时间序列的模型（time series models）进行台风资料的海量分析（big data analysis）实证，以台湾的消费者物价指数（consumer price index）为案例，利用线性及非线时间序列模式（linear and non-linear time series models）来进行预测，并将预测的结果与台风发生的时间互相比对。由结果可以看出，预测的结果与台风的发生时间相当吻合，因此，使用大数据分析技术来对台风灾害进行评估是未来进行台风管理的可行方向。如果能配合引入 GIS 和 RS 技术，将可使预测的结果更有提升空间。

第20章　基于Wang两因素模型的巨灾债券定价

Chapter 20　Pricing Research of Typhoon Catastrophe Bonds: Based on the Wang Two-Factor Model

摘要：我国是世界上巨灾发生较频繁的国家之一，巨灾一旦发生，将产生巨大社会经济影响。因此，无论是从减轻国家财政负担还是从国内保险业发展考虑，我国都应该鼓励巨灾债券的发展。本章收集了1993～2010年登陆我国台风的灾害数据，运用Wang两因素模型对其经验分布进行调整，从而得出一年期我国台风债券在各触发点时本金有保障型及本金无保障型的债券价格，以期对我国推出巨灾债券提供相应的理论支持。

关键词：巨灾债券；台风债券；Wang两因素模型；均衡定价模型；无套利模型；实证模型；现金流贴现模型；套利定价模型；债券溢价；损失超越曲线；纯粹风险；帕累托分布；无风险利率

Abstract: China is the country with the most frequency catastrophe, once catastrophe happens will cause enormous social and economic losses. Therefore, either from lightening the state financial burden or from developing of domestic insurance, China should encourage issuing catastrophe bonds. This article collects typhoons disaster data between 1993 and 2010 which happened in China, and uses the Wang two-factor model of empirical distribution adjustments. These analyses show that different trigger point of one-year typhoon bonds in China, in order to provide theoretical support for issuing catastrophe bonds.

Keywords: catastrophe bonds; typhoon bonds; Wang two-factor model; equilibrium pricing model; arbitrage-free model; empirical model; discounted cash flow model; arbitrage pricing theory; premium on bond; loss exceedance curve; pure risk; generalized pareto distribution; risk-free interest rate

20.1　引言

近年，随着社会经济的飞速发展以及人口密集度不断提高，自然灾害给社会发展和人们的生活带来了巨大影响。种种迹象表明，保险业正面临一场巨大的挑战，各种潜在的巨灾风险正严重威胁着保险公司，进而也对投保人构成潜在威胁。因此，如何解决巨灾风险问题已经成为保险业从业者们和相关研究人员致力于解决的重大课题。中国巨灾风险证券化的研究始于21世纪初，但由于中国保险业起步晚，资本市场还不完善，还没有尝试巨灾风险证券化的金融创新。然而，在国际上，很多保险公司通过巨灾保险风险证券化方式向资本市场分散巨灾风险。巨灾风险证券化在国际市场上已经成为分散巨灾风险的有效途径，其中，巨灾债券最为成熟，也是应用最广泛的巨灾风险证券化产品（周延和闰会丽，2011）。

20.2 巨灾债券研究综述

近年来，国外学者们在巨灾风险证券化和巨灾债券方面做了大量研究。然而，实际上，保险市场和资本市场创新性融合的想法，早在 1973 年就由戈士易和桑德尔（Goshay and Sandor，1973）提出过（张晓琴，2006）。他们在 1973 年发表了一篇关于保险衍生品的论文——《构建再保险期货市场的可行性研究》，率先探讨了保险市场与资本市场结合的问题，提出将保险市场风险转移到资本市场，通过保险风险证券化或保险衍生品来解决再保险市场承保能力不足的问题（刘倩，2010）。

作为一种金融资产，巨灾债券的成功销售离不开准确定价。目前，国际上较流行的巨灾债券定价模型有四种（郭强，2010），分别为均衡定价模型、无套利模型、实证模型和现金流贴现模型。1997 年，Cox 和 Pedersen（2000）推导出一个以代表性个人理论为基础的均衡评价模式，并在后续研究中通过整合利率期限结构模型与巨灾风险概率模型，建立巨灾债券的理论价格模型：$V(c) = \sum B(0, k) \times C(k)$（钟雅琴和陈和，2010）。他们指出，巨灾风险债券违约率与金融市场由于不存在相关性，巨灾债券的现金流便不能由其他债券或股票的现金流进行复制，如此，则不能避免不完全市场的假设。后续许多实证研究均以此为基础进行。Vaugirard（2003）则不认同以上观点，他认为，即使在一个不完全市场和标的非交易条件下，巨灾债券套利价格也存在。他将债券的定价归结于计算“首次穿越时间”的分布，因为债券持有者被认为在一触即发数字型选择权上处于超卖部位，这种选择权是建立在高斯利率框架下服从跳跃扩散过程的损失指数基础上，并由此推导出 Vaugirard 套利定价模型。Lee 和 Yu 在 2002 年（Vaugirard，2004）将道德风险和基差风险引入巨灾风险债券定价，结果表明，道德风险和基差风险都显著降低了巨灾风险债券的价格。

然而，目前无论是均衡定价模型还是无套利定价模型，都无法对市场上巨灾债券溢价较高的现象作出解释，因为这两种方法都是公平定价方法，无法给投资者评价巨灾债券的价格高低提供较好的参考。而 Wang 两因素模型、Christofides 模型以及 LFC 模型都是从实证角度分析巨灾风险债券的定价，三者都采用了计量方法，用影响价格的几个最重要的因素来进行定价（田玲，2009）。Christofides 模型是在巨灾风险债券不存在系统性风险的情况下对概率转换方法的扩展。LFC 模型具有 Cobb-Douglas 生产函数形式，体现市场投资者为获取期望超额回报，权衡于损失频率和损失程度之间。Wang 两因素模型既考虑了概率变换，又做了参数不确定性调整，可以较好地解释多只巨灾风险债券的收益率。相对 Christofides 和 LFC 模型，Wang 两因素模型在精度方面更胜一筹，这一结论已由田玲和向飞（2006）给出证明。

基于此，本章尝试在钟雅琴和陈和（2012）的研究基础上，通过收集 1993 ~2010 年登陆我国的台风中直接损失超过 1 亿元的 96 个样本数据，运用 Wang 两因素模型来构建台风巨灾债券的定价设计（陈和和曹琳，2013）。

20.3 Wang 两因素模型基本原理

Wang（2000）用一条损失超越曲线（loss exceedance curve）来描绘债券所承担的巨灾损失，用公式表示为：$S(x) = \Pr\{X > x\}$，即巨灾损失额 X 超过 x 的概率。有两种方式可以得到这条曲线：①将公司的风险暴露数据输入巨灾建模软件；②利用一些参数指标（如某一特定区域一次地震的里氏地震、某一行业总体损失指数等）来设计支付函数。一般巨灾风险债券的发行宣传材料上会提供期望损失、第一美元损失概率、本金耗尽概率（probability of exhaustion，PE）等数据，通过这些数据就可以得到 $S(x)$ 的近似值（田玲，2009）。

由于巨灾风险债券具有偏斜性和跳跃性的特点，巨灾风险债券无法直接使用夏普比率这一概念，因此，Wang（2000）提出了如下的 Wang 变换公式：

$$S^*(x) = \Phi(\Phi^{-1}(S(x)) + \lambda) \tag{20-1}$$

式中，Φ 表示标准正态分布的累积分布函数。

对于一个给定的损失超越曲线 $S(x)$ 的损失变量 X 来说，经过 Wang 两因素变换，产生了一条经过“风险调整”后的损失超越曲线，或者说是一条“价格曲线” S^* 。

假设 $S(x)$ 在［0，100］区间上均匀分布，设 $\lambda = 0.3$，根据概率密度曲线所描述的，经过 Wang 变换调整后的均匀分布概率密度随着 x 的增大而递增（田玲和向飞，2006）。也就是说，Wang 变换后的分布包含了风险附加，即 Wang 变换对原有分布进行了风险调整，如果损失超越曲线 S 服从正态分布，那么 Wang 变换后得到的损失超越曲线 S^* 也服从正态分布，其中 $\mu^* = \mu + \lambda\delta$，$\delta^* = \delta$ 。因此，对于呈正态分布的风险来说，参数 λ 就是夏普比率。

上面的分析实际上是建立在假定风险概率分布已知的基础之上，不存在模糊性。但在实际应用中，人们只能有限地获得数据从而估计概率分布，因此，参数不确定性因素也就始终存在。

Wang（2004）采用 t 分布来代替具有未知参数的标的正态分布统计抽样理论，提出用式（20-2）对经验估计的 $S(x)$ 进行参数不确定性调整：

$$S^*(x) = P(\Phi^{-1}(S(x))) \tag{20-2}$$

式中，P 是自由度为 k 的 t 分布，它具有概率密度 $f(t;k)$：

$$f(t;k)=\frac{1}{\sqrt{2\pi}}\cdot c_k\left[1+\frac{t^2}{k}\right]^{-(0.5k+1)},\quad -\infty<t<+\infty$$

其中，
$$c_k=\sqrt{\frac{2}{k}}\cdot\frac{\Gamma((k+1)/2)}{\Gamma(k/2)}\tag{20-3}$$

假设 $S(x)$ 为在［0，100］区间上的正态分布，设 $k=7$，根据概率密度曲线所描绘的，Wang（2004）发现：t 分布调整在保持中间区域密度相对不变的情况下，主要使均匀分布在两端的概率密度迅速增加，即增加了标的的分布峰度，相应分布下的均值就反映了标的损失分布的不对称性质。

令 $S(z)$ 为参数不确定性调整前经验估计出的概率分布，用 t 分布进行参数不确定性调整的公式和用 Wang 变换进行纯粹风险调整的公式相结合，就可以得到 Wang 两因素模型：

$$S^*(z)=P(\Phi^{-1}(S(z))+\lambda)$$

本章将在得出台风损失金额和损失次数拟合值的基础上，运用 Wang 两因素模型对损失超越函数进行修正，并利用债券定价公式计算出各触发点的债券价格（陈和和曹琳，2013）。

20.4 中国台风债券定价实证研究

本章选取 1993～2010 年在中国登陆的台风中直接损失超过 1 亿元的样本数据，由于 1996 年“莎莉”台风、1997 年“芸妮”台风以及 2006 年“碧利斯”台风为极小概率事件，损失极高，属于奇异点，对拟合效果有较大干扰，故剔除这三个样本，合计 96 个样本，并选取 2010 年的 CPI 作为定基指数来消除时间对货币价值的影响。我们编制中国台风损失的频数和频率分布表，如表 20-1 所示。根据台风损失的原始数据，计算出样本的描述性统计变量。

表 20-1 中国台风灾害损失的频数和频率分布

Table 20.1 The Loss Frequency of China's Typhoon Disaster and Frequency Distribution

台风损失金额（亿元）/ the typhoon loss amount（¥100 million）	频数（个）/ frequent and continuous	频率/ frequency	累计频率/ cumulative frequency	频率密度/ frequency density
0～10	29	0.3021	0.3021	0.3021
10～20	10	0.1042	0.4063	0.1042
22～30	11	0.1146	0.5208	0.1146
30～40	10	0.1042	0.6250	0.1042
40～50	3	0.0313	0.6563	0.0313
50～60	7	0.0729	0.7292	0.0729

续表

台风损失金额（亿元）/ the typhoon loss amount（¥100 million）	频数（个）/ frequent and continuous	频率/ frequency	累计频率/ cumulative frequency	频率密度/ frequency density
60～70	4	0.0417	0.7708	0.0417
70～80	1	0.0104	0.7813	0.0104
80～90	3	0.0313	0.8125	0.0313
90～100	4	0.0417	0.8542	0.0417
100～200	9	0.0938	0.9479	0.0094
200～300	5	0.0521	1.0000	0.0052
合计	96	1	—	—

根据表20-2中的统计数据，可见样本偏度为1.825，通常认为偏斜度大于1为高度正偏斜，峰度为6.176，大于3，说明分布较陡峭。根据施建祥和邬云玲（2006）的建模理论，可初步尝试用帕累托模型及对数正态分布模型进行拟合。

表20-2　样本数据的主要统计量

Table 20.2　The Main Statistics of the Sample

平均值/ mean	中位数/ median	标准差/ standard deviation	峰度/ kurtosis	偏度/ skewness	最大值/ maximum	最小值/ minimum
49.274 21	26.449	58.504 24	6.176	1.852	272.699	1.12

20.4.1　台风损失金额的拟合

若 X 服从参数为 λ 和 α 的帕累托分布，对 $x>0$，X 的理论剩余期望函数为

$$e[X;\ x] = \frac{\gamma + x}{\alpha - 1} \tag{20-4}$$

根据矩估计法可得到帕累托分布的矩估计值：

$$\begin{cases} \hat{\gamma} = \dfrac{\bar{x} \times (s^2 + \bar{x}^2)}{s^2 - \bar{x}^2} = \dfrac{49.27 \times (58.5^2 + 49.27^2)}{58.5^2 - 49.27^2} = 289.75 \\ \hat{\alpha} = \dfrac{2s^2}{s^2 - \bar{x}^2} = \dfrac{2 \times 58.5^2}{58.5^2 - 49.27^2} = 6.88 \end{cases} \tag{20-5}$$

若 X 服从参数为 μ 和 σ 的对数正态分布，对 $x>0$，X 的理论剩余期望函数为

$$e[X;\ x] = \frac{\exp(\mu + \frac{\sigma^2}{2})[1 - \phi(\frac{\ln x - \mu - \sigma^2}{\sigma})]}{1 - \phi(\frac{\ln x - \mu}{\sigma})} - x \tag{20-6}$$

根据样本的描述性统计变量可得样本的原点矩为

$$\bar{x} = \frac{\sum_{i=1}^{12} x_i f_i}{\sum_{i=1}^{12} f_i} = \frac{5 \times 29 + 15 \times 10 + 25 \times 11 + \cdots + 250 \times 5}{29 + 10 + 11 + \cdots + 5} = 52.1875 \quad (20\text{-}7)$$

二阶原点矩为

$$M = \frac{\sum_{i=1}^{12} x_i^2 f_i}{\sum_{i=1}^{12} f_i} = \frac{5^2 \times 29 + 15^2 \times 10 + 25^2 \times 11 + \cdots + 250^2 \times 5}{29 + 10 + 11 + \cdots + 5} = 6715.1042 \quad (20\text{-}8)$$

然后根据矩估计法得到对数正态分布参数的矩估计值为

$$\begin{cases} \hat{\mu} = 2\ln\bar{x} - 0.5\ln M = 2 \times \ln(52.1875) - 0.5 \times \ln(6715.1042) = 3.5036 \\ \hat{\sigma} = \ln M - 2\ln\bar{x} = \ln(6715.1042) - 2 \times \ln(52.1875) = 0.9024 \end{cases} \quad (20\text{-}9)$$

将帕累托及对数正态这两组矩估计值分别代入 Eviews 6.0，由运算结果（表 20-3，图 20-1）可知，对于帕累托分布，函数经过 1 次迭代达到收敛，两估计参数值分别为：$\hat{\gamma} = C(1) = 52.1992$，$\hat{\alpha} = C(2) = 1.7445$。调整后的 R^2 值为 0.9939，可见拟合效果较好，由残差图（图 20-1，图 20-2）也可印证这一结论。

表 20-3　帕累托分布的非线性最小二乘法参数估计结果

Table 20.3　Results of Nonlinear Least Squares Parameter Estimation from Pareto Distribution

参数/parameter	参数值/parameter values	标准误差/Standard error	t 统计量/t statistic	P 值/P value
C（1）	52.199 17	4.125 308	12.653 4	0.000 0
C（2）	1.744 462	0.105 932	16.467 73	0.000 0

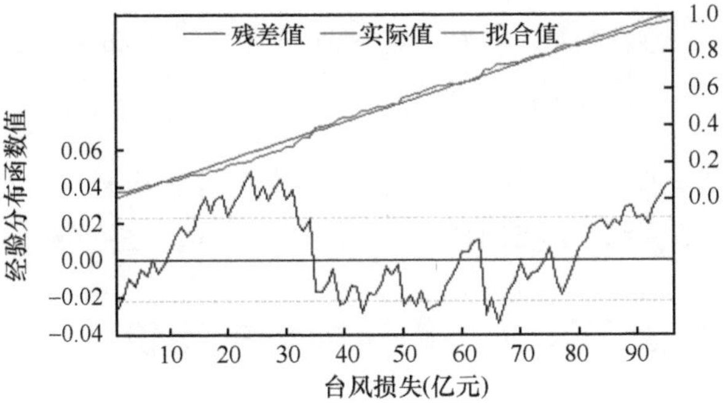

图 20-1　帕累托分布拟合残差

Fig. 20.1　Residual Plot Fitting of Pareto distribution

对于对数正态分布，函数经过 11 次迭代达到收敛，两估计参数值分别为：$\hat{\mu} = C(1) = 2.9239$，$\hat{\sigma} = C(2) = 2.3624$。调整后的 R^2 值为 0.9131，拟合效果较帕累托分布稍显不足，且残差图表现也无帕累托分布理想（表 20-4，图 20-2）。

表 20-4　对数正态分布的非线性最小二乘法参数估计结果

Table 20.4　Results of Lognormal Nonlinear Least Squares Parameter Estimation

参数/parameter	参数值/parameter values	标准误差/Standard error	t 统计量/t statistic	P 值/P value
C（1）	2.9239	0.0440	53.6376	0.0000
C（2）	2.3624	0.2757	10.60572	0.0000

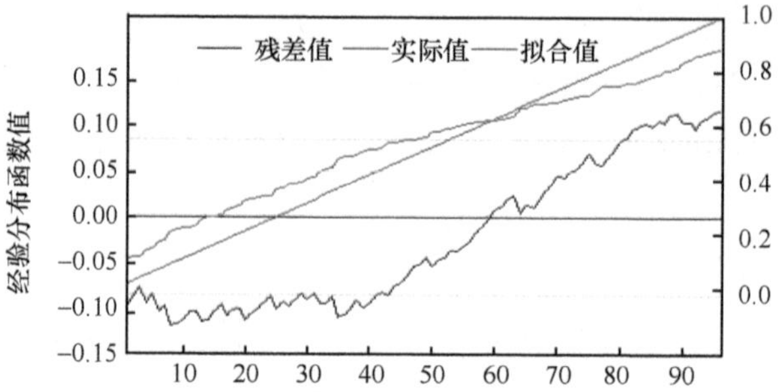

图 20-2　对数正态分布拟合残差

Fig. 20.2　Residual Plot Fitting of Lognormal Distribution

故，可认为我国每年台风损失近似服从帕累托分布：

$$F(x) = 1 - \left(\frac{\lambda}{\lambda + x}\right)^{\alpha},\ \lambda = 52.1992,\ \alpha = 1.7445 \tag{20-10}$$

20.4.2　台风损失次数的拟合

假设台风损失次数服从参数为 λ 的泊松分布，其分布函数为

$$P(\xi = k) = \frac{\lambda^k}{k!}e^{-\lambda},\ k = 0,\ 1,\ 2,\ \cdots \tag{20-11}$$

运用矩估计 $\lambda = \mathrm{EY}$，由台风原始数据样本可计算出台风发生次数的均值 $\lambda = \bar{x} = 2.43$，即用参数 $\lambda = 2.43$ 的泊松分布来拟合台风发生次数。

20.4.3　基于 Wang 两因素模型的定价

设 S（$M>m$）为拟合分布计算损失超越函数，这里的 M 表示一定时期内发生的最大台风损失金额。用 N 表示该时期内的台风发生次数，设 T 为一年，则

$$
\begin{aligned}
S(M>m) &= S(\mathrm{MAX}(M_1, M_2, \cdots, M_N) > k) \\
&= 1 - S(\mathrm{MAX}(M_1, M_2, \cdots, M_N) < k) \\
&= 1 - S(X_1 < k, X_2 < k, \cdots, X_N < k) \\
&= 1 - \sum_{n=1}^{\infty} S(N=n) S(X_1 < k, X_2 < k, \cdots, X_N < k/N=n) \\
&= 1 - \sum_{n=1}^{\infty} S(N=n) S(X_1 < k, \cdots, X_N < k) \\
&= 1 - \sum_{n=1}^{\infty} S(N=n) S^n(X < k)
\end{aligned}
\tag{20-12}
$$

运用 Wang 两因素模型对 $S(M>m)$ 进行修正，则有 $S^*(M > m) = P(\Phi^{-1}(S(M>m)) + \lambda)$，这里 $\lambda = 0.453$ 已由 Wang 在美国巨灾债券市场的数据拟合得出，且 P 为自由度为 5 的 t 分布函数。

在已知帕累托分布计算得出 $S(M > m)$ 为 0.1 时，通过查表可得 Wang 两因素模型中的未知项 $S^*(M > m) = 0.411$，则 $S^*(M < m) = 1 - S^*(M > m) = 0.589$。

利用债券定价公式 $V(0) = [(1-A)S^*(M > m)F + S^*(M < m)F_1]e^{-rT}$（$A$ 为触发事件发生时的本金损失比率，F 为 100 的债券面额，F_1 为本金损失一半或全损时的情形，T 为 1 年，r 为 1 年期无风险利率，这里设其为 3.5%），当 $S(M>m)$ 为 0.1 时，即一年内台风巨灾债券导致直接经济损失最大值达到 143.187 亿元或以上，则利息全损、本金损失 50% 的台风巨灾债券价格为 71.025 元，而利息全损、本金全损时的价格为 51.177 元。其他触发点情况可参照表 20-5。

表 20-5 各触发点概率及债券价格

Table 20.5 The Probability of Each Triggering Point and Bond Prices

$S(M>m)$	触发点 x（亿元）/ trigger point x (¥ 100 million)	$S^*(M>m)$	$S^*(M<m)$	本金 50% 保障型（元）/ 50% of the principal safeguard model (yuan)	本金全损型（元）/ total loss of the principal type (yuan)
0.1	143.187	0.411	0.589	71.025	51.177
0.08	169.848	0.367	0.643	74.840	57.122
0.05	238.506	0.290	0.710	79.132	65.130
0.03	337.347	0.224	0.776	83.498	72.683
0.01	678.882	0.140	0.860	88.971	82.212

20.5 小结

本章选取帕累托分布及对数正态分布对损失金额进行拟合，选取这两种分布拥有国内大多数学者研究成果的支持（钟雅琴和陈和，2012；周延和闫慧丽，2011；施建祥和邬云玲，2006），且从拟合效果来看，也比较理想。根据田玲（2009）运用历史模拟法及正态估计法分别对1961～2007年地震、洪涝数据所计算得出的债券价格相比较，发现随着损失程度的升高，巨灾债券的价格也相应上升，也与本章运用Wang两因素模型所计算出的结果相一致，故该方法同样适用于计算台风巨灾债券价格。然而，由于Wang两因素模型中的λ值是基于美国巨灾债券市场的数据拟合得出的，用它来计算中国巨灾债券的价格可能与最终的计算结果产生一定偏差，这点需在日后的研究中加以完善。

发展巨灾债券对我国社会经济发展具有重要意义，也是目前较为适合我国发展的风险衍生品种。虽然，我国目前尚未形成权威统一的定价方法，但学术界对于这一领域已有相当多的研究。由于Wang两因素模型既考虑了概率变换，又做了参数不确定性调整，其实证效果良好，本章将这一方法引入台风债券定价，对台风灾害债券做了一个初步设计，利用其对经验估计分布进行调整，得出我国一年期台风巨灾债券的价格。本章通过对各触发点计算，研究结果表明债券价格与当年台风造成的经济损失成正相关，高额触发点发生的可能性低，债券价格相应较高，这一结果符合客观经济规律（陈和和曹琳，2013）。由于我国尚未推出巨灾债券，其准确度仍有待市场检验。

巨灾债券的合理定价需要科学的产品设计及稳健的风险评估系统，这便需要完善的巨灾风险数据库。基于此，我国相关机构应竭力收集各类巨灾的统计资料，为准确测算巨灾发生概率及损失金额打下良好基础。此外，巨灾债券的发展也离不开健全的金融市场，我国证券市场发展至今已有二十余年，但成熟度及稳健度仍有待考验。巨灾债券不同于普通债券，它不仅需要更为严格及专业的风险评估机构对其进行合理定价，还需要一套严格的评审标准及信用评级机构为投资者提供更加透明有效的信息。而以上这些工作都需要理论界与实务界为之不断努力。

第21章　灾害债券设计——基于广东数据实证

Chapter 21　Design of Typhoon Disaster Bonds Based on Guangdong Province Data

摘要：台风作为全球发生频率最高，影响最严重的一种自然灾害，对中国的影响也非常重大。在巨灾风险证券化、巨灾债券已成为巨灾保险业大趋势的背景下，发展我国台风灾害债券具有重要的现实意义。本章以中国受台风灾害影响最严重的省份——广东省为研究对象，收集了其近30年相关台风损失数据，利用非寿险精算技术分析其台风的损失分布和次数分布，在此基础上利用CAMP模型和现金流分析对广东省的台风灾害债券做了初步设计。

关键词：台风灾害债券；定价设计；无套利分析法；均衡价格理论；风险偏好；资本资产定价模型；贴现现金流

Abstract: China is quite seriously affected by typhoons, global disaster phenomena with the highest frequency and most serious effects being in Guangdong Province. In the catastrophe insurance business, catastrophe risk securitization and catastrophe bonds have become a general trend. In light of this, developing Chinese typhoon disaster bonds has vital practical significance. This chapter takes Guangdong Province, the place most seriously affected by typhoon disasters in China, as the research subject. Data of Guangdong Province's typhoon losses were collected for nearly 30 years. the non-life insurance calculation technical analysis was used for estimating typhoon loss and distribution. Based on that, the CAMP model and a cash flow analysis were used to make a simple, preliminary design for Guangdong Province's typhoon disaster bond concepts.

Keywords: typhoon disaster bonds; design pricing; non-arbitrage analysis; equilibrium pricing model; risk preference; capital asset pricing model; discounted cash flow

21.1　发展台风灾害债券的背景简介

台风灾害的频繁发生，使市场对保险公司承保能力的需求大大提高。但我国巨灾保险制度上的缺失，事实上造成了完全依赖政府救助的局面。例如，2008年汶川8.0级地震保险赔偿额为18亿元，仅占直接经济损失8450亿的0.2%，远低于全球平均30%和发达国家60%~70%的巨灾保险赔偿水平。目前，国际上已普遍认同的做法是：当发生的损失较小时，由购买保险的个人自己承担免赔额以内的损失；发生中小型灾难时，由商业保险公司承担大部分损失；而对于重大自然灾害，则由再保险公司或由资本市场承担大部分损失；如果发生罕见的自然巨灾损失，金融行业无力提供足够保障时，政府才成为最后的保险人。正是基于这样的理念，近年来，巨灾风险证券化发展迅速，在国际市场上已经成为分散巨灾风险的有效途径，其中巨灾债券是最成熟，也是应用最广泛的巨灾风险证券化产品。因此，在巨灾风险证券化、巨灾债券已成为巨灾保险业大趋势的背景下，发展中国的台风灾害债券将具有重要的现实意义。

21.2 巨灾债券定价研究综述

灾害债券能否顺利发行，债券定价是亟待解决的核心问题。目前，国际上对巨灾债券的定价研究基本上沿着两个方向演进：基于实证的风险分析模型和理论价格模型。由于巨灾风险债券是一种连接保险市场与资本市场的新型金融工具，其复杂的特性使得目前尚未形成一个成熟统一的理论定价模型。Cox 和 Pedersen（2000）指出：由于巨灾债券与传统金融证券不具有相关性，无法对冲传统证券的风险，因此，必须将巨灾风险债券的定价置身于一个不完全的市场中进行研究，这使无套利方法受到限制。Vaugirard（2004）则认为，通过一定的假设条件，可以将不完全市场转化为完全市场，从而简化分析。

风险分析模型侧重于用实证的研究方法寻求对债券价值的评估方法，但困难主要在于巨灾债券的样本少，其可靠性有待检验。代表性的实证模型有 Wang 两因素模型、LFC 模型、Christofides 模型。

目前，我国在巨灾债券定价方面所做的研究工作大多数为实证性探索。田玲和向飞（2006）对以上 3 个实证模型进行了比较，认为在精度方面，Wang 两因素模型要高于 Christofides 模型，Christofides 模型要高于 LFC 模型。但 Wang 两因素模型技术实现上相对复杂，LFC 模型则面临着周期性和季节性调整的实证问题，而 Christofides 模型的问题集中于风险厌恶水平 ρ 的确定。韩天雄和陈建华（2003）运用均衡定价理论，假设保险人对风险偏好只有指数效用形式，给出巨灾证券产品定价的表达式。施建详和邬玉玲（2006）则利用资本资产定价模型和现金流贴现原理对我国台风灾害债券进行了初步设计。刘鹃和李永（2009）结合无套利 BDT 利率期限结构模型以及转移概率参数来匹配未来利率的变化过程，建立了我国巨灾债券短期利率离散形式的动态变化模型，并对我国地震巨灾债券进行了实证研究。

由于目前学术界并没有对巨灾债券的定价形成一套权威统一的方法，因此，本章拟借鉴施建祥和邬云玲（2006）的方法，以广东省为研究对象，利用 CAMP 模型和现金流分析对台风灾害债券进行初步设计。

21.3 广东省台风灾害债券具体设计

21.3.1 广东省台风损失金额分布

对于广东省台风事件损失分布的建模主要借鉴王新军（2002，2003）财产险中损失分布的建模方法进行研究。首先，将损失数据从小到大排序，取一组统计量 X_1，X_2，…，X_n，分别代入经验剩余期望函数公式中：

$$e_n[X;\ x_k] = \frac{x_{k+1} + \cdots + x_n}{n-k} - x_k \tag{21-1}$$

对应于这组损失分布数据绘出经验剩余期望函数的散点图。将该图与几种重要的分布图相比较，初步判断出分布类型。

利用 EVIEWS、SPSS 等系统，通过非线性最小二乘法迭代运算进行参数估计和拟合检验，其中选取分布函数的矩估计值作为参数初始值。

21.3.2 模型初选

以 1983～2009 年，27 年间对广东造成损失的台风损失数据（共 54 个数据，见表 21-1）作为样本数据。用广东省历年 CPI 定基指数对损失数据进行调整后，将此未分组数据按从小到大的顺序排列，并代入经验剩余期望函数，用 SPSS7.0 做出散点图，如图 21-1 所示。

表 21-1 台风损失数据

Table 21.1 Data of Typhoon Loss

年份/year	台风损失（亿元）/the typhoon loss（￥100 million）	CPI 定基指数（1983=100）/CPI fixed base index（1983=100）	调整后的损失（顺序统计量 X）/adjusted loss（order statistic X）	经验分布函数值 F/empirical distribution function F	经验剩余期望函数值 e/residual e expected function value experience
1983	5.000	100.0	0.060	0.019	5.230
1985	1.000	116.3	0.148	0.037	5.241
	3.200	116.3	0.177	0.056	5.314
	4.100	116.3	0.340	0.074	5.254
	6.760	116.3	0.377	0.093	5.323
1986	22.600	122.0	0.469	0.111	5.340
1987	2.500	135.7	0.510	0.130	5.412
1992	8.080	226.9	1.871	0.352	5.674

续表

年份/year	台风损失（亿元）/the typhoon loss（¥100 million）	CPI 定基指数（1983＝100）/CPI fixed base index（1983＝100）	调整后的损失（顺序统计量 X）/adjusted loss（order statistic X）	经验分布函数值 F/empirical distribution function F	经验剩余期望函数值 e/residual e expected function value experience
1988	1. 630	175. 5	0. 657	0. 148	5. 380
	10. 00	175. 5	0. 832	0. 167	5. 320
	3. 000	214. 3	0. 860	0. 185	5. 413
1989	11. 130	214. 3	0. 929	0. 204	5. 468
1990	0. 710	209. 0	0. 974	0. 222	5. 552
	0. 787	209. 0	1. 003	0. 241	5. 658
	0. 981	209. 0	1. 008	0. 259	5. 794
1991	1. 390	211. 5	1. 400	0. 278	5. 541
	4. 700	211. 5	1. 400	0. 296	5. 686
	5. 300	211. 5	1. 485	0. 315	5. 753
	23. 600	211. 5	1. 842	0. 333	5. 546
1993	12. 00	275. 9	2. 036	0. 370	5. 671
	13. 590	275. 9	2. 108	0. 389	5. 769
	18. 890	275. 9	2. 222	0. 407	5. 832
	19. 620	275. 9	2. 257	0. 426	5. 984
	23. 700	275. 9	2. 506	0. 444	5. 926
1994	8. 480	335. 8	2. 525	0. 463	6. 110
1995	15. 490	382. 8	2. 752	0. 481	6. 094
	38. 620	382. 8	3. 008	0. 500	6. 054
1996	175. 700	409. 6	3. 138	0. 519	6. 152
1997	32. 910	417. 4	3. 525	0. 537	5. 995
1998	2. 090	409. 9	3. 561	0. 556	6. 208
1999	7. 529	402. 5	3. 736	0. 574	6. 295
	12. 106	402. 5	4. 046	0. 593	6. 257
2000	6. 062	408. 1	4. 349	0. 611	6. 237
2001	0. 600	405. 3	4. 906	0. 630	5. 964
	8. 250	405. 3	4. 926	0. 648	6. 257
	28. 580	405. 3	5. 000	0. 667	6. 527
	29. 350	405. 3	5. 188	0. 685	6. 712

续表

年份/year	台风损失（亿元）/the typhoon loss（¥100 million）	CPI 定基指数（1983=100）/CPI fixed base index（1983=100）	调整后的损失（顺序统计量 X）/adjusted loss（order statistic X）	经验分布函数值 F/empirical distribution function F	经验剩余期望函数值 e/residual e expected function value experience
2003	8.474	402.0	5.194	0.704	7.125
	19.721	402.0	5.698	0.722	7.062
	28.550	402.0	5.813	0.741	7.443
2005	4.250	423.6	6.847	0.759	6.902
2006	13.530	431.2	7.052	0.778	7.256
	46.390	431.2	7.102	0.796	7.861
	70.020	431.2	7.111	0.815	8.637
2007	0.790	447.2	7.242	0.833	9.451
2008	0.284	472.2	7.885	0.852	9.909
	3.930	472.2	8.590	0.870	10.519
	4.600	472.2	10.089	0.889	10.523
	6.610	472.2	10.758	0.907	11.825
	17.640	472.2	11.158	0.926	14.281
	113.800	472.2	16.238	0.944	12.268
2009	4.650	461.3	18.525	0.963	14.971
	10.410	461.3	24.100	0.981	18.796
	23.930	461.3	42.896	1.000	

资料来源：台风灾害的经济损失中，1980～1993 年的数据引自《中国气象灾害大典（广东卷）》，1994～2007 年的数据引自《广东省防灾减灾年鉴 1995～2008》，2008 年、2009 年数据引自《2008 年中国海洋灾害公报》、《2009 年中国海洋灾害公报》，广东 CPI 定基指数数据引自《广东统计年鉴 2010》.

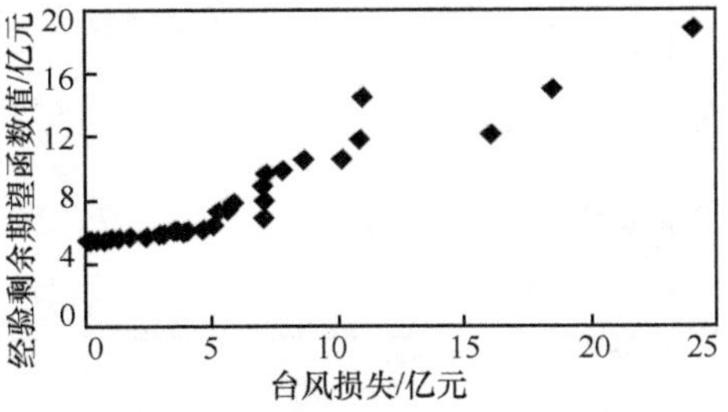

图 21-1　经验剩余期望函数散点图

Fig. 21.1　Scatter Diagram of Empirical Mean Residual Function

从散点图的变化趋势来看，它以一适中的正斜率增长。根据王新军（2002,

2003）的建模理论，与几个常用的损失分布相比较，广东省台风损失分布比较接近于对数正态分布和帕累托分布，因此，首选这两种模型进行拟合。本章用 EVIEWS5.0 进行非线性迭代运算。

21.3.3 参数估计与拟合检验

1）帕累托分布：$F(x) = 1 - \frac{\lambda^{\alpha}}{(\lambda + x)^{\alpha}}$ （21-2）

矩估计值：$\hat{\lambda} = \frac{\bar{x} \times m}{s^2 - (\bar{x})^2} = \frac{5.193 \times (49.897 + 5.193^2)}{49.897 - 5.193^2} = 17.408$

$$\hat{\alpha} = \frac{2s^2}{s^2 - (\bar{x})^2} = \frac{2 \times 49.897}{49.897 - 5.193^2} = 4.352 \quad (21\text{-}3)$$

式中，s^2 和 $\bar{x}$ 分别是样本方差和均值；$m = \frac{1}{n}\sum_{i=1}^{n} x_i^{\ 2} = s^2 + (\bar{x})^2$。

由 Eviews 5.0 的运算结果可知：函数经过 7 次迭代达到收敛，两估计参数值 $\hat{\lambda} = C(1) = 37.953$，$\hat{\alpha} = C(2) = 9.193$，调整后的 R^2 值为 0.997，可见拟合效果比较理想（表 21-2）。同时，由残差图 21-2 可见，残差在（−0.4，0.4）区间内平稳，也印证了这一结论。

表 21-2　帕累托分布的非线性最小二乘法参数估计结果

Table 21.2　The Estimation Results of Nonlinear Least-squares Parameter of Pareto Distribution

参数/parameter	参数值/parameter values	标准误差/standard error	t 统计量/t statistic	概率/probability
C（1）	37.953	11.351	3.344	0.002
C（2）	9.193	2.607	3.527	0.001

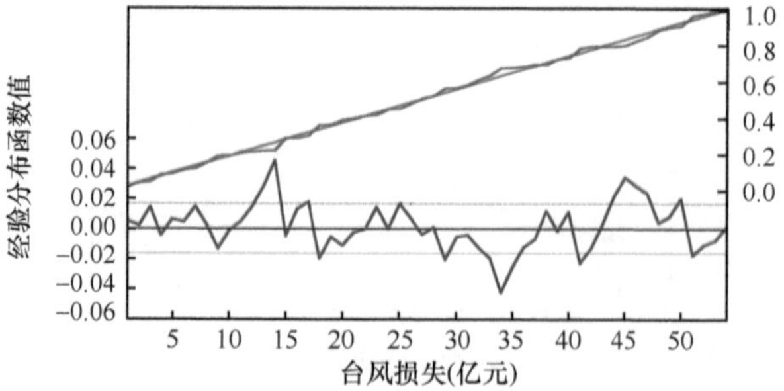

图 21-2　帕累托分布拟合残差图

Fig. 21.2　Pareto Distribution Fitting Residual Plot

2）对数正态分布：$F(x) = \int_{-\infty}^{x} \frac{1}{\sigma t\sqrt{2\pi}} e^{\frac{(\ln t-\mu)^2}{2\sigma^2}} dt$ (21-4)

矩估计值：$\hat{\mu} = 2\ln\bar{x} - 0.5\ln m = 1.21$

$\hat{\sigma} = -2\ln\bar{x} + \ln m = 0.875$ (21-5)

函数经过 19 次迭代达到收敛，调整后的 R^2 值为 0.452，两估计参数值 $\hat{\mu} = C(1) = 0.956$，$\hat{\sigma} = C(2) = 1.312$，具体见表 21-3。从迭代结果及残差图 21-3 可以看出，对数正态分布拟合效果并不是很理想。因此，舍弃对数正态分布，选取帕累托分布作为台风损失的分布。

表 21-3 对数正态分布的非线性最小二乘法参数估计结果

Table 21.3 The Estimation Results of Nonlinear Least Squares Parameter Lognormal Distribution

参数/ parameter	参数值/ parameter values	标准误差/ standard error	t 统计量/ t statistic	概率/ probability
C（1）	0.956	0.274	3.494	0.001
C（2）	1.312	0.108	12.137	0.000

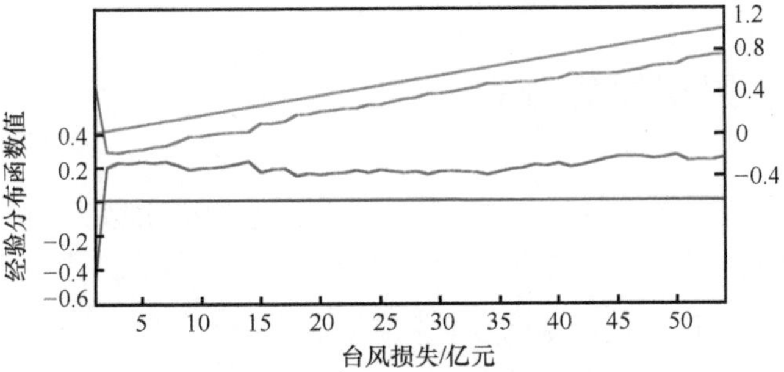

图 21-3 对数正态分布拟

Fig. 21.3 Lognormal Distribution Fitting Residual

因此，可认为广东省每年的台风损失近似服从以下分布：

$$F(x) = 1 - \frac{\lambda^{\alpha}}{(\lambda + x)^{\alpha}},\ \lambda = 37.953,\ \alpha = 9.193 \tag{21-6}$$

21.3.4 损失次数分布

本章选取 1953 ~ 2009 年（共 57 个数据）每年对广东省造成损失的台风次数为样本数据。假设样本中损失次数服从参数为 λ 的泊松分布，其分布函数为

$$P(\varepsilon = k) = \frac{\lambda^k}{k!}e^{-\lambda}, \quad k = 0, 1, 2, \cdots \tag{21-7}$$

泊松分布参数的矩估计值就是观察分布的均值，$\lambda = \bar{x} = 1.68$。用SPSS 7.0作泊松分布拟合图，可见泊松分布的拟合效果比较理想（图21-4）。且x^2检验值$7.69 < x^2_{0.05}(6) = 12.592$，因此，可认为广东省每年台风次数服从$\lambda = 1.68$的泊松分布。

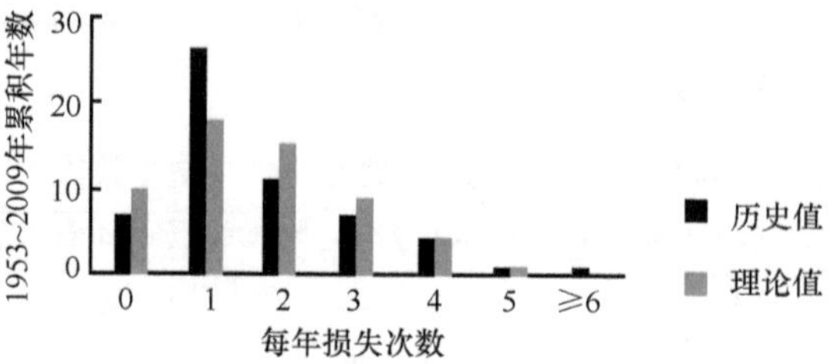

图21-4　泊松分布拟合

Fig. 21.4　Poisson Distribution Diagram

根据《中国海洋灾害大典（广东卷）》整理

21.3.5　累积损失分布

在集体风险模型中，假设单位时间内发生的总损失次数为N，每次台风的损失金额X_i独立同分布，则整个保单组合在保险期间的累积损失S可表示为

$$S = X_1 + X_2 + \cdots + X_N = \sum_{i=1}^{N} X_i \tag{21-8}$$

已知广东省台风灾害每年发生的次数服从泊松分布，每次灾害发生的损失金额服从帕累托分布。则每年广东省因台风灾害发生的总损失服从复合泊松-帕累托分布的聚合损失分布模型。累积损失S的期望值为

$$E(S) = E(E(S/N)) = E(N(E(X))) = E(N)E(X) \tag{21-9}$$

广东省每次台风损失的期望值为

$$E(x) = \int_0^{+\infty} xf(x)\,\mathrm{d}x = \frac{\lambda}{\alpha - 1} \approx 4.632\ (\text{亿元}) \tag{21-10}$$

根据已求出的广东省每次台风损失的期望值和损失次数分布可计算出广东省每年台风总损失的期望值为

$$E(S) = E(N)E(X) = 4.632 \times 1.68 \approx 7.782\ (\text{亿元}) \tag{21-11}$$

21.3.6 定价设计

在得出台风损失分布后，就可以计算不同损失程度台风事件发生的概率，具体见表 21-4。债券按照不同的偿还条件可分为三类：本金保证偿还型，本金部分保证型和本金没收型。本章根据表 21-3 选取（20，0.02）、（25，0.01）、（27，0.07）3 个点分别作为本金保证型、本金 50% 保证型和本金没收型台风债券的触发点。

表 21-4 广东省每次台风损失发生概率

Table 21.4 Each Typhoon Loss Probability of Guangdong Province

损失（亿元）/ loss（¥100 million）	概率（%）/ probability（%）	损失（亿元）/ loss（¥100 million）	概率（%）/ probability（%）
1	0.787	13	0.067
3	0.497	15	0.047
5	0.321	20	0.020
7	0.211	25	0.010
10	0.116	27	0.007

本章根据施建祥和邬云玲（2006）所采用的方法，用资本资产定价模型和现金流贴现模型来确定巨灾债券的收益率和价格。

(1) 收益率确定

资本资产定价模型为

$$E(R_i) = R_f + \beta_i[E(R_m) - R_f] \tag{21-12}$$

假定平价发行的 1 年期巨灾债券的票面利率为 R，设巨灾发生的概率为 p，在不发生巨灾的条件下，投资者获得的收益率为 R。假定无风险利率 R_f 为 4%，市场组合的期望收益率 $E(R_m)$ 为 12%，台风债券的 β_i 为 0.6。则不同类型台风债券的票面利率为

1）本金保证型：

$$E(R) = R(1 - P) + 0 \times P = R_f + \beta_i[E(R_m) - R_f] \tag{21-13}$$

$$R = \frac{R_f + \beta_i[E(R_m) - R_f]}{1 - p} = \frac{4\% + 0.6 \times (12\% - 4\%)}{1 - 2\%} = 8.9\% \tag{21-14}$$

2）本金 50% 保证型：

$$E(R) = R(1 - P) + (-0.5)P = R_f + \beta_i[E(R_m) - R_f] \tag{21-15}$$

$$R = \frac{R_f + \beta_i[E(R_m) - R_f] + 0.5P}{1 - P} = \frac{4\% + 0.6 \times (12\% - 4\%) + 0.5 \times 1\%}{1 - 1\%} = 9.4\% \tag{21-16}$$

3）本金没收型：

$$E(R)=R(1-P)+(-1)P=R_f+\beta_i[E(R_m)-R_f] \tag{21-17}$$

$$R=\frac{R_f+\beta_i[E(R_m)-R_f]+P}{1-P}=\frac{4\%+0.6\times(12\%-4\%)+0.7\%}{1-0.7\%}=9.6\% \tag{21-18}$$

（2）价格确定

假定巨灾债券面值为 1 元，如果不发生巨灾，该债券每期末支付利息 i 元，并在最后期末（T）偿还本金。如果巨灾发生，投资者将根据巨灾债券类型获得债息或本金支付，该债券在 $t=0$ 时刻的价格 p 表示未来现金流的现值：

$$P=\sum_{i=1}^{T}\frac{i(t)}{(1+i)^t} \tag{21-19}$$

A. 单一时期现金流分析

假定发行面值为 100 元的单一时期台风债券，则本金保证型、本金 50% 保证型、本金没收型台风灾害债券的价格分别如下。

1）本金保证型台风灾害债券，年利率为 8.9%，触发点为（20，0.02）。

$$P=\frac{108.9\times98\%+100\times2\%}{1+4\%}=104.54 \tag{21-20}$$

2）本金 50% 保证型台风灾害债券，年利率为 9.4%，触发点为（25，0.01）。

$$P=\frac{109.4\times99\%+50\times1\%}{1+4\%}=104.62 \tag{21-21}$$

3）本金没收型台风灾害债券，年利率为 9.6%，触发点为（27，0.007）。

$$P=\frac{109.6\times99.3\%+0\times0.7\%}{1+4\%}=104.65 \tag{21-22}$$

B. 两期现金流现值分析

假定发行面值为 100 元的两期台风债券，不同类型台风债券的价格如表 21-5 所示。

表 21-5　不同类型两期台风灾害债券的价格

Table 21.5　Price of Two Different Types of Typhoon Catastrophe Bond

债券类型/bond type	第一期/first phase			第二期/ second phase			债券价格/bond price
	巨灾发生/catastrophe occurred	巨灾不发生/catastrophe does not occur	现值 1/the present value of 1	巨灾发生/catastrophe occurred	巨灾不发生/catastrophe does not occur	现值 2/the present value of 2	
本金保证型/the principal guarantee type	0	8.90	8.55	100	108.90	104.50	113.05

续表

债券类型/bond type	第一期/first phase			第二期/ second phase			债券价格/bond price
	巨灾发生/catastrophe occurred	巨灾不发生/catastrophe does not occur	现值 1/the present value of 1	巨灾发生/catastrophe occurred	巨灾不发生/catastrophe does not occur	现值 2/the present value of 2	
本金 50% 保证型/the principal guarantee 50% type	0	9.40	9.12	50	109.40	104.06	113.18
本金没收型/the principal type confiscated	0	9.60	9.35	0	109.60	103.87	113.22

21.4 小结

我国自然灾害多发，发展巨灾风险证券化对经济发展具有非常重要的意义。巨灾债券在分散风险、补偿损失方面具有优势，可以作为风险衍生品种之一。但在我国发展巨灾债券有许多制约因素，最大的难题是对巨灾债券的科学设计目前尚未形成权威统一的定价方法。本章尝试以广东省为研究对象，对台风灾害债券做初步设计，为深入研究台风债券等巨灾保险衍生品提供参考。

第22章 中国巨灾保险制度初探及外国经验借鉴

Chapter 22 An Analysis of the Institution of Catastrophe Insurance in China With Reference to Foreign Experiences

摘要：我国是世界上自然灾害最严重的少数几个国家之一，因此建立完善的巨灾保险制度有着重要的社会意义。本章从我国当前建立巨灾保险制度的有利条件入手，分析了我国巨灾保险市场面临的问题，提出着力发展保险衍生品是发展我国巨灾保险业的一条有效途径。通过借鉴外国巨灾保险业的经验，文章指出在巨灾保险制度建设上，政府也需发挥重要作用。

关键词：巨灾风险；巨灾保险；保险衍生品；经验借鉴

Abstract: China is one of the most serious of natural catastrophe countries in the world. So it has important social meaning to set up a perfect institution of catastrophe insurance. This chapter analyzes the advantage of the foundation of institution of catastrophe insurance firstly. And it analyzes the problems that the market of catastrophe insurance of our country will confront. Then this paper gives out that developing the ramification of insurance is an effective approach to develop our catastrophe insurance. Through reference of foreign experience of catastrophe insurance, this paper points out that the government need to have an important role in the construction of the institution of catastrophe insurance.

Keywords: catastrophe risk; catastrophe insurance; ramification of insurance; reference of experience

22.1 严峻的巨灾风险考验

瑞士Sigma保险杂志发布的全球巨灾统计报告中显示，2008年全球有24万多人在巨灾中罹难，是自1970年以来最多的年份，同时共造成2690亿美元的损失。其中，台风“纳吉斯”在缅甸造成13万人死亡，台风“风神”在菲律宾造成1400人死亡。据联合国有关统计资料显示，20世纪全世界54次最严重的自然灾害中，发生在中国的就有8次，其中台风、地震、洪水带来的损失最为惨重（王和，2005）。2008年5月12日的汶川大地震，死亡近7万人，失踪1.8万多人，受伤30多万人，因地震房屋倒塌或严重损毁的受灾群众有1000多万，造成经济损失1240亿美元。灾后，社会经济各方面受到不同程度的冲击，民众心理所受影响极大，严重影响经济恢复。因此，巨灾保险机制的建立与完善，为许多灾民的生活给予了一定程度的帮助，更是在心理上给予了相当大的信心支持，对于灾后重建具有十分重要的意义（汪亚君，2008；陈和和申明浩，2010b）。

22.2 中国建立巨灾保险制度的有利条件

22.2.1 保险业的快速发展

自 1980 年恢复国内财产保险业务以来，中国财产保险市场取得了巨大发展，其中财产保险的保费收入从 1980 年的 4.6 亿元增加到 2005 年的 1229.9 亿元，平均增长率为 25%，高于 15.9% 的同期国内生产总值平均增长率。财产保险的保险深度与密度都以较快速度大幅度提高，财险密度从 1980 年的 0.48 元/人增加到 2005 年的 94.06 元/人，财险深度从 1980 年的 0.10% 提高到 2005 年的 0.67%。从我国财产保险的保险深度和密度来看，保险业在快速发展的同时仍有巨大发展空间。经过近几年重大自然灾害，尤其是 2008 年汶川地震灾害的洗礼，各级政府对巨灾的认识逐步深化，人民群众的风险意识也普遍提高。随着市场化的深化，住房已经成为家庭财产的表现形式，居民转移巨灾风险的需求日益扩大。因此，巨灾保险不仅市场潜力巨大，而且肩负保障社会大众避免巨灾冲击的社会责任。

22.2.2 政府高度重视

近年来，中国政府越来越重视发挥保险的作用，不断完善灾害防范和救助体系。2006 年，《国务院关于保险业改革发展的若干意见》明确指出“建立国家财政支持的巨灾风险保险体系”。2008 年 1 月我国长江中下游及西南地区十几个省份持续出现冰冻雨雪灾害天气，面对突如其来的灾害，中华人民共和国保险监督管理委员会（简称保监会）随即发出《关于做好应对雨雪冰冻极端天气有关工作的紧急通知》，对抗灾救灾和理赔服务工作提出了具体要求。“5·12”汶川大地震发生后，保监会立即启动保险业重大突发事件应急预案一级响应程序，同时成立抗震救灾指挥中心，全面部署保险业抗震救灾工作。同时，在全国政协会议上有关巨灾保险的提案得到政府相关部门的高度重视。政府的重视和支持，为巨灾保险制度的建立提供了有利条件（周延礼，2009）。

22.2.3 法律环境逐步改善

为有效预防巨灾影响，我国政府已积极开展立法工作，目前已制定《防洪法》《气象法》《防震减灾法》《地震灾害防治管理条例》《海洋环境预报与海洋灾害预报警报发布管理规定》《森林防火条例》等20多部有关自然灾害应急法律、法规和部门规章，初步建立起自然灾害应急法律制度，力求将自然灾害和人为灾难的损失降至最低（石颖，2007）。新修订的《中华人民共和国防震减灾法》2009年5月起已经施行，其中规定，“国家发展有财政支持的地震灾害保险事业，鼓励单位和个人参加地震灾害保险”。新修订的《中华人民共和国保险法》中第104条规定：保险公司对危险单位的划分方法和巨灾风险安排方案，应当报国务院保险监督管理机构备案。今后，巨灾风险的承保还可能涉及多层次风险分散安排问题，对保险公司稳健经营关系重大。因此，从法律层面规定保险公司的巨灾风险安排方案需要报国务院保险监督管理机构备案，为下一步建立中国巨灾保险制度营造了良好的法律环境（周延礼，2009）。

22.2.4 巨灾保险技术和经验逐步成熟

近年来，保险业加大了巨灾风险管理的研究和探索，对巨灾风险的数据、相关信息资料等方面进行了一些储备和积累，为我国巨灾保险的发展提供了一定技术支持。同时，保险业积累了一定的巨灾风险管理经验，为今后巨灾保险的快速发展奠定了基础。

22.3 中国巨灾保险市场面临的问题

22.3.1 保险市场承保能力有限

Sigma 2009年的一项研究表明，巨灾保险只能提供全球巨灾损失20%左右的保障，其巨灾保险供给与需求间的差额高达2170亿美元。据民政部民政事业发展统计报告，近10年来中国每年因灾难所带来的经济损失基本维持在2000亿元左右，然而巨灾保险赔付却微乎其微。2005年中国各类自然灾害造成直接损失2042.1亿元，相应的保险赔款仅为100亿元，占灾害损失的比例不到5%，远低于36%的全球平均水平。由这些数据可以看出中国保险业在巨灾风险分担方面的能力极为有限，这与同一时期保险业的迅速发展形成了鲜明对比（刘新立，2008）。

22.3.2 再保险市场供给不足

受全球变暖影响，中国极端天气发生的频率和强度都有所增加。据统计，近年来中国每年因各种气象灾害造成的农作物受灾面积达5000万 hm^2，受重大气象灾害影响的人口达 4 亿，造成的经济损失相当于国内生产总值的 1%~3%（刘新立，2008）。由于巨灾风险的特殊性，保险人无法依靠大数法则加以分散，一旦发生这类风险，保险人的累积盈余都不足以赔付，严重的还能引起公司破产，造成整个保险业的偿付危机和信任危机（魏敏杰和田玲，2003）。针对这种情形，保险人通常求助于传统的再保险市场。然而，20 世纪 80 年代以来严重的自然灾害导致巨额索赔的连续发生，使保险人、再保险人的盈余急剧减少，再保险供给能力严重不足。面对如此严峻的局面，保险业若想进行巨灾风险转移，除了有强大的再保险保障之外，必须有巨灾风险基金的支持。而中国在这方面的准备相当不足，这也是巨灾保险裹足不前的重要原因（刘新立，2008）。

22.3.3 巨灾保险市场中的“失灵”

保险产品所依赖的“大数定律”要求有“足够多”的投保人，同时巨灾保险的特点（致损个体的较强相关性）对这一要求提出了更高标准，因为巨灾一旦发生，同一地区的赔偿损失将迅速积累，必然要求在全国范围甚至更大范围内对风险加以分散，否则将对保险公司的稳定经营带来巨大冲击（杨凯等，2006）。但巨灾风险并不符合“大数定理”的基本假定（张庆洪等，2008）。一方面，巨灾风险个体间并不独立，反而呈现高度的正相关性；另一方面，巨灾风险属于小概率、高损失事件，因而，在理论上属于“厚尾分布”。这种厚尾特征也使得风险集合分散的可能性大大下降，极端情况下，甚至可能会出现“分散陷阱”。保险市场中的“失灵”问题，从侧面则表现为保险中的极值事件，这些极值事件如果发生，一般都超过单个保险公司的承受力，或对其造成严重冲击（欧阳资生，2006）。

22.3.4 再保险交易中固有的缺陷

再保险交易中存在以下两个方面的固有缺陷。其一是信用风险，即再保险人可能发生违约、不能按合同规定向保险人支付约定赔款的风险（周伏平，2002）。由于再保险合同通常规定一个自留额，超过自留额部分的损失由再保险人承担。因此，再保险人的赔款责任隐含的风险远远高于原保险人，从而在发生巨灾事故后，再保险人违约或破产的概率特别高。其二，传统再保险合同存在严重事前的逆向选择和事后的道德风险（钟伟和顾弦，2008）。由于信息不对称的存在，即主保险方很可能比再保险方对真实损失的分布了解更多信息，因此，带来了逆向选择的问题。另一个困难是道德风险的存在。保险方一旦购买了再保险之后将缺乏动力获取更多保户、监督他们的保险标的、或者避免潜在的诉讼等。逆向选择和道德风险给再保险合理定价带来困难，在一定程度上抬高了再保险的保费。

22.4 中国巨灾保险发展方向：保险衍生品

巨灾造成的经济损失伴随经济发展而增加，对于日益严重的巨灾损失，单靠传统的保险、再保险体系难以承受（董芸和邬利丽，2007）。巨灾损失增加导致保险业风险随之增加，保险业应对巨灾损失的资源不再充足，不得不寻求新的分散风险的方法，这是巨灾保险衍生品发展的根本原因（陶正如和陶夏新，2007）。针对这一问题，美国金融学家提出通过巨灾保险衍生品将风险转移至资本市场，凭借保险市场与资本市场相结合的办法来解决再保险市场承保能力不足的问题（Goshay and Sandor，1973）。在这一新途径中，巨灾保险证券化是巨灾保险衍生品的主要体现形式。

巨灾保险风险证券化最早产生于美国，它是资本市场与保险市场结合的产物，是出于保险运行安全化和运转效率最大化动机的创新。其优势在于：弥补资金不足，提高保险偿付能力；降低交易成本，保证及时偿付；应急资金来源多样化；提供高回报率的投资方式（姚壬元，2004）。同时，巨灾风险证券产品还解决了流动性问题、资金周转问题、风险转移问题（施建祥和邬云玲，2006）。巨灾风险证券化可以为投资人提供更多的投资渠道和机会。保险事故的发生与股票、债券市场的回报率之间不存在相关关系，而保险联结型证券属于一种高收益证券，投资于此类证券既可以获得较高的收益，又可以降低投资组合的总体风险，随着这种交易成本的不断降低，也会更受投资人的青睐（周伏平，2002）。

巨灾保险衍生产品能使资本市场成为保险业和再保险业的一个重要的资金来源，以下简单介绍几种常见的保险衍生产品。

（1）巨灾期货

巨灾期货是以巨灾风险指数或巨灾损失率为交易标的的期货商品，最重要的条件是期货的价格变动必须与现货的价格变动存在一定程度的相关性（陶正如和陶夏新，2007）。巨灾保险期货最早由美国芝加哥交易所于1992年12月11日正式推出，分为全国、东部、中西部和西部4种合约，保险公司可以在承保的同时购入相应地区的与保额等份的合同，一旦灾害损失大于预期，期货合同的市场价格就随之上升，保险公司可以从出售特有的期货合同盈利中弥补赔偿增大的损失；若灾害损失小于预期，则期货上的损失可以从承保盈利中加以弥补（魏敏杰和田玲，2003）。

（2）巨灾债券

巨灾债券是通过发行收益与指定巨灾损失相联结的债券，将保险公司部分巨灾风险转移给债券投资者。在资本市场上，需要通过专门中间机构来确保巨灾发生时保险公司可以得到及时的补偿，以及保障债券投资者获得与巨灾损失相联结的投资收益。其重要原则是有条件的支付，即所谓的赔偿性触发条件和指数性触发条件。巨灾保险债券与普通债券的不同之处在于，其本息的偿还条件直接与发行该债券的保险公司因特定巨灾事件造成的损失状况挂钩，在债券的有效期限内，如果损失事件没有发生或造成损失在约定额度内，投资者可收回本金和利息，而当实际损失额超过约定额度时，保险公司可延期支付或免除部分债券本身甚至全部本息（魏敏杰和田玲，2003）。如果原保险公司希望通过这种方式进行再保险的话，从分出公司的角度看，与购买一份传统的再保险合同没有什么区别。因此，巨灾债券受到习惯传统方式的保险公司的欢迎，成为迄今为止使用最广泛的一种巨灾保险衍生品（陶正如和陶夏新，2007）。

(3) 巨灾期权

巨灾期权是给合同持有者在特定日期或特定日期之前以执行价买入或卖出某一资产的权利（陶正如和陶夏新，2007）。保险公司在期权市场上通过缴纳期权费购买期权合同，相当于购买未来一段时期的价格选择权，即保险公司可以选择是按照市场价格进行交易，还是按照期权合同约定的执行价格进行交易。根据巨灾买权合同规定，如果巨灾损失指数超过触发条件，期权购买者可以得到期权现价与执行价间的差价；如果巨灾损失指数在到期日内未达到触发条件，则期权作废，购买者可以不执行购买权利，仅损失提前支付的保证金。巨灾期权实际上为购买者提供了针对某一损失范围的综合性再保险，可以使保险公司在得不到传统再保险或传统再保险要价过高时找到替代品，用来弥补自留保险与传统再保险之间的差额（陶正如和陶夏新，2007）。1995 年芝加哥商品交易所推出 PCS 巨灾期权，被称为保险衍生商品中最具代表性、最成功的产品。PCS 巨灾指数期权根据其所定义的巨灾损失指数作为天然巨灾指数期权的交易标的物，并将全美国划分为 9 个地理区，以进行巨灾损失的相关资料统计。当保险公司或再保险公司在面对其承保市场遭受 2500 万美元以上损失时，可通过建立 PCS 巨灾期权头寸，规避超额天然灾害的损失。巨灾保险期权合约在基本结构方面与其他期权类似，在功能上则和进行超额赔款再保险一样，均为面向保险公司并用来转移巨灾风险的有效工具（魏敏杰和田玲，2003）。

(4) 巨灾掉期产品

巨灾掉期产品是一种特制的场外交易衍生产品，其对文件的要求较少，而且比债券支付起点低，既可以用于风暴、地震、航空损失和恐怖活动保险，也可以用于死亡、长寿和多重风险保单，但不一定提供再保险保障。保险掉期产品是将保单标准化，以使某一地区的保险公司能够同另一地区的保险公司互相交换各自承保的保单（孙祁祥和周奕，2002）。巨灾掉期产品于1996年开始在美国发行，它的运作如下：在巨灾掉期产品中，“一个单位”是指100万美元的财产损失风险，这些风险按照地点和风险事故来分类。例如，一个单位的佛罗里达州飓风的风险标的可能等于两单位加利福尼亚州地震的风险标的，而这种数量之间的关系则由市场力量来决定。

22.5 国外巨灾保险的经验借鉴

国际上应对巨灾风险的方式有很多，除建立巨灾保险制度以外，还通过再保险市场和资本市场向国际金融市场转移巨灾风险。发达国家商业巨灾保险的发展经验表明，商业巨灾保险以及保险衍生品只能部分化解巨灾风险，国家政府与商业保险公司合作的保险计划是保险市场以外的有力补充，一些国家已经通过政府支持的国家巨灾保险计划来化解巨灾风险（杨文生，2009）。

（1）美国

美国的巨灾保险体系相对完善，其中最著名的是国家洪水保险计划（杨文生，2009）。美国的洪灾占全部自然灾害的90%。为促进本国巨灾保险的发展，美国颁布了一系列洪水保险的相关法令。早在1956年，美国国会就通过《联邦洪水保险法》，并据此法令创设联邦洪水保险制度；1968年，美国国会又通过了《全国洪水保险法》，次年制定《国家洪水保险计划》，建立国家洪水保险基金，开始实施国家洪水保险计划；1973年12月，联邦政府颁布了《洪水灾害防御法》；1994年，美国国会再次颁布了《国家洪水保险改革法案》。美国所有的洪水保险制度，基本上都是依照上述法律条令实施的。美国的国家洪水保险计划是一项政府行为，由隶属于联邦紧急事务管理局的联邦保险管理总署管理。商业保险公司在实施洪水保险时，实际上是在执行政府计划，其保费收入上缴国家洪水保险基金，赔付也由这一基金支付。由此可见，美国政府的洪水保险保单主要通过保险公司代为销售，保险公司通过销售保险获得佣金收入，巨灾保险的保险风险和承保责任由政府来承担。资料显示，美国全国每年的洪水保险保费收入达16亿美元，约434万份保单，洪泛区社区投保率高达90%以上。

（2）日本

日本巨灾保险体系主要由政府主导，通过法律、财政、税收、金融等手段支持保险公司开展巨灾保险业务。日本地震保险法案要求企业及国民对地震、火山爆发、海啸等自然风险投保，规定家庭财产地震保险为强制性、非营利性保险，设定巨灾保险一次性赔付的最高限额，政府对家庭财产地震保险提供后备保证金和政府再保险的政策支持（佘伯明，2009）。

日本位于太平洋西岸火山地震带，地震频繁。因此，日本国民具有强烈的巨灾保险意识，且具有较强的购买力。1966 年 6 月 1 日，日本《地震保险法》正式实施。日本住宅地震保险制度的特点：一是把居民家庭财产的地震保险与企业财产的地震保险严格区分开来，对前者因地震而发生的损失，在承保限额内由商业保险公司单独承担赔偿责任。对后者因地震而发生的损失，在规定限额内由商业保险公司和政府共同承担赔偿责任。二是政府作为再保险人参加地震保险并非对居民家庭财产的地震风险提供全部保险保障，而是将地震险的保险金额限定为财产保险的保险金额的一定比例。三是尽可能降低居民家庭财产地震保险的费率并对不同地区和不同性质的居民家庭财产实行差别费率。四是选择合适的再保险方式，合理划分不同承保体之间的保险责任（李喜梅，2009）。

（3）法国

1982 年法国颁布了 *The French Nat System*，建立了巨灾保障体系（柴化敏，2008）。承保范围包括地震、洪水、火山爆发、海啸、地陷、山体滑坡、风暴 7 类风险。通过扩展现有财产险保单保险责任的方式由保险公司经营，即任何购买上述财产险保单的投保人被强制要求购买自然灾害附加险。巨灾险费率由政府确定，包含于财产险保单费率之中，免赔率由各公司承保政策决定，但法律设置下限。保险公司可以选择是否将巨灾风险向国有再保险公司——法国中央信托再保险公司分保。中央信托再保险公司由国家预算资助，按照法定赔付的巨灾赔付超过再保险费收入时，超过部分由国家预算支出，盈余则以基金的形式积累起来。分给中央信托再保险公司的保险责任，中央信托再保险公司必须接受，并按法律规定自行提取准备金和安排再保险。一旦中央信托再保险公司的保险准备金耗尽，剩余责任由政府承担。政府作为最后的再保险人，提供最终赔付保证。

22.6 小结

自然灾害会给社会造成巨大经济损失，如何降低灾害损失、保障民生、确保经济可持续发展便是社会不可回避的议题（陈和和申明浩，2010b）。巨灾保险制度是灾后重建工作的基础环节，巨灾保险可以帮助受灾群众重建家园、援助受灾企业恢复生产，由此可见，巨灾保险制度的建立是一个功在当代、利在千秋的系统工程。由于巨灾保险制度工程浩大，因此，不仅要积极调动社会各方面可利用的资源，积极发展相关的金融创新，同时政府也应主动承担相应的社会责任。通过政府和社会力量的整合，尽快健全完善的巨灾保险制度。

第六篇　台风灾害危机管理

Part Ⅵ　Crisis Management for Typhoon Disaster

摘要：本篇阐述台风灾害危机的内涵。根据台风灾害危机特点和危机发展周期，提出了相应的台风灾害危机管理模型；将防灾体系划分为灾前防灾减灾体系、灾中危机管理体系以及灾后损失评估及赔偿体系；借鉴国内外治理经验，创新性地提出建设台风防御系统方案；并以具体的台风灾害为例，结合台风灾害的防灾实践，分层次、有步骤地探索台风灾害防灾减灾危机管理机制。

Abstract: This chapter expounded the meaning of typhoon disaster crisis. Based on the characteristics and development cycle of typhoon disasters, a typhoon disaster management model is set up; and Divide the defense system into three parts, A pre-disaster mitigation system; Drawing on the experiences of domestic and foreign regions, we propose the construction of typhoon system solutions innovatively; And specifically in the typhoon disaster, for example, combined the typhoon disaster prevention practice, the crisis management mechanisms for typhoon disaster prevention is structured and systematic explored.

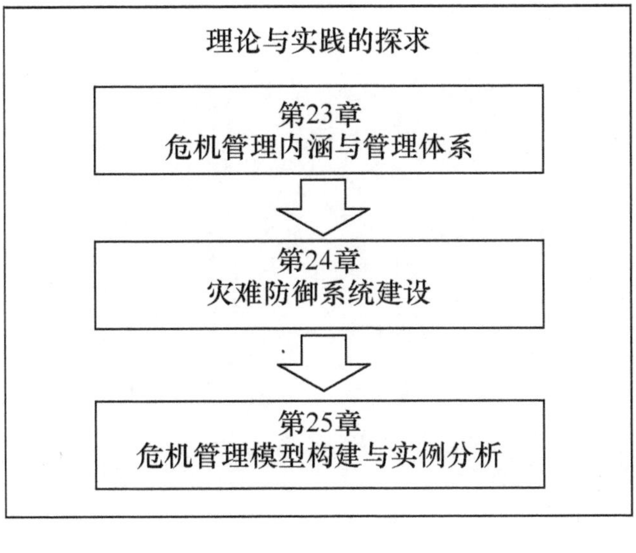

第23章　台风灾害危机内涵与管理体系

Chapter 23　Meaning and System on Crisis Management for Typhoon Disaster

摘要：本章介绍了台风灾害危机管理的内涵，梳理了台风灾害危机的概念、特点与发展周期，并在此基础上阐述了台风灾害危机管理体系建立的现实意义。在现实中，国内台风灾害危机管理体系仍有诸多需要改善的空间，应该借鉴全球各地有关灾害危机管理的宝贵经验。

关键词：台风灾害；危机管理；经验国外借鉴；危机管理模型；危机管理阶段；防灾减灾

Abstract: This chapter introduces the concept of typhoon catastrophes crisis management, including the definition, characteristics and developmental cycles. Then, explores realistic means for the construction of crisis management systems for typhoon catastrophes. There are many problems that can be found in the existing systems. Thus, experiences in crisis management worldwide deserve study and may provide useful reference when improving the crisis management system for typhoon catastrophes.

Keywords: typhoon catastrophe; crisis management; drawing on foreign experiences; model of crisis management; stage of crisis management; disaster prevention and mitigation

23.1　台风灾害危机的内涵

23.1.1　台风灾害危机与危机管理

人类社会的发展始终与各种各样的危机伴生共存。赫尔曼（Hermann）、罗森塔尔（Rosenthal）、巴顿（Barton）、桑德里尔斯（Sundelius）等外国学者从组织管理角度将危机定义为："危机通常是决策者的核心价值观念受到严重威胁或挑战，有关信息很不充分，事态发展具有高度不确定性和需要迅速决策等不利情境的汇聚"（张国清，2003）。根据危机事件主体的不同，可以将危机划分为个人危机、企业危机、公共危机，而本章主要探讨公共危机。所谓公共危机是指在政府管理国家事务中突发灾害（如台风灾害、地震、流行病、经济波动、恐怖活动等）对社会公共生活与社会秩序造成重大损失的事件（张璐，2008）。

台风灾害危机是指台风灾害对社会大众和政府利益构成威胁和破坏，有关台风灾害的信息非常匮乏，台风灾害发生具有高度不确定性，同时需要政府迅速决策等不利情境的汇聚。台风灾害不仅对社会大众的生命和财产安全构成威胁，如果政府不能有效化解危机，台风灾害还能引发社会不稳定等连锁反应。鉴于此，政府有必要建立健全台风危机管理体系，通过研究危机防御、危机预警和救治危机，恢复社会的稳定和谐。

台风灾害危机管理是政府机构通过建立台风灾害危机应对机制，对台风灾害进行监测、预警、预防、应急处理、评估、恢复等一系列必要措施，防范、化解台风灾害危机，恢复社会秩序，保障人们正常生产和生活的活动，维护社会稳定，促进社会和谐健康发展（陈和和申明浩，2010a）。

23.1.2 台风灾害危机的特点

1）危机的突发性。如同一般的公共危机，台风灾害危机爆发突然，时间短促，传播迅速。这一特征要求政府必须在非常有限的时间内做出反应，形成正确判断，以争取宝贵时间，使可能的损失最小化（张璐，2008）。由于现阶段科学技术和手段无法准确预报台风路径等相关数据，因此，台风路径的不确定性对于一些区域而言则显得突如其来。因此，台风灾害的发生使得一些地区政府措手不及。在毫无准备的情况下，政府的危机管理通常会陷入混乱和被动之中。

2）危机的破坏性。台风灾害危机的突发性决定其破坏性巨大，它不仅带来巨大的直接经济损失，还造成难以估量的间接损失。同时，台风灾害危机往往具有连带效应，可能引发次生或衍生事故，导致更大的损失和危机（李洪波，2008）。2009 年“莫拉克”台风带来超常规的降水，此番降水在台湾酿成“八八水灾”，在造成巨大人员和经济损失的同时，还带来了非常大的政治影响。

3）危机的易变性。台风灾害危机的易变性与灾害自身特性有关。正如前文所述，现阶段的科学技术和手段无法准确预报台风的路径等相关数据。因此，台风灾害危机体现出易变性的特点。更进一步，不同的台风或者同一台风不同的登陆地点对于受灾地区情况完全不同。具体而言，针对不同能量级别的台风，应采取不同的防御级别；针对不同的受灾区域，应采取因地制宜的防灾策略。

4）危机的紧迫性。台风灾害一旦发生，就有飞速扩张的态势，迅速引起社会各界的不同反应，令社会各界密切关注，政府若不采取有效的应对措施，可能使政府形象受到严重损害（郑立功，2009）。面对难以确定而又存在严重危害的台风灾害，政府危机管理部门必须在极短的时间内做出关键性决策和紧急应对措施。如果不能及时采取应对措施，将造成更大的危害和损失（李洪波，2008）。

23.1.3 台风灾害危机的发展周期

台风灾害危机与普通公共危机一样，从生成到被消除存在一个生命周期，一般经历五个发展阶段，即潜伏期、爆发期、持续期、解决期、恢复期（肖鹏军，2006）。

1）潜伏期。大多数危机都有一个从量变到质变的过程，潜伏期是导致危机发生的各种诱因逐渐积累的过程。此时，台风灾害危机尚未发生，但通过一些气象现象可以表现出一些台风灾害的征兆。由于现阶段科技手段的有限性，台风灾害的预报部门并不能准确分析和把握这些征兆。但有关部门如果予以重视，做好灾前的防灾减灾工作，台风灾害即使爆发，损失也能被控制在有限范围内。如果有关部门忽视这些灾害征兆，等到台风灾害爆发后方采取应对措施，则有可能仓促应对，酿成更大的危机。

2）爆发期。当危机诱因积累到一定程度，就会导致危机爆发。台风灾害爆发后，受灾地区的正常生活遭到破坏，群众的生存与发展受到严峻考验，政府管理部门将经受来自社会各界的巨大压力。台风灾害危机爆发后，如不立即处理，危机则有可能进一步升级，甚至影响社会和谐与稳定。

3）持续期。在这一时期，政府有关部门着手处理台风灾害危机，组织开展灾情调查、进行危机决策、控制台风灾害影响的范围和程度、实施公共危机沟通、开展各种救灾工作等。持续期是台风灾害危机核心时期，事关整个救灾工作的成败。政府决策部门在这一时期需要准确决策、快速决策，及时有效地调配救灾资源、组织人员救灾、引导受灾群众撤离。

4）解决期。在解决期，台风灾害危机的事态已得到基本控制，危机爆发后引发的各种显性化问题基本得到解决，受灾地区生活稳步回归正常，政府有关部门所面对的压力也逐步减弱。此时，政府有关部门需要从台风灾害危机中寻找不足，提出有针对性的改进措施，防止危机可能引发的各种后遗症以及危机卷土重来。

5）恢复期。台风灾害危机恢复期是政府有关部门自我分析、自我反思的一个过程，决策部门应利用这段时间分析致灾原因、救灾过程中各方面存在的不足，尽可能对不足之处采取补救措施，通过总结经验教训制定应对未来台风灾害危机的处理预案。

23.1.4 台风危机管理模型

（1）台风危机管理范围

通过对资源、人、反应、复原和沟通的认识，用图23-1来描述完整的台风灾害危机管理过程。在台风危机管理范围图中，左边两个象限代表危机管理的沟通活动；右边两个象限表示危机管理的行为构成；上面两个象限反映的是开始清理危机事件的初级阶段，以生理上可见的影响为主；下面两个象限反映的是恢复管理时期，在该阶段，精神影响更加突出（罗伯特，2003）。

反应和恢复管理中强调的重点是公众认知，要形成积极有效的台风灾害危机管理，需要对这些群体中的每一部分都进行有效的管理。在现实案例中，很多政府部门在台风灾害危机处理过程中，将注意力过于集中在资源管理上，对人的沟通重视不足。

台风危机管理范围图（图 23-1）有助于行政管理部门从总体战略高度进行危机管理，考虑如何减少危机情境的发生，做好危机管理的准备工作。

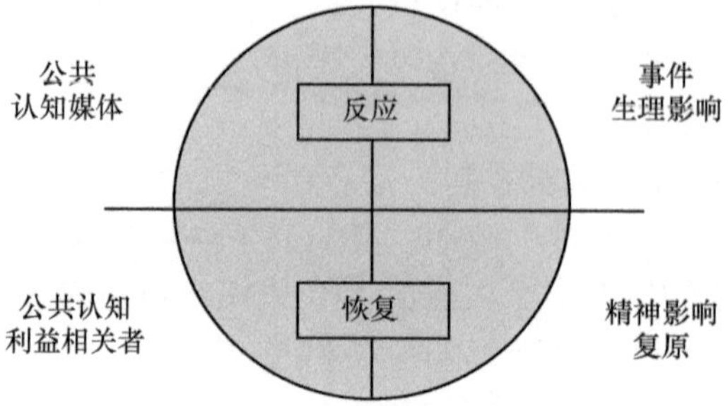

图 23-1　台风危机管理的范围（罗伯特，2003）

Fig. 23. 1　The Scope of Typhoon Disaster Crisis Management

(2) 台风危机管理模型

这里借鉴罗伯特·希斯危机管理过程的4R 模式，将台风管理划分为缩减、预备、反应、恢复4 个阶段。有效的台风危机管理是对4R 模式的有效整合，见图 23-2。

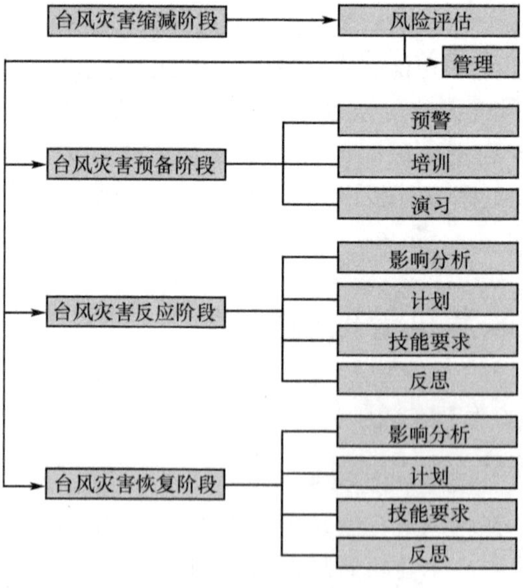

图 23-2　台风危机管理模型

Fig. 23. 2　The Model of Typhoon Disaster Crisis Management

资料来源：罗伯特·希斯 . 2003. 危机管理 . 北京：中信出版社 .

台风灾害缩减阶段（reduction）：对于任何有效的台风灾害危机管理而言，危机缩减管理是其核心内容。虽然台风灾害的发生有一定的客观必然性，但对现有资源进行有效管理，可以大大缩减台风灾害危机发生的概率以及破坏程度。在缩减环节中，最重要是风险评估——对历史数据统计分析或者现实事件的客观判断，判断得出可能有的负面结果，从而防患于未然。

台风灾害预备阶段（readiness）：预警和监视系统在危机管理中是一个整体。它们监视特定环境，对每个细节的不良变化都有所反应，并发出信号给其他系统或者负责人。台风灾害预备阶段中除预警外，培训和演习也十分重要。良好的人员培训和充分演习是防灾减灾非工程措施的重要组成部分，也是化解危机的有效保障。

台风灾害响应阶段（response）：即强调在台风灾害危机已经来临的时候，应该做出什么样的反应以策略性地解决危机。因此，在这一阶段，首先需要分析灾害危机的具体情况，然后制订相应的计划，在实施计划时需要有相应的技能要求，并且需要对反应策略进行反思。

台风灾害恢复阶段（recovery）：在台风灾害危机发生并得到控制后着手灾后的重建工作，恢复生产重建家园；同时还需总结灾害中的经验教训，避免重蹈覆辙。这两方面工作都需要进行情况分析并制订相应的计划，在执行计划时有不同的技能要求，最终仍需对具体的计划以及经验教训进行反思和总结。另外，从自然界而言，台风对于海洋生态系统和资源也存在一些正面效应（Tang and Sui，2014e；Yu et al. 2013，2014）

23.2 台风灾害危机管理体系建立的现实意义

伴随着区域经济一体化的浪潮，中国社会正处于利益格局解体、权力体系瓦解、社会结构分化、人口流动加剧的历史性变革时期，加之全球文化的交汇与碰撞，这些因素引发了社会文化的激荡和传统思想观念的改变（尚静，2009）。此时，如果爆发台风灾害，政府没能妥善处理灾害危机，则有可能引起社会秩序的动荡，引发各种各样的社会危机。同时，在日益加速的区域一体化进程中，台风灾害危机往往造成区域性影响，某受灾地区的危机很容易演化为区域性危机，甚至扩散到全国。因此，加强危机管理成为当前全国台风频发地区乃至中央政府面临的一项重大课题。基于以上因素，本章从以下两点来看台风灾害危机管理的必要性。

(1) 台风灾害危机管理是构建和谐社会的必然要求

随着改革开放和全面建设小康社会的不断推进，中国正处于社会转型期，这一时期往往是人口、资源、环境、公平、效率等社会矛盾最严重的时期，由此产生了大量的社会矛盾和问题，都是造成社会不和谐的音符，也是引起公共危机的重要原因，这要求政府能在危机爆发时采取有力措施，及时缓解和化解危机，将社会由无序引向有序正常运转的轨道上来（马福玉等，2009）。当台风灾害爆发时，灾区人民生活受到极大创伤，如果政府没能在台风灾害的潜伏期、爆发期、持续期、解决期、恢复期这五个环节将灾害给民众带来的损失降至最低，并迅速恢复灾区的正常生活，这将极大影响灾民心理，并引发不安定的情绪。在这一基础上，如果政府仍不能妥善处理台风灾害危机，势必造成民众更大的不满，破坏社会和谐。因此，提高政府的台风灾害危机管理能力是构建和谐社会的必然要求。

(2) 台风灾害危机管理是维护政府形象的必要条件

公共危机是一把双刃剑，一方面它威胁着公共利益的安全，损害政府形象；另一方面政府通过正确处理公共危机赢得民心和威信，甚至可以依托公共危机的解决为契机获得在其他领域中的有利地位（马福玉等，2009）。台风灾害发生后，如果政府不能及时应对灾害，有关部门间推诿责任，不能把灾害的相关信息传递给受灾民众，使得灾民承受不应该承受的痛苦，这种行为将严重影响政府形象，降低人民对政府的信任感。由此可见，加强台风灾害危机管理有助于政府更好地监测、预防和应对台风灾害危机事件，树立亲民爱民的政府形象，真正代表广大人民群众的根本利益。

23.3 中国台风灾害危机管理体系存在的问题

(1) 台风灾害危机防范意识淡薄

目前，政府有关部门在日常管理过程中危机意识淡薄，没有树立起足够的危机管理意识（向玉琼，2005）。很多沿海地区的政府管理人员认为台风灾害是一种季节性常态，不会造成重大的经济和人员损失，不重视台风灾害危机，对台风灾害危机的发生几率与破坏性存在侥幸心理。台风灾害危机发生后，由于相关机制的欠缺而处置不力，丧失了最佳的救灾时机。

(2) 台风灾害危机预警机制有待完善

台风灾害危机预警机制是指在危机演变的不同阶段中，对可能引起危机的各种要素及其所呈现出来的危机信号和危机征兆进行严密监测，对其发展趋势、可能发生的危机类型及其危害程度做出合理科学的估计，并向有关部门发出危机警报的一套运行体系（郑立功，2009）。中国目前没有建立完善的台风灾害危机预警机制，对台风灾害危机缺乏基本的分析判断机制以及风险评估机制，导致台风灾害风险不能被及时发现和有效防治（向玉琼，2005）。

(3) 台风灾害危机管理过程缺乏透明性

在现代社会，公共信息具有广泛的社会性，与每位公民的利益直接相关，同时，公共信息具有极强的时间性，尤其是突发事件的公共信息，稍有延误都会对社会造成不可估量的影响（向玉琼，2005）。从我国台风灾害危机管理现实来看，危机管理过程仍欠缺透明，在危机发生初期，无论是危机信息，还是政府行为都缺乏足够的透明度（钟莉，2009）。受灾群众在信息缺乏的情况下，只有通过小道消息获取信息，容易受到不实信息的误导，造成民众心理恐慌，引发更大危机。

(4) 不同层级危机管理机构间协调性不足

中国现行行政管理模式层级较多、机构林立、人员冗杂，当台风灾害危机出现时，造成相关部门间相互推诿责任，不愿解决，甚至迟报、缓报、漏报危机的严重后果（尚静，2009）。中央政府和地方政府在处理突发事件时的权责没有明确规定，由于传统高度集权的中央决策，使得地方政府不能灵活、合理地处理危机，而且层级过多也使得危机管理缺乏效率（向玉琼，2005）。当台风灾害危机发生后，低级的危机管理部门需要向上一级的主管部门请示危机处理方案。如果台风灾害危机较大，上级主管部门还需向更高级主管部门请示。虽然层层请示保证低层决策部门相关决策的合理性，但这个过程可能会延迟决策时间，错失危机管理的最佳时机。

(5) 台风灾害危机管理中的法律制度建设有待完善

从中国公共危机管理实践来看，危机管理的法制建设不够完善。中国虽然制定了不少关于处理公共危机事件的法律法规，但这些立法以分散的形式存在且大多是单行法，仅仅适用于一种紧急状态，亟须统一制定一部综合性的紧急状态法律（钟莉，2009）。实践证明，没有完善的台风灾害危机管理法制，就没有高效的政府危机管理（金华，2009）。台风灾害危机等相关公共管理法制完善后，一旦出现危机，相关危机管理部门则有法可依，同时也赋予了危机管理部门以权力，极大地提高了政府的危机管理效率。

(6) 台风灾害危机信息流通不畅

受传统观念影响，在台风灾害危机信息的收集方面形成了报喜不报忧的现象，一些官员出于政绩考虑，对一些危机信息采取压制、隐瞒等做法，这样就致使信息渠道不畅通，贻误了危机处理的最佳时机（钟莉，2009）。在台风灾害的萌芽状态时，及时察觉并解决危机离不开信息的支持。缺乏信息必然导致政府麻木、反应迟钝，不能及时把问题解决在起始阶段时，当事态发展到不可收拾的阶段时，则增大了危机的解决难度（郑立功，2009）。

23.4 国外灾害危机管理的经验借鉴

(1) 理性的国民灾害危机意识

为提高公民的灾害危机管理意识和对抗危机的能力，许多国家政府都重视全民的危机管理教育、应对灾难的培训和实地演习等素质教育（刘文光，2004）。社会媒体充分利用现代信息手段，对不同类型的灾害危机预警制度和应急制度进行广泛宣传和普及。国民危机意识的强弱直接关系到政府灾害危机管理的效果，许多国家不仅注重强化公共管理者的灾害危机管理意识，而且不惜花费巨资对国民进行经常性的灾害危机意识教育和培养（王德迅，2005）。在日本的政府出版物中，涉及防灾减灾内容的就有《建筑白皮书》《环境白皮书》《消防白皮书》《防灾白皮书》《防灾广报》等10余种刊物。家家户户的门窗附近，都备有矿泉水、压缩饼干、手电筒以及急救包，就连新潮的电脑游戏，也专门开发考验人们在强震下应急对策的软件。通过这些举措，日本国民不但提高了灾害危机意识，而且掌握了急救知识、逃生的要领以及自救互救的本领。

(2) 健全的灾害危机管理机制

美国应对灾害危机的管理机制较为成熟，其管理模式是以总统直接领导、由专门对付各种危机的政府部门参与。为提高应急危机的能力和协调政府部门的行动，早在1979年，美国就成立了联邦危机管理局。这是一个完全独立的直接负责全国灾变管理的常设机构，其职责就是运用各种减缓、预防、回应和恢复等手段管理各种自然灾害（刘助仁，2004）。日本灾害危机管理机制是以内阁总理大臣为最高指挥官，内阁官房长官负责整体协调和联络，通过安全保障会议、中央防灾会议等决策机构制定危机对策，由国土厅、气象厅、防卫厅和消防厅等部门进行具体实施的组织体系，其中包括由日本地方政府行政长官牵头的危机管理机构（王德迅，2005）。

(3) 完善的灾害危机管理法律体系

发达国家非常重视灾害危机管理的法制化建设，许多国家都有危机管理方面的专门立法（刘文光，2004）。例如，日本的防减灾法律体系是以《灾害对策基本法》为龙头的庞大体系（赵敬丹和郧海萍，2006）。按照日本内阁府2001年颁布的《防灾白皮书》的分类，这一体系共由52项法律构成。美国在“9·11”事件后有意识地加强了应对极端突发事件的相关法制改革的力度，根据美国联邦政府要求，法律与公共卫生中心于2002年初拟定出《紧急公共卫生权限法案范本》，作为各州进行公共卫生应急法律体系改革的依据（刘助仁，2004）。

(4) 发达的信息监控系统

灾害危机管理的关键在于危机信息的获取和预警。对管理者而言，来自灾害危机信息监控系统的情报对管理者正确决策起决定性作用。对灾害危机的及时探测与发现，能为应急措施赢得宝贵时间。因此，建立一套发达的信息监控系统至关重要（刘助仁，2004）。例如，英国政府规定国家卫生服务体系在紧急情况下必须重视新闻媒体的作用，以便在发生导致人身伤亡的重大事件时能够准确、及时地向公众传达灾难信息，避免信息混乱、错误、拖延等造成社会恐慌，稳定公众情绪（刘芳娜，2009）。韩国在全国设立了12个应急疾病监控信息中心，覆盖所有的行政区域，并充分运用有线、无线通信网，不断改善通信联络体系，保证疾病监控信息中心与各医院之间及参与应急医疗的主要人员之间的通信联络随时畅通，发现疫情爆发的规模，分析疫情的发展趋势，及时制订有效的预防措施，避免疫情扩散（刘助仁，2004）。

(5) 责任共担的参与机制

西方国家在灾害危机管理中，不仅政府积极参与，而且公众也通过组织介入管理，形成政府、非政府组织、公众责任共担的公共危机管理机制（刘芳娜，2009）。美国危机管理主体由FEMA、联邦部会、州政府、地方志愿义务组织、民间团体、私人企业等组成，政府将它们之间的联合列入灾害危机计划。在美国，已经形成了非政府组织及市民参与的危机管理社会网络，如组织民间自主救援团体、民间社区灾难联防体系、民间慈善团体和民间宗教组织等，这些组织在灾害危机状态下可以有力协助政府处理各种灾害危机事件（赵敬丹和邬海萍，2006）。

23.5 小结

从发展的角度来看，台风灾害会给整个社会发展造成巨大影响。台风灾害会给人民的生命、财产、安全造成巨大损失，同时会阻碍社会发展、导致贫困，引发社会经济和政治的不稳定。因此，加强台风灾害危机管理体系建设，是构建和谐社会的必然要求，是维护政府形象的必要条件。

第 24 章　台风灾害防御系统建设

Chapter 24　Typhoon Catastrophes and Construction of Recovery Systems

摘要：广东沿海是台风经常侵袭的区域，台风灾害每年给广东省造成巨大的经济损失。鉴于台风灾害的经济影响，防台风则成为一个关系到国计民生的重要议题。本章尝试从灾前的防灾减灾体系、灾中的危机管理体系、灾后的损失评估及赔偿体系三个环节入手，为台风灾害防御系统建设提供一些具有可行性的操作思路。

关键词：台风经济影响；防御系统建设；工程措施；非工程措施

Abstract: Guangdong Province is one of the regions that typhoons visit frequently. Typhoon catastrophes cause great economic loss to Guangdong Province every year. Because of the economic impacts of typhoon catastrophes, the defense against typhoons becomes an important topic to society in general. This chapter endeavors to provide some feasible ideas as to how to construct recovery systems for typhoon catastrophes starting from the pre-catastrophe defense-reduction system, to the during-the-process-of-a-catastrophe crisis management approach, and on to post-catastrophe evaluation and compensation of loss systems.

Keywords: typhoon economic influence; construction of recovery system; structural measures; non-structural measures

鉴于台风灾害的巨大破坏力，其防御系统建设则亟待加强和完善。台风灾害的防御系统应包括灾前的防灾减灾体系、灾中的危机管理体系以及灾后的损失评估及赔偿体系（图 24-1）。灾前的防灾减灾体系可以增加本地区抗台风的综合实力，同时，通过政府投资支出还能带动经济增长。灾中危机管理体系则是直面台风灾害的环节，有效的危机管理系统可以将台风灾害的破坏降到最低。灾后的损失评估及赔偿体系是恢复经济、重建人民家园的重要保障，也是整个防御系统的善后环节。由此可见，建设台风灾害的防御系统需要未雨绸缪、积极应对、重整家园，是一个需要考虑灾前、灾中和灾后的系统工程（图 24-1）。

本章以台风“莫拉克”的灾害处理为例，为广东省台风灾害的防御系统建设提供一定的思路。

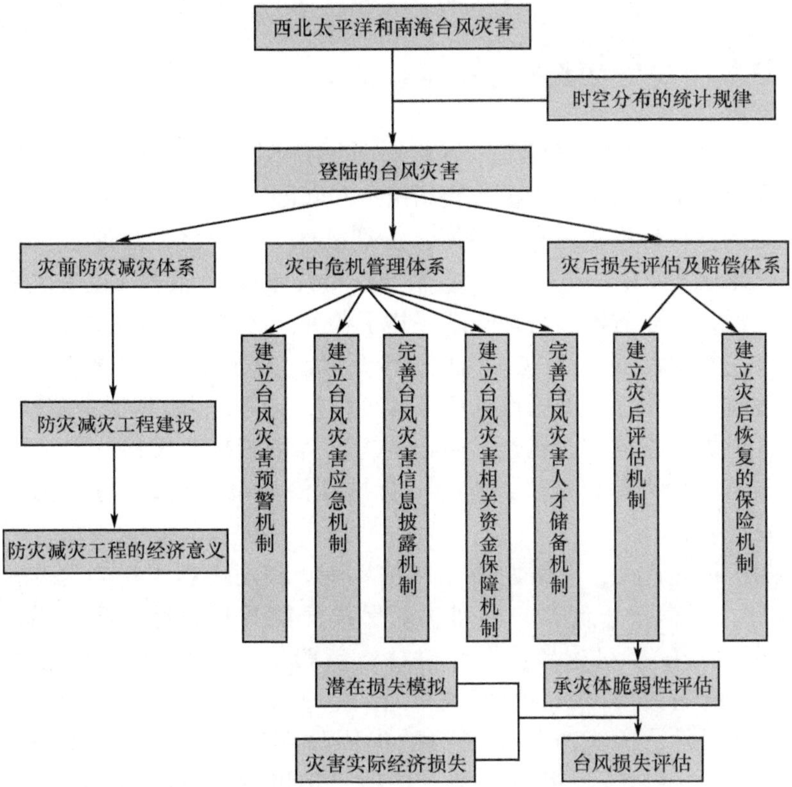

图 24-1　台风灾害经济损失与危机管理研究框架

Fig. 24. 1　A Flow Chart of Economic Loss and Crisis Management for Typhoon

24.1　灾前的防灾减灾体系

虽然防灾减灾本身不能直接创造利润，但防灾减灾可以保证生产的安全进行，减少因灾导致的生产损失，因此，防灾减灾能够产生效益。防灾减灾的效益与防灾减灾投入密切相关。防灾减灾的投入与收益之比为 1∶20，有的甚至高达 1∶100（孙广忠，1992）。可见，防灾减灾是一项有效的增产节约措施，防灾减灾就是增产。

针对广东省台风灾害的特点，广东省为减轻台风灾害应该工程措施与非工程措施并举（王同生，1996；叶雯，2002）。

24.1.1 工程措施

1）加强江海堤围建设和管理。江海堤围是防御风暴潮的基础工程设施。一旦江海堤围在风暴潮中出事，则极难当场抢护和限制灾情发展。因此，江海堤围必须达到一定的设计标准。广东省沿海，特别是珠三角经济发达地区，地势低洼，据统计，该地区有23.7%的土地比筑基低0.4m，因此，很容易遭受风暴潮袭击。新中国成立后，广东省沿海各地陆续兴建了各种江海堤围和防海浪设施。但现有堤防均存在防御标准低的问题，因此，今后要大力建设高标准的堤围。近几年来，广东等省提出了江海堤围设计标准和工程技术规定，根据保护范围大小、重要程度、江海堤围走向与台风经常袭击的方向等因素确定设计标准和结构形式。通过各种渠道，大力筹集资金，进行“标准江海堤围”建设，并在防台风和暴潮中收到良好效益。

2）采用生物措施，消浪固滩，保护堤围。利用适合于在当地滩涂上生长的耐盐植物，以消浪、促淤、固滩，对保护海堤效果良好。我国沿海滩涂种植的品种有大米草、互花米草、红树林、芦苇等。8309号台风暴潮来袭时，宝安县福永镇有段1000m的海堤没有被冲垮，就是得益于堤外有片宽约50 m的红树林，大大减轻了风浪的淘刷作用。因此，沿海省份应在保护好现有红树林的基础上，通过引种、护种，积极发展红树林，更充分地发挥红树林的减灾功效。

3）提高江河的蓄洪、排洪能力，减轻暴雨灾害。暴雨常常会引起洪水。虽然政府斥巨资对各江河大堤加高培厚，然而对河床整治却不够重视。北、西、东三江汇合出海的珠江口，由于管理不严，随意围垦，河床日益淤浅，影响行洪。因此，应加强对各江河及其出海口的整治疏通，同时充分发挥流域内大、中、小型水库的调洪、蓄洪功能，同时提高各个气象和水文站点的预报精度，及时做好防洪准备。

4）改进台风区房屋建筑。台风中房屋倒塌也是人员伤亡的重要原因，因此，要提高房屋抗台风的安全度。房屋的屋顶、屋檐形式、墙体的强度都要符合防台风的要求。建房要避开风口地带，1985年10号台风在福建长乐、江田登陆，房屋大量破坏，其中多数是使用不久的新房，因未避开风口地带而被刮倒。山区建房要避开山洪冲刷路线，注意地质情况，避开滑坡和泥石流区域。

24.1.2 非工程措施

1）建立防御台风的工作体系。建立各级政府行政领导负责制，建立一套完整的指挥系统工作机构，并为抢险队伍制订有关的工作制度，组织协调监测预报、通信报警、抢险救灾等各部门的工作。人民解放军在我国防灾减灾工作中发挥了极重要的作用，要注意加强地方防汛部门与军队之间的联系与合作。

2）制定防御灾害的规划和预案。防御台风要进一步贯彻“以防为主，防、抗、抢结合”的方针，从思想上、组织上、措施上做好充分准备，以防不测。首先要有防台风的防（洪）潮规划，同时，工程的防御标准总有一定限度，对强台风和超标准的暴雨洪水必须有对策，要编制各地区的洪水风险图，制定人员撤退和转移的方案。对于有缺陷和隐患的堤围、水库和危房要及时了解和掌握，以便必要时采取抢险和撤退的措施。

3）提高台风预报精度。预报是减灾活动的先决条件，也是减轻灾害损失的主要措施。要做好台风路线、影响范围、风力及潮位预报，做好有关的暴雨强度和洪水预报，提高精度，注意台风的转向、加快、加强等变化，及时发布警报，以便有关部门做好准备，尤其是出海船只回港避风和防止停泊的船只相互碰撞。要研究分析台风不同登陆地点和穿行路径对本地区的影响，采取有针对性的措施。

4）防御台风工作要正规化、规范化。防御台风暴潮灾害是我国东南沿海的一项经常的任务，是一项综合性的工作，包括预防、抗灾实施和灾后恢复，必须正规化、规范化。要健全防台风指挥决策系统、信息传递系统和抗灾实施系统以及灾后恢复系统。防御台风工作不但要在台风季节做而且要全年做，要把多年来防御台风暴潮灾害的经验加以总结提高，形成规章制度，常备不懈，有备无患。同时加快立法，依法防灾减灾。

5）加强减灾及其对策研究。加大对灾害研究的投资，收集和整理灾情资料，建立台风灾情资料库、信息系统和防灾减灾专家系统。灾害损失评估是进行减灾效益分析的重要基础，是提请国家决策机构增加减灾投资的关键性依据，因此，有必要加强对台风灾害的经济损失和社会效应的评估研究，建立科学的灾害评估方法。

6）加强宣传教育，提高全民防灾意识和防灾知识。充分利用广播、电视、报刊等传播媒介，使台风防灾减灾知识家喻户晓，进行公众防灾减灾技能训练，掌握相关技能，减少灾害损失。

24.2 灾中的危机管理体系

从发展的角度来看，台风灾害会给整个社会发展造成巨大影响。概括而言，台风灾害给人民的生命、财产、安全造成巨大损失，同时会阻碍社会发展、导致贫困，引发社会经济和政治的不稳定（张成福，2003）。因此，提高政府应对台风的危机管理体系是构建社会主义和谐社会的必然要求，是维护政府形象的必要条件。政府危机管理是政府针对潜在的或突发的危机事件的事前预警、中间应急处理和事后恢复的一种管理手段。通过实施各种行之有效的、具前瞻性和预见性的措施及时有效消除危机萌芽和处理发生危机，恢复社会正常生活，转危为机（张建伟，2003）。可见，建立高效的灾中危机管理体系是广东台风灾害防御体系建设的核心环节。

（1）建立台风灾害预警机制

针对所有可能发生的台风灾害公共危机事件，须建立能全面有效预测、防范的预警机制。该机制强化政府责任，从中央到地方分别制定出突发事件的应急预案，建立台风灾害的预警监测制度，定期、定点对险情的发生及其可能的危及范围进行科学预测（汪亚君，2008）。越早发现存在的威胁，抓住解决的机遇，就越有可能控制住危机的蔓延。要依靠科技与广大人民群众和基层组织，从危机征兆中透视潜在的危险，制订科学、周密的危机应变计划，预测危机情景，尽量将危机消除在萌芽状态。预防与控制是管理中成本最低、最简便的方法。要及时收集、辨别分析和处理各种信息，有效察觉潜伏的危机，敏锐洞见危机，中隐藏的机遇，为台风灾害危机处理赢得主动权（李洪波，2008）。

（2）建立台风灾害应急机制

台风灾害应急机制包括建立系统的应急预案框架体系和部门联动体系，做到既能统一领导，又能分工协作，有章可循。加强基层应急投入，增强第一时间预防和处置各类突发公共危机事件的能力，加强应对能力建设。各级管理机构要制定可操作性强的应急工作预案，提高应急能力。政府要组织动员全社会各行、各业、各部门和广大群众共同参与台风防御应急管理工作。进一步明确各有关单位的分工负责制，建立健全统一指挥、部门分工、社会联动的防台风机制，有效发挥全社会的综合防灾能力。同时，要进一步加强军民联防，加强军队、武警的抢险救灾专业培训工作，造就一支专业化的抢险救灾队伍（邓玉梅和董增川，2008）。

(3) 完善台风灾害信息披露机制

建立有效的信息传播系统和危机发生时的公众沟通机制，是妥善处理台风灾害的重要工作。在台风灾害应对过程中，政府要高度重视突发灾害的信息发布、舆论引导和舆情分析工作，要在第一时间向公众发布准确信息（李洪波，2008）。保障公众的知情权、参与权与监督权，及时、准确地公布信息，可以释放出巨大的社会力量，形成“同舟共济”的团结局面，避免大规模的社会恐慌。同时公开和共享信息，也有利于争取国际社会合作，实现研究上的突破，尽快解决问题。

(4) 建立台风灾害相关资金保障机制

台风危机管理中，如果政府财政预算投入不足，危机的预控、管控及善后恢复都将严重滞后，难以有效、及时应对突发险情。因此，必须在财政上予以有力支持，建立台风灾害应急基金，并对危机管理所需的监督检测、设备维护及技术人才储备给予重视，将其所需经费纳入同级政府财政预算，从法律上给予切实的物质保障（汪亚君，2008）。

(5) 完善台风灾害人才储备机制

台风灾害的危机处理需要大量的专业人才，并涉及不同的行业领域。在危机处理过程中，能否有效供给后备人才是能否最终战胜危机的关键所在。因此，后备人才的培养及储备人才机制的建立就显得非常重要。加强政府官员危机管理教育和危机处理模拟训练，强化他们的危机管理意识、知识和技能及人道主义和人文关怀精神，确保每一个参训人员熟悉危机处理的各种方案，明白应担负的具体责任，掌握必备的知识和技能，以期收到“临危不乱”的效果（谢端云，2006）。

24.3 灾后的损失评估及赔偿体系

近年来，影响广东的台风频率和强度不断增加，但对于台风给沿海地区造成经济损失数额的统计通常具有很大的随意性，缺乏一个科学的测评方法，无法做到快速有效地评估台风灾害损失，没有把研究应用到实际的预防预测工作中，使得国家有关部门只是被动地防灾赈灾。同时，由于缺乏准确的评估体系，灾后相应的赔偿体系也不能及时建立，从而影响到受灾地区重建工作的有效开展。因此，建立完善的赔偿体系不仅能将社会大众的损失降低至最低，还能有效维护政府威信，保障社会安定团结。同时，建立科学的损失评估体系也会为未来的防御工作提供科学依据。

(1) 建立灾后的评估机制

台风灾害所造成的损失可以分为直接损失和间接损失两部分。直接损失包括灾区的物质财产损失和人员伤亡；间接损失包括因发生灾害使局部地区交通、通信和生产活动停顿造成的经济损失，开展灾害救援和灾后修复、重建的投入，以及对生态环境的破坏和影响等。

通过统计直接损失和间接损失的传统方法不仅需要耗费大量的人力物力，且不能准确评估台风灾害所造成的损失。因此，通过构建完善的计量模型评估台风灾害可能造成的经济损失可能是一种更可行的方法。用因变量 Y 代表台风的经济损失，X_0 代表台风的综合强度，X_1 代表当地的 GDP，X_2 代表当地工业产业增加值，X_3 代表当地农业产业增加值，X_4 代表当地与海岸的距离，X_5 代表当地居民人数，X_6 代表当地工商企业平均规模，X_7 代表近 10 年该地区基础设施投资总额，ε 是随机扰动项，则台风灾害造成的经济损失可以表示为

$$Y = a_0X_0 + a_1X_1 + a_2X_2 + a_3X_3 + a_4X_4 + a_5X_5 + a_6X_6 + a_7X_7 + \varepsilon \quad (24\text{-}1)$$

通过多方调研，收集以上各变量的历年数据，进行面板数据分析，拟合上述方程式，发现各因素对台风经济损失的影响权重，从而判断台风可能造成的经济损失，以便当局做出更好的赔偿决策。

(2) 建立灾后恢复的保险机制

台风灾害后，社会经济各方面必然受到不同程度的冲击，民众心理所受的影响极大，人气也极为低落，严重影响经济的恢复。因此，保险机制的建立与完善，为许多灾民的生活给予了一定程度的帮助，更是在心理上给予了相当大的信心支持，对于灾后重建具有十分重要的意义。

虽然我国企业财产综合险和家庭财产综合险都将台风灾害列入保险责任范围，却没有开设针对台风灾害的台风保险，保险对台风损失的补偿非常有限。损失发生后，国家将不得不动用财政资金用于台风灾害损失的补偿，在事实上充当“最终保险人”的角色。因此，无论是从减轻国家财政负担的角度还是从国内保险业发展考虑，我国都应该鼓励台风灾害保险的发展。在国际上，很多保险公司通过巨灾保险风险证券化方式向资本市场分散台风等巨灾风险（施建祥和邬云玲，2006）。基于此，要思考：市场需要如何针对台风灾害设计不同的风险分散产品，在社会保障事务中发挥出“第一保险人”的作用；政府要如何干预巨灾经济损失保障事务，发挥其巨灾风险“最终保险人”的作用；如何有效地将政府和市场的作用结合起来，相互改善、共同促进灾后的恢复、重建工作。

第 25 章　危机管理模型的构建与实例

Chapter 25　Model and Example on Crisis Management of Typhoon Disaster

摘要：伴随经济发展水平的不断提高，台风灾害对中国沿海地区的综合危害程度日益凸显。本章在介绍台风灾害危机管理意义的基础上，指出有效的政府危机管理方案将极大减少灾害的经济损失与人员伤亡；进一步构建了台风灾害的危机管理模型，依此模型分析了台风灾害危机管理实例，指出在政府防灾减灾工作中如何提高其危机管理水平及对于防台风的重要意义。妥善的台风灾害危机管理方案不仅应包括预警与应急管理措施，还应包括灾后的赈灾补偿措施，而巨灾保险是完善赈灾补偿的有效途径。

关键词：理论与实践；决策支持系统；灾害危机管理；风暴潮；直接经济损失

Abstract: With China's economic development improving continually, the integrated damage of typhoons to our coastal zone has become increasingly prominent. By introducing the significance of crisis management of typhoon disasters, this chapter points out that increased effectiveness of crisis management can greatly reduce the economic losses and casualties of such disasters. The chapter further builds on the crisis management model of typhoon disasters and uses this model to analyze selected typhoon disaster cases. Based on this work, this part points out how to improve crisis management practices of typhoon disasters, and how this is important in the prevention and reduction of typhoon losses. Proper Typhoon Crisis Management Planning should include not only preliminary warning and emergency management measures, but also post-disaster compensation guidelines and standards. The foundation of catastrophe insurance can be an effective way to improve the disaster relief compensation.

Keywords: theory and practice; decision support system; risk management of disasters; storm surge; direct economic loss

25.1　引言

中国位于太平洋西岸，受台风影响严重，尤其台风活动主要影响广大沿海省份，而这些省份人口稠密、经济发达、社会财富高度集中，是台风灾害承灾体最为脆弱的区域。近年来，热带台风强度有增强趋势，频繁入侵我国，造成巨大经济损失（隋广军等，2010）。可见，台风灾害对我国社会经济发展构成潜在威胁，由台风灾害引发的危机管理课题备受关注。

25.2 台风灾害危机管理的意义：以史为鉴

台风灾害带来的巨大破坏力已为社会大众所认知，如何有效防御台风，并通过快速、有效的危机管理方案降低台风灾害成为政府相关部门的核心工作内容。有效的灾害危机管理方案能将灾害损失降到最低，不合理的危机管理方案则可能放大台风灾害造成的破坏。因此，针对台风灾害的危机管理工作对于社会稳定以及经济持续发展有着重大社会意义（陈和等，2011a）。以下通过剖析两个台风危机管理案例来说明这一观点。

25.2.1 9615号台风（Typhoon SALLY）

1996年9月9日，15号台风风暴潮影响期间，广东省湛江、江门、阳江、茂名、珠海、中山等市严重受灾。据统计，广东省受灾930万人，死亡208人，倒塌房屋26.8万间，损坏房屋116.4万间，损坏高压输电线路808km，损坏通信线路755km，完全停产工矿企业1万多家，农业受灾面积44.4万hm^2，水产养殖受损2.36万hm^2，水利设施直接经济损失2.2亿元。广东全省直接经济损失129.03亿元。其中，受灾最严重的湛江市死亡79人，农作物受损21.84万hm^2、水产养殖受损1.17万hm^2，冲毁江海堤135.3km、桥涵168座，损坏船只2286艘，沉毁1175艘。湛江港龙门吊有6台被风吹落海，7台被吹倒在地，21台门吊拉杆折断，1台500多吨重的集装箱装卸桥吊卷入海里，几百吨重的船艇被风浪抛高上岸。

9615号台风的主要特点：一是风力特强，阳江至湛江沿海一带风力为35～45m/s，最大风力达61m/s（台湾怡荣号船测得65～70m/s），最低气压938.6hPa，且台风还带有11～12级旋转风，是新中国成立以来登陆广东省台风中摧毁力最大的一次。二是移动速度快，进入南海后平均移速38km/h，最大达40km，是正常速度的两倍，台风进入南海后，仅一天多就登陆，比预报的登陆时间提前半天多。

虽然9615号台风的破坏力超过当时广东沿海防风设施的防御标准，但相关危机管理方案不合理也加剧了此次台风的破坏力。具体而言，由于灾前预报工作不准，9615号台风比预报时间提前半天登陆粤西，使当地政府和民众没有足够时间应对。另一个问题是，相关预报信息已显示9615号台风威力巨大，但防御部门没有及时发布预警信号，很多近海作业的渔船没有回港避风，学校没有停课，工厂没有停产，市场没有停市。因此，当9615号台风正面袭击粤西时造成很多无谓伤亡。

25.2.2 6903 号超强台风（Typhoon VIOLA）

1969 年 7 月 28 日上午 10 时半，6903 号台风在汕头沿海登陆。台风中心登陆时，汕头澄海、潮阳、南澳等县，平均风力在 12 级以上。这次台风正值大潮期，风、潮、雨交加，汕头市区海潮急剧上涨，全市受浸，水深 2.3m，郊区及各县地势较低的地方水深 4m 左右。强台风造成公路交通瘫痪，通信联络全部中断。据统计，汕头受浸水稻 42 万亩，其他作物 45 万亩；崩塌民房 141 025 间，仓库、工厂 3502 间；崩决堤围 316 540m；汕头市死亡 894 人。当时驻守牛田洋生产基地的部队官兵与在该基地锻炼实践的 2183 名大学生，参加了抗击强台风和暴风潮的战斗，有 470 名官兵和 83 名大学生为此献出宝贵生命。

这次强台风是新中国成立后汕头强度最大、持续时间最长、波及面最广、危害性最大的一次。在此次抗台风危机中，部队战士和大学生相信“人定胜天”，坚信“不惜一切代价”也要堵住大堤决口。错误的意识和危机管理耽误了撤离时间，造成严重伤亡。

25.3 危机管理：理论基础

台风灾害危机形成巨大链型灾害，如台风风暴潮强力破坏和侵蚀海岸，强降雨形成地表径流对流域生态系统造成破坏，台风强度直接影响建筑物、道路安全等。台风灾害不仅对社会大众的生命和财产安全构成威胁，同时如果政府不能有效化解危机，台风灾害还能引发社会不稳定等连锁反应。鉴于此，政府有责任、有义务建立健全台风危机管理体系，并通过研究危机、危机预警和救治危机，恢复社会的稳定和谐（陈和和申明浩，2010a）。

台风灾害危机管理是政府机构通过建立台风灾害危机应对机制，通过对台风灾害进行监测、预警、预防、应急处理、评估、恢复等一系列必要措施，防范、化解台风灾害危机，恢复社会秩序，保障人们正常生产和生活的活动，维护社会稳定，促进社会和谐健康发展（陈和和申明浩，2010a）。本章将建立简单的台风灾害危机管理模型，为下文分析台风灾害危机管理实践奠定相关理论基础。

25.4 危机管理：实践

有效的台风灾害危机管理是化解台风灾害危机降低损失的有效途径，本小节以台风“珊瑚”和台风“黑格”比危机管理工作为例，说明有效危机管理工作的重要性（陈和等，2011a）。

25.4.1　台风“珊瑚”

（1）预备阶段

2005 年 8 月 11 日，接汕头气象部门关于台风“珊瑚”的预报后，8 月 12 日下午 4 时 30 分，汕头市委、市政府召开全市防御台风“珊瑚”的紧急动员会议，领导部署防风准备工作，要求各级、各部门认真贯彻广东省委关于“要认真做好防台风的各项准备工作，把群众安全放在第一位，千方百计避免人员伤亡，千方百计减少财产损失”的重要指示，把“不死一个人，水坝不垮坝，堤围不决堤”作为总目标。12 日下午，市委书记得知“珊瑚”可能正面袭击粤东，与各位领导一同研究部署防风准备工作。

13 日上午，台风“珊瑚”登陆前夕，市五套班子领导组成 5 个防风工作组顶着狂风暴雨，深入各区县察看山塘水库、堤围涵闸、危房工地，亲临第一线指挥抗风抢险工作。同时，市三防指挥部及时通过报纸、电视、广播、网络等媒体，迅速把“珊瑚”的动态及政府工作部署和防风抗风指引在第一时间告知广大市民，使全市上下迅速行动起来投入到抗击台风“珊瑚”的工作中。

（2）响应阶段

汕头三防指挥部在响应阶段主要抓三个薄弱环节。一是确保外出船只和渔民生命安全。三防指挥部将责任落实到各区县领导，分解到具体工作人员，对进港避风情况逐一进行登记核实，确保汕头全市 2435 艘渔船一艘不漏回港避风。动员海滩涂的渔排网箱养殖作业人员上岸，组织留守在渔船上的人员及时上岸避风。针对一些大功率渔船主担心船只碰坏不愿离船上岸的情况，反复说服动员，对执意不撤离的采取行政措施，强制他们离船上岸。二是确保危险区域人员的生命安全。汕头市主城区有危房 20 多万平方米，居住群众 1 万多人。为避免工作不协调所产生的漏洞，当地政府决定采取属地管理、以块为主的措施，明确由各区县政府、街道、村居委会负责居住地危房群众的撤离疏散工作，房管等职能部门配合，不留一个死角。汕头外来人口不少，其中一些人居住在沿江、沿海的临时设施、工棚等危险区域。当地政府指令各县区一名领导带队组织外来人员撤离，就近安置到学校、机关大楼等临时避风场所，并提供基本生活保障。三是确保水库安全和坝区周围群众安全。汕头江海堤围和水库较多，巡查制度较为完善，在此次防风抗风中，在做好江海堤围和 8 宗中型水库巡查的基础上，把工作重点放在小型水库上。市三防指挥部发出紧急通知，要求各区县对全市 200 宗小（二）型以上水库逐宗落实防汛责任人，加派管理人员上坝巡查，并将落实情况及时上报三防指挥部。市三防指挥部专门对工作落实情况进行抽查，对尚未除险加固的水库，要求立即启动群众转移应急预案。同时，教育部门通知全市学校停课，对在校住宿的学生集中管理。此外，争取广东省教育主管部门的支持，将在 8 月 13 日高考补填志愿的时间调整延后，方便考生，确保学生安全。

(3) 危机管理成绩

台风“珊瑚”使得汕头市 68 个街道（镇）受灾，受灾 24.61 万人，全市因台风造成的直接经济损失 1.815 亿元，没有出现人员伤亡，灾害损失减少到最低程度，实现了“不死人，少损失”的目标。

25.4.2 台风“黑格比”

(1) 预备阶段

台风“黑格比”形成后，阳江市委、市政府领导按照广东省委、省政府的部署，迅速启动防台风 I 级应急响应，层层召开会议部署抗风工作，迅速成立防风应急总指挥部，指挥部要求各级党委、政府把抗风救灾工作作为当前的中心工作，克服麻痹思想和侥幸心理。在此次防风工作中，阳江市坚持把责任落实到基层，落实到个人，一级抓一级，层层抓落实，做到每户有人关心，每厂有人负责，每船有人保障，确保百无一失。

(2) 响应阶段

在抗击台风“黑格比”过程中，阳江全市各级领导干部主动投入到抗击台风第一线。市委、市政府主要领导全力以赴，赶赴港口、码头、企业、农村等检查指导开展抗风工作。当地政府把确保人民群众生命安全放在首位，对居住在靠近山坡、可能发生山体滑坡等危险地带的建筑物、学校、工厂以及泥砖房的人员及时做好安全转移工作，特别对闸坡渔港、渔排的留守人员，在用高音喇叭动员他们及时上岸的同时，逐船检查，动员每个人转移到安全地带。通过细致工作，反复检查，确保该转移的一户不漏、一人不漏，实行安全转移，做到“渔船百分百回港、渔排人员百分百上岸、危房五保人员百分百转移、危险区域人员百分百转移到安全地带”。阳江市 6780 艘渔船全部靠港或就近港口避风，其中，在市内港口避风的船只 5373 艘，在市外避风的渔船 1407 艘，船上 27 830 人全部上岸避风。转移海上养殖作业人员 3641 人，其中网箱养殖户 1018 户、2921 人；转移危房五保户及低洼地带简易房等危险地域人员 13 683 人。20 宗大中型水库防汛责任人全部上岗到位，加强工程巡查，发现问题及时处理。同时，要求有关中小学停课，确保学生安全。

面对严重灾情，驻阳江人民解放军、武警部队、公安干警和民兵预备役人员紧急出动，连续作战。全市共出动解放军3353人，武警和公安干警5538人，解放军转移受洪水围困群众7945多人。

(3) 恢复阶段

台风“黑格比”登陆后救灾复产的关键时刻，当地政府迅速组织供水、供电、交通、公路等部门对海陵岛被毁设施和海陵大堤进行抢修，尽快恢复供水、供电、交通、通信。一是积极组织力量，及时抢救被困群众。当地政府组织45支抢险队全力救助被台风和暴雨围困的遇险人员。同时，对被毁水利工程以及交通、供水、供电、通信等设施进行抢修，尽快恢复正常的生产秩序。二是广泛发动群众，全面开展救灾复产工作。各级领导广泛动员群众迅速投入到抗灾复产中，指导群众做好农作物管理，及时把损坏的农作物进行补种、救活，尽快恢复农业生产。三是妥善安排好灾民的衣食住行，切实维护社会稳定。安排好因房屋倒塌而无家可归的群众，及时做好灾区卫生防疫。同时认真做好灾民思想工作，稳定灾民情绪。

(4) 危机管理成绩

此次，台风“黑格比”使得阳江市7个县（市、区）48个街道（镇）159.63万人不同程度受灾，死亡17人，2人失踪，全市直接经济损失42.31亿元。在台风“黑格比”危机管理工作中，阳江市各级党委政府以确保人民群众生命安全和对大程度减少损失为中心，高度重视、周密部署、靠前指挥、广泛动员、科学调度，迅速启动防台风Ⅰ级应急响应，各项工作扎实有力，应对险情有条不紊，保障了抗风救灾工作的有效进行。考虑到“黑格比”强度大，持续时间长，影响半径大，全市沿海地区潮位普遍超百年一遇，阳江三防指挥部通过有效的危机管理工作，将强台风造成的经济损失和人员伤亡降到最低限。

25.5 巨灾保险：缓解台风危机管理矛盾的有效机制

25.5.1 巨灾保险的现实基础

从汕头200510号台风和阳江200814号台风的危机管理成效可以看出，妥善的危机管理方案能有效减少台风灾害损失，但在危机管理过程中依然存在一些问题难以凭借应急措施完全解决，其中最为突出的便是渔民的“留守与撤退”间的矛盾。

课题组在汕头和阳江调研时，两市三防办领导均向课题组反映当地渔民在面对台风灾害时“留守与撤退”之间的艰难抉择。其中难处主要表现在以下两个方面：其一，如果渔民选择“留守”，可以照看自家养殖产品，确保养殖产品少受损失，但渔民将面临台风灾害所带来的威胁，甚至生命危险；其二，如果渔民选择“撤退”，渔民便无需继续面对台风灾害，全家生命健康得到保障，但渔民家庭财产绝大部分来自海中的养殖产品，如果养殖产品被台风灾害破坏殆尽，全家则陷入绝对贫困的窘境。因此，在生命健康和家庭财富之间，渔民陷入一个不可兼得的两难境地。

面对这一问题，政府也难实施更有效的危机管理。台风到来前，气象部门发出预警要求渔民撤离，但有部分渔民因担心养殖产品损失不愿撤离。在气候极端的情况下，政府派出工作组强行撤离渔民，仍有少数渔民偷偷返回海上。各地出现不少案例显示这类自行返回海上不愿撤离的渔民遭遇伤亡的情况。汕头三防办领导提出：财政补偿对于解决这一问题成效不大。因为地方政府财政经费有限，一旦台风灾害发生，渔民的经济损失往往大大超过政府的财力范围，通常情况财政补偿只能弥补渔民不到 10% 的经济损失。因此，单靠政府力量难以解决渔民的损失补偿问题。

25.5.2 巨灾保险的现实意义

如果不能解决渔民“留守与撤退”的两难抉择，在台风灾害到来之际，政府危机管理方案实施的有效性将受影响。根据调研掌握的情况，渔民的伤亡人数是每次台风伤亡人数的主要构成。为将台风灾害经济损失与人员伤亡降到最低限度，必须寻求政府财政补偿以外的途径解决渔民“留守与撤退”问题。

现阶段，以政府财政补偿为主的巨灾补偿方式的不足尽显，利用保险机制补偿巨灾损失早已经成为社会各界的共识（何小伟和代宝，2010）。从最新政策趋向来看，我国已基本确立构建“以政府主导、商业保险公司为主体、财政提供支持、由全球再保险市场分散风险的一体化、多层次、多方位的保障体系”（何小伟和代宝，2010）。

巨灾保险是台风灾后恢复阶段的基础环节，巨灾保险可以帮助受灾群众重建家园、援助受灾企业恢复生产，由此可见，巨灾保险是政府财政补偿力量以外的另一股解决渔民两难境地的有生力量。由于巨灾保险工程浩大，要积极调动社会各方面可利用的资源，积极发展相关的金融创新，同时政府也应主动承担相应的引导责任（陈和和申明浩，2010b）。

25.6 小结

伴随经济发展水平的不断提高，台风灾害对沿海地区的综合危害程度日益凸显。有效的政府危机管理方案将极大减少灾害的经济损失与人员伤亡。因此，在政府防灾减灾工作中，如何提高其危机管理水平对于防台风具有重要意义（陈和等，2011a）。

妥善的台风灾害危机管理方案不仅包括预警与应急管理措施，还应包括灾后的赈灾补偿措施。建立完善的灾后补偿机制能有效解决渔民“留守与撤退”的两难抉择，而巨灾保险是解决这一问题的合理途径。基于此，理论界应当进一步完善巨灾保险的相关理论，同时，政府也应帮助保险公司推出各种合适的台风灾害险种，为台风灾害危机管理事业的持续发展做出贡献（陈和等，2011a）。

第七篇　灾害评估系统与决策支持系统

Part Ⅶ　Disaster Evaluation and Decision Support System for Typhoon Disaster

摘要：高精度和高准确度的台风灾害损失评估是防灾减灾的重要前提。首先介绍了单模型的GA-PB神经网络评估方法。针对现有单模型评估的不足，重点提出了一种基于多模型的台风灾害损失评估方法。以数据库为基础，建立灾害损失综合评估模型，对灾前、灾中和灾后可能发生的损失进行评估，并生成灾害等级；根据评估的结果和灾害等级，提出应对策略和措施，生成灾情及对策报告。详细介绍了系统功能框架、数据库设计、模型构建、灾害损失评估方法、灾情与对策报告成形等内容。最终给出了相关系统的使用说明。

Abstract: An accurate evaluation system for typhoon disaster losses is the primary prerequisite for preventing and reducing the consequences of these disasters. In this part, an assessment method-a single model based on GA-PB network, is introduced, and a new assessment method based on a multi-model is proposed as a means to cover possible shortcomings of the single model method. With the database of typhoon information, this system establishes a comprehensive assessment model which is capable of evaluating the possible losses before, during, and after typhoon disasters and to automatically generate disaster rankings. Accordingly, a report consisting of disaster losses and coping strategies is proposed by the system. This part illustrates the functional framework, the database design, the model construction, the evaluation methods, and the types of reports generated by the system. Additionally, partial demonstrations and instructions for application of the system are also provided.

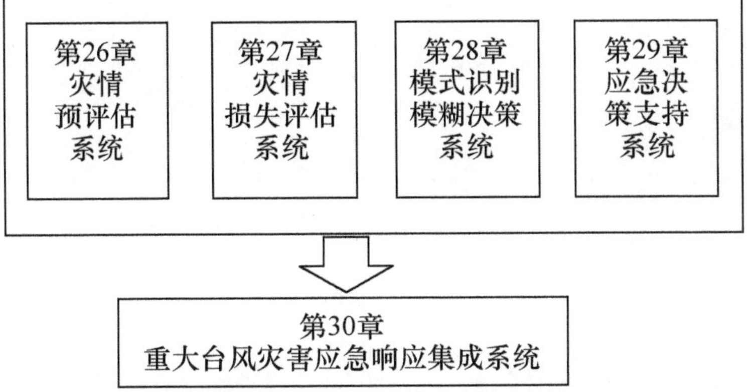

第 26 章　台风灾情预评估系统

Chapter 26　Research on Pre-evaluation Systems of Typhoon Disaster Condition in Guangdong Province

摘要：准确预测台风灾情对于防台减灾具有重要意义。本章介绍一个广东省台风灾情预测系统。系统将广东省划分为 4 个区域进行分析，引入区域灾害易损性和台风路径类型作为评估因子，采用非线性的 GA-BP 神经网络，通过 2000 ~ 2006 年广东省台风数据训练和测试，建立台风灾情预测模型。本系统采用 C#+ Arc Engine 进行二次开发，形成一种集成 GIS 功能的台风灾情预测系统，以期为防台减灾工作提供决策辅助。

关键词：灾害易损性；台风路径；气象因子；GA-BP 神经网络；权值；阈值；承灾体；GIS

Abstract: Actual forecasting of typhoon disaster conditions is a very difficult task that is extremely important for preventing typhoon losses and reducing the impact of such disasters. This chapter studies one kind of typhoon disaster conditions forecasting system applied by Guangdong Province. In this system, Guangdong Province is divided to four areas based on the vulnerability of each area to regional typhoon disasters, as well as on the types of typhoon paths. The latter criterion is because typhoon paths are regarded as important evaluation factors. In this section, we adopt the nonlinear GA-BP ANN method to build the forecasting model and simultanousely, we track and test the typhoon data of Guangdong Province between 2000 and 2006. In constructing the system of this study, we use the C#+Arc Engine to develop faster processing times and to form one unique type of typhoon forecasting system, integrating the functions of GIS as to provide decision aids for the prevention of extreme typhoon disasters and for reducing the need for disaster relief work.

Keywords: disaster vulnerability; typhoon path; meteorological factor; GA-BP neural network; weight value; threshold value; hazard-bearing body; geographic information system

26.1　引言

在防台减灾决策过程中，灾情预评估是其中的一个重要环节。灾情预评估是抗灾决策、人员部署、资源调度的重要依据。由于台风可能引发强风、风暴潮、巨浪、洪涝和泥石流等多种灾害，而且台风灾害本身具有突发性、随机性、时空复杂性等特点，使得灾情预评估非常困难。目前广东省还没有专门针对台风灾情的预评估系统，在这方面的研究也较少，台风损失预评估只能靠经验判断，往往存在很大误差。目前，我国针对台风灾情预评估系统的研发还比较少，不断提升台风灾情预评估研究水平是当前防台减灾工作的当务之急，具有重要的现实意义。

26.2 GA-BP 神经网络

26.2.1 BP 神经网络

人工神经网络是一种应用类似于大脑神经突触连接的结构进行信息处理的数学模型，具有联想记忆、分类识别、优化计算以及非线性映射等近似人脑的一些基本功能。人工神经网络技术是一种非线性的动力学系统，它解决问题时不需要明确事物的内在规律和机理，不依赖复杂的数学模型。神经网络建模的方法一般分为两种，一种是前馈的静态网络，典型的代表是 BP（back propagation）神经网络；另一种是反馈型的动态神经网络。BP 神经网络是一种按误差逆传播算法训练的多层前馈网络，是目前应用最广泛的神经网络模型之一。由于篇幅有限，有关 BP 的更多介绍读者可参考文献（朱凯和王正林，2010）。

BP 神经网络是有监督学习的网络，训练过程中网络的权值和阈值参数根据网络误差性能进行调整。传统的训练算法需要的训练样本数据多，训练时间长，收敛速度慢，并且 BP 神经网络的权值和阈值参数是随机生成的，容易收敛到局部极小，使得网络不稳定。本章采用遗传算法来优化 BP 神经网络的初始权值和阈值，以解决 BP 神经网络随机性强、收敛速度慢的问题。

26.2.2 遗传算法

遗传算法（genetic algorithm，GA）是一种模拟生物界自然选择和自然遗传机制的随机全局搜索和优化算法。它在搜索过程中自动获取和积累有关搜索空间的知识，并自适应地控制搜索过程以求得最优解。遗传算法利用编码技术，形成类似于染色体的数字串，即个体，每个个体按一定的规则确定出其适应度，遗传算法通过有组织、随机的信息交换形成新的个体，类似生物的进化过程，适应度高的个体有更多的机会遗传到下一代，最终得到最优或者接近最优的解（周明和孙树栋，2002）。

遗传算法的 3 个基本操作是选择、交叉和变异。选择的目的是择优繁殖，适应度高的个体被选择的概率要大，体现出适者生存的原则。交叉是指两个个体通过部分数字串的交换组合，形成新的个体，类似基因交换。变异是以某一概率改变数字串某部分的值，产生新的个体，类似于基因突变（雷英杰等，2005）。

26.2.3 GA-BP 神经网络模型

基于遗传算法改进的 BP 神经网络模型，即 GA-BP，采用遗传算法对 BP 神经网络的参数先行优化。首先，随机生成若干组网络参数初值，以网络的误差为适应度，利用遗传算法对这些网络参数初值进行适应度计算。然后，经过若干代进化之后找到最能够适应给定 BP 神经网络的一组网络参数，再将这组网络参数用于 BP 神经网络，使用训练数据对网络进行进一步优化，最终使输出结果达到要求的精度。因此，GA-BP 的基本结构应当包括 BP 神经网络和遗传算法改进部分两个环节（万玉琼和梁俊有，2008）。GA-BP 的流程如图 26-1 所示。

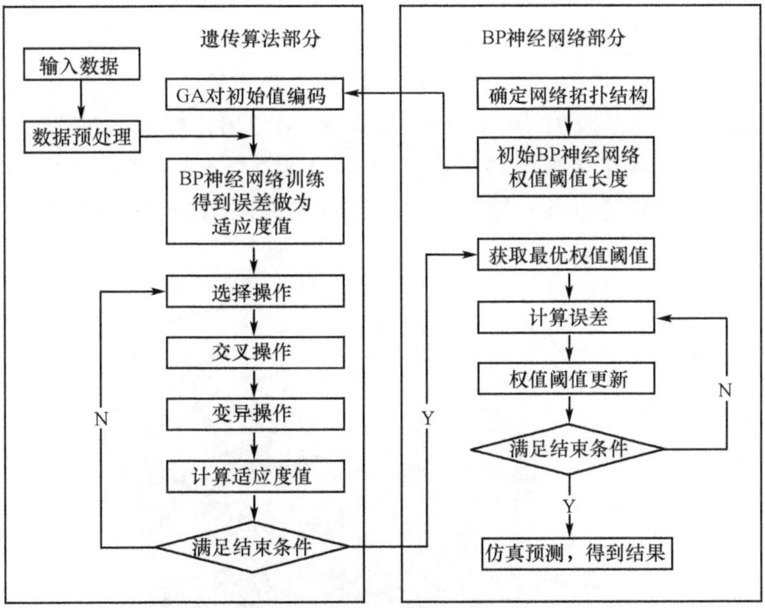

图 26-1　GA-BP 算法的流程图

Fig. 26.1　The Flow Diagram of GA-BP Algorithm

26.3 基于 GA-BP 的灾情预评估模型

26.3.1 台风灾情预评估因子分析

台风的气象因子，包括近中心最大风速、中心气压和过程降水量，是狂风、洪涝和风暴潮等灾害的致灾因子，应选为评估因子。虽然目前有关部门对台风气象监测资料的空间分辨率已有较大的提高，但是受台风历史数据较为粗糙的限制，本章暂时仅把广东分为几个大区域进行研究。经过对广东省的地理位置、地形特征、经济发展水平、人口密度、台风侵扰强度和频率等多方面进行分析，将广东分为4个区域，分别是珠三角、粤东、粤西、粤北区域，如图26-2所示。实际上，台风的灾害程度与降雨的关联度比风速和气压更大（张庆红等，2010），因此，在考虑降雨因子时，细分出4个区域的过程降雨量和最大日降雨量。

承灾体是承受灾害的对象，承灾体的易损性也是灾害分析的重要部分。参照文献（张庆红等，2010）使用模糊综合评价的方法对4个区域承灾体易损性进行量化，选取人口密度、人均GDP、农业占GDP比重3个因素，计算方法为

$$YSX_j = \sum_{i=1}^{3} \left(0.5 + 0.5 \cdot \frac{a_{ij} - \min(a_i)}{\max(a_i) - \min(a_i)}\right) \cdot w_i, \quad i = 1, 2, 3; \ j = 1, 2, 3, 4 \tag{26-1}$$

式中，a_{ij} 为第 j 个区域第 i 个因子的值；w_i 为3个因素的权重值，参照文献（丁燕和史培军，2002），取值为：0.306、0.418、0.276。根据2001年广东省统计年鉴数据，计算出4个区域的易损性值为：[0.862 0.655 0.677 0.638]。根据台风的50mm以上过程降水和6级以上大风影响的范围来确定影响区域。以影响区域的易损性作为一个评估因子。

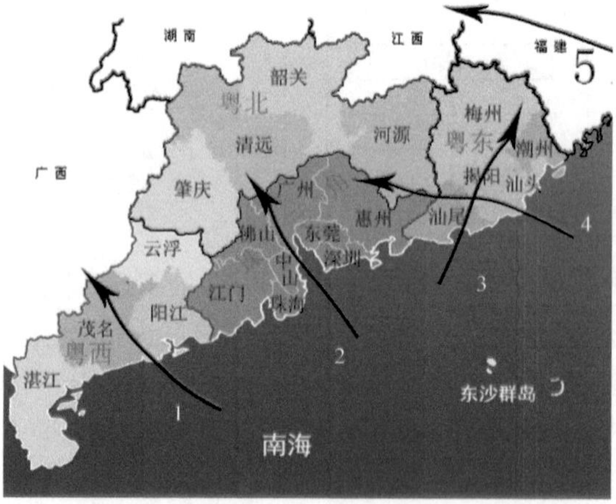

图26-2 广东省四个区域划分及5类台风路径图

Fig. 26.2 The Graph of Five Kinds of Typhoon Path and Four Regional Divisions in Guangdong Province

根据上文及前面章节的分析，作为预评估具体模型数据输入的评估因子有：4个区域的过程降雨量、最大日降雨量、全省的过程降雨极值、台风登陆时中心气压、最大风速、台风路径类型以及影响区域的易损性。

26.3.2 基于 GA-BP 的台风灾情预评估模型构建

本章采用 GA-BP 神经网络方法针对台风的直接经济损失建立台风灾情预评估模型。考虑到社会经济发展的接近程度，选取 2000～2006 年影响广东省的 21 个台风数据的资料进行分析。台风路径、中心气压等气象因子数据取自中国台风网；台风灾害损失数据取自《中国气象灾害大典：广东卷》，损失金额按 2000 年广东省物价指数为基准进行了换算。将 21 个台风分为大、中、小灾级三组，从每组中分别随机选取 1 个台风数据作为测试集，其余 18 个台风数据作为训练集。程序在 Matlab 中实现，BP 网络三层结构节点数为 13-16-1，输出结果是灾害直接经济损失值。模型的测试结果如表 26-1 所示。

表 26-1 基于 GA-BP 神经网络的台风经济损失预评估结果表

Table 26.1 The Result Table of Typhoon Economic Lost Forecasting Based on GA-BP

台风编号/the typhoon number	灾害等级/disaster grade	损失实际值（亿元）/loss of the actual value（¥100 million）	预评估值（亿元）/preliminary assessment value（¥100 million）	误差率（%）error rate（%）
200103	大灾	29.6	35.4089	19.62
200312	中灾	8.7	5.3899	38.05
200518	小灾	3.4	4.4398	30.58

从表 26-1 中可以看出，模型测试结果平均误差为 29.42%，最大误差也在 40% 以内，可以为抗灾救灾工作提供及时的决策辅助信息。今后还需收集更多的训练样本，同时，对模型的内部结构进一步研究，如网络隐含层数目，训练函数的改进，GA 的交叉、变异算法等，以提高预评估的精度。

26.4 灾情预评估系统设计及实现

26.4.1 系统总体设计

GIS 具有优越的空间问题求解能力和高效的海量信息数据处理能力（朱仕杰和南卓铜，2006），在社会生活的各个方面有着越来越广泛的应用。台风灾情预评估模型与 GIS 结合，开发设计台风灾情预评估信息系统，能够及时、高效、形象地描绘台风路径、风雨数值和范围等多个方面的综合信息，能够实现台风灾情及时、准确的预评估，对于防台减灾决策有着重大意义。本章采用 C#与 Arc Engine 二次开发方法。将预评估模型的 GA-BP 程序嵌入到 C#中。Arc Engine 是组件式 GIS，它支持多语言和多系统，开发者通过 Arc Engine 可以定制完整的 GIS 软件，即简化开发工作，又能灵活扩展（丁燕和史培军，2002）。系统功能模块如表 26-2 所示。

表 26-2　系统功能模块表

Table 26.2　The Table of System Functional Module

模块名称/ model-Index	模块功能/ module function	说明/ introductions
台风信息	显示台风路径、风速等	基于 GIS 查询台风详细数据等
灾情预评估	模型选择	从模型库中选择一个或多个预评估模型
	台风数据输入	输入需要台风的灾情预评估评估因子数据
	灾情预评估	执行后可查看预评估结果
灾后评估	对历史台风的灾级评估	评估方法见文献（陈仕鸿和刘晓庆，2011）
数据管理	台风数据查询	包括台风的风雨数据和灾害损失数据等
	数据更新与维护	数据录入、导入、导出、备份、恢复等
共享平台	资料共享	对特定用户实现数据、资料的共享
用户登录	普通用户和高级用户	用户管理、后台管理

26.4.2　数据库设计

台风灾情数据库以 MS SQL Server 2005 作为后台，数据库包含 3 个数据表：台风资料表、灾害损失数据表和地理信息表。台风资料表收集了 1946 年以来的台风数据，包括台风编号、台风登陆时间、台风路径、台风影响地区、每 6 小时记录的台风中心位置数据、近中心最大风速、最低气压、降雨等字段；灾害损失数据表包括台风编号、灾害影响地区、受灾面积、死亡人数、受伤人数、倒塌房屋、经济损失等字段；地理信息表收集广东省各县以上行政单位的信息，包括区域面积、GDP、人口、耕地面积、地形地貌特征、农业生产总值、工业生产总值等字段。

26.5　小结

1）本章针对影响广东台风的特点，以及广东省社会经济发展、地理位置地形地貌特点进行分析，提出将广东省划分为 4 个台风影响区域的研究方法。根据影响广东台风的路径特点和频率，将台风路径分为 5 类。新增区域灾害易损性和台风路径类型作为台风灾害预评估的评估因子。

2）本章从台风灾情预评估评估因子的选取、灾情预评估模型的建立、集成 GIS 的系统设计 3 个方面介绍了灾情预评估系统的设计。通过本系统的研究，不仅可以提高广东省台风灾情预评估的准确度，为防台减灾工作提供辅助决策信息，也能为其他省份和地区的台风灾情预评估研究提供借鉴。

3）目前，广东省台风及其灾害损失数据还很零乱，还没有专门的台风灾害数据库。本章将通过多种渠道进一步收集数据。但是由于部分历史数据缺失，如何填补缺失数据也是本章面临的一大挑战。模型在测试时，采用的是台风的历史数据。在灾害损失预评估实际应用中，我们得到的将是气象部门对台风过程降水量、大风等数据的预报值，这可能与实际值有偏差，将影响预评估的精确度。因此，台风影响过程风雨预报值的精确度也是影响损失预评估精确度的重要因素之一。

4）本章采用 GA-BP 神经网络作为灾情预评估模型，取得较好的效果。但是为避免单一模型预评估失效时带来的误导，提高预评估准确性，降低预评估风险，可采用组合模型方法进行综合预评估。挑选出 n 个最优的模型，组成模型组合，根据各组合中各模型的可信度，设置模型权重 w_i，$i = 1, 2, \cdots, n$，实践预评估应用时，根据各模型的预评估结果进行综合评判，评判结果 $Y = \sum w_i \times y_i$，$i = 1, 2, \cdots, n$，其中，y_i 为各模型的预评估结果。

第 27 章　基于多模型的台风灾害损失评估系统

Chapter 27　An Evaluation System of Typhoon Disaster Loss-Based On Multi-Model

摘要：高精度和高准确度的台风灾害损失评估是防灾减灾的重要前提。本章介绍一种基于多模型的台风灾害损失综合评估系统，这种系统通过构建台风数据库，并以数据库为基础，建立灾害损失综合评估模型，对灾前、灾中和灾后可能发生的损失进行评估，并生成灾害等级；根据评估的结果和灾害等级，提出应对策略和措施，生成灾情及对策报告。本章详细介绍了系统功能框架、数据库设计、模型构建、灾害损失评估方法、灾情与对策报告成形等内容，还给出了数据示例和实验结果。

关键词：多模型系统；台风数据库；灾害等级；快速决策模型；策略知识库；对策报告；主成分分析

Abstract: An accurate evaluation system for typhoon disaster losses is the prerequisite for preventing and reducing the consequences of the disasters. In this chapter, a multi-model system is introduced. Based on the databases of typhoon information, this system establishes a comprehensive evaluation model, which is capable of evaluating the possible losses before, during, and after typhoon disasters and to automatically generate disaster rankings. Accordingly, a reporting system consisting of disaster loss data and coping strategies is proposed by this system. This chapter illustrates the functional framework, the database design, the model construction, the evaluation methods and the report generating elements of the system. Additionally, partial demonstrations and experimental results are also provided.

Keywords: multi-model system; typhoon database; disaster rank; rapid decision-making method; strategy knowledge database; coping strategy report; principal component analysis

27.1　引言

台风灾害损失评估方法可分为资料分析法、实验模拟法、数学模型法和遥感 GIS 法（孙绍骋，2001）。有针对单项灾害损失指标评估，如采用基于主成分分析和支持向量机技术，对房屋倒塌间数进行评估（张新厂等，2010）；应用基于主成分神经网络技术，实现灾害的经济损失评估（娄伟平等，2009）；应用 BP 神经网络，对中国东南部台风灾害损失进行预评估（Sun et al. 2010）。也有综合评估台风灾害损失的方法，如刘少军等（2010）采用可拓方法建立损失评估模型，通过计算综合关联度判断灾害损失的等级，并实现评估结果的 GIS 显示；有采用多元线性依赖模型，对中国的台风灾害损失进行评估（Luü and Chen，1998）；还有结合遥感技术和图像识别理论，基于支持向量机识别地面状况的遥感图像，应用模糊灾害评价方法实现台风灾害的损失评估（Hsu and Hong，2007）。

目前，对台风灾害损失评估的方法主要采用基于单模型的评估方法，单模型评价方法存在对某些灾害损失指标的评估结果不准确的缺点，而台风灾害所造成的每一项损失指标都至关重要。鉴于此，本章提出一种基于多模型的台风灾害损失综合评估方法，这种方法训练多个评估模型，形成模型集合，克服单一模型的缺陷，对台风灾害损失进行综合评估。

本章 27.2 小节主要描述了系统的功能和设计框架；27.3 小节介绍台风数据库结构及数据表的设计；27.4 小节描述了评估模型构建思路、算法、效验，以及灾害损失综合评估方法；27.5 小节介绍了灾害等级计算方法；27.6 小节描述灾情及对策报告的产生机制；最后部分是结论和进一步需要研究问题的介绍。

27.2 系统功能框架

我们在分析国内外对台风灾害损失评估方法和模型的基础上，提出了基于多模型的综合评估方法，并以中国大陆历年发生的台风数据和地域信息作为模型训练样本数据，利用计算机技术设计和实现系统。系统采用模块化设计模式，功能框架如图 27-1 所示。

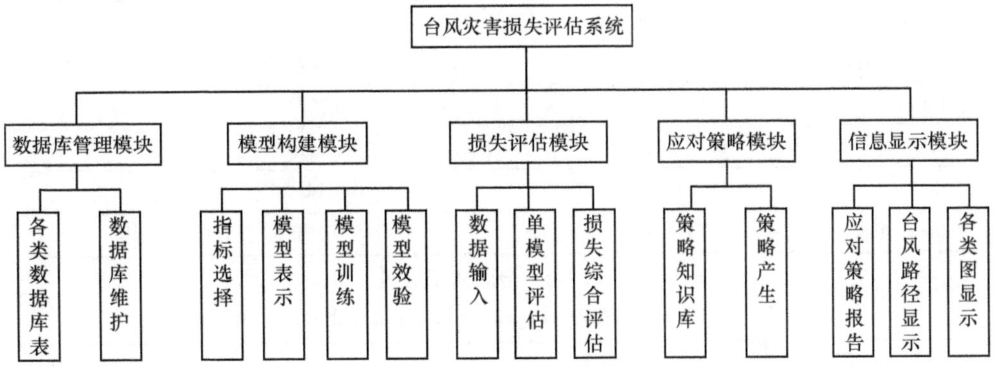

图 27-1　系统功能框架

Fig. 27.1　Diagram of System Function Framework

系统由数据库管理模块、模型构建模块、损失评估模块、应对策略模块以及信息显示模块等构成。数据库管理模块主要负责数据的录入、查询、修改、删除、分析以及为训练模型提供样本数据等功能。模型构建模块主要负责建模因素选择、模型表示、模型训练以及模型效验等功能。损失评估模块主要负责评估条件数据输入、单模型损失评估和损失综合评估等功能。应对策略模块根据综合评估的损失和策略知识库生成应对策略。信息显示模块负责应对策略报告、台风路径分析、地图及区域信息、各类数据分析图表等信息的显示、保存和打印等功能。

27.3 台风数据库设计

数据库是台风灾害损失评估的基础，本系统数据库数据来自中国大陆历年发生的台风记录数据，主要是从台风年鉴和地方经济年鉴。数据库由台风路径数据表、台风雨量数据表、台风损失数据表、地理信息数据表、人口信息数据表、经济信息数据表等数据表构成。各数据表的属性、类型及表示含义如表 27-1 ~ 表 27-8 所示。

表 27-1 台风路径数据

Table 27.1 Typhoon Track Table

属性名称	数据类型	属性含义
Number	Char (6)	台风编号
Name	Char (20)	台风名称
Date	Date	台风发生日期
Latitude	Double	纬度
Longitude	Double	经度
Pressure	Double	中心气压
Speed_ wind	Double	风速
Speed_ mobile	Double	风圈移动速度
Direction	Char (10)	移动风向
Radius_ 7	integer	7 级风圈半径
Radius_ 10	integer	10 级风圈半径
Land_ flag	Boolean	第一个台风登陆位置的标志

表 27-2 台风降雨数据

Table 27.2 Typhoon Rainfall Table

属性名称	数据类型	属性含义
Number	Char (6)	台风编号
Name	Char (20)	台风名称
Day	Date	台风发生日期
Rainfall	Double	降雨量
Region_ name	Char (20)	区域名称

表 27-3 县级基础信息数据

Table 27. 3 Basic Information Table with County

属性名称	数据类型	属性含义
County_ code	Char (10)	地区编号
County_ name	Char (20)	地区名称
Longitude	Double	经度
Latitude	Double	纬度
Area	Double	面积
Description	Text	描述

表 27-4 县级人口信息数据

Table 27. 4 Population Information Table with County

属性名称	数据类型	属性含义
County_ code	Char (10)	地区编号
County_ name	Char (20)	地区名称
Total_ p	Integer	地区人口数
Male_ p	Integer	地区男性人口
Female_ p	Integer	地区女性人口
Non-agricultural_ p	Integer	非农业人口数
Agricultural_ p	Integer	农业人口数
Staff_ p	Integer	在岗在职人员数
Year	Date	统计年份

表 27-5 县级经济信息数据

Table 27. 5 Economy Information Table with County

属性名称	数据类型	属性含义
County_ code	Char (10)	地区编号
County_ name	Char (20)	地区名称
Gross	Double	地区生产总值
Primary_ p	Text	第一产业
Secondary_ p	Text	第二产业
Tertiary	Text	第三产业
Gross_ Per	Double	人均地区生产总值
Gross_ Industry	Double	工业总产值
Gross_ Agriculture	Double	农业总产值
Year	Date	统计年份

表 27-6　县级收入信息数据

Table 27. 6　Income Information Table with County

属性名称	数据类型	属性含义
County-code	Char (10)	地区编号
County_ name	Char (20)	地区名称
Staff	Integer	在岗职工人数
State_ Total	Double	总国有经济
State_ Average	Double	平均国有经济
Collective_ Total	Double	总城镇集体经济
Collective_ Average	Double	平均城镇集体经济
Other_ Total	Double	总其他各种经济
Other_ Average	Double	平均其他各种经济
Year	Date	统计年份

表 27-7　县级农业信息数据

Table 27. 7　Agriculture Information Table with County

属性名称	数据类型	属性含义
County_ code	Char (10)	地区编号
County_ name	Char (20)	地区名称
Grain	Text	粮食总量
Rice	Text	大米总量
Grain_ Per	Double	人均粮食
Sugarcane	Text	糖盐产量
Peanuts	Text	花生产量
Vegetable	Text	蔬菜产量
Hogs_ At	Double	生猪年末存栏数
Hogs_ Out	Double	肉猪出栏数
Pork	Double	猪肉产量
Year	Date	统计年份

表 27-8　历史台风灾害损失数据

Table 27. 8　Typhoon Disaster Loss Table

属性名称	数据类型	属性含义
Number	Char (6)	台风编号
Name	Char (20)	台风名称

续表

属性名称	数据类型	属性含义
Region_ name	Char (20)	受灾区域
Area	Double	受灾面积
Death	Integer	死亡人数
Casualty	integer	受伤人数
Building_ Damage	integer	损坏的房屋数
Building_ Collapsed	integer	倒塌的房屋数
Economy_ Loss	Double	直接经济损失

27.4 模型构建及损失评估

现有对台风的灾害损失评估研究中，大多数是采用单一的模型和方法，不能较准确地评估灾害损失。这是由于这一研究领域存在数据不全、致灾因素复杂、灾害过程短暂等原因所致。我们的研究思路是采用多模型的方法，对台风灾害损失进行综合评估，提高评估的精度。

下面将介绍我们提出的方法。为了便于描述先设定一些符号。

$X(x_1, x_2, \cdots, x_n)$：X 表示致灾因子集合，$x_i(i=1, 2, \cdots, n)$ 表示一个致灾因子，X 来自 27.3 节表 27-1 ~ 表 27-7 中的部分属性（attribute）和属性变换。

$Y(y_1, y_2, \cdots, y_h)$：Y 表示灾害损失指标集合，$y_j(j=1, 2, \cdots, h)$ 表示一个灾害损失指标，Y 来自 27.3 节表 27-3 中的部分属性和属性变换。

$D(d_1, d_2, \cdots, d_n)$：D 表示描述性因素集合（一般不参与模型训练），$d_l(l=1, 2, \cdots, g)$ 表示一个描述性因素，D 来自 27.3 节中表 27-1 ~ 表 27-8 的部分属性。

$M(m_1, m_2, \cdots, m_p)$：M 表示建模方法集合，$m_k(k=1, 2, \cdots, p)$ 表示一个建模方法，如偏最小二乘法（partial least squares, PLS）、人工神经网络（artificial neural network, ANN）、支持向量机（support vector machine, SVM）、模糊综合评价法（fuzzy synthetic evaluation method, FSEM）、多元线性依赖模型（multiple linear interdependent models, MLIM）等。

$M\_set(\text{model}_{j1}, \text{model}_{j2}, \cdots, \text{model}_{jh})$：$M\_set$ 表示经过训练得到模型集合，model_{jq}（$q=1, 2, h_j$）表示第 j 个灾害损失指标的第 q 个模型。

Data_set、Tr_set、Te_set 分别表示全部数据集、训练数据集和测试数据集，均来自 27.3 节描述的数据库。

27.4.1 模型构建及训练

对于模型构建和训练我们采用选用不同致灾因素、不同的建模方法以及不同模型参数等方式，选择达到一定精度的模型。对于一个灾害损失指标 $y_j(j=1, 2, \cdots, h)$ 来说，模型构成见图 27-2。

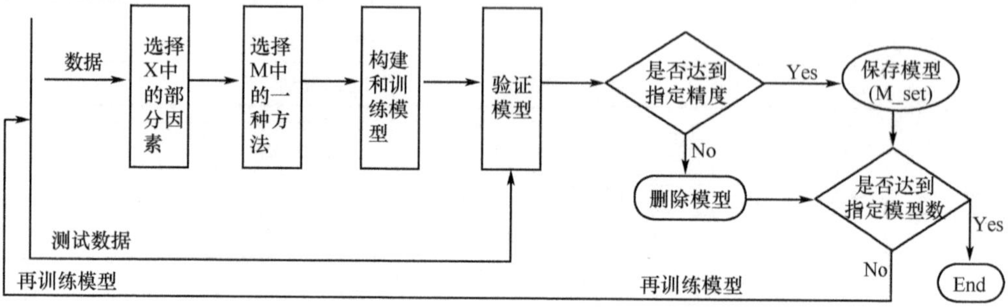

图 27-2　模型构成示意图

Fig. 27. 2　Schemes of Model Constitute

模型构建算法如下。

模型构建算法：

输入：Data_set，X，Y，M，acc（损失评估精度阈值），M_count（模型数目），$j=1, 2, \cdots, h$

输出：M_set

算法如下。

1）$j=0$，$t=0$。

2）选定损失指标：从 Y 中选定 y_j。

3）训练和测试数据集产生：根据指定的 y_j 对 Data_set 进行必要的处理，并按比例随机产生 Tr_set、Te_set。

4）致灾因素选择：利用穷尽方法，从 X 中选择部分致灾因素。

5）模型构建方法选择：从 M 中选择一种建模方法。

6）模型训练：根据步骤 3）和步骤 4）的选择，对模型进行训练。

7）模型效验：利用 Te_set 数据集，对已训练模型的性能进行效验，并计算测试数据集的平均误差平方和（E_{jl}），计算公式为

$$E_{jl}=\frac{\sum_{k=1}^{\text{num\_}T}(y_{jlk}-\bar{y}_{jlk})^2}{\text{num\_ }T} \tag{27-1}$$

式中，num_ T 表示测试数据集 Te_set 的大小；y_{jlk} 和 $\bar{y}_{jlk}$（k = 1，2，…，num_ T）表示测试数据的真实值和模型的评估值。

8）模型保存：若模型性能达到了要求（acc），则将模型保存到 M_set 中，且 $t=t+1$，否则，不保留模型。

9）检查模型数目：

if $t \geqslant M$_ count and $j \neq h$

then $j=j+1$，$t=0$

go to 1）

else if 步骤 $t<M$_ count

then go to 步骤 3）。

10）算法结束。

27.4.2 综合评估方法

在 27.4.1 小节中的描述中，每个损失 y_j 对应多个模型，评估时每个模型均会产生一个评估值怎样来确定最后的评估值是必须要解决的问题。我们提出了一种基于可信权重的综合评估方法，这种方法的思路见图 27-3。

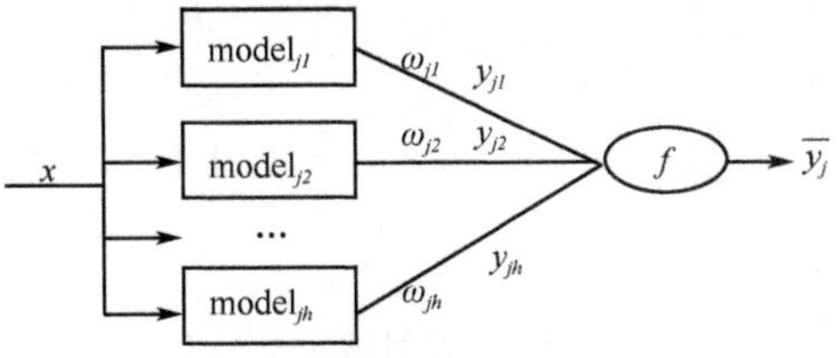

图 27-3　权重综合评估方法示意图

Fig. 27. 3　Diagram of Weight Comprehensive Evaluation Method

在图 27-3 中，x 表示一个输入的评估致灾因素向量，待评估灾害损失指标 y_j 有 h 个模型，每个模型都会产生一个评估值，如 y_{j1}，y_{j2}，…，y_{jh} 等，w_{j1}，w_{j2}，…，w_{jh} 分别是每个模型的可信权重，f 表示综合评估函数，$\bar{y}_j$ 表示评估的最后值，则计算公式为

$$f(y_{j1},\ y_{j2},\ \cdots,\ y_{yh}) \rightarrow \bar{y}_j = \sum_{l=1}^{h} w_{jl} \times y_{jl} \tag{27-2}$$

式中，可信权重 w_{jl} 的计算公式为

$$w_{jl} = \frac{1/E_{jl}}{\sum_{l=1}^{h} 1/E_{jl}} \tag{27-3}$$

式中，E_{jl} 表示模型评估的平均误差平方和，$l=1, 2, \cdots, h$。

27.5 台风灾害等级计算方法

利用 27.4.1 和 27.4.2 节介绍的方法，可以评估灾害损失指标的值，但这些值不能给公众一个灾情大小的概念，为了便于灾情评估和分级管理，有必要使系统具有灾害等级分析功能。2006 年，中国气象局预测减灾司在《气象灾情收集上报调查和评估试行规定》中对灾情的等级划分做了如下规定草案。特大型灾害：死亡 100 人以上，或者伤亡 300 人以上，或者直接经济损失 10 亿元以上。大型灾害：死亡 30 人以上 100 人以下，或者伤亡总数 100 人以上 300 人以下，或者经济损失 1 亿～10 亿。中型灾害：死亡 3 人以上 30 人以下，或者伤亡总数 30 人以上 100 人以下，或者经济损失 1000 万以上 1 亿元以下。小型灾害：死亡 1～3 人，或者伤亡总数 10 人以上 30 人以下，或者直接经济损失 100 万以上 1000 万元以下。较小型：没有人员伤亡，或者受伤 10 人以下，或者直接经济损失 100 万以下。考虑到台风灾害的基本特点是影响重、范围广，每次台风灾害造成人员伤亡比例大、灾害重，参照上述规定并结合台风灾害实际情况，查阅相关文献，并根据相关台风灾害登记评估方法（赵阿兴等，1993；任鲁川，1996；许飞琼，1998；丁燕和史培军，2002；王秀荣等，2010），我们系统利用受灾面积（y_1）、死亡人口（y_2）、受伤人数（y_3）、倒塌房屋（y_4）和直接经济损失（y_5）的 5 项损失指标，将台风灾害划分为巨灾、大灾、中灾、小灾、微灾（表 27-9）。

表 27-9　灾害等级指标标准

Table 27.9　Standards of Disaster Grade Index

指标/index	巨灾/catastrophe	大灾/big disaster	中灾/secondary disaster	小灾/small disaster	微灾/micro disaster
y_1/（$10^4 hm^2$）	[1000，+∞)	[500，1000)	[200，500)	[50，200)	[0，50)
y_2/（人）	[100，+∞)	[20，100)	[10，20)	[0，10)	0
y_3/（人）	[2000，+∞)	[500，2000)	[100，500)	[10，100)	[1，10)
y_4/（10^4 间）	[10，+∞)	[5，10)	[1，5)	[0.1，1)	[0，0.1)
y_5/（10^4 元）	[10^6，+∞)	[3×10^5，10^6)	[10^5，3×10^5)	[10^4，10^5)	[0，10^4)
灾害等级	5 (0.8～1.0)	4 (0.6～0.8)	3 (0.4～0.6)	2 (0.2～0.4)	1 (0～0.2)

由于选取的各个灾害损失指标都为有量纲数，各个指标的差别较大，为此，首先对各个单项灾害损失指标进行函数转换，使各个转换后的单项指标的

值域都为（0，1），使用转换函数后，单项指标灾害等级与单项转换函数值的对应关系为：巨灾（0.8，1），大灾（0.6，0.8），中灾（0.4，0.6），小灾（0.2，0.4），微灾（0，0.2）。这样，可以缩小各个指标因为单位不同而在大致同一个灾害级别时的量纲差距，起到归一化的作用，将不同量纲实际数据变化范围很大的序列转换在 0～1 范围内，以便于进行关联分析。设一组损失值为 $\bar{y}_i$（$i=1, 2, \cdots, 5$），在我们的系统中使用线性转换函数可将 $\bar{y}_i$ 转化到（0，1）之间的值，具体计算公式为

$$U(\bar{y}_i)=\frac{(\bar{y}_i-\min(y_{i,k}))\times 0.2}{\max(y_{i,k})-\min(y_{i,k})}+G(k) \tag{27-4}$$

式中，$i(i=1, 2, \cdots, 5)$ 是损失指标的序号；$k(k=1, 2, \cdots, 5)$ 表示灾害等级序号；min（$y_{i,k}$）、max（$y_{i,k}$）表示第 k 个等级中的最小值和最大值；G（k）为相应等级的下限函数，即巨灾、大灾、中灾、小灾、微灾对应的 G（5）＝0.8，G（4）＝0.6，G（3）＝0.4，G（2）＝0.2，G（1）＝0。计算时，根据 i、$\bar{y}_i$ 和表 27-9，确定灾害等级 k，然后利用式（27-4）计算。通过转换函数的计算，将台风的灾害指标转换为统一的指标体系，从而使得各指标之间具有可比性。具体的灾害等级指标标准和台风灾情强度分级与转换函数关系见表 27-9。

通过上述函数转换，各项台风灾害损失指标转换为［0，1］的无量纲数值，应用灰色关联分析方法，进行台风灾害损失的综合等级评估（吴慧等，2009）。具体计算描述如下。

设参考序列 $U_o=(U_{oi})$，$U_{oi}=1(i=1, 2, \cdots, 5)$，为巨灾的标准。比较序列为 $U(_{U(\bar{y}_i)})(i=1, 2, \cdots, 5)$。比较各次灾害的转换函数值序列 U 与它的关联程度，由关联度比较灾情。比较序列与参考序列各项指标间的关联系数为

$$\xi_{oi}=\frac{1}{1+\Delta_{oi}} \tag{27-5}$$

式中，$\Delta_{oi}=|U_o(U_{oi})-U(U(y_i))|$，（$i=1, 2, \cdots, 5$）表示参考序列 U_0 与比较序列 U 的第 i 项指标绝对值差值。Δ_{oi} 越大，说明该单项指标与参考序列中的同项指标的距离越大，则关联系数 ξ_{oj} 越小；相反，Δ_{oi} 越小，说明该单项指标与参考序列中的同项指标的距离越小，则 ξ_{oj} 就大。$\Delta_{oi}\in[0, 1]$，则关联系数 $\xi_{oi}\in[0.5, 1]$。

从式（27-5）中得到的是各个比较序列与参考序列各项的关联系数值。在我们系统中共采用 5 个指标，系统采用等权处理的平均值法，得到比较序列与参考序列中各项指标关联系数总和的平均值 r，集中反映比较序列与参考序列的关联程度为

$$r=\frac{1}{5}\sum_{i=1}^{5}\xi_{oi} \tag{27-6}$$

关联度 $r\in[0.5, 1]$，r 越大，灾情越严重；相反，r 越小，灾情越小。r 的值与

灾害等级的划分关系如表 27-10 所示。

表 27-10 灾害等级关联度标准

Table 27.10 Standards of Disaster Correlation Degree

灾情等级/ the disaster grade	微灾/ micro disaster	小灾/ small disaster	中灾/ secondary disaster	大灾/ big disaster	巨灾/ catastrophe
关联度 r	[0.5, 0.6)	[0.6, 0.7)	[0.7, 0.8)	[0.8, 0.9)	[0.9, 1.0)

27.6 灾情及对策报告

在第 27.4 节中，系统可以根据输入致灾因素评估灾害损失值和得到灾害等级，但这些信息如何起到更有效的防灾减灾作用，如何让相关人员快捷而又通俗理解这些信息呢？因此，有必要对灾情报告及应对策略产生进行研究。我们系统按图 27-4 所示的框架来产生灾情及对策报告。

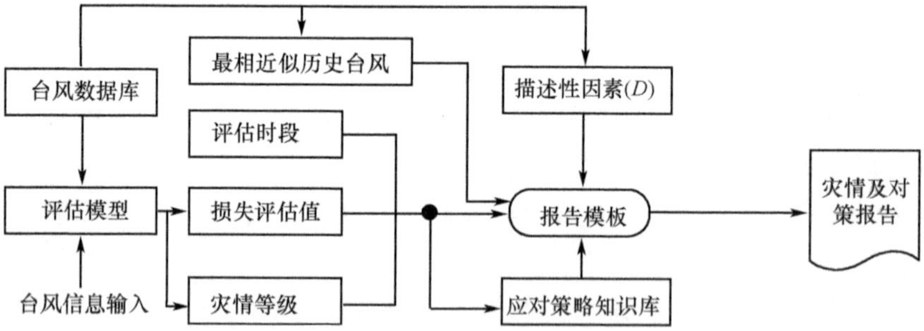

图 27-4 灾情及对策报告成形示意图

Fig. 27.4 Schematic Diagram of Disaster and Measures Reported Forming

如图 27-4 所示，评估时根据输入信息选择模型，进行评估，得到损失评估值和灾情等级，将它们与评估时段一起从应对策略知识库查找应对策略，并将这些信息送入报告模板，生成相关信息。根据台风路径，从台风数据库中找出最相近的历史台风和发生台风区域的地理、经济、人口等描述性的信息，送入到报告模板中。另外，对台风路径、受灾区域等图片信息也送入报告模板中，生成完整的灾情及对策报告。

在图 27-4 中，应对策略知识库在数据库中的表示如表 27-11 所示。

表 27-11　应对策略知识库字段

Table 27.11　Data Fields of Strategies Knowledge

属性名称	数据类型	属性含义
Id	Integer	Number of rule
phase	integer	评估时段
Disaster_ level	Integer	灾害级别
Policy_ type	Integer	策略类别
Policy	Text	策略描述
Note	Text	备注

表 27-11 中的评估时段分别是：台风登陆前 12 时、台风登陆前 6 时、台风进行中、台风结束；灾害级别：微灾、小灾、中灾、大灾、巨灾；策略类型如表 27-12 所示。

表 27-12　应对策略类型

Table 27.12　Strategy Types

策略编号/policy number	内容/content	策略编号/policy number	内容/content
1	灾害总体描述	13	信息可传达措施
2	防强风措施	14	救护措施
3	防暴雨措施	15	海上救助措施
4	防大潮措施	16	供水保障措施
5	防内涝措施	17	紧急援救措施
6	防山洪措施	18	灾民安置措施
7	泥石流预警措施	19	保险理赔措施
8	人员转移措施	20	海上财产保护措施
9	人员避难措施	21	排内涝措施
10	财产保护措施	22	组织及指挥保障措施
11	电力保护措施	23	参与部门、分工及信息
12	通信保障措施		……

灾情及对策报告模板如图 27-5 所示。

台风灾情及对策报告

报告产生时间:

操作人员姓名:

一、台风基本信息

台风名称:

台风特征:

台风时间:

台风发生地点信息:

二、台风灾害评估信息

评估时段:

评估输入致灾因素:

可能灾害损失信息:

灾情级别:

与最相识的历史台风:

损失评估使用的模型及方法描述:

三、防灾减灾应对措施

[来自应对策略知识库]

四、台风发生地相关信息描述

地理信息描述:

经济情况描述:

人口信息描述:

工业情况描述:

农业信息描述:

五、各类图片

台风路径图:

可能受灾区域图:

图 27-5 灾情及对策报告模板

Fig. 27. 5 Disaster and Countermeasures Report Template

27. 7 讨论

台风是自然界天气系统活动的自然现象，其所带来的灾害以及可能产生的价值值得我们深切关注。深入分析台风的发生和发展规律，深度研究台风灾害，最大限度地减少台风灾害损失，是一件非常有意义的研究。我们的研究试图从数据库建设、评估模型以及快速决策成形等方面来研究这一问题，并利用计算机技术设计和实现系统。我们研究和设计的系统有如下特点：①构建的数据库类别多，不仅包括台风的路径、灾害损失等数据，而且还包括地理、工业、农业以及人口等方面的数据，这些对灾害评估建模和防灾减灾措施成形提供了良好的基础。②采用多模型方法，对灾害损失进行综合评估，克服单模型的缺陷，提高评估值的稳定性和精确度。③系统能提供评估值和灾害等级，自动产生灾情及对策报告，为防灾减灾快速决策提供了重要依据。

然而，台风灾害损失评估研究由于历史数据的缺失、致灾因素测量的准确性、内在过程的复杂等原因，使得这一问题研究面临许多挑战，有必要在理论方法和数据库建设等方面探索新的途径。

第 28 章　应急管理的模式识别与模糊决策系统

Chapter 28　Pattern Recognition and Fuzzy Decision Models for Emergency Management of Typhoon Disaster

摘要：台风的复杂度使得它的预测十分不易。在应急管理中，除了要对台风本身的行为做预测之外，还要考虑周围的环境、经济状况来做适当的处置。而由于数据的不确定性，使得分析与预测的工作更加困难。本章介绍一个应急管理系统，其中使用了模式识别的理论来将可能的变化形态加以分类，并以各种不同的演算方式来求出经过识别后的特征形态；然后利用模糊决策系统来协助我们进行决策分析。模式特征的识别方式可以采用资料仓储与颗粒度的演算来达成。自然界的信息透过模式识别的程序之后，变成可以合理解释的台风灾害应急管理相关知识。建构模糊决策系统则可以采用模糊聚类理论、类神经网络以及基因算法等。本章中详列各个演算方法的计算方式，最后再以台湾的实例进行个案分析，包括台风灾害损失预测、应急管理决策的分析框架以及系统的建构等。

关键词：模糊决策；模糊聚类；数据仓库；模糊集；粗糙集；自然灾害应急管理；空间决策支持系统；智能决策支持系统；监督学习

Abstract: Due to the complexity of the typhoon phenomena, it is very difficult to project the best ways to protect property and lives. In emergency management, besides forecasting the behavior of typhoons, we should also consider the multiple impacts on the surrounding environment, the economic conditions and learn how to make appropriate adjustments. Additionally, because of the uncertainty inherent in the data, the analysis and forecasting work becomes more difficult. This chapter describes an emergency management system. It uses pattern recognition theory to identify and categorize possible morphological changes and applies a variety of ways to calculate the characteristics obtained after the recognition. The ' Fuzzy decision system ' has been used to assist in decision analysis. Pattern characteristics of identified data may be warehoused and can be used for calculations. Granular computing approaches and data mining can be used for pattern recognition. The information on states of nature is seen as relevant and becomes reasonable knowledge for typhoon disaster emergency management following the procedures of pattern recognition. Fuzzy Decision Systems can be constructed by use of fuzzy clustering theory, neural-networks, genetic algorithms, and so on. Finally, examples of case studies conducted in Taiwan present typhoon disaster loss prediction systems, decision analysis frameworks for emergency management, and the construction of other systems.

Keywords: fuzzy decision; fuzzy clustering; data warehouse; fuzzy set; rough set; natural disaster emergency management; spatial decision support system; intelligent decision support system; supervised learning

台风由于速度快、破坏性强，因此，预先掌握它的相关信息，制订出恰当的管理计划，是其应急管理决策中很重要的一环。然因其影响因素众多，且变化极大，因此，使用传统的解析数学或统计理论均不易描述其间的变化。有鉴于此，学者们会研究更先进的数学模型以解决管理过程中的决策问题。本章以建构一个应急管理系统作为案例，探讨如何将模式识别理论以及模糊理论应用在决策系统之中，以台湾地区为对象，实地计算台风的灾害损失，再提出应急管理决策的分析框架以及系统的建构蓝图等。希望能提供良好的防灾辅助信息，也可以因而提高未来台风灾害管理决策的质量。

28.1 台风灾害应急管理

台风灾害是一种自然界中的变动现象，对它的了解必须同时考虑到台风在自然环境中的变化。对于事件的发生与传送中的机制必须要有深入的了解。而台风应急管理是一个包括自然灾害、经济评估、社会行为 3 个不同层面的科学。考虑到这 3 个构面的复杂程度，必须要有良好的模型以及计算工具，方足以说明其间的变化。

自然界的复杂程度远远超过我们的想象，由于大自然中的现象极为复杂，因此在分析环境事件之时，必须可以借助于前人研究所得的各种物理模式，虽然这些科学工具们对于环境事件可以有详细解析的能力，但是在进一步做出管制决策之时，还是会遇到变量极为复杂的困扰。当这些因子同时产生影响之时，要考虑如何以数学模型来将它们纳入考虑的范围之中（Chen et al. , 2010b）。

台风风险特征提取（feature extraction）包括图像分解（image decomposition）、模式识别和噪声过滤（noise filtering），如图 28-1 所示。

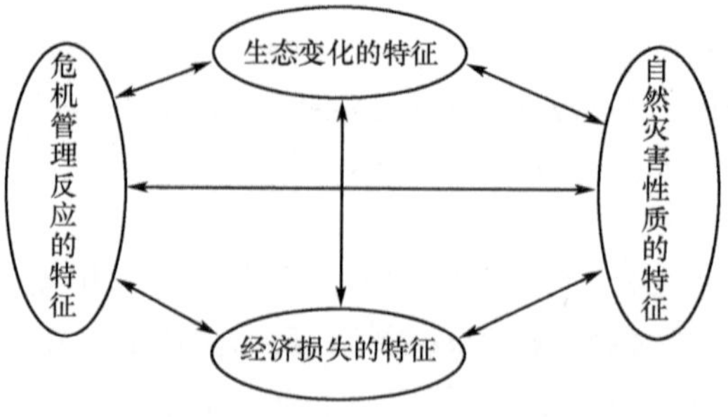

图 28-1 四种类型的台风风险管理系统模式
Fig. 28.1 4 Types of Typhoon Risk Management System Model

Chen 等使用了多变量的方法来阐明台风模式的关系（Chen et al., 2010 b）。我们可以考虑台风的特征有以下4类：①台风本身性质；②生态系统改变；③经济系统损耗；④应对风险管理（Chen et al., 2010b；Kaufmann 和 Gupta, 1991；Richard et al., 2001；Schuermann, 1996）

28.2 模式识别理论在应急管理中的应用

应急管理需要在极短的时间内做出正确的判断，因此，透过先前的经验，找出最有效的决策是最必要的工作。而模式识别理论能协助我们找到最优的决策模式。本章的内容就是如何把模式识别理论应用在台风的应急管理决策分析中，并提出相关的演算方法以供实际操作（Duda et al., 2001；Jain et al., 2000；Schalkoff, 1992；Schuermann, 1996）。

28.2.1 台风灾害应急管理事件的特征识别

通常台风灾害应急管理事件的特征可以分为时间序列特征以及空间信息特征，前者如风向风速变化、事件发生的频率以及环境指针的频谱变化等；后者则为在事件发生之后空间信息的变化特性，诸如地形、地貌等。这两个不同的时空信息皆为掌握台风灾害事件状况以及采取紧急应变措施的依据（Aamodt and Plaza, 1994；Heidelberg et al., 2005）。

28.2.2 台风信息的数据仓库与颗粒度演算

近些年来由于全球环境变迁的缘故，使得自然界的环境有很大的变化，伴随着环境变化而来的是大量环境信息的产生以及如何来判读这些信息中所蕴含的意义。最近由信息科学家所发展出来的数据仓储与颗粒度演算理论成为了我们分析环境信息的一个很有用的工具。数据仓库指的是将数据看成一个类似矿产一样的富源，我们从其中找出所需要的信息。颗粒度演算则是将信息做聚类（clustering）的一个过程。透过聚类演算过程，找出在数据中所隐含的有益知识（Chen et al.，2010 a）。

台风数据中的每一种信息都或多或少可以表达成为不同的数学规则，我们由信息的相似性或一致性即可整合出这些规则，透过统计学的方法或数值分析或模糊演算等，就可以找出这些规律。虽然现在还没有形成较完整的论述，但是已有许多文献发表在相关的学术期刊当中。

所谓的颗粒度演算其实是以一个大的集合来包含这个领域的相关研究，它的目的就是要解决自然界间数据的因果关系。颗粒度就是对我们所得到的信息取不同大小的对象。也就是说，将原来“粗颗粒”的大对象分割为若干“细颗粒”的小对象或者把许多的小对象再合并成为一个大的粗颗粒对象进行研究。

一般来说，信息颗粒通常是指在数值层面上的实体集合，它们以相似性、功能的近似性、不可辨别性及一致性等指标来进行整合。目前，颗粒度算法有许多的理论与观点。它通过不同的分辨率或尺度，可以对数据中所出现的知识进行认知以及探索。从这个意义上来讲，颗粒度算法包含了能够提取及表示知识的所有方法，也提供了不同信息尺度的解释。

从信息颗粒（information granule，或称讯息颗粒、信息颗粒），可以进一步走入以人类为中心的智能型系统。信息颗粒可以作为人类所追求的各种对象的概念实体，包括决策、知觉、控制以及预测等。智能型系统的处理方式就是寻找各种不同等级的信息颗粒度，包括我们所使用的模糊集、粗糙集以及各种模糊区间等。它协助我们找出自然界现象中的各种规则，而以信息颗粒表现出来。在以人为中心的运算（human-centric computing，HC2），以及具有知识分享与协作功能的分布式系统中，也必须要使用到信息的颗粒度演算的概念。

有关颗粒度算法的内容，可以分成以下几个部分来说明。首先，把模糊聚类（fuzzy clustering）作为自然界中相关的环境信息颗粒度演算（information granulation）的主要架构。其次，探讨协同聚类（collaborative clustering）的相关问题，包括非二分法的监督和无监督式学习（supervised and unsupervised learning）。然后再讨论有关聚类的层级与模糊聚类的颗粒度。

28.2.3 自然信息、台风知识与特征辨别

资料仓储与颗粒度演算其实是在帮助我们将自然界的各种信息转换成可以理解的环境知识的过程。对于自然界中存在的 $\{z_1, z_2, \cdots, z_N\}$，我们要将它转换

成 G（$\{z_1, z_2, \cdots, z_N\}$），而转换成 G 的方法有许多，如粗糙集理论、模糊集理论、集理论、区间数学以及在统计学上常用的几率密度函数、平均值和标准偏差等。我们可以将自然界中的许多零散数据，经过颗粒化处理之后，变成有用且可以理解的信息颗粒（Yeh, 2003）。

一个合理的颗粒度算法可以说明如下，它必须可以拾取出有用的颗粒，这些信息颗粒要满足：①合理的，可以由实验证据支持的；②在语义上是有意义的，有足够的特异性，且有详细的层次。

合理的颗粒度算法可以经由对实验数据的最大化而求出，如下：

$$\mathrm{Max}\, f_1(\mathrm{card}(z_k \in \Omega)) \tag{28-1}$$

式中，函数 f_1 为非减函数的基数。

$$\mathrm{Min}\, f_2(\mathrm{length}(\Omega)) \tag{28-2}$$

式中，函数 f_2 为信息颗粒度的尺度。

28.3 模糊决策系统

28.3.1 模糊决策系统的建构

Zadeh（1965）认为人类在进行思考、判断、推理时主要是用语言进行的，而语言是一个很粗的“粒度”，如何利用语言进行推理判断，就是要进行“语意计算”，因此，Zadeh 提出模糊集理论，就是“语意计算”的雏形。由 Zadeh（1965）的模糊集理论，利用模糊数学进行有关颗粒度演算的方法和理论，就是“颗粒度演算”的主要方向。

Pawlak（1982）随后提出粗糙集理论。他假设：人的知识就是一种分类的能力。在此基础上，人的概念可以用论域中的一个子集来表示，在论域中给定一组子集族等价于在 X 上给定一个等价关系 R。目前粗糙集理论已被广泛应用于各个领域中，特别是数据探勘。Zadeh 所讨论的粒度计算与 Pawlak 主要是讨论颗粒度的表示问题，他们认为人类是用语言进行各种思考和推理的，不同的词就表示不同的粒度，那么如何表示它们呢？一般来说，用“语言”“词”来表示的概念，会涉及“语意计算”问题。这些成果对于我们所要进行的研究有很大帮助。

模糊理论是颗粒度算法（granular computing）的一支，它是新发展出来的一种信息处理方式，主要是进行有关复杂自然现象的模拟。主要的概念是以信息颗粒度（information granule）来表达环境中可以被规则化的程度。因此，颗粒度算法是一个将数据（data）转换成知识（knowledge）的过程（Chen and Wang, 2012）。

28.3.2 模糊聚类理论

所谓的模糊聚类，就是信息颗粒度化（granulation）的概念与演算方式。利用模糊聚类可以使我们想要了解的环境信息颗粒度化。如果用较实质的定义来说，信息颗粒（information granule）可以代表在数学中的不同架构，诸如集（sets）、模糊集（fuzzy sets）、粗糙集（rough sets）、阴影集（shadowed sets）等。

有许多学者对模糊聚类理论做出了贡献，发展出了模糊集理论、粗糙集理论等，现分述如下。

Zadeh 首先提出了模糊信息颗粒度的理论，他认为人类认知的 3 个主要概念是颗粒（granulation）、组织（organization）和因果（causation）。而颗粒则包括了将全体信息分解为部分的过程，组织包括了从部分集合成为全体的过程，因果则是包括了各个信息集之间的因果关联。

Zadeh 进一步提出了有关颗粒度的演算概念。他将颗粒度演算视为一个大伞，此概念涵盖了所有有关颗粒度演算的理论、方法、技术、工具和研究。他指出，颗粒度算法是模糊信息颗粒度理论的联集，而粗糙集理论和区间计算是颗粒度演算数学的一个子集。

他的研究引起了其他学者对于颗粒度算法的兴趣，有许多研究者对颗粒度演算进行了一系列的后续研究，并且将它应用在数据探勘（data mining）等领域上，利用决策逻辑语言来描述集合的颗粒度，建立概念之间的关系和颗粒度集合之间的联系，这些研究为知识探勘提供了许多新方法。

目前对于聚类的主要形式，可以分为以下 3 种，首先，包括图形与层级式[如单联结（single linkage）]、完全联结（complete linkage）以及均联结（average linkage）等；其次，为以目标函数（objective function）为基础的聚类；最后是使用多样形式的优化（optimization）工具，如演化计算法（evolutionary computing）等。

目前在聚类的算法上也面临着许多问题，包括如何选择距离函数（distance function），如何来决定聚类的数量，如何评定选定聚类的质量以及如何对大型的数据集进行处理等，都需要这个领域的学者进一步探讨。

聚类的技术，目前还有几个概念上的挑战，其一是如何将纯粹以数据分析作为主导的聚类分析，进一步走入以知识为基础的聚类研究。例如，我们要如何从一大堆空气污染数据中找出有意义的分类出来。其二是有关协同聚类（collaborative clustering）的处理，要如何才能分享在同一个水平上的信息颗粒？其三是如何处理信息颗粒层级的问题，主要是有关模糊聚类的颗粒度处理方式。

28.3.3 台风应急管理决策分析的类神经演算

类神经网络是协助我们进行演算的一个新工具。所谓类神经网络是一种计算系统，它包括硬件与软件两个部分，使用大量简单的相连人工神经元来模仿生物神经网络的能力。人工神经元是生物神经元的简单模拟，它从外界环境或其他的人工神经元取得信息，加以简单运算后输出结果到外界环境中或其他的人工神经元。类神经网络的理论衍生自不同的学科，包括心理学、数学、神经科学、物理学、计算器科学、生物学、工程科学、哲学等。这些领域研究方向不同，但目标是一致的：为建立一个智能型的系统以满足各方面的需求。

类神经网络可以用于数据分析（如矿床探测信号分析）、故障诊断（如飞机、汽车引擎诊断）、决策咨询（如自来水厂水质处理操作、材料选用）、制程监控（如化工、钢铁制程监控）、最适化问题的求解等。科学与信息的应用有医学疾病诊断、气象预测、计算机辅助教学以及计算机音乐等。

类神经网络可以分为监督式学习网络（supervised learning network）、无监督式学习网络（unsupervised learning network）、混合式学习网络（hybrid learning network）、联想式学习网络（associate learning network）以及最适化学习网络（optimization application network）等。

目前较常用的类神经网络，大致可分为：①多层前馈式神经网络（MFNN）；②自组织（SOM）神经网络；③学习向量量化（LVQ）神经网络；④径向基底函数（RBF）神经网络；⑤Hopfield神经网络；⑥概率神经网络（PNN）；⑦适应性共振理论（ART）神经网络；⑧演化式神经网络（EANN）；⑨退火式神经网络；⑩细胞自动机（cellular automata）与细胞元（cellular）神经网络；⑪形态学神经网络（MNN）等（Yeh，1999a，b，2005；Chen et al.，2011a）。

28.3.4 基于遗传算法的台风应急管理决策分析

遗传算法是演化算法的一部分，也是所有演化算法理论模式中最广为人知、应用最多的算法。它是由John Holland及其学生于20世纪70年代共同研究出来。John Holland首创用了“遗传算法”，由生物物种的基本运算符，在每代间进行演化，终而寻得适当问题的最佳解的演算方法。Holland研究细胞自动机，他探讨自然与人工系统间的动态适应调整问题时也奠定了发展遗传算法的雏形。经过将近20年的不断发展，遗传算法已广泛应用到求解优化问题、数据搜寻、人工智能以及机器学习的领域上。

遗传算法也是美国学者根据自然适应法则所提出的一套计算模式，最初是应用在图形辨识与求优化参数等问题上（Spears et al.，1993；Back and Schwefel，1993）。遗传算法源自于遗传学理论。在比较高等的动物中，这些传递下来的DNA由杂交融合了其他适者的DNA，这种技术称为杂交（cross over）。有时候传递基因给下一代的过程也会出错，称为突变（mutation）。这所有的过程加起来，一代一代传递，使得生物高度适应其环境，这就是演化过程。遗传算法是以进化论为基础，模拟生物界"适者生存，不适者淘汰"的演化法则，物种在生存环境中彼此竞争，适应性强的物种才得以存活繁衍，这种机制会逐渐发展出最优秀的品种。

Holland认为自然界的演化发生在生物染色体的基因中，每一种生物的特征来自于该种生物上一代的基因排列，演化是指每一代间的基因所发生的变化情形。适者生存指这一代的基因排列优于上一代的基因排列而产生比上一代更能适应环境生存的世代。因此，遗传算法强调基因转变，问题的可能解答经过编码成为基因形式，利用基因运算符演化来找到最佳解。这些基因运算符是仿真生物界的演化程序，包括复制（reproduction）、交叉（crossover）与突变。交叉是遗传算法的主要运算符，而突变是次要的。

基本演算过程利用3个操作数来修订起始群体，这3个操作是选择（selection）、杂交（crossover）以及突变（mutation）。遗传算法求解优化基本精神是将所要的参数编码成一字符串，随机重复N个原始物种（字符串），然后依据求解来得到适应函数（fitness function）。若有适应高的函数被挑选到交叉池，则是一个复制的过程，在交叉及突变过程的运算下完成一代基因算法，如此重复以产生适应力最强的物种，亦即为其最佳解。

遗传算法常常被应用在3个领域：①训练类神经网络；②生成记忆基础理解的评分函数；③排程的最适化功能等。而其中最普遍的，就是用来训练类神经网络。目前，类神经网络中都将基因算法列为训练的选项之一。

28.4 模式识别与模糊决策的演算

以下介绍以模糊类神经与遗传算法所做的几种演算，这些方法可以使用在本研究的台风灾害应急管理事件判别与影响分析中（Chen et al.，2012；Chen and Cheng，2012）。

28.4.1 模糊聚类算法的执行

(1) 模糊 C-平均法 (context-orient FCM)

所谓的模糊 C-平均法，如下。

对目标集，有数据集 (x_k，目标$_k$)，$k = 1, 2, \cdots, N$

对文本集，有模糊集 $W_1, W_2, \cdots, W_r$

$$w_{jk} = W_i(\text{目标}_k) \tag{28-3}$$

式中，W_i 为第 k 个数据对第 i 个目标文本的归属函数 (membership function)。

由文本所驱动的分区矩阵为

$$U(W_j) = \{u_{ik}\varepsilon[0, 1] \mid \sum_{i=1}^{c} u_{ik} = w_{jk} \forall k \text{ 且 } 0 < \sum_{k=1}^{N} u_{ik} < N \forall i\} \tag{28-4}$$

文本化模糊 C-平均法的优化计算流程如下。

对于目标函数，有

$$Q = \sum_{i=1}^{c} \sum_{k=1}^{N} u_{ik}^{P} \| x_k - v_i \|^2 \tag{28-5}$$

在限制条件 $U \to U(W_j)$ 下，令 Q 值为最小，并利用以下两个公式迭代演算来调整分区矩阵和原始的数据值：

$$u_{ik} = \frac{w_{jk}}{\sum_{j=1}^{c} \left\{ \frac{\| x_k - v_i \|}{\| x_k - v_j \|} \right\}^{\frac{2}{p-1}}} \tag{28-6}$$

$$v_i = \frac{\sum_{k=1}^{N} u_{ik}^{p} x_k}{\sum_{k=1}^{N} u_{ik}^{P}} \tag{28-7}$$

(2) 观点型模糊聚类 (fuzzy clustering viewpoint)

所谓的观点，就是在进行对数据的全面分析中，对于描述这个现象（或这个系统）有益且有必要的一个论述。除此之外，它还可以描述一个实体（或一个概念），可以塑造出我们所要创造出来的情境。

所以，在观点型模糊聚类的形式下，我们还会有外部的 (external) 和强化的 (reinforced) 聚类产生。

在模糊聚类中的观点可以说明如下。

令 B 为特征结构的布尔矩阵 (Boolean matrix)，而观点则是由数据所诱导出来的原型（prototype）。

$$b_{ij}=\begin{cases}1，若特征矩阵第 i 行的第 j 个特征是由这个观点所决定\\0，其他状况\end{cases} \tag{28-8}$$

我们也可以用一个较区域化（localization）的观点来处理较极端的信息颗粒，观点型模糊聚类的算法如下：

$$Q=\sum_{k=1}^{N}\sum_{i=1}^{c}\sum_{\substack{j=1\\i,\,j:\,b_{ij}=0}}^{\varepsilon}u_{ik}^{P}(x_{kj}-v_{ij})^2+\sum_{k=1}^{N}\sum_{i=1}^{c}\sum_{\substack{j=1\\i,\,j:\,b_{ij}=1}}^{\varepsilon}u_{ik}^{P}(x_{kj}-f_{ij})^2 \tag{28-9}$$

$$g_{ij}=\begin{cases}v_{ij}\text{if}b_{ij}=0\\f_{ij}\text{if}b_{ij}=1\end{cases} \tag{28-10}$$

$$Q=\sum_{k=1}^{N}\sum_{i=1}^{c}\sum_{j=1}^{n}u_{ik}^{P}(x_{kj}-g_{ij})^2 \tag{28-11}$$

(3) 部分监督型模糊聚类（fuzzy clustering with partial supervision）

本法采用标记的数据来进行监督式的演算，其特性表征的归属度（membership degree，或称隶属度）为

$$F=[f_{ik}],\ i=1,\ 2,\ \cdots,\ c\ ;\ k=1,\ 2,\ \cdots,\ N \tag{28-12}$$

其监督指标则为

$$b=[b_k],\ k=1,\ 2,\ \cdots,\ N \tag{28-13}$$

扩充的目标函数为

$$Q=\sum_{i=1}^{c}\sum_{i=1}^{N}u_{ik}^{2}\|x_k-v_i\|^2+\beta\sum\sum(u_{ik}-f_{ik})^2b_k\|x_k-v_i\|^2$$

式中，$\beta>0$。 (28-14)

(4) 邻近提示型模糊聚类（fuzzy clustering with proximity hints）

邻近提示型模糊聚类可以用接近度（proximity degrees，或称邻近度）来表达：

$$\text{Prox}\ (k,\ l),\ k,\ l=1,\ 2,\ \cdots,\ N\ (k,\ l)\ \text{in}\ P \tag{28-15}$$

而邻近的定义与其性质如下：

$$\text{Prox}\ (k,\ k)=1 \tag{28-16}$$

$$\text{Prox}\ (k,\ l)=\text{Prox}\ (l,\ k) \tag{28-17}$$

由邻近性质所引导的分区矩阵如下：

$$p(k,\ l)=\sum_{i=1}^{c}\min(u_{ik},\ u_{il}) \tag{28-18}$$

上式可以用核函数（kernel function）来做联结，写为 $K\ (x_k,\ x_l)$。

其扩充的目标函数为

$$\sum_{i=1}^{c}\sum_{k=1}^{N}u_{ik}^{m}\|x_k-v_i\|^2+\alpha\sum_{(k,\ \Delta)\varepsilon P}(\mathrm{Prox}(x_k,\ x_l)-\sum_{i=l}^{c}u_{ik}u_{il})^2\|x_k-x_\Delta\|^2 \tag{28-19}$$

式（28-19）中的第一项是数据的指引（data guidance），第二项则是邻近（或临近）的指引（proximity guidance）。

（5）协作机制型模糊聚类（fuzzy clustering with collaboration mechanism）

本法大致上可以分成两类，其一为原型交换式，其二为分区矩阵交换式，此类型中的颗粒度交互作用机制如下。

对一个区域值（local data）$D\text{-}ii$，有

$$Q=Q(D-ii)+\alpha\sum_{\substack{jj=1\\ jj\neq ii}}^{P}\|G(ii)-G(jj)\|^2 \tag{28-20}$$

若是用模糊 C-平均法，则有

$$\sum_{\substack{jj=1\\ jj\neq ii}}^{P}\|G(ii)-G(jj)\|^2=\sum_{i=1}^{c}\sum_{\substack{jj=1\\ jj\neq ii}}^{P}\|v_i[ii]-v_i[jj]\|^2 \tag{28-21}$$

模糊 C-平均法的颗粒之间交互作用机制可用下列方程式来表示。

对一个区域值（local data）$D\text{-}ii$，有

$$Q=Q(D-ii)+\alpha\sum_{\substack{jj=1\\ jj\neq ii}}^{P}\|G(ii)-G(jj)\|^2 \tag{28-22}$$

由上式可以推导出

$$\sum_{\substack{jj=1\\ jj\neq ii}}^{P}\|G(ii)-G(jj)\|^2=\sum_{i=1}^{c}\sum_{\substack{jj=1\\ jj\neq ii}}^{P}\|v_i[ii]-v_i[jj]\|^2 \tag{28-23}$$

$$\sum_{\substack{jj=1\\ jj\neq ii}}^{P}\|G(ii)-G(jj)\|^2=\sum_{i=1}^{c}\sum_{k=1}^{N}\sum_{\substack{jj=1\\ jj\neq ii}}^{P}(u_{ik}[ii]-u_{ik}[jj])^2\|v_i[ii]-v_j[jj]\|^2 \tag{28-24}$$

（6）颗粒度模糊聚类（granular fuzzy clustering）

颗粒度模糊聚类是一个连续集群的高阶层级结构信息颗粒度：有三层连续集群结构，各层均由模糊聚类法所导出。

颗粒度模糊聚类算法的发展策略如下。首先，选定数据集；其次，求出原型的信息颗粒度和模糊集；最后，进入第二类型信息颗粒度的演算（即原型的区间和模糊集）。

最底层是原型的数据集，它要以颗粒度演算的方式映像到另一个颗粒集中，可以表示如下：

$$u_j[ii] = \frac{1}{\sum_{l=1}^{c} \left\{ \frac{\| v_i[ii] - z_j \|}{\| v_i[ii] - z_1 \|} \right\}^{2/(p-1)}}, P > 1 \tag{28-25}$$

进一步，我们可以将 v_i [ii] 转换成 z_1，z_2，z_3，…，信息颗粒。如果我们使用这些信息颗粒再做进一步演算，并从中得到相关更进一层的颗粒，则称为第二型颗粒度演算。

28.4.2 类神经网络算法的执行

模糊类神经算法是一个机器学习的工具，它结合了模糊理论与类神经网络分析的原理。此二者均具有模式识别的功能，因此，可以用来解决有关数学上的求解问题。类神经网络可以用在具有足够数据的情况中，这些观测的数据可以用来训练类神经网络系统，以找出潜在的规则（Yeh，1999a，1999b）。

台风是一个变动的自然灾害现象，它的特征与损失的预测值得我们注意。台风的灾害可以利用类神经算法来加以预测，算法分别为倒传递网络（back propagation network，BPN）、延伸神经网络（extend neuron networks，ENN）、模糊神经网络（fuzzy neural network，FNN）、分析调整合成网络（analysis adjustment synthesis network，AASN）以及遗传神经网络（genetic algorithm neural network，GANN）等（Chen et al.，2010c）。

28.4.3 遗传算法的执行

以下过程是要执行遗传算法中的 3 个主要运算，即复制（reproduction）、交叉（crossover）和突变（mutation）（Leung et al.，2003；Tu and Lu，2004）。

（1）复制

所谓复制是指将群体中的染色体根据其适合度大小，将染色体完全复制置放于配对池中。而适合度高的染色体则有较高被选取的概率。研究学者和专家在选择阶段中，依据适合度提出了一些选择染色体的方法，其中最常见者如下。

1）轮盘法（Goldberg，1989）。此法步骤为：①将一串集群体中的所有串集的适合度值相加为总适合度值，Z。②随机选择一个实数，R，介于 0 ~ Z。③从第一个串集开始，依序与下一个串集的适合度值相加，直至第 L 个串集时，刚好大于或等于实数 R 时，则第 L 个串集即被选中当作产生下一代的父母串集。

2）精英政策。其方式为将上一代中适合度最高的字符串，不需经过任何遗传操作数而直接复制到下一代中，且当成下一代的一个个体。如此可避免最好的基因被遗传操作数给舍弃了，且可确保最终解是整个求解过程的最佳解。

（2）交叉

在配对池，随机挑选两个染色体字符串，再利用随机数的方法，透过交叉几率选定某个位置，将字符串切割成两段或数段字符，两字符串彼此交换切割后的某段字符，产生新一代的字符串，这就是整个交叉的过程。常见的交叉方法有三种：①单点交叉；②双点交叉；③均匀交叉，此方式已经被文献（Syswerda，1989）证明其收敛速度优于单点交叉与双点交叉。均匀交叉为用随机的方式产生一随机字符串，而父代的每一元素随着随机字符串的变化而产生子孙字符串。

（3）突变

所谓突变，是根据突变几率，随机选定某一染色体字符串的某个位，使其值由0变为1或由1变为0。为了避免太相近的两个字符串交叉出来的下一代局限在某一范围，缺乏变化且漏失其他可能更好的字符串，导致过早收敛于局部最佳或次佳解上。因此，突变技巧可使结果得以跳出局部最佳解。

28.4.4 台风应急管理事件的特征辨别

在给定的 x_1, x_2, …, x_N 数据中，使用模糊集的运算技巧以形成信息颗粒之集合的算法。其目标函数为

$$Q = \sum_{i=l}^{c} \sum_{k=l}^{N} u_{ik}^{p} \| x_k - v_i \|^2 \tag{28-26}$$

将原始的数据及分区矩阵（partition matrix）做结构化的处理，令式（28-26）中的 Q 为最小，即可以得到所求数值。

在式（28-26）中，令 Q 值为最小，且需满足于以下两个条件：①原始数据为 v_1, v_2, …, v_c；②分区矩阵为 $\boldsymbol{U} = [u_{ik}]$。

使用迭代演算（iterative algorithm）的技巧可以得到FCM算法的良好聚类结果。令初始的分区矩阵值为 $\boldsymbol{U}$（0），经过一定的迭代运算之后，可以得到最佳的聚类结果。

28.5 台风灾害应急管理案例分析

28.5.1 应急管理中的灾害损失分析

Chen 等（2011a）曾利用不同的类神经算法来计算台湾地区的台风灾害损失，得到了相当好的结果，如表 28-1 所示。该表分别使用不同的类神经算法来算出台风经济损失。其中，包括 4 个不同的台风，名为 MINDULLE、HAITANG、SINLAKU、JANGMI。分别使用了 BPN、ENN、FNN 、AASN、GANN 五种方法来运算。而将预测的误差列于表中（Chen et al.，2011a）。

表 28-1 利用不同的类神经网络算法计算不同台风的经济损失

Table 28.1 Using Different Neural Network Alogorithm to Calculate the Economic Losses of Different Typhoon

台风名称	BPN（%）	ENN（%）	FNN（%）	AASN（%）	GANN（%）
MINDULLE	26.0300	52.0500	33.5900	19.5100	7.0200
HAITANG	-0.6000	24.5500	7.6000	24.7000	35.9200
SINLAKU	43.3800	59.1800	48.1600	57.0700	62.6100
JANGMI	24.4800	35.5100	32.7100	46.5200	48.2900
平均	23.3225	42.8225	30.5150	36.9500	38.4600

资料来源：陈王琨，2011.

28.5.2 应急管理决策的分析框架

图 28-2 是一个台风灾害应急管理决策的分析框架。首先是数据收集与方法建立，然后选定恰当的台风事件与适当的算法，最后实际进行模糊类神经与基因演算。计算经演算后的数值，再拿来与实测数值比较，然后计算信息颗粒，最后预测并判别台风事件，并做事件结果与影响分析。

（1）损坏预测

台风损坏可以通过案例推理（case-based reasoning，CBR）的基本原理来估计。CBR 是人工智能的新推理方法之一，它是进行模糊风险评估并计算模糊期望值的最简单方法。CBR 也可以透过一个明确的数字将模糊风险转换非模糊风险。台风决策支持系统透过 CBR 与台风的各种风险因素（risk factors of typhoon）来分析台风所带来的损害。

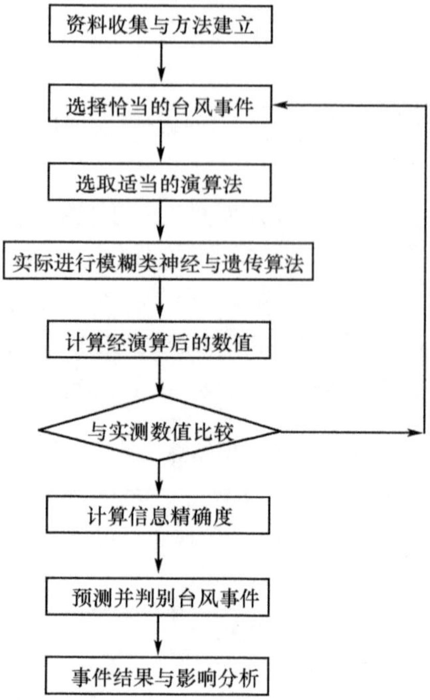

图 28-2 台风灾害管理决策的分析框架

Fig. 28. 2 Framework for Decision Making of Typhoon Disaster Management

(2) 风险分析

台风风险预测是困难的，因为“风险”是一个很主观的名词。有些人认为这是非常危险的，但有些人却认为没有危险。例如，如果台风的损害可表现为：很安全，安全，中等，严重，非常严重。那么，我们可以使用模糊逻辑运算，将其转换成一个目标量。三角模糊数（TFN）常用于一个模糊的量的表示。例如，第 j 个区域的第 i 个损害，X_{ij}，其模糊方程可以写为 $F_{ij}=(\mathrm{LF}_{ij}, \mathrm{MF}_{ij}, \mathrm{RF}_{ij})$，其中，$F_{ij}$ 为 X_{ij} 的特征值，LF_{ij} 是 F_{ij} 的最低值，RF_{ij} 是 F_{ij} 的最大值，MF_{ij} 是 F_{ij} 的最可能值，而 $\mathrm{LF}_{ij}<\mathrm{MF}_{ij}<\mathrm{RF}_{ij}$ [图 28-3（a）]。

我们可以使用隶属函数 $\mu_A(x)$ 以及 (a_1, a_2, a_3) 来表达三角模糊数（TFN）。由此，第 j 个区域的第 i 个损害的特征数是 $a_1=\mathrm{LF}_{ij}$，$a_2=\mathrm{MF}_{ij}$，$a_3=\mathrm{RF}_{ij}$。通过 TFN 的隶属函数就变成了

$$\mu_A(x)=\begin{cases}0, & x<a_1\\ \dfrac{x-a_1}{a_2-a_1}, & a_1\leqslant x\leqslant a_2\\ \dfrac{a_3-x}{a_3-a_2}, & a_2\leqslant x\leqslant a_3\\ 0, & x>a_3\end{cases} \tag{28-27}$$

由于大家的模糊区间范围是不同的，所以 TFN 的值是不相同的。图 28-3（b）说明有来自不同观察者的不同 TFN 值。

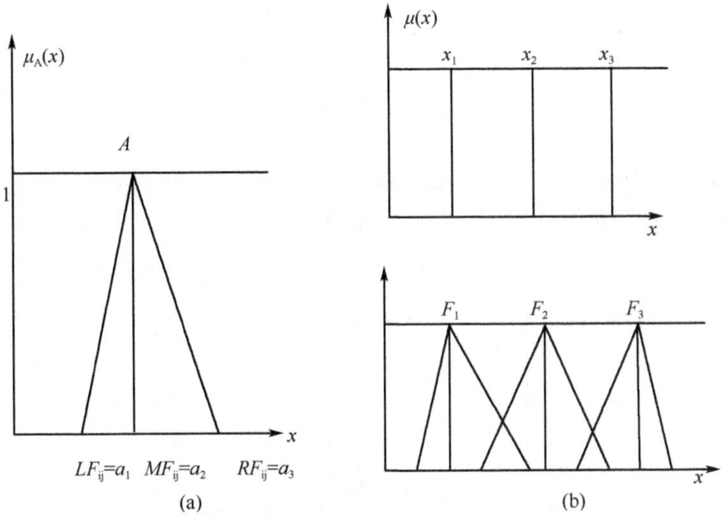

图 28-3 （a）三角模糊数的隶属函数（TFN）（b）将原有的结果纳入规范化的模糊数

Fig. 28. 3 （a）the Membership Function of the Triangular Fuzzy Number（TFN）（b）Substitute the Original Results into the Standardized Fuzzy Numbers

本节列出了一个风险分析的例子以说明数据库的重要性。台风风险的预测必须使用现有的数据。有 3 种不同类型的数据用于台风风险预测；第①个是具有一确定量的数值；第②个是具有模糊区间的数值；第③个是语言表达式。

为了比较不同类型的数据，我们需要调整这些数据转换成相同的类型。我们使用第③种类型的模糊度来计算模糊化数值，20%、10% 和 5%。模糊化结果列于图 28-4 中。然后，标准化风险计算 a 和总风险总和结果列于图 28-5 中。

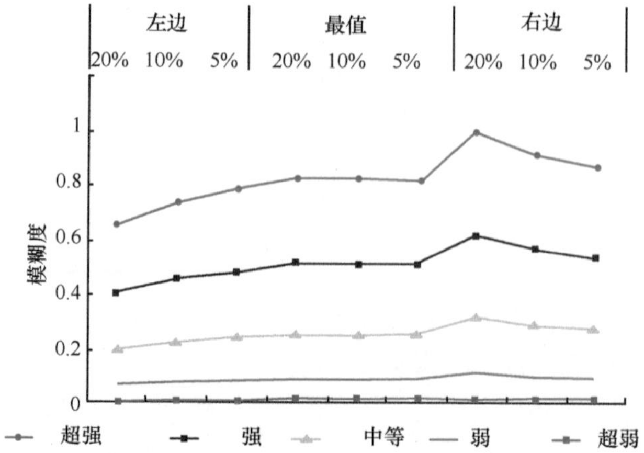

图 28-4　台风风险的评估结果

Fig. 28. 4　Evaluation Results of Typhoon Risk

在图 28-5 中，有不同模糊程度范围的不同类型台风，从非常强大到非常弱。如果它是 20% 的模糊度，如图 28-5（a）所示，那么有一个范围极广的风险区间；但是，如果模糊度低，如图 28-5（c）所示，那么风险区间的范围将减小。

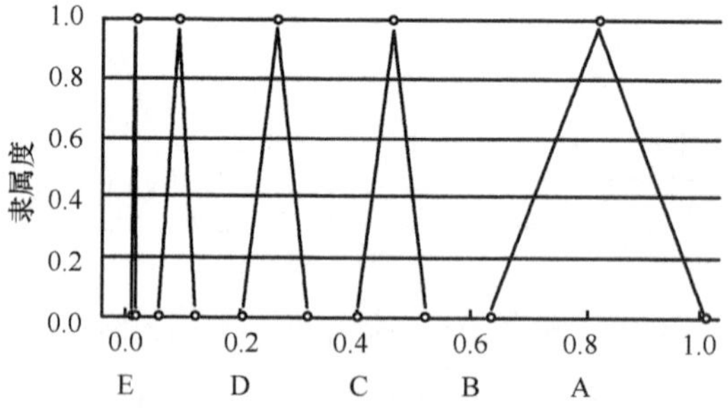

(a) 20%模糊度

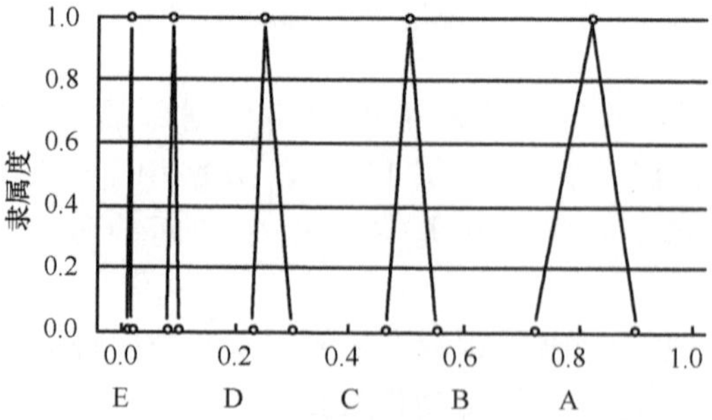

(b) 10%模糊度

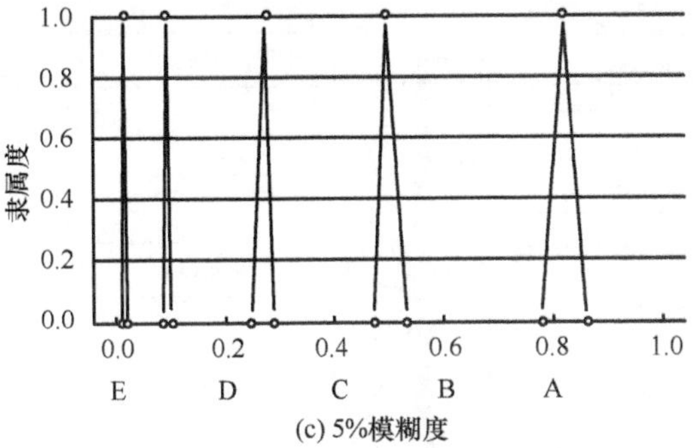

图 28-5　不同类型台风的不同模糊度范围（陈王琨等，2011c）

A：非常强；B：强；C：中等；D：弱；E：非常弱

Fig. 28. 5　Different Fuzzy Intervals of Different Types of Typhoon

A：very strong；B：strong；C：medium；D：weak；E：very weak

这些结果差异是由数据的可靠程度所致。损害预测的决策过程需要有足够的数据来支持。然而，信息可用性的确定非常繁琐。决策者没有足够的时间来判断。因此，更多不可靠的信息来源要造成被大家更信任的决策，这也是决策盲点所在。改善这个决策支持系统效率的最好方法就是增加数据库的完整性与可靠性。特征提取（feature extraction）和损坏预测（damage prediction）帮助我们确认台风危害程度。

28. 5. 3　应急管理决策的系统建构

在实务上，我们必须建立一个可以应用的系统，即台风灾害管理知识库，这个系统能链接到现场观测所有数据，如图 28-6 所示（Chen et al. , 2011b；Chang and Wang，1996；Hadzic et al. , 2009）。

(1) 知识库及数据库设计

台风灾害决策支持系统的输入数据包括实时气象数据、台风预测数据、历史台风数据和其他基本台风信息。有两种类型的实时数据、实时气象数据和预测台风数据。因此，系统必须具有实时数据承载能力，以满足“实时”功能（Sengupta and Bennett，2003）。实时气象数据可从政府获得。台风预测数据也是实时信息，但是，它可能不像一般的气象数据那么完整。这种信息多数以图像为基础，如卫星图像、台风预报或台风路径图等。

(2) 实时和历史信息查询

台风的实时信息包括台风的实时趋势。包括台风预报路径和真实台风路径、

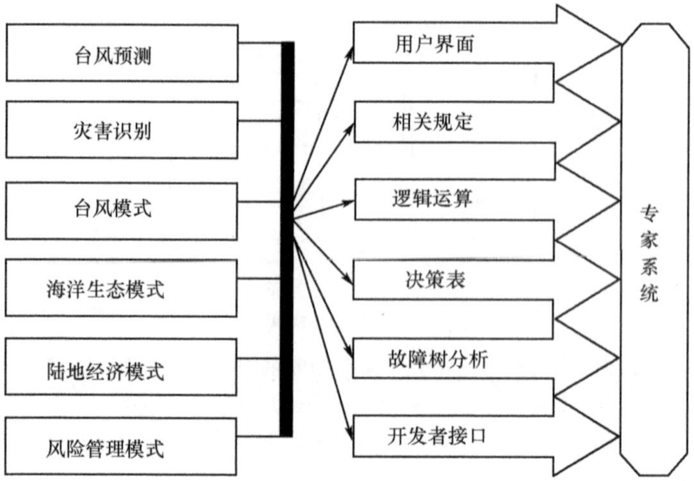

图 28-6　台风灾害应急管理决策系统（陈王琨等，2011c）

Fig. 28.6　Decision Systems for Emergency Management of Typhoon Disaster

卫星图像和相关的描述统计信息。台风历史数据提供了查询功能。查询的配置条件通过名字、登陆时间、登陆地点以及生成位置等。在这个系统中获得的信息是登陆数据、登陆时间、生成位置、生成时间、台风等级、累积雨量、总降雨量、卫星图像和灾难的描述等。

(3) 台风灾害预测

台风损害的预测可以通过在第 19 章中所述的案例库推理方法进行。台风的主要灾害是洪水和因台风造成的降水塌方。台风损坏预测的主要功能是提供实时雨量数据以进行风险分析，它包括实时降雨的时空分布和累积雨量。

(4) 台风风险分析

风险分析的结果提供给决策者有关于生命和财产损失的信息。台风危险性预测可以通过如前节所述的语言学风险分析进行。在本研究中，我们选取 5 个等级的台风在该系统中：①很强；②强；③中；④弱；⑤很弱。有许多变量可用于描述危险程度，包括洪水的程度、死亡数、失踪数、受伤数、房屋倒塌（全部）、房屋倒塌（半）、房屋损失和农业损失等。

(5) 情境仿真及信息显示

情境仿真和台风的信息显示应考虑台风的空间和时间特性。由于台风灾害是一个时空的事件，因此，我们可以用同样的公式来定义事件。情境仿真根据历史台风信息。案例库推理可以帮助我们来模拟，以防止台风灾害可能造成的损坏。

$\boldsymbol{T}$ 台风可以由数学的矢量来表示。该空间地理信息可以表示为

$$\mathrm{I} = \sum_{i=1}^{m}\left[\sum_{j=1}^{n}\begin{bmatrix} S_{ij}(\boldsymbol{T}_{ij}) \\ A_{ij}(\boldsymbol{T}_{ij}) \\ \boldsymbol{T}_{ij} \end{bmatrix}\right] \tag{28-28}$$

$$\boldsymbol{T}_{ij}(t_b,\ t_e)_{ij}$$

式中，I 为空间地理信息的集合；$\boldsymbol{T}_i$ 为个别矢量的第 i 个项目；j 为这个项目的状态；S_{ij}（$\boldsymbol{T}_{ij}$）和 A_{ij}（$\boldsymbol{T}_{ij}$）代表在时间 t_b、t_e 这个项目的特征值。

因为决策支持系统是基于地理信息系统的核心概念，因此，该信息应充分展示出空间信息的特点。它可显示时空分布间的关系。此外，它具有整合传统的文字、数字、报告和显示模式的能力。

(6) 智能决策支持系统

空间决策支持系统是地理信息科学的重要发展项目之一（Goodchild et al., 2005；Sengupta and Bennett, 2003）。智能型决策支持系统的开发应该包括智能和知识这两种决策。在这个系统中，数据库包括实时气象数据，与此信息相关的其他数据，它可以提供相关表和图的决策者。为了解决台风灾害管理的决策问题，我们需要利用信息技术来推动智能空间决策支持系统（ISDSS），构建可以帮助我们在不同类型的信息和知识整合的数据库，这是目前地理信息科学和决策者的主要研究方向。

28.6 小结

本章以建立台风灾害应急管理系统为主要目标，介绍了各种有关决策分析的方法，并提出了模式识别与模糊决策系统建立应急管理之架构，也将各种模糊聚类的演算方法列入。

第 29 章　灾害应急决策支持系统

Chapter 29　An Emergency Decision Support System for Typhoon Disasters

摘要：本章概述了决策与决策支持系统的基本原理，结合台风灾害的具体特性，阐述台风灾害系统设计原理、工作流程，并结合华南地区的台风灾害构建了台风灾害的评估与应急决策系统。该系统能实现历史台风灾害灾情查询、台风实况查询方式，并能根据组合的统计模型实现台风灾害灾情的预评估、自动生成台风灾害应急决策方案。在实践中，能为减灾防灾决策部门提供参考。

关键词：台风数据库；风险区划；决策支持系统；经验决策；科学决策；程序化决策；非程序化决策；半结构化决策；管理信息系统；特尔斐法；专家系统；层次分析；超越概率

Abstract: This chapter outlines the basic principles of decision-making and decision support systems as combined with the specific characteristics of typhoon disasters. Also, the design principles and working process of the typhoon disaster emergency decision system were investigated and an assessment and emergency decision system for typhoon disasters in the Southern China area was constructed. In it, the system can conduct a survey of historic typhoon disasters, typhoon disaster pre-assessments with the statistically combined model and the automatic generation of emergency decision-making plans. In practice, it can provide references for decision-making departments about the handling of disaster prevention and reduction.

Keywords: typhoon database; risk zoning; decision support system; experiential decision-making; scientific decision-making; programmed decision; non-programmed decision; semi-structured decision; management information system; Delphi; expert system; analytic hierarchy process; exceedance-probability

台风灾害发生的影响范围广、受灾程度重，且台风灾害具有发生的突然性、后果的不确定性、威胁的严重性和处置的紧迫性等特点。台风灾害发生时，统计信息的收集、灾情的评估与信息知识综合的应急决策对政府的抗台防汛有至关重要的影响。使用现代科技手段，利用数据库技术来建立台风灾害的评估与应急决策服务系统具有重要的实践意义。

29.1 决策和决策支持系统

29.1.1 决策和辅助决策

以往的决策主要依靠人们的经验来进行，称为经验决策。随着科学技术的发展，经验决策逐渐被科学决策所取代。科学决策是根据科学的方法、程序、手段所进行的决策，决策者依靠决策系统、专家系统、信息系统的统一体构成的决策体系开展工作，严格遵循一定的决策程序和科学的决策原则，依靠专家和智囊组织，运用科学的决策方法，采用先进的信息处理方法和手段，进行综合性的、全方位的活动。

根据决策不同的结构化程度，一般常将其分为程序化决策和非程序化决策两类。由于程序化决策所解决的问题具有良好的结构，故亦称为结构化决策；非程序化决策问题的结构不清楚，亦称为非结构化决策。决策问题的结构化程度程序化决策与非程序化决策之间，即称为半结构化决策。通常认为决策支持系统（DSS）是用于解决半结构化决策问题效果最佳的工具。一般来说，辅助决策有以下几种方式。

（1）以数据的形式辅助决策

数据能反映事物的数量化特征，如农田受淹面积反映一个地区的受灾程度。管理信息系统能够对各种数据信息进行有效的管理和处理，在数量上为各级管理者和决策者提供信息概念并起辅助决策的作用。因此，以数据的形式辅助决策尚属管理信息系统的功能范畴，是最基本的初级决策方式。

（2）模型和方法辅助决策

比较有效的辅助决策途径是利用模型和方法。人们为寻找事物发展规律，建立了模型和方法，再按模型和方法去指导实际行动。建立模型辅助决策是许多年来的科研方向，目前已取得了很大的成效。必须注意的是，由于客观事物的复杂性以及多样性，在建立模型时总会略去一些因素，故模型并不等于原型，只是原型的概化。同时，模型的拟合效果并非一成不变，有可能因环境和条件的变化而不再适用。

（3）以决策方案的形式辅助决策

用单一模型辅助决策所涉及的数据较简单，可以采用数据文件形式，不涉及数据库。但单一模型有时难以反映客观事物的全貌，其效果带有较大的局限性。

计算机技术的发展已经能支持多模型组合的辅助决策方式。多模型的组合涉及大量的数据文件，这些数据文件要消除冗余性和便于统一管理，采用数据库系统更为合适。多模型的组合，也需要建立模型库来集成它们，从而发展成为以决策方案的形式辅助决策，即决策支持系统。

29. 1. 2 DSS 及其一般构成

DSS 一般是以管理学、运筹学、控制论和行为科学为基础，以信息、仿真、可视化和计算机技术为手段，综合利用现有的各种数据库、信息和模型来辅助决策者，为决策者提供一个将知识性、主动性、创造性和信息处理能力相结合、定性与定量相结合的决策环境，用以解决半结构化或非结构化问题，辅助支持中高级决策者进行决策活动的一种人机交互系统。

学术界至今对 DSS 并无统一定义。1952 年，Sprague 和 Carlson 定义 DSS 为“一个基于计算机的人机交互系统，它帮助决策者应用数据和模型解决非结构化或半结构化的问题”。Jnhnson 则定义“DSS 是一个计算机硬件和软件包结合的整体，协助管理运行人员制定决策及熟悉系统的性能，允许运行人员的判断加入分析过程，提供人-机协作的机会”。归纳起来可以说，决策支持系统是以现代信息技术为手段，针对某一类型的半结构化的决策问题，通过提供的有关背景材料、协助明确问题、修改优化模型、列举可能方案、进行分析比较判断等方式，为管理者作出正确决策提供帮助的人机交互系统。

自 1971 年被美国麻省理工学院 Gerrity 等首次提出以来，DSS 的研究和应用得到了长足发展，相继出现了智能 DSS、群 DSS、集成式 DSS、分布式 DSS 和多目标 DSS 等多种形式。这些形式的出现拓展了 DSS 的研究范畴，极大地促进了 DSS 的发展。

DSS 实质上是在能实现对一个部门进行全面信息管理的管理信息系统（MIS）的基础上发展起来的。MIS 是将计算机应用于一个单位或部门的各种业务处理的系统，它将数据处理和经济管理结合起来，形成用于管理的信息系统，是一个由人、计算机有机结合的对管理信息进行收集、传递、储存、加工、维护和使用的系统。管理信息系统的功能主要有：用数据库的形式统一组织存储业务往来，使管理者能有效地掌握全部信息和数据；对大量的信息和数据进行查询和统计；对数据进行有效的加工和应用；产生报表和输出信息。管理信息系统可简单地理解为：管理信息系统=管理业务+数据库技术。管理信息系统的最大优点是能对大量的数据进行有效的管理和数据处理，但功能上只是一般的事物统计、汇总、制表、检索和输出等秘书性的基本事物处理，是一个静态的保守系统。管理信息系统的局限在于对管理者提供的辅助决策信息只表现为数据的查询和统计形式，从管理现有的数据开始，不是从管理人员的决策需求出发，所提供的信息往往不是决策人员需要的，忽视了辅助决策功能。

DSS 一般由数据库、模型库和知识库构成，其结构见图 29-1。

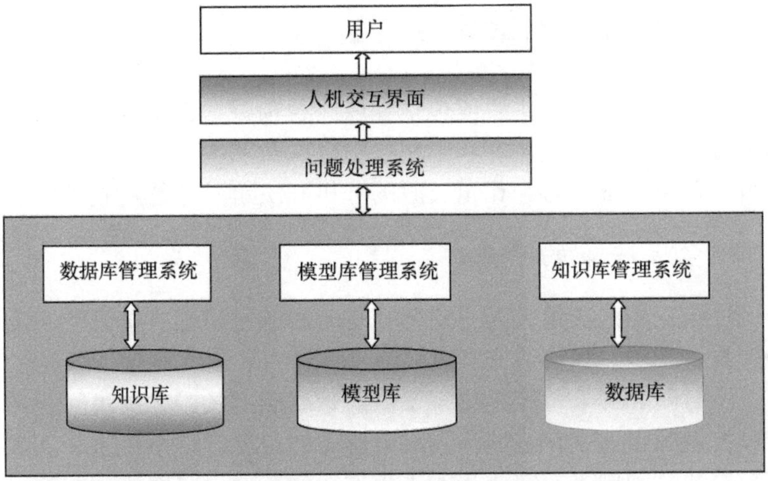

图 29-1　决策支持系统结构

Fig. 29. 1　The Structure of Decision Support System

数据库：数据库用于存储与决策支持有关的各领域数据，数据库管理应具备很强的编辑、查找和计算分析功能。

模型库：模型是在对描述的对象与过程进行大量专业研究的基础上总结的客观规律的抽象和模拟，它是联系应用系统与专业领域的纽带，是综合分析处理和利用数据的工具。模型以文件形式存储，通过模型字典对模型文件进行管理。模型库管理功能包括：建立模型文件系统下的存取路径以对模型进行存取，对模型进行增加、删除、修改及查询，对模型文件进行编辑和编译等。

知识库：这里的知识是指与决策支持有关的知识，包括构成可选择方案的知识、建立可选择方案评价模型和评价标准的知识、修改预选方案的知识等。知识多以产生式规则表示，以知识文件形式存储。知识库是科学合理组织的关于某一特定领域的陈述型知识和过程型知识的集合。知识库管理功能包括：知识的输入、删除、插入、增加、修改和查询；对知识进行一致性检验，以消除大量的冗余、矛盾、蕴含等现象；对知识进行编辑和编译解释，使其外部形式更便于理解，内部形式适合于知识推理中的快速检索和匹配；知识的获取等。

总的来说，决策支持系统是一个用来支持决策行为，以计算机为基础的信息系统，可以帮助决策人完成半结构化和非结构化的决策任务。它能将建模分析和分析技术与数据存取和检索功能结合起来，具有较强的适应性和灵活性。

29.2 防台风决策支持系统

29.2.1 系统的主要任务

一般而言，防台风工作主要应包括台风路径预报、暴雨和洪水等的预报、台风灾情预估排涝和防洪工程调度、工程抢护、人员和物质疏散以及防灾减灾等工作。在进行每项工作前，必须作出及时的分析和决策，才能达到预期目的。

（1）防台风决策的特点

防台风决策是应急决策，其主要特征是时间的紧迫性、信息的不确定性和灾情程度的严重性。防台风决策常具有以下一些特点：①台风灾害发生的性质、形式、规模以及时间和影响范围是灾害发生前难以确定的；②决策问题的环境处于决策者难以控制的迅速变化之中；③决策所需的信息常常不完整、不准确，而决策必须在较短的时间内迅速完成；④决策方案的有效性与实施方案的时机选择密切相关，且选择不同，产生的结果迥异，具有很大的风险性。

（2）防台风决策支持系统功能

鉴于防台风决策的特点，一般要求防台风决策支持系统应具备以下主要功能：①采集和存储灾情发生及其环境状态的数据；②获取和积累有关灾情预防和采取正确决策所需的专业知识；③对灾情发生、发展势态和防台风决策的效果进行仿真和模拟；④对可能发生的灾情进行数据监测、预测和预报；⑤能对正在发生的台情信息进行提取和传递，如时间、地点、灾区人员以及灾情分布等；⑥对台情发展态势进行辅助分析，提供基于专家知识和经验的建议和预案；⑦拟定、评价和选择防台风决策方案，并对决策者提供决策支持。防台风工作的核心部分是提供正确的防灾减灾决策，要针对面临的各种复杂情况，及时确定各种应急响应预案，并对方案进行及时分析和评价。防台风决策中存在许多不确定因素，其具有半结构化和非结构化的特征。防台风决策系统的作用是辅助支持，并不能代替决策人进行决策，系统各项功能是延伸提高决策人的理性能力，增强决策人对突发灾情的准确了解，提供决策人各种决策后果以及由此产生的灾情信息，使决策人能将主要精力集中在运用直觉、经验等对防台风决策中的关键问题进行判断和抉择上。

29.2.2 系统的工作流程

防台风决策虽有其自身的特点，但其主要工作流程与以上一般的决策过程相近，可以划分为信息收集、预测预报、方案设计、决策（方案选择）、执行反馈 5 个阶段，如图 29-2 所示。

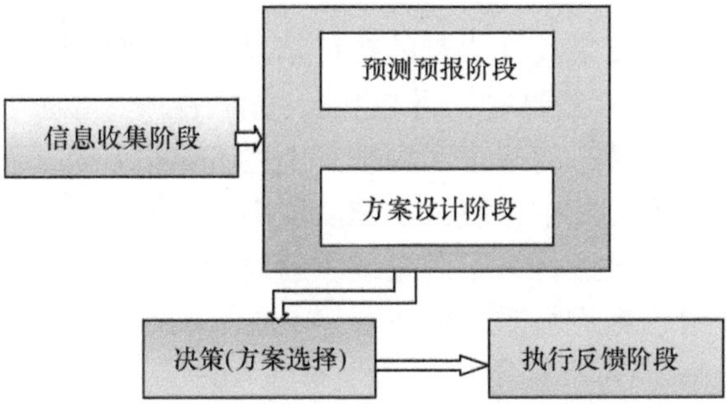

图 29-2　防台风决策工作的决策流程

Fig. 29. 2　Process of Typhoon Decision-making

(1) 信息收集阶段

主要完成历史台风灾害资料、地区经济地理资料、农林水渔业资料、气象、水雨情、险情、灾情、人员组织、物资准备等防台风信息的收集、整理、汇总和存储管理，为防台风工作提供灵活的信息服务。信息是决策的基础，它们构成了决策的环境。实时准确的情报信息是正确决策的基本条件。

(2) 预测预报阶段

该阶段主要完成暴雨预报、大风预报、防台风工程安全状况预测、针对暴雨积水灾害、水库水位的灾害发生发展预测等。根据各类台风风情、雨情和地理、社会经济资料，综合进行灾害的发生和发展预测，以及灾情的预评估。由于防台风决策属于事前决策，因而要在台风到来之前必须对防台风工程的运用、防台风措施等做出安排。预报预测是事前决策的基本前提，预测预报的结果是拟订方案和进行调度的基本依据。所以，预测预报是防台风中非常重要的工作环节。预测预报的误差与其及时性不能满足要求则是决策存在风险的重要原因。

(3) 方案设计阶段

根据台风暴雨、农业生态、洪水等，对其发展趋势进行预测预报，通过对防台风形势进行科学的分析与归纳，形成防台风减灾决策的具体内容和目标。然后根据决策目标和可使用的防台风手段，设计出实现决策目标的可行方案集，并对每个可行方案的风险及后果进行评价。

(4) 方案选择即决策阶段

主要由决策层在认清防台风形势的基础上，本着减轻灾害损失的目标，通过会商进行方案调整和补充，选出满意方案并予以实施。

(5) 执行反馈阶段

由于防台风问题的复杂性，决策的执行结果和相关情况须通过计算机网络和通信平台进行实时反馈。必要时，可在执行过程中，根据防台风形势的发展变化，对防台风决策进行动态的修正和调整。上述方案设计和方案选择两个阶段是防台风决策的核心内容，其中，决策实施阶段中，还有可能会根据具体需要向上反馈到决策方案设计阶段进行方案调整或重新设计。方案设计阶段中也会反馈到预测预报阶段，并对预报进行重新修正。

29.2.3 系统的逻辑结构

与DSS类似，防台风决策支持系统的总体逻辑结构是：以数据库和知识库作为基本信息支撑，依托模型库中的各种模型和方法，通过总控程序构筑决策支持系统的运行环境，辅以友好的人机界面，有效地实现台风灾情监测、预测预报、防台形势分析、灾情仿真和灾情评估以及危机管理决策等功能。逻辑结构如图29-3所示。

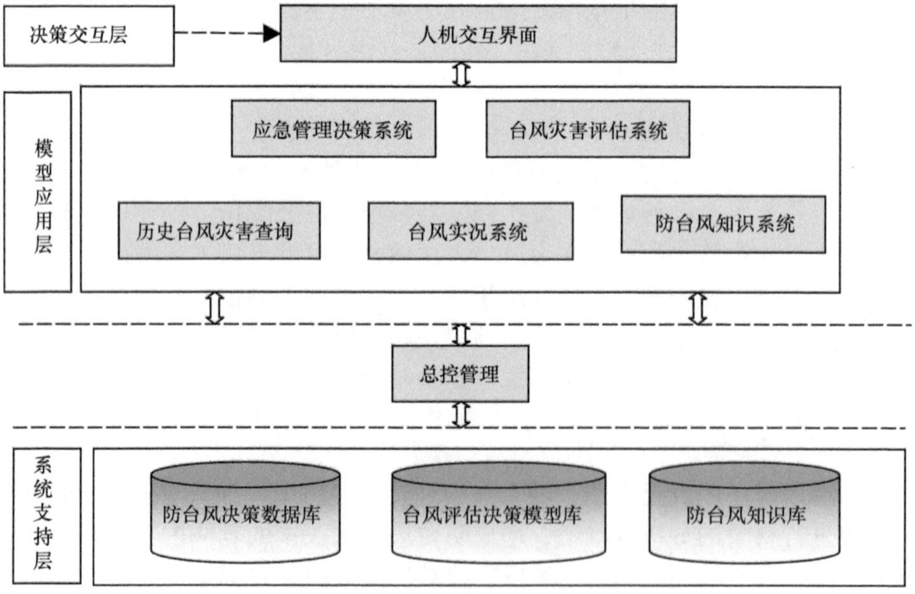

图 29-3 防台风决策支持系统逻辑结构

Fig. 29.3 The Logic Structure of Typhoon Decision Support System

人机交互层表现为系统使用者与应用软件之间的人机接口，总的作用是通过建立总控程序构建系统运行的操作和软件环境。其具体功能包括控制应用软件运行、运行控制参数的输入和运行结果的表达等。

模型应用层通过人机接口与防台风领域专家、调度人员、决策分析人员和决策者进行交互，在系统信息支撑层和模型库、方法库等众多分析功能的支持下，完成防台风调度决策过程中各个阶段、各个环节的多种信息需求和分析功能，其逻辑结构包括台风监视、台风灾害查询、灾情评估、防台风知识、危机管理等五大功能子系统。各子系统间不进行直接的相互控制，可独立运行，其间的联系通过信息交换缓冲区进行。

系统信息支撑层包括数据支持、硬件、网络和软件系统环境。其中，数据支持包括台风实时路径显示、社会经济信息库、台风实况和历史资料、动态影像库、台风相关数据分析和预览、方法库、超文本库、历史台风数据库以及管理这些数据库的数据库管理系统。这些分类数据库组成系统的综合数据库、硬件、网络和系统软件组成了系统运行的支撑环境。

29.3 华南地区台风决策系统开发

29.3.1 研究区概况

在自然地理上，广义的华南地区指中国南岭以南及武夷山以东地区，包括福建省、广东省、海南省、台湾省、广西壮族自治区，但习惯上仅指广东省、海南省和广西壮族自治区。华南地区属热带、南亚热带气候，地理位置优越，交通运输发达，经济基础较好，是中国经济建设的前沿，对外开放的窗口。拥有丰富的土地、水、气、生物、矿产和旅游资源，具有较好的工业和商业外贸基础。本区北界是南亚热带与中亚热带的分界线。多数地方年降水量为 1400～2000mm，是一个高温多雨、四季常绿的热带–南亚热带区域。

华南地区经济发达，人口稠密，台风较为频繁，遭受台风灾害的直接经济损失巨大，由此引起正常社会、经济、生活秩序的紊乱所造成的间接损失则更大。随着社会经济不断发展，人口日益增多，单纯依靠修建防台风工程未能提高城市防台风标准，不仅十分困难，而且代价高昂。从经济和发展角度看，加强非工程措施的建设以减轻台风带来的灾害损失，是防台风的重要发展方向。

29.3.2 开发思路

要开发出一个功能全面的系统，首先要考虑用户（主要面向防台风决策人员）对防台风的需求。这就要求必须对华南的经济地理特点、灾情特性、灾情现状、防台风工程及措施进行调研，找出防台风工作中存在的问题，同时分析防台风减灾工作对系统的需求，从使用者的角度粗略定位系统的主要目标和所能实现的功能。其次，在深入分析防台风减灾需求的基础上，按照“统一规划、规范标准、分步实施、分层建设、实用先进、信息共享”的开发总原则，提出结构合理、软件设计先进、功能多、实用性和扩充性强的总体设计方案。再次，在对台风灾情特性分析的基础上，选择或建立适用于灾情模拟的数学模型，以便可靠地进行灾情风险规划、工程调度、灾情评估，作为制订防台风决策和减灾措施的科学依据，也就是构建系统模型库，模型是建立防台风决策支持系统必不可少的核心内容。同时要考察系统的数据环境，完成数据库和知识库的设计，作为系统的信息和智力支撑。最后，进行系统的全面整合。根据预先设计好的功能要求，做好应用层上各个子系统的开发工作。同时，通过实际运行检验取得经验，从需求出发，调整系统结构，扩展系统功能，对防台风决策支持系统进行修改和完善。

29.3.3 总体设计

系统的设计与开发要紧紧围绕决策、支持和系统 3 个基本点进行，主要是有效地运用计算机科学技术，建立能对决策的各主要工作环节提供有力支持的软件系统。根据防台风工作的总需求，将防台风决策支持系统划分为 5 个子系统和 3 个库。其总体逻辑结构是：以数据库和知识库作为基本信息支撑，通过总控程序构筑决策支持系统的运行环境，辅以友好的人机界面，有效地实现台风监测、预测预报、防台风形势分析、灾情仿真和灾情评估等功能，如图 29-4 所示。

具体来说，系统拟实现以下目标，为华南地区更好地制订减灾措施、最大限度地减轻台风损失和影响提供决策依据。

1）通过计算机网络与华南登陆台风灾情遥测系统、华南资源 GIS、华南资源普查数据库系统以及有关社会管理信息系统相互联系和支持。

2）全面、快速、准确地处理、汇总、调用与当前灾情密切相关的各类实况信息及历史资料，并以生动的图形显示实时灾害形势及其发展过程。

3）根据台情的发展，及时作出洪涝灾情的预报、预测和预警，并根据现场实测资料数据反馈迅速修正、预报、预警。

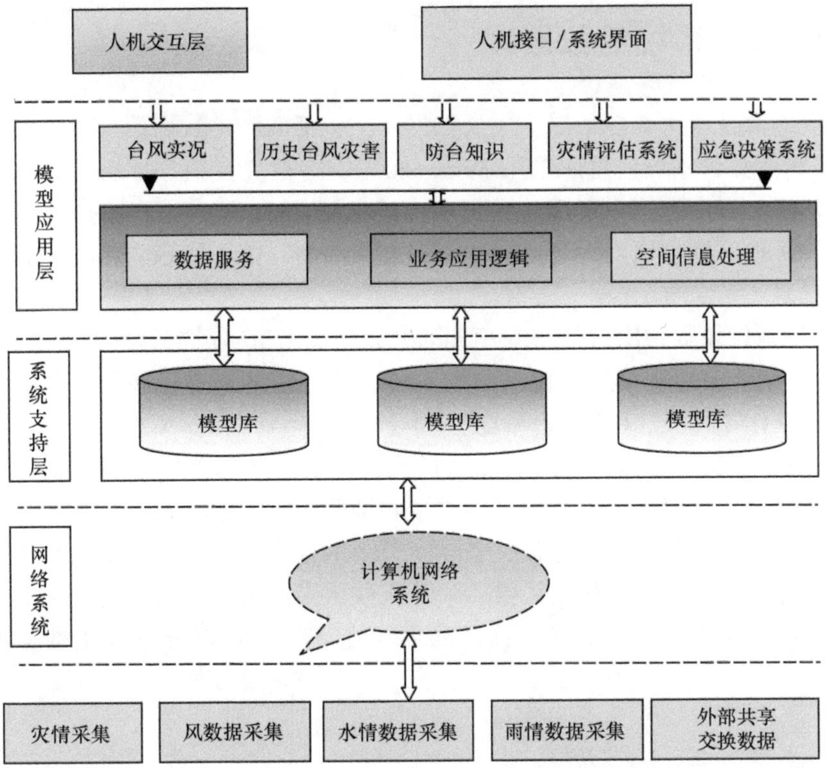

图 29-4　华南防台风决策支持系统逻辑结构

Fig. 29. 4　Southern China Against Typhoon Decision Support System Logic Structure Diagram

4）生成各种可行的防灾减灾方案和抢险措施，对灾情进行模拟仿真演算，为决策人员查询、评估和会商提供所需的各类数据和成果。

5）提供清晰简洁、图文并茂的背景资料、历史信息等，形成良好的决策环境，有利于防台风指挥部及时作出决策和发布指令，更有效地组织抢险救灾工作。

6）为最佳防台风规划方案的制定提供分析和检验手段。具备灾后评估功能，以利于总结经验，完善防灾减灾措施，正确地统计和分析灾害损失等。

7）实现防台风办公自动化管理，减少防台风人员日常的工作负担，提高防台风管理工作效率。

29.4　台风灾害评估与应急决策子系统

台风决策支持系统主要实现华南台风灾情的风险规划、台风实时灾情评估、台风危机管理决策等功能。

29.4.1　系统的数据库

系统的数据库主要包括以下主要数据库，包括四大类数据。

1）华南热带气旋信息库采用 Microsoft Access 建立，数据库分广东省、广西壮族自治区、海南省三个子库。数据库内容包括 1951 年以来影响三省的热带气旋编号、源地、登陆地点、各时次中心经度、纬度、中心气压、中心附近最大风速等信息。

2）华南气象资料库包括华南三省区的逐日降水量、风速等气象要素资料。

3）华南经济地理信息库包括华南三省主要地区的地理面积、人口数量、农业产值、农作物种类、GDP 等。此为基本数据。

4）热带气旋灾害库，此为历史台风灾情数据。数据库内容包括热带气旋进入影响区的起止日期、进入影响区后的中心最低气压、中心附近最大风速、路径类别、热带气旋引起的大风站日、各降雨量级站日、暴雨指数、最大日雨量、过程最大雨量、受灾人数、死亡人数、失踪人数、受伤人数、农作物受灾面积、成灾面积、绝收面积、倒塌房屋、损坏房屋、经济损失、综合影响指数、灾害等级等。

29.4.2　系统模型库

系统模型库主要包括台风灾害的风险评估模型、台风灾害的灾情评估模型以及台风灾害经济损失预测模型。在建立热带气旋灾害影响评估模型的基础上，将各指标值的预报值、实况值带入模型就可以计算出热带气旋综合影响指数及灾害等级，挑选出历史上综合影响指数相近或路径、强度相似的个例进行对比分析，做出热带气旋灾害影响的预评估、灾后评估以及直接经济损失的测算。

29.4.3　台风历史灾害子系统

台风历史灾害子系统完成灾害查询以及台风灾害的地区风险查询功能。

（1）路径和强度相似个例查询

台风历史灾害子系统显示热带气旋路径图及各时次热带气旋中心经纬度、中心气压、中心附近最大风速，根据用户输入的参数范围输出历史上路径和强度相似的热带气旋个例路径图，并以表格形式输出相似个例的强度、影响时间、引起的风雨情况、综合影响指数、灾害等级及造成的灾情等信息。热带气旋位置、强度实况值和预报值查询可查询任一编号热带气旋各时次中心所在位置的经纬度、中心气压和中心附近最大风速实况值和预报值。

（2）灾情查询

通过普查 1949~2009 年影响华南的热带气旋的灾害情况及相关信息，采用 Microsoft Access 建立华南三省区热带气旋灾害库。历史灾害库管理模块的主要功能是对灾害数据库查询、添加、修改热带气旋进入影响区的起止日期，进入影响区后的中心最低气压，中心附近最大风速，引起的大风、降雨实况值，综合影响指数，灾害等级等信息和热带气旋造成的灾情资料，灾情资料项目包括受灾人数、死亡人数、失踪人数、受伤人数、农作物受灾面积、成灾面积、绝收面积、倒塌房屋、损坏房屋、经济损失等，并可将所查询的资料按项目进行排序以及保存、打印查询结果。

（3）风险区划图

采用风险评估模型可输出华南主要地区的台风灾害风险区划图。

29.4.4 台风评估子系统

对于台风灾害危机管理，决策者的正确决策首先是建立在对灾情评估的基础上，该子系统依据本书中建立的台风灾情评估模型进行台风灾情评估。

（1）主要内容与业务流程

该系统根据华南各地降水、风速等气象要素和热带气旋强度、路径的实况值、预报值，利用热带气旋灾害评估模型和相关回归模型对热带气旋灾害影响程度进行预评估和灾后评估。热带气旋影响华南前，将气象要素和热带气旋强度、路径预报值代入模型则可进行灾害预评估，影响结束后将实况值代入模型则可以做灾后评估，以图形、文本、数据表等形式输出结果，并结合历史相似个例进行综合分析，确定热带气旋灾害影响程度，制作热带气旋灾害评估报告等业务服务产品。

（2）系统结构与功能

灾害评估系统采用结构化、模块化的方法进行设计，系统主要包括热带气旋灾害风险评估、热带气旋灾害灾情预评估和评估、历史台风路径和强度相似个例查询、热带气旋位置、强度实况值和预报值查询、历史灾害库管理等模块。模块的主要功能是预评估、灾后评估与直接经济损失预测。

1）热带气旋风险评估。对台风影响地区发生台风灾害的可能性以及强度进行常态性评估，为防台风工程措施和非工程措施提供相应依据。

2）热带气旋灾害风险评估。在热带气旋影响之前，可以根据热带气旋的强度和路径预报，以及可能引起的风、雨情况预报值，利用热带气旋灾害评估模型对台风灾害灾情综合指标值及灾害等级进行预评估，同时还可以利用相关回归模型对综合灾情指数及灾害等级进行预评估。另外，系统按综合灾情指数范围、热带气旋中心最大风速范围、路径类别输出历史相似个例，以供用户参考。

3）热带气旋灾害后评估。热带气旋影响结束后，可从数据库读取热带气旋影响起止日期，进入影响区后的中心附近最大风速，引起的大风、降雨实况值，选择热带气旋路径类别后输出热带气旋综合影响指数和灾害等级，对热带气旋灾害的影响进行灾后评估。

4）直接经济损失预测。根据模型库模型进行台风灾害经济损失的测算。

29.4.5 台风危机管理决策子系统

一般来说，台风危机决策的对象是政府或部门领导，因此，要面向政府决策服务，从政府指挥员的角度出发来设计系统框架。

当灾害已经发生或预计将要发生时，指挥员需要在第一时间内获取大量的信息并分析，包括现场地理信息、灾情险情、现场态势、气象信息、救援队伍和救援物资信息，进而作出救助决策，包括救援队伍和救援物资调度方案、人员疏散或转移方案等，实施应急救助指挥。决策步骤如下。

1）救灾经验分析。根据历史灾情资料建立历史灾情数据库，主要包含时间、地点、灾害种类、灾情、救灾措施等。根据灾害类型和地点，调阅相应的历史灾情及救灾措施经验，结合现场态势，指挥员提出当前的应急救助决策初步方案。

2）专家系统。根据灾害灾情大小和应急级别，调阅相应的应急响应措施和专家建议，用特尔斐法（Delphi）调查和进行会议论证，结合专家对灾害程度的判断，指挥员确定应急救助决策方案。利用专家系统技术，采用人机交互形式，综合考虑风险评估分析、灾害评估分析、历史救灾经验分析、专家组分析、救助资源分析，结合道路导航系统，按最优原则确定应急救助决策方案。

3）应急、救助决策主要是对组织危险区域人员实行安全转移临时安置和管理，对转移地区、转移人数、转移地点进行科学决策。开展市政、公用、交通、电力等基础设施的巡查及处理，确保安全运行，落实防汛防台物资设备的采购征集储蓄调拨和管理，做好人行道的安全防范工作，组织开展低洼地区的排涝。

决策支持子系统目的是使指挥员身临其境地分析大量资源信息、科学决策和实施应急指挥，能提高效率，最大限度地防灾减灾。台风灾害危机管理决策流程如图 29-5 所示。

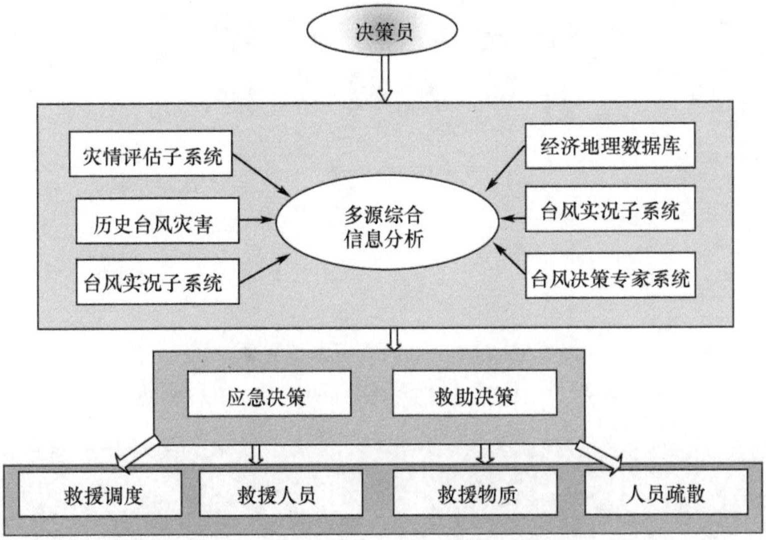

图 29-5　台风灾害危机管理决策流程

Fig. 29. 5　Typhoon Disaster Emergence Management Decision Diagram

29. 5　台风灾害评估与应急决策支持系统开发

采用 Delphi 语言，开发台风灾害评估与决策支持系统，该系统根据台风的气候特征数据库、历史灾情数据库、华南地区的经济地理数据库、气象部门提供的台风过程实时气象数据以及台风灾情数据可实现台风气候特征的统计分析、台风历史灾害的查询、华南地区的风险评估、台风灾情的灾情评估、台风直接经济损失的模拟，并提供直观的风险区划地图。根据本系统中的知识子系统提供的各种情况下的台风应急预案，可为台风灾害应急决策提供帮助。

29. 5. 1　灾害评估与决策支持系统基本框架

台风灾害评估与决策支持系统主要包括台风灾害知识子系统、灾害评估子系统、台风应急决策系统及辅助设置（图 29-6 和图 29-7）。

图 29-6　台风灾害系统界面

Fig. 29.6　The Interface of Typhoon Disaster System

图 29-7　台风灾害系统与子系统界面

Fig. 29.7　Typhoon Disaster System and Sub-system Interface

29.5.2　灾害评估与决策支持系统主要功能

(1) 灾害评估子系统

台风灾害评估子系统能进行数据管理、风险评估、灾情评估台风灾害经济损失模拟。在风险评估主菜单下，子菜单为层次分析模型、超越概率模型、组合法风险测算。在台风灾情评估主菜单下，子菜单为模糊评估、灰关联分析、灰色模糊评估、神经网路评估、组合灾情评估。在经济损失预测主菜单下，子菜单为计量回归、灰色系统、神经网络、组合法直接经济损失模拟。在图形模块主菜单下，子菜单为灾情评估区划图、风险评估区划图、直接经济损失区划图（图 29-8 和图 29-9）。

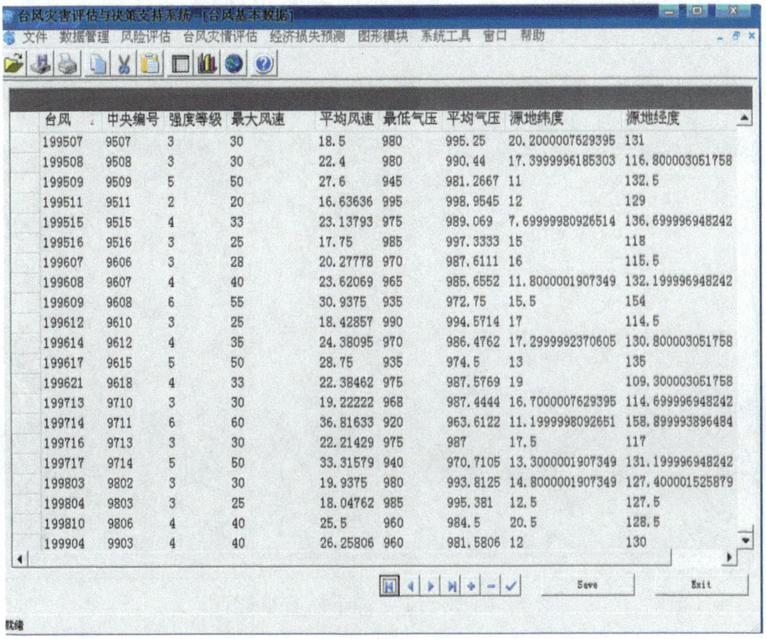

台风	中央编号	强度等级	最大风速	平均风速	最低气压	平均气压	源地纬度	源地经度
199507	9507	3	30	18.5	980	995.25	20.2000007629395	131
199508	9508	3	30	22.4	980	990.44	17.3999996185303	116.800003051758
199509	9509	5	50	27.6	945	981.2667	11	132.5
199511	9511	2	20	16.63636	995	998.9545	12	129
199515	9515	4	33	23.13793	975	989.069	7.69999980926514	136.699996948242
199516	9516	3	25	17.75	985	997.3333	15	118
199607	9606	3	28	20.27778	970	987.6111	16	115.5
199608	9607	4	40	23.62069	965	985.6552	11.8000001907349	132.199996948242
199609	9608	6	55	30.9375	935	972.75	15.5	154
199612	9610	3	25	18.42857	990	994.5714	17	114.5
199614	9612	4	35	24.38095	970	986.4762	17.2999992370605	130.800003051758
199617	9615	5	50	28.75	935	974.5	13	135
199621	9618	4	33	22.38462	975	987.5769	19	109.300003051758
199713	9710	3	30	19.22222	968	987.4444	16.7000007629395	114.699996948242
199714	9711	6	60	36.81633	920	963.6122	11.1999998092651	158.899993896484
199716	9713	3	30	22.21429	975	987	17.5	117
199717	9714	5	50	33.31579	940	970.7105	13.3000001907349	131.199996948242
199803	9802	3	30	19.9375	980	993.8125	14.8000001907349	127.400001525879
199804	9803	3	25	18.04762	985	995.381	12.5	127.5
199810	9806	4	40	25.5	960	984.5	20.5	128.5
199904	9903	4	40	26.25806	960	981.5806	12	130

图 29-8　历史台风灾害查询界面

Fig. 29. 8　The Interface of Historic Typhoon Disaster Query

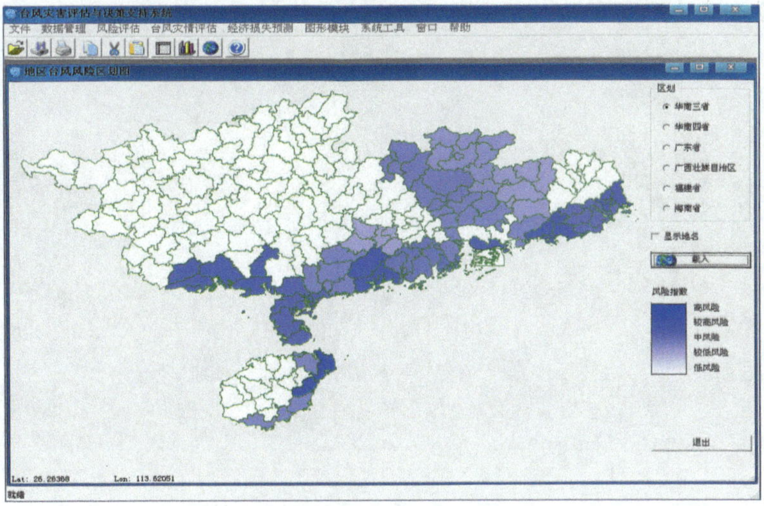

图 29-9　台风灾害灾情评估界面

Fig. 29. 9　The Interface of Typhoon Disaster Assessment

(2) 台风知识系统

台风知识系统主要提供台风灾害个例查询以及台风灾害防灾减灾知识等。设有主菜单热带气旋历史数据、台风灾害个例查询（图 29-10）、台风灾害减灾防灾知识等。此外，在台风知识子系统里提供上海台风网、中国天气网主页链接，可以跟踪台风实况（图 29-11）。

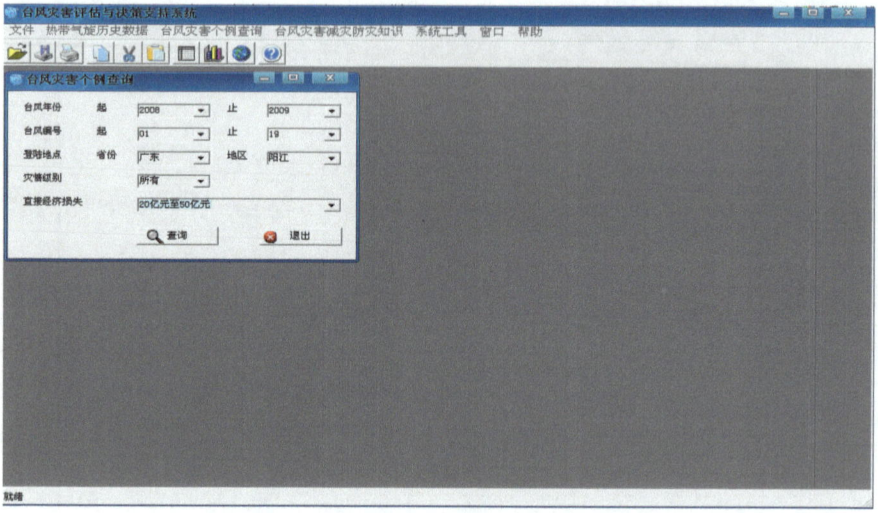

图 29-10 台风灾害个例查询界面

Fig. 29. 10 The Typhoon Disaster Case Query Interface

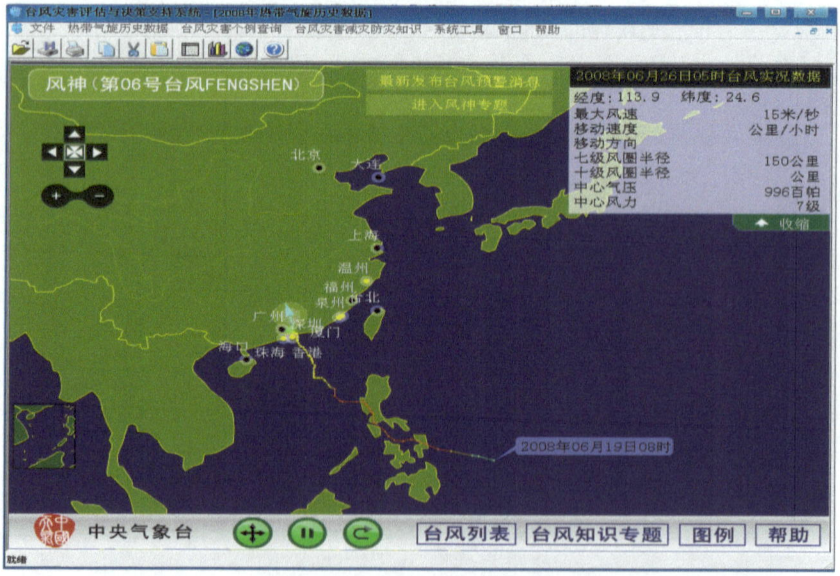

图 29-11 台风灾害实况查询界面

Fig. 29. 11 The Typhoon Disaster Live Query Interface

(3) 台风应急决策支持子系统

台风灾害决策支持子系统根据台风知识以及台风灾情进行相应的台风减灾防灾决策。子系统针对具体台风为决策者提供各种合理应急预案。在此系统中分应急对策、高危害区域、灾民安置措施等模块（图 29-12）。

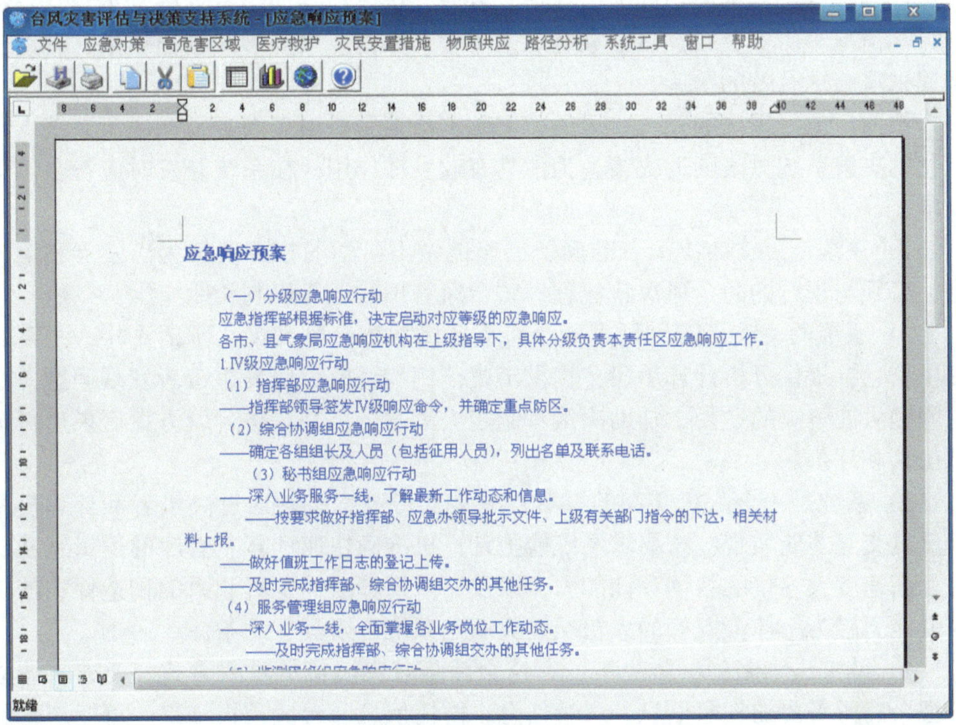

图 29-12 台风灾害应急决策预案界面

Fig. 29. 12 The Typhoon Disaster Emergency Plan Interface

应急对策模块根据人员伤亡情况实现台风的应急救灾方案，救灾方案分为详案和简案两种。高危害区域模块提供危害地理区划，主要是向救灾决策者提供区域受灾程度，可以从专题图中判断区域破坏程度。灾民安置措施模块向决策者提供当地的安置场地数、此次台风需要安置的灾民数以及灾民房屋倒塌受损修复能力评估，并在图上显示各安置场地的位置等基本信息。医疗救护模块包括两部分，医药情况和药品需求，台风受伤人数计算出的全市各种药品的需求情况，可以为救灾提供相应的资料，从而更好地安排救灾物品。

29.6 小结

台风灾害的灾前、灾中和灾后的正确决策有助于减轻灾情。在预警、响应、恢复的不同阶段，借助决策支持系统，台风灾害决策能实时、有效地对热带气旋灾害影响程度进行预评估和灾后评估。方便、快捷地查询热带气旋基本信息及灾害影响情况等历史资料，以形象直观的图形、表格、文本形式输出结果，有助于迅速采取合理有效的措施。

然而，值得指出的是，台风的减灾防灾决策是一项多因素复杂决策系统。可视化的决策系统只是辅助决策，为使其有效发挥作用，在系统开发时应符合以下要求。

1）系统应以支持决策者准确、迅速地做出科学的指挥决策为出发点和落脚点，必须与现行的防台风决策流程、防台风管理的运行机制相适应。

2）系统的关键是防台风支持，而不是代替防台风决策。所谓支持，主要是提供信息，提供分析计算手段，提供历史范例和经验，启发决策者发现问题，寻求问题可能解决的途径，辅助决策者制定决策方案，并对防台风方案后果进行模拟仿真和评价。

3）系统是一个人机交互的平台，决策支持过程必须通过决策者和计算机系统反复交互才能实现，这要求系统能把计算机准确快速计算、有序的逻辑判断能力、高速度大容量的数据存储能力，以及一系列算法、工具和人的创造性、随机应变能力融为一体。友好的人机交互界面是系统必须具有的条件。

4）减灾决策多为群体决策，灾情会商是减灾决策的重要方式，要求系统能够把会商所需要的气象信息、风情信息、雨情信息、台风预报结果、可能产生的灾情、工程运行情况和调度预案等汇总起来，以图文并茂的方式展示，具有良好的灵活性和对用户需求的适应能力，为灾情会商提供一个信息化平台。

本章构建了台风灾害决策支持系统的逻辑框架，台风灾害应急决策系统通过模型库、数据库，供决策者通过人机交互界面对台风实况进行监测、对历史台风灾害进行查询、对台风的风险区划进行查询、对台风灾害的实时评估结果进行查询，并通过台风知识专家系统帮助决策者进行台风应急管理决策。

第 30 章　《重大台风灾害应急响应集成系统 1.0》使用说明

Chapter 30　Instructions for the《Major Typhoon Disaster Emergency Response Integration System 1. 0》

摘要：重大台风灾害应急响应集成系统（major typhoon disaster emergency response integration system，MTDERIS）是由重大台风灾害及城市火灾应急响应集成系统研发小组共同开发的。系统主要实现了台风灾害损失评估，对台风灾害造成的经济损失、死亡人数、受伤人数、受灾面积、倒塌房屋和损坏房屋6个方面进行专项评估，并综合评估后自动生成应急策略；系统功能还包括台风路径信息的地图动态显示；广东省县级以上地区信息的查询与管理；系统整体数据管理平台，重点管理台风历史信息数据库、台风路径数据库、台风灾害损失数据库、地理区域信息数据库等数据信息；台风灾害研究资料共享平台，能分享台风研究前沿文献、先进资料和研究数据等。

关键词：应急响应；应急策略；集成系统；气象灾害影响评估系统

Abstract: The major typhoon disaster emergency response integration system was developed by the research team for the emergency response system for major typhoon disasters and city fire disasters. It is able to evaluate typhoon disaster losses, particularly for aspects such as economic losses, numbers of casualties and injured persons, demolished areas, and collapsed and damaged buildings. Accordingly, a comprehensive report consisting of coping strategies is designed and built into the program, and is automatically generated. Also, the functions of the system include dynamic mapping of typhoon trajectories; the query and management of regional information from levels above the County level in Guangdong Province; management platforms for system databases; management of databases of past typhoon information, typhoon trajectories, disaster losses and geographic regional information; sharing platforms for research materials on typhoon disasters and so on.

Keywords: emergency response; emergency strategies; integration system; MEDIES

30. 1　系统架构

重大台风灾害应急响应集成系统主要功能模块及细化功能架构如图 30-1 所示。

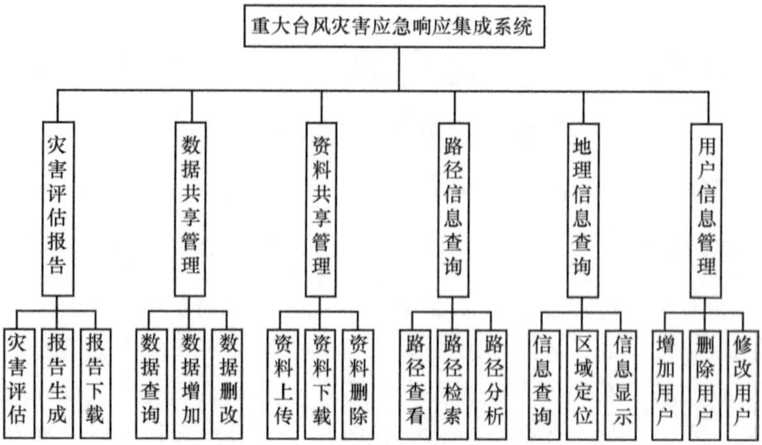

图 30-1　重大台风灾害应急响应集成系统架构

Fig. 30. 1　System Structure of MTDERIS

系统用户级别设置为管理用户、特级用户、高级用户、中级用户、初级用户和普通用户 6 个等级，各级用户对应的权限设置如表 30-1 所示，表中 1 表示该功能权限向对应级别用户开放，0 表示关闭功能权限。

表 30-1　用户权限设置

Table 30. 1　User Authorization Table

用户级别/the user level	灾害评估报告/hazard assessment report			数据共享管理/data sharing management			资料共享管理/material sharing management			路径信息查询/the path information query			地理信息查询/geography information query			用户信息查询/the user information query		
	灾害评估	报告生成	报告下载	数据查询	数据增加	数据删改	资料上传	资料下载	资料删除	路径查看	路径检索	路径分析	信息查询	区域定位	信息显示	增加用户	删除用户	修改用户
管理用户/manage users	1	1	1	1	1	1	1	1	1	1	1	1	1	1	1	1	1	1
特级用户/super user	1	1	1	1	1	0	1	1	0	1	1	1	1	1	1	0	0	0
高级用户/senior user	1	1	1	1	1	0	1	1	0	1	1	1	1	1	1	0	0	0

续表

用户级别/the user level	灾害评估报告/hazard assessment report			数据共享管理/data sharing management			资料共享管理/material sharing management			路径信息查询/the path information query			地理信息查询/geography information query			用户信息查询/the user information query		
	灾害评估	报告生成	报告下载	数据查询	数据增加	数据删改	资料上传	资料下载	资料删除	路径查看	路径检索	路径分析	信息查询	区域定位	信息显示	增加用户	删除用户	修改用户
中级用户/intermediate users	1	1	0	1	0	0	1	0	0	1	1	1	1	1	1	0	0	0
初级用户/naive user	1	1	0	0	0	0	0	0	0	1	1	0	1	1	1	0	0	0
普通用户/ordinary user	1	0	0	0	0	0	0	0	0	1	1	0	1	1	1	0	0	0

30.2 灾害评估系统

系统首页如图 30-2 所示，头部为系统名称，菜单栏作为系统的功能导向，地图上可选择历史台风，动态显示。

图 30-2　系统启动界面

Fig. 30. 2　System Index Interface

在图 30-2 的菜单栏中，“损失评估”主要针对台风灾害造成的经济损失、人员伤亡和房屋倒塌等几个方面的信息进行评估。选择损失评估菜单下的子项目“普通评估”，出现如图 30-3 所示的普通评估界面。点击“自动获取最新台风因子”，系统将自动获取最近发生的台风数据，并输入到对应的数据输入框中。也可手动输入之后，再点击“评估结果”按钮，生成评估结果，如图 30-4 所示。

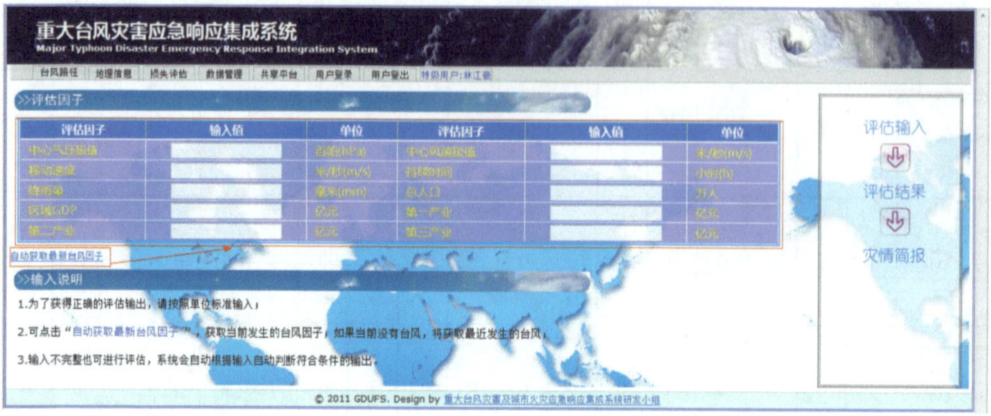

图 30-3　普通评估界面

Fig. 30. 3　Interface of General Assessment

图 30-4　自动获取台风数据界面

Fig. 30. 4　Typhoon Data Automatic Acquisition Interface

选择右栏的“评估结果”，系统将自动匹配模型，计算对应输入的评估输出，并输入到数据表中，同时生成评估日志，对此次评估的一些指标和输入进行记录，可通过点击下方的“生成日志 . txt”自动保存日志为“日志+详细评估时间 . txt”，详细如图 30-5 所示。

如图 30-6 所示，点击灾情简报，则生成此次评估的简报，简报中包括评估的结果，灾情级别，灾前、灾中和灾后的一些应对措施。初级评估为灾情和模型可定制模式评估，用户可设置需要评估的灾情和采用的模型来进行评估，如图 30-7 所示。

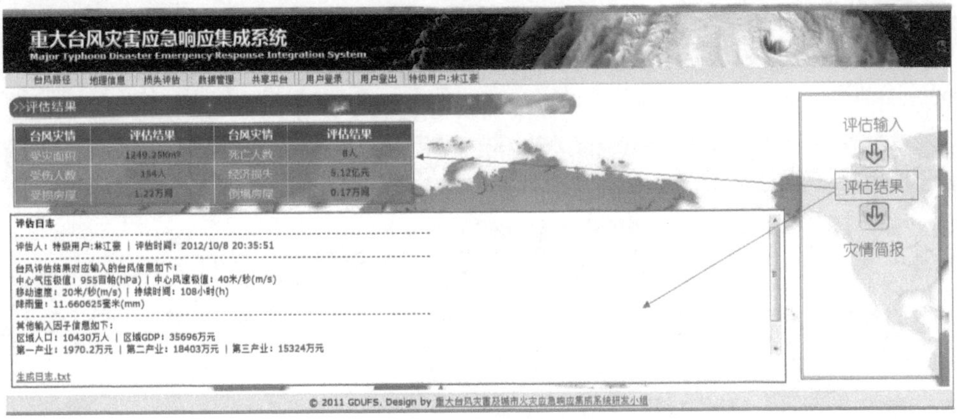

图 30-5　普通评估结果

Fig. 30. 5　General Assessment Result

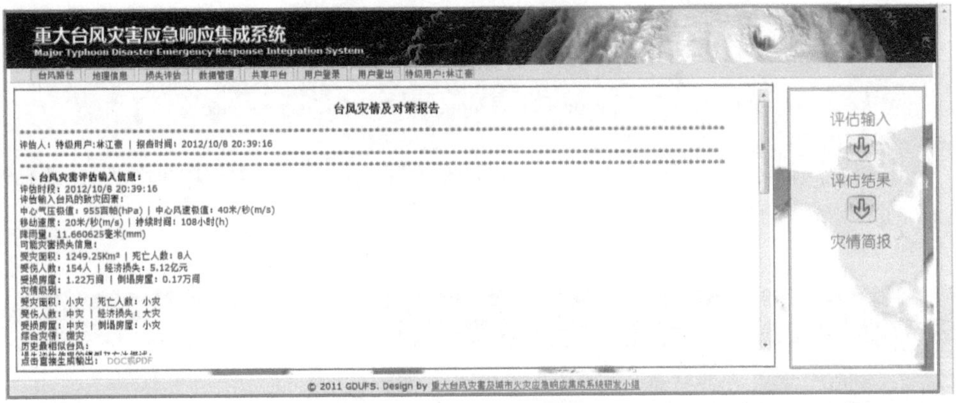

图 30-6　灾情简报

Fig. 30. 6　Disaster Briefing

图 30-7　初级评估

Fig. 30. 7　Disaster Loss Primary Assessment

在图 30-7 中，定制好相关信息后，选择“评估输入”，与普通评估中的输入一样。自动获取后，输入界面如图 30-8 所示。

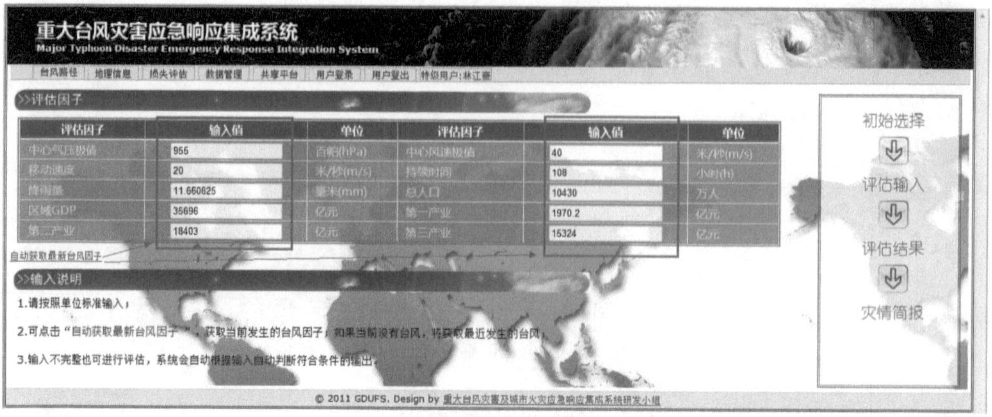

图 30-8　自动获取台风数据

Fig. 30. 8　Typhoon Data Automatic Acquisition Interface

点击“评估结果”，出现如图 30-9 所示的评估结果，包括灾害损失结果和评估日志。灾情简报如图 30-10 所示。

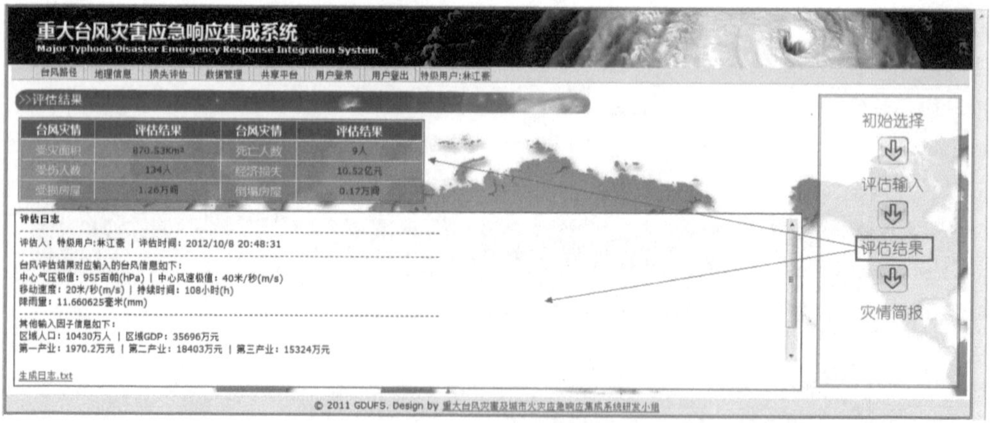

图 30-9　初级评估结果

Fig. 30. 9　Primary Assessment Result

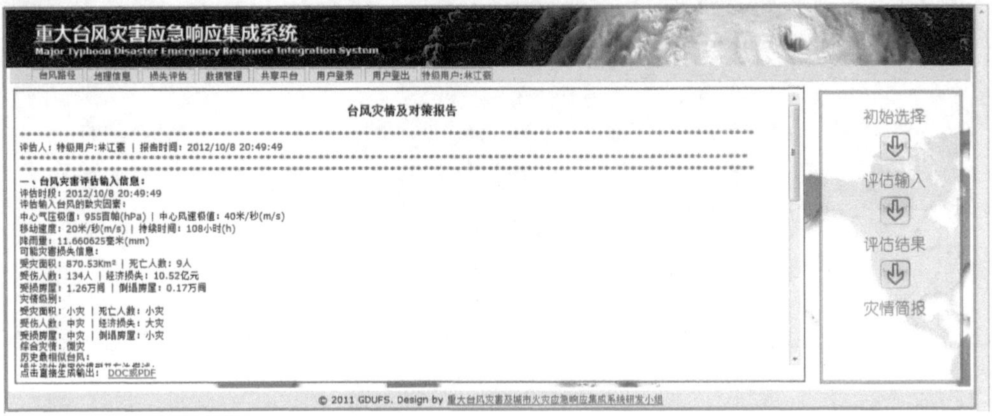

图 30-10 初级评估灾情简报

Fig. 30. 10 Disaster Briefing of Primary Assessment

选择“中级评估”，并选择灾情和模型，如图 30-11 所示。

在图 30-12 的界面中，配置对应评估灾情的模型，将模型定制到灾情中，然后选择评估输入，如图 30-13 所示。图 30-14 为中级评估的评估结果。

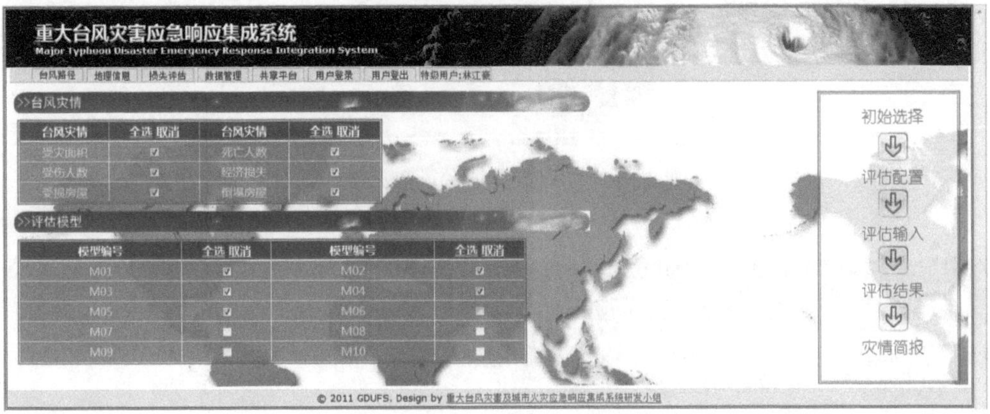

图 30-11 中级评估界面

Fig. 30. 11 Interface of Disaster Loss Intermediate Assessment

图 30-12 中级评估模型配置

Fig. 30. 12 Models Setting for Intermediate Assessment

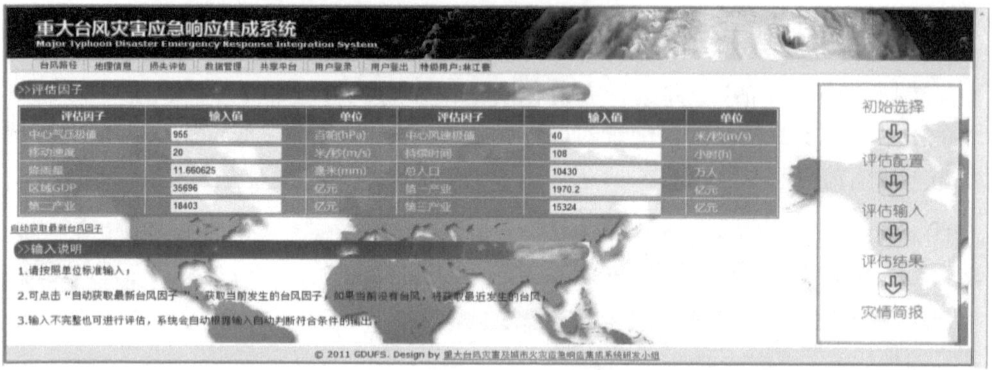

图 30-13 中级评估台风数据输入

Fig. 30. 13 Typhoon Data Input for Intermediate Assessment

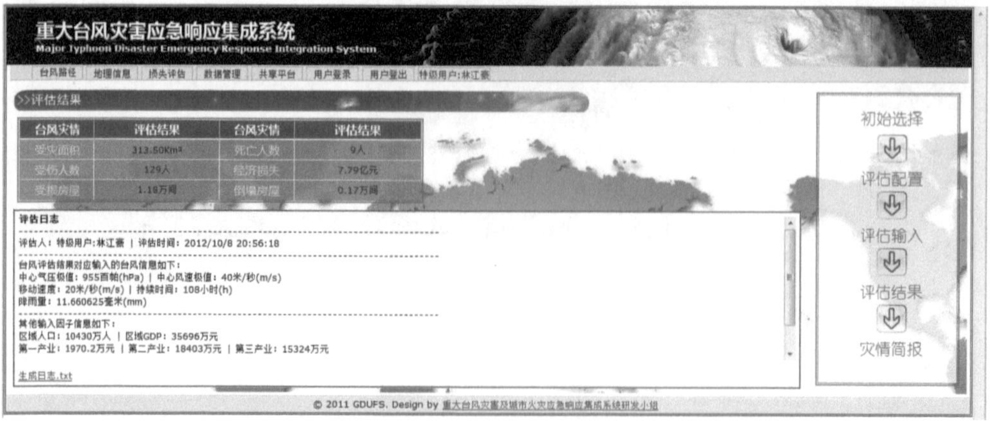

图 30-14 中级评估结果

Fig. 30. 14 Results of Intermediate Assessment

中级评估中，在评估结果界面选择灾情简报，如图 30-15 所示。点击输出报告为“DOC 或 PDF”可生成报告，如图 30-16 所示。台风的报告如图 30-16 和图 30-17所示，为台风灾情及对策报告。图 30-16 为上半部分，图 30-17 为下半部分。策略报告主要包括台风名称、台风灾害情况、区域特点、针对区域的应对策略等信息。详细的模板如图 30-18 所示。

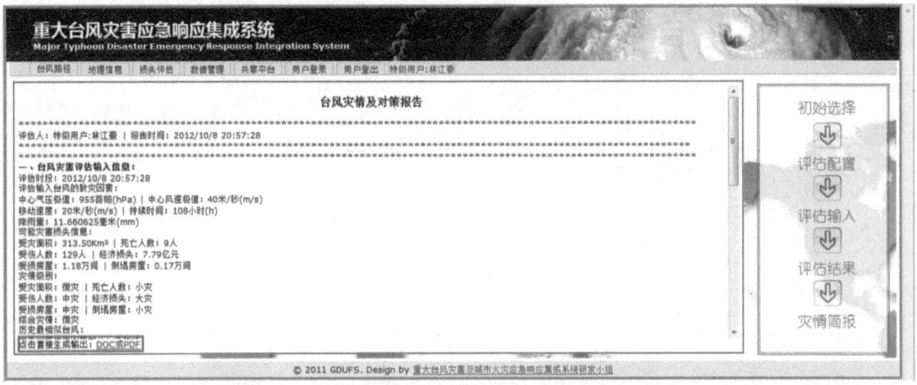

图 30-15　中级评估灾情简报

Fig. 30. 15　Disaster Loss Briefing of Intermediate Assessment

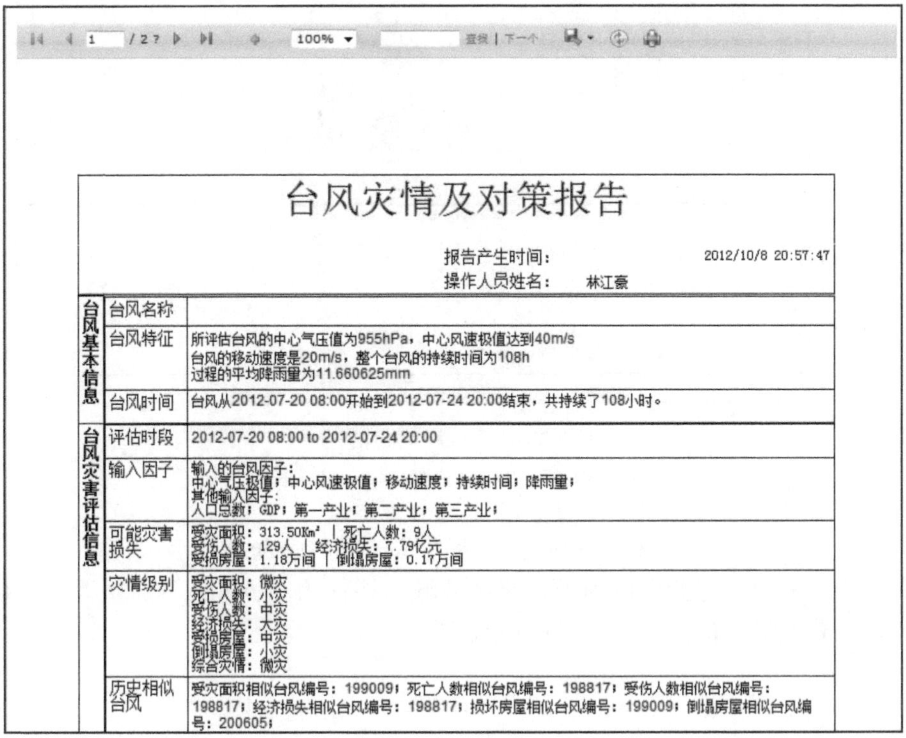

台风灾情及对策报告

报告产生时间：2012/10/8 20:57:47
操作人员姓名：林江豪

台风基本信息	台风名称	
	台风特征	所评估台风的中心气压值为955hPa，中心风速极值达到40m/s 台风的移动速度是20m/s，整个台风的持续时间为108h 过程的平均降雨量为11.660625mm
	台风时间	台风从2012-07-20 08:00开始到2012-07-24 20:00结束，共持续了108小时。
台风灾害评估信息	评估时段	2012-07-20 08:00 to 2012-07-24 20:00
	输入因子	输入的台风因子： 中心气压极值；中心风速极值；移动速度；持续时间；降雨量； 其他输入因子： 人口总数；GDP；第一产业；第二产业；第三产业；
	可能灾害损失	受灾面积：313.50Km² | 死亡人数：9人 受伤人数：129人 | 经济损失：7.79亿元 受损房屋：1.18万间 | 倒塌房屋：0.17万间
	灾情级别	受灾面积：微灾 死亡人数：小灾 受伤人数：中灾 经济损失：大灾 受损房屋：中灾 倒塌房屋：小灾 综合灾情：微灾
	历史相似台风	受灾面积相似台风编号：199009；死亡人数相似台风编号：198817；受伤人数相似台风编号：198817；经济损失相似台风编号：198817；损坏房屋相似台风编号：199009；倒塌房屋相似台风编号：200605；

图 30-16　台风策略报告

Fig. 30. 16　Typhoon Strategies Report

<table>
<tr><td></td><td></td><td></td><td><6>损坏房屋:大灾，损坏房屋可能较多，应注意破旧及非加固房屋的人员转移情况；
<7>倒塌房屋:中灾，倒塌房屋可能较严重，需整理人力，综合力度转移破旧房屋人员；</td></tr>
<tr><td></td><td></td><td>灾后对策</td><td><1>台风灾害损失的综合等级为：小灾
<2>受灾面积:小灾,此次评估，台风造成受灾面积较小，关注受灾区域，对一些灾后作物进行财政补贴式收购；
<3>死亡人数:中灾,此次评估，台风造成了较严重的人员伤亡，及时整理死亡人员的信息，对家庭进行安慰；
<4>受伤人数:大灾，此次评估受伤人数较多，统计伤员信息，将伤员安排到附近的医院就医，医务压力过大，可向附近区域医院请求增援；
<5>经济损失:巨灾，此次评估经济损失灾情较为严重，组织灾后可回收物资的收集，做好灾后的保险赔偿工作；
<6>损坏房屋:大灾，此次评估损坏房屋灾情较为严重，组织建材购买，做好灾后房屋修复工作，对危险性较高房屋进行彻底的拆除重建；
<7>倒塌房屋:中灾，此次评估倒塌房屋灾情较为严重，组织灾后的清理工作，对一些无房屋居住的灾民提供暂时居住帐篷，抓紧做好灾后房屋重建工作；</td></tr>
<tr><td></td><td rowspan="5">评估区域相关信息</td><td>地理信息</td><td>未有评估区域相关信息</td></tr>
<tr><td></td><td>经济信息</td><td>评估区域实现GDP:35696亿元，第一、二、三产业生成总值分别为：1970.2、18403、15324亿元</td></tr>
<tr><td></td><td>人口信息</td><td>评估区域的总人口为10430万人</td></tr>
<tr><td></td><td>工业信息</td><td>未有评估区域相关信息</td></tr>
<tr><td></td><td>农业信息</td><td>未有评估区域相关信息</td></tr>
<tr><td></td><td>图片</td><td>评估等级图</td><td>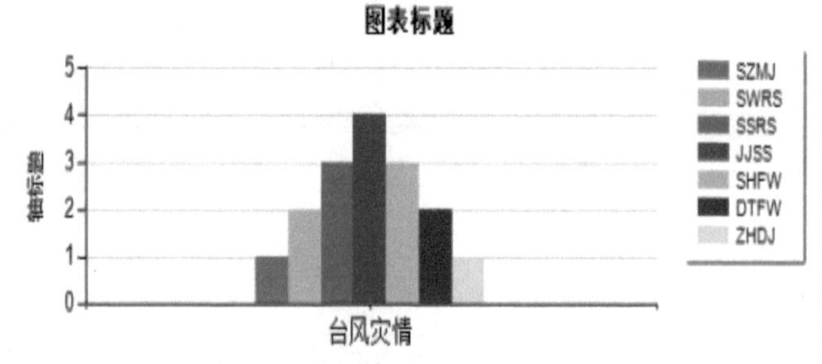</td></tr>
<tr><td></td><td colspan="3">单位签章</td></tr>
</table>

图 30-17　台风策略报告

Fig. 30. 17　Typhoon Strategies Report

在图 3-19 中，对高级评估进行初始选择。在初始选择之后，需要进行评估输入，输入的项目包括台风因子和评估区域的评估因子，如图 30-20 所示。系统均可自动获取最新信息，也可手动输入。

台风灾情及对策报告
报告产生时间:

操作人员姓名:

一、台风基本信息
台风名称:
台风特征:
台风时间:
台风发生地点信息:

二、台风灾害评估信息
评估时段:
评估输入致灾因素:
可能灾害损失信息:
灾情级别:
与最相识的历史台风:
损失评估使用的模型及方法描述:

三、防灾减灾应对措施
[来自应对策略知识库]

四、台风发生地相关信息描述
地理信息描述:
经济情况描述:
人口信息描述:
工业情况描述:
农业信息描述:

五、各类图片
台风路径图:
可能受灾区域图:

图 30-18 台风灾情及对策报告模板

Fig. 30. 18 Demo of Typhoon Disaster Loss Assessment Result and Strategies Report

图 30-19 高级评估初始选择

Fig. 30. 19 System Initialization of Advanced Assessment

图 30-20　高级评估评估输入

Fig. 30. 20　Data Input of Advanced Assessment

高级配置中的评估配置分为 3 个部分，分别如图 30-21、图 30-22 和图 30-23 所示。其中，数据配置主要分配数据的训练和测试比例，如果选为自动，系统将根据数据库中的记录按照训练：测试（8：2）进行分配。

配置之后，进行评估输出，生成日志之后，可保存到本地，如图 30-24 所示。

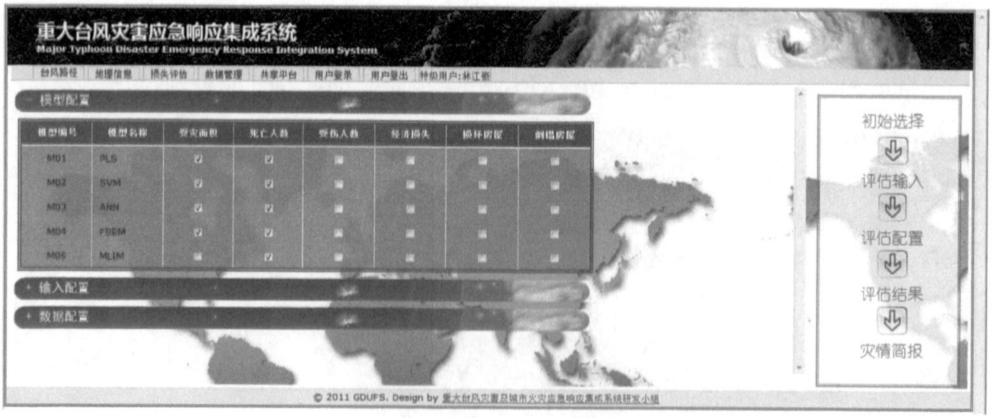

图 30-21　高级评估模型配置

Fig. 30. 21　Model Setting of Advanced Assessment

图 30-22　高级评估输入配置

Fig. 30. 22　Input Setting of Advanced Assessment

图 30-23　高级评估数据配置

Fig. 30. 23　Data Setting of Advanced Assessment

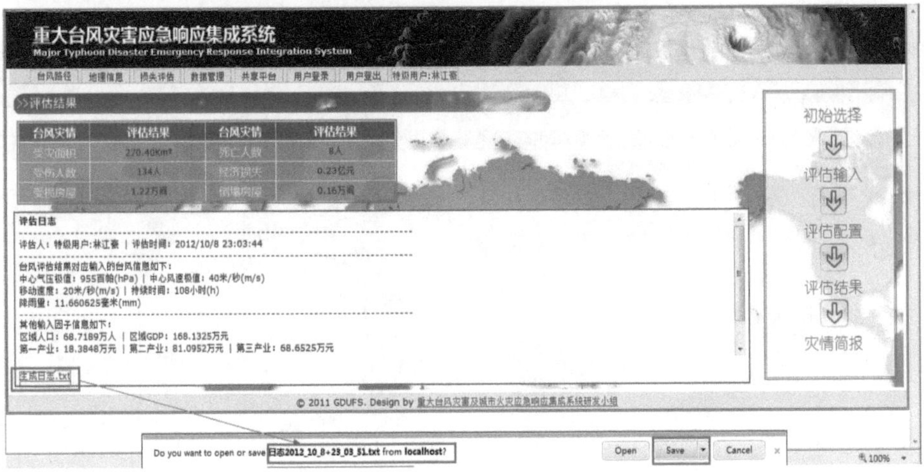

图 30-24　高级评估的评估结果及日志保存

Fig. 30. 24　Advanced Assessment Result and System Log System Save for Disaster Loss

高级评估同样可以生成灾情简报，点击“DOC 或 PDF”可以保存为多种格式。同时，可以将灾情发布到绑定的微博账户，如图 30-25 所示。发布到微博的优点在于微博的扩散能力强、社会反应速度迅速，可将灾情快速传播给民众，及时做好灾情防范措施。

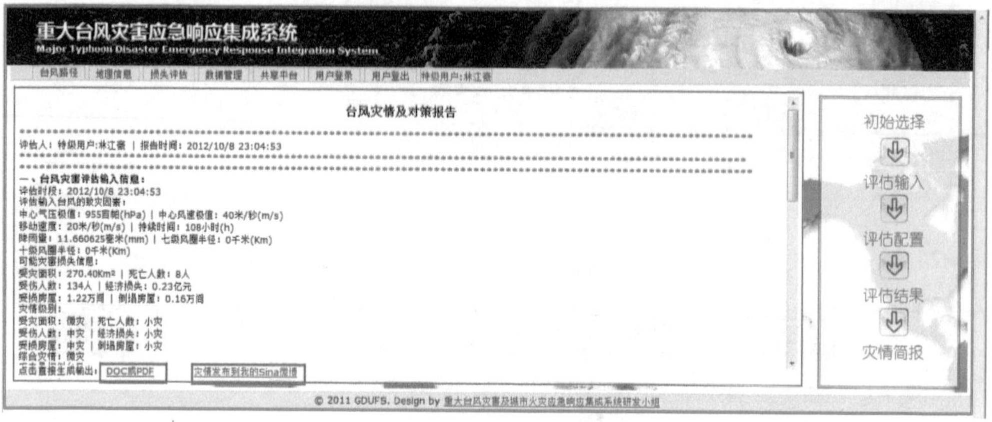

图 30-25　高级评估灾情简报

Fig. 30. 25　Disaster Loss Briefing under Advanced Assessment

系统还设置了“特级评估”，该评估模式适合于专业用户，用户可自己设计模型，编写代码，上传到服务器，在服务器中调用数据，计算输出评估结果。该模式的目标在于模型和数据的共享。特级评估模式界面如图 30-26 所示。图 30-27 显示了进行输入配置，将评估因子与致灾因子进行配置。在图 30-28 中对训练数据和测试数据进行比例配置。图 30-29 为用户的自定义模型，将模型上传后，可直接运行。

图 30-26　特级评估界面

Fig. 30. 26　Typhoon Disaster Loss Super Assessment Interface

图 30-27　特级评估输入配置

Fig. 30. 27　Input Setting of Super Assessment

图 30-28　特级评估数据配置

Fig. 30. 28　Data Setting of Super Assessment

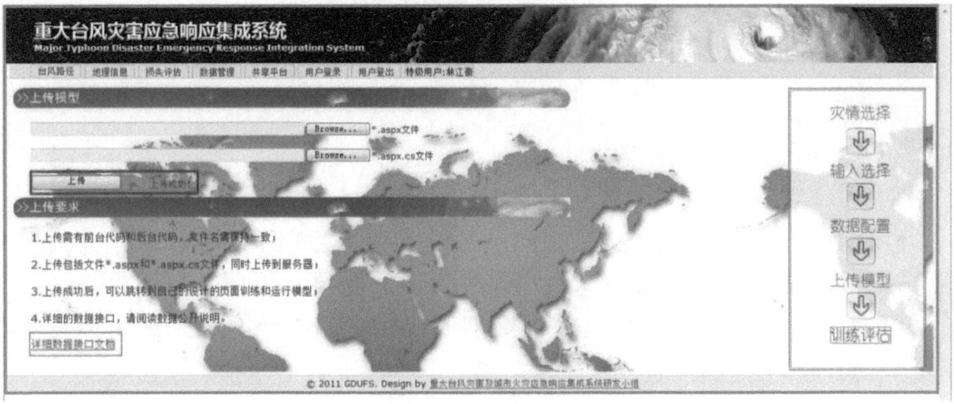

图 30-29　特级评估模型上传

Fig. 30. 29　Model Upload of Super Assessment

上传模型后，选择“训练模型”，系统将按照前面的配置，自动跳转到新模型页面，如图 30-30 所示。

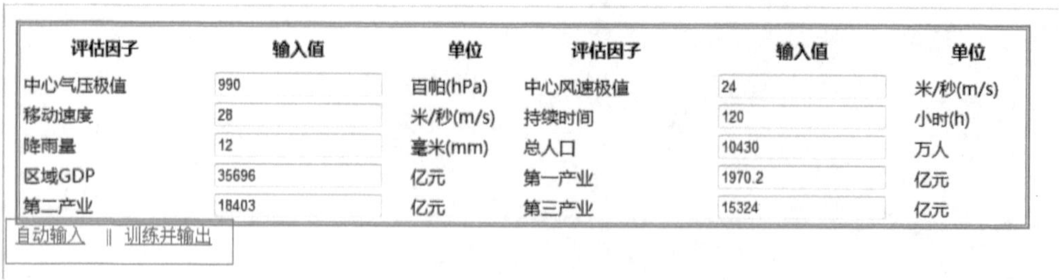

评估因子	输入值	单位	评估因子	输入值	单位
中心气压极值	990	百帕(hPa)	中心风速极值	24	米/秒(m/s)
移动速度	28	米/秒(m/s)	持续时间	120	小时(h)
降雨量	12	毫米(mm)	总人口	10430	万人
区域GDP	35696	亿元	第一产业	1970.2	亿元
第二产业	18403	亿元	第三产业	15324	亿元

自动输入 ‖ 训练并输出

图 30-30　模型运行界面

Fig. 30. 30　Model Running Interface

训练完新模型后，输入对应的数据，然后训练输出，得到评估结果，如图 30-31所示。

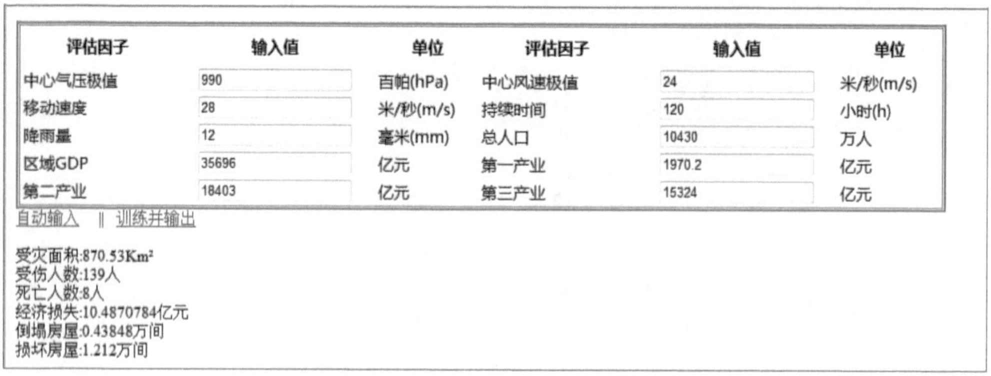

评估因子	输入值	单位	评估因子	输入值	单位
中心气压极值	990	百帕(hPa)	中心风速极值	24	米/秒(m/s)
移动速度	28	米/秒(m/s)	持续时间	120	小时(h)
降雨量	12	毫米(mm)	总人口	10430	万人
区域GDP	35696	亿元	第一产业	1970.2	亿元
第二产业	18403	亿元	第三产业	15324	亿元

自动输入 ‖ 训练并输出

受灾面积:870.53Km²
受伤人数:139人
死亡人数:8人
经济损失:10.4870784亿元
倒塌房屋:0.43848万间
损坏房屋:1.212万间

图 30-31　模型评估结果

Fig. 30. 31　Result of Model Evaluation

30. 3　其他子系统

其他子系统包括台风历史路径显示系统、数据管理平台、地理信息查询系统和资料共享系统。如图 30-32 所示，为台风路径显示界面，可通过右边栏中对 1945 年至今所有发生的台风进行查询和显示，同时还有相关的台风记录信息等。

图 30-32　台风路径显示界面

Fig. 30. 32　Typhoon Track Display Interface

点击台风过程中的点，随着台风的移动，可以显示不同采集点上的台风信息，包括经纬度、中心气压、移动速度、中心风速、移动方向及风圈半径等信息，如图 30-32 所示。图 30-33 为地理信息查询界面，由图可知，选中定位后，直接在地图上定位出该地方的具体位置。

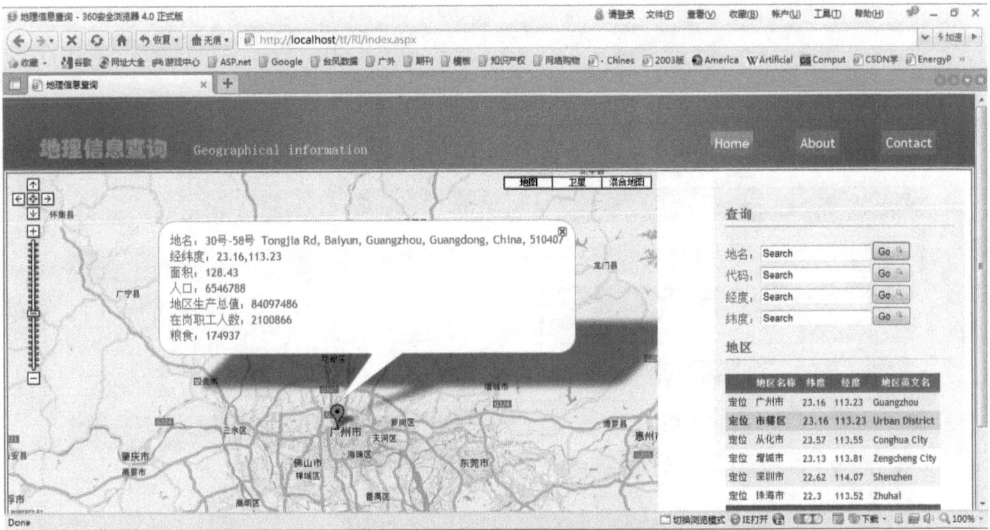

图 30-33　地理信息查询界面

Fig. 30. 33　Searching Interface of Geogrephic Information

点击图 30-33 中的红点，会显示该地区的详细信息，信息如图 30-34 所示，为区域的详细信息查询结果。

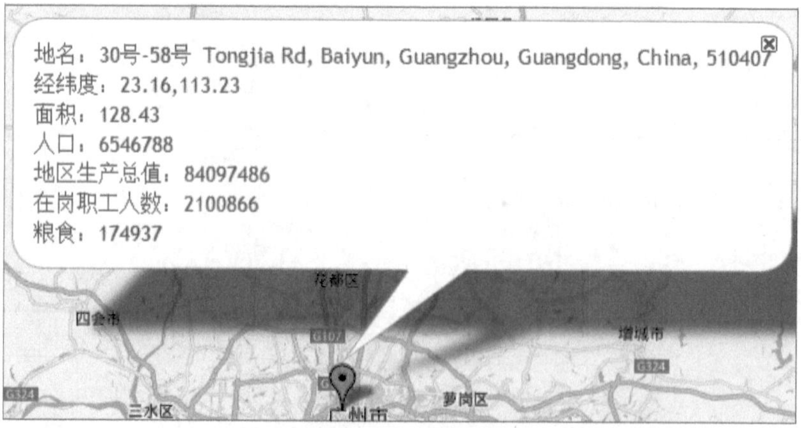

图 30-34　区域详细信息查询

Fig. 30. 34　Region Detailed Information Searching

台风的数据管理界面如图 30-35 所示，主要包含的数据库及其对应的数据表信息如右边栏所示，可对数据进行查询和添加，也可以通过表中的 Delete 和 Edit 分别对数据进行删除和编辑。

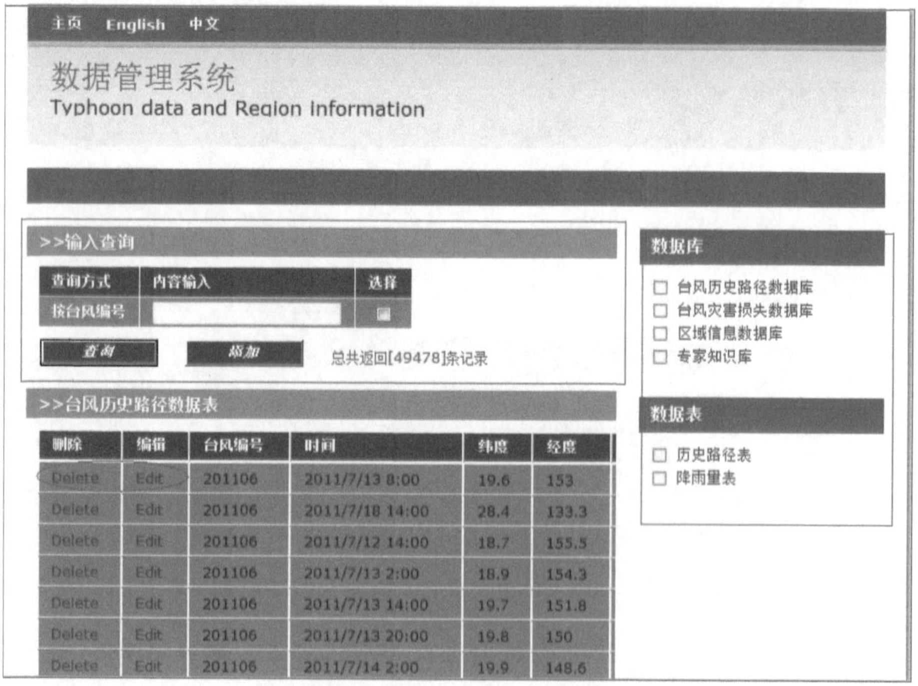

图 30-35　数据管理界面

Fig. 30. 35　Data Management Interface

图 30-36 分别为添加数据和编辑数据的界面显示，可对数据作相应操作管理。

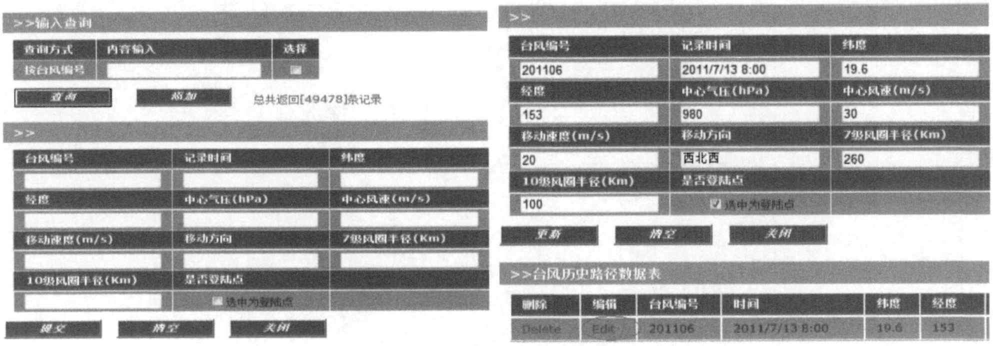

图 30-36　添加数据和编辑数据界面

Fig. 30. 36　Data Insertion and Editing Interface

图 30-37 为资料共享平台的界面，主要包括资料上传和下载，同时还提供了资料阅读软件的常用软件下载。

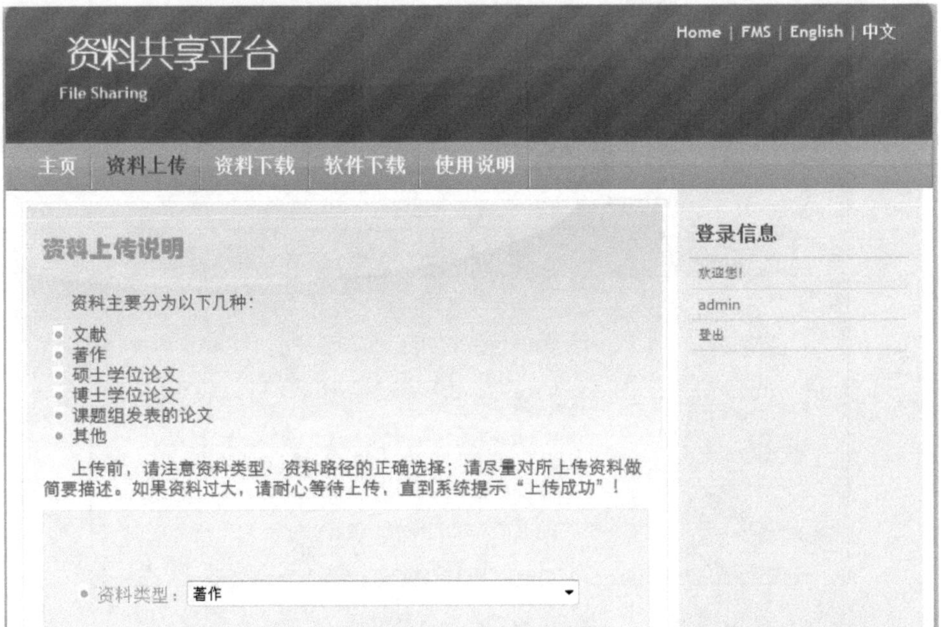

图 30-37　资料共享平台

Fig. 30. 37　Data Sharing Platform

图 30-38 为资料上传界面，选择资料后，为了方便资料管理和查询使用，要求选择资料类型，同时尽量对资料进行描述。

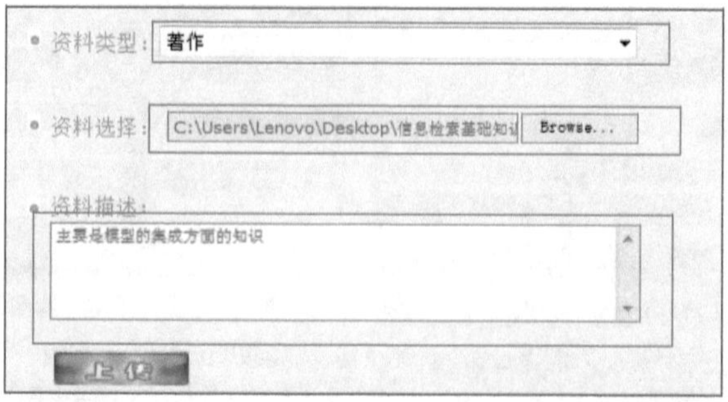

图 30-38　资料上传界面

Fig. 30. 38　Data Upload Interface

图 30-39 为资料下载界面，点击“详细”可进入，查看资料的明细和下载资料，如图 30-40 所示。

图 30-39　资料下载界面

Fig. 30. 39　Data Download Interface

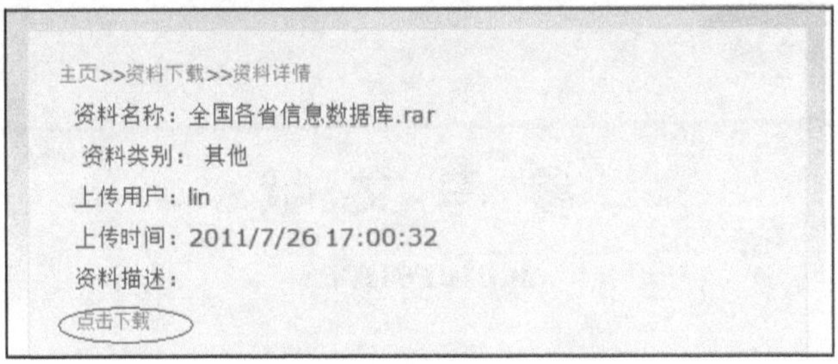

图 30-40 资料明细及下载界面

Fig. 30. 40 Data Detail and Download Interface

参 考 文 献

References

阿克斯·德尚 . 2010. 自然灾害风险管理和气候变化 . 行政管理改革，（8）：30-31.

保罗·萨缪尔森 . 2008. 经济学（第 18 版）. 北京：人民邮电出版社 .

曹楚，彭加毅，余锦华 . 2006. 全球气候变暖背景下登陆我国台风特征的分析 . 南京气象学院学报，29（4）：455-461.

柴化敏 . 2008. 国外巨灾保险体系及其对中国的启示 . 经济与管理，（6）：77-80.

陈东景，李培英，刘乐军，等 . 2011. 我国沿海城市海底地质灾害易损性评价 . 中国安全科学学报，11：11-17.

陈和，蔡衡，吕智秀 . 2011a. 台风灾害危机管理：基于理论与实践的探求 . 现代管理科学，（12）：117-119.

陈和，隋广军，唐丹玲 . 2011b. 台风灾害综合影响与防御措施研究——以“莫拉克”台风为例 . 广东外语外贸大学学报，（4）：23-27.

陈和，曹琳 . 2013. 基于 Wang 两因素模型的台风巨灾债券定价研究 . 上海管理科学，（3）：81-85.

陈和，刘贵政，蒲惠荧 . 2012. 台风灾害承灾体社会经济易损性研究——基于广东省的实证分析 . 中国防汛抗旱，22（4）：34-36.

陈和，蒲惠荧，申明浩 . 2010. 广东台风灾害的防灾减灾投资研究——基于乘数效应的视角 . 现代管理科学，（7）：81-83.

陈和，申明浩 . 2010a. 台风灾害危机管理研究 . 现代管理科学，（8）：105-107.

陈和，申明浩 . 2010b. 中国巨灾保险制度初探及外国经验借鉴 . 国际经贸探索，（3）：59-63.

陈联寿，丁一汇 . 1979. 西北太平洋台风概论 . 北京：科学出版社 .

陈联寿，罗哲贤，李英 . 2004. 登陆热带气旋研究的进展 . 气象学报，62（5）：541-549.

陈敏，郑光永 . 1999. 近 50 年来西北太平洋热带气旋气候特征再分析 . 热带气象学报，15（1）：10-16.

陈世荣 . 1990. 西北太平洋的热带风暴源地 . 气象，16（2）：23-26.

陈仕鸿，刘晓庆 . 2011. 基于离散型 Hopfield 神经网络的台风灾情评估模型 . 自然灾害学报，20（5）：47-52.

陈仕鸿，隋广军，唐丹玲 . 2012. 一种台风灾情综合评估模型及应用 . 灾害学，27（2）：87-91.

陈仕鸿，隋广军，阳爱民 . 2012. 广东省台风灾情预测研究 . 自然灾害学报，21（3）：50-55.

陈仕鸿，唐丹玲，隋广军 . 2013. 基于 SVR 的广东省台风灾害损失评估 . 海洋环境科学，32（6）：939-943

陈思贤 . 2009. 美国卡特里娜飓风 V. S. 中国汶川地震——从政府救灾行动看政府公共危机管理能力 . 才智，（1）：255-266.

陈锡璋 . 1997. 西北太平洋热带气旋强度的若干气候特征 . 海洋通报，（4）：16-25.

陈香 . 2007. 沿海地区台风灾害系统脆弱性过程诊断与评估——以福建省为例 . 灾害学，22（3）：6-10.

陈香 . 2008. 台风灾害脆弱性评价与减灾对策研究——以福建省为例 . 防灾科技学院学报，10（3）：18-22.

陈香，陈静 . 2007. 福建台风灾害风险分布的初步估计 . 自然灾害学报，16（3）：18-26.

陈玉林，周军，马奋华 . 2005. 登陆我国台风研究概述 . 气象科学，25（3）：319-329.

崔德友. 2012. 组合模型在降雨量预测中的应用. 计算机仿真，(8)：163-166.
崔鹏，陈树群，苏凤环，等. 2010. 台湾“莫拉克”台风诱发山地灾害成因与启示. 山地学报，(1)：103-115.
戴建峰，吴力川，胡适军，等. 2012. 浙江省水路交通系统台风灾害脆弱性分析. 武汉理工大学学报，34(4)：62-66.
邓玉梅，董增川. 2008. 我国台风防御应急管理对策. 水文，(4)：80-82.
丁燕，史培军. 2002. 台风灾害的模糊风险评估模型. 自然灾害学报，11(1)：34-43.
董芸，邬利丽. 2007. 对巨灾风险管理策略的探讨. 经济问题探索，(9)：172-176.
杜志俊. 1992. 函数法在加工误差分析中的应用. 十堰大学学报（自然科学版），(2)：11-15.
樊琦，梁必骐. 2000. 热带气旋灾情的预测及评估. 地理学报，55：52-56.
樊运晓，高朋会，王红娟. 2003. 模糊综合评判区域承灾体脆弱性的理论模型. 灾害学，(3)：20-23.
樊运晓，罗云，陈庆寿. 2000. 承灾体脆弱性评价指标中的量化方法探讨. 灾害学，15(2)：78-81.
樊运晓，罗云，陈庆寿. 2001. 区域承灾体脆弱性综合评价指标权重的确定. 灾害学，16(1)：85-87.
菲律宾国家减灾管理委员会. 2013. 菲律宾国家台风灾情简报. http：//www. ndrrmc. gov. ph.
菲律宾国家减灾管理委员会. 2012. 菲律宾国家台风灾情简报. http：//www. ndrrmc. gov. ph.
封毅，武博强，崔灵周. 2012. 基于BP神经网络的台风降雨量预测研究. 水土保持研究，19(3)：289-293.
冯利华. 1993. 灾害损失的定量计算. 灾害学，8(2)：17-19.
傅立. 1992. 灰色系统理论及其应用. 北京：科学技术出版社.
高芳，赵强，赵刚. 2004. 基于离散型Hopfield神经网络的供应商评价模型. 计算机集成制造系统-CIMS，10(3)：95-98.
高惠璇. 2001. 实用统计方法与SAS系统. 北京：北京大学出版社.
广东省防灾减灾年鉴编纂委员会. 2001~2010. 广东省防灾减灾年鉴(2001~2010). 广州：岭南美术出版社.
广东省民政厅. 2014. 超强台风“威马逊”重创雷州半岛 湛江等地遭受严重灾害（续报三）. http：//www. gdmz. gov. cn/zwgk/zwxw/201407/t20140721_ 38730. htm
广东省应急网. 2006年防御强热带风暴“碧利斯”案例分析. 广东省应急网. http：//www. gdemo. gov. cn/ywwk/alk/200712/t20071217_ 37987. htm. [2007-12-17]
郭成报. 2011. 支持向量机最优参数选取及应用. 济南：山东大学硕士学位论文.
郭强. 2010. 巨灾债券定价研究. 长春：吉林大学硕士学位论文.
郭跃. 2005. 灾害易损性研究的回顾与展望. 灾害学，(4)：92-96.
郭跃. 2010. 自然灾害的社会易损性及其影响因素研究. 灾害学，25(1)：84-88.
哈西纳. 2012. 气候变暖致全球损失惨重. http：//www. china-nengyuan. com/news/39673. html. [2013-1-7].
韩天雄，陈建华. 2003. 巨灾风险证券化产品的定价问题. 保险研究专题，(12)：31-33.
韩晓伟，周林，梅勇，等. 2010. 1975~2008年北印度洋热带气旋特征分析. 海洋预报，27(006)：5-11.
韩旭明. 2006. Elman神经网络的应用研究. 天津：天津大学硕士学位论文.
郝海，踪家峰. 2007. 系统分析与评价方法. 北京：经济科学出版社.
何金，贺为，王建明. 2005. 雨量预报方法优劣的评价模型. 工程数学学报，22(7)：122-126.
何敏，宋文玲，陈兴芳. 1999. 厄尔尼诺和反厄尔尼诺事件与西北太平洋台风活动. 热带气象学报，15(1)：17-25.
何小伟，代宝. 2010. 强制巨灾保险制度的国际经验及其借鉴. 金融与经济，(1)：62-64.
贺圣达. 2009. 2008年的缅甸：纳尔吉斯风暴、新宪法公投和政治发展走向. 东南亚纵横，(2)：39-45.

胡娅敏，宋丽莉，刘爱军 . 2008. 登陆我国不同区域的热带气旋特征对比 . 大气科学研究与应用，1（1）：1-7.
姜丽萍，符丽燕，王一婷，等 . 2011. 居民对台风灾害影响的认知及应对能力分析 . 中国农村卫生事业管理，31（7）：715-717.
金华 . 2009. 如何完善政府危机管理机制 . 高等教育与学术研究，（3）：50-54.
雷小途 . 2011. 全球气候变化对台风影响的主要评估结论和问题 . 中国科学基金，43（2）：33-35.
雷英杰，张善文，李续武 . 2005. MATLAB 遗传算法工具箱及应用 . 西安：西安电子科技大学出版社 .
李柏洲，朱晓霞 . 2006. 我国投资乘数效应的计算与分析 . 经济研究导刊，（6）：12-14.
李春华，李宁，史培军 . 2006. 基于 Elman 神经网络模型的我国农业受灾面积预测研究 . 灾害学，21（3）：1-4.
李春梅，罗晓玲，刘锦銮，等 . 2006. 层次分析法在热带气旋灾害影响评估模式中的应用 . 热带气象学报，22（3）：223-228.
李鹤，张平宇，程叶青 . 2008. 脆弱性的概念及其评价方法 . 地理科学进展，27（2）：18-25.
李洪波 . 2008. 公共危机管理与构建和谐社会 . 管理观察，（7）：57-59.
李绍文 . 1987. 浅论预测值准确程度的评价方法 . 江西时经学院学报，（3）：42-45.
李喜梅 . 2009. 中国巨灾保险制度探讨 . 山东社会科学，（9）：69-72.
李子奈 . 2000. 计量经济学 . 北京：高等教育出版社 .
梁必骥，樊琦，杨洁，等 . 1999. 热带气旋灾害的模糊数学评价 . 热带气象学报，15（4）：305-311.
梁必骐，梁经平，温之平 . 1995. 中国台风灾害及其影响的研究 . 自然灾害学报，4（1）：84-91.
梁永朵，王艳，黄祖超，等 . 2009. 国外自然灾害应急管理体系对我国应急管理工作的启示 . 防灾科技学院学报，3：130-132.
林继生，罗金铃 . 1995. 登陆广东的热带气旋灾害评估和预测模式 . 自然灾害学报，4（1）：92-97.
林笑茹，高吟婷，陈瑞闪 . 2009. 莫拉克台风为何重创台湾 . 科学与文化，（11）：22-23.
刘场 . 2001. 巨灾保险的金融创新及对中国的借鉴意义 . 上海保险，（12）：44-45.
刘芳娜 . 2009. 国外公共危机管理的经验与启示 . 韶关学院学报，（10）：78-81.
刘合香，黄鹄 . 2009. 基于模糊聚类分析的区域热带气旋灾害评估与预测 . 广西师范学院学报（自然科学版），26（1）：67-71.
刘鹏，李永 . 2009. 中国地震损失分布与巨灾债券定价研究 . 财贸研究，（6）：82-88.
刘倩 . 2010. 巨灾保险证券化产品混合型融资方法成本分析 . 北京：对外经济贸易大学硕士学位论文 .
刘少军，张京红，何政伟，等 . 2010. 基于 GIS 的台风灾害损失评估模型研究 . 灾害学，25（2）：64-67.
刘少军，张京红，何政伟，等 . 2011. 地形因子对海南岛台风降水分布影响的估算 . 自然灾害学报，20（2）：196-199.
刘说安，李孟洁，沙学均 . 2009. 台湾 2009 年“莫拉克”台风灾后情势分析 . 中国防汛抗旱，（6）：11-14.
刘伟东，扈海波，程丛兰，等 . 2007. 灰色关联度方法在大风和暴雨灾害损失评估中的应用 . 气象科技，35（4）：563-566.
刘伟东，扈海波，程丛兰，等 . 2007. 灰色关联度方法在大风和暴雨灾害损失评估中的应用 . 气象科技，（4）：563-566.
刘文光 . 2004. 国外政府危机管理的基本经验及其启示 . 中共云南省委党校学报，（3）：68-71.
刘希玉，刘宏 . 2008. 人工神经网络与微粒群优化 . 北京：北京邮电大学出版社 .
刘向阳，王如云，李未 . 2003. 基于相对误差平方和的 BP 算法 . 计算机仿真，20（6）：32-35.
刘晓庆，唐丹玲，隋广军，等 . 2013. 利用 Elman 神经网络模型评估广东热带气旋灾情 . 数学的实践与认识，43（16）：104-111.

刘新立 . 2008. 中国巨灾综合风险管理中保险的角色 . 保险研究，(7)：9-12.
刘毅，黄建毅，马丽 . 2010. 基于 DEA 模型的我国自然灾害区域脆弱性评价 . 地理研究，(7)：1153-1162.
刘语佳 . 2007. 中国石油消费预测模型研究与应用 . 北京：北京交通大学硕士学位论文 .
刘玉函，唐晓春，宋丽莉 . 2003. 广东台风灾情评估探讨 . 热带地理，23（2）：119-122.
刘助仁 . 2004. 危机管理：国际经验的审视与启示 . 四川行政学院学报，(1)：21-24.
柳建光，李子奈 . 2006. 关于投资乘数及边际消费倾向计算方法的讨论 . 统计研究，(12)：66-68.
娄伟平，陈海燕，郑峰，等 . 2009. 基于主成分神经网络的台风灾害经济损失评估 . 地理研究，28（5）：1243-1255.
吕纯濂，陈舜华 . 1993. 气象灾害经济损失估算与预测的经济计量模式 . 南京气象学院学报，16（1）：67-72.
吕勇平，张勇，罗晓玲，等 . 2000. 广东气象灾害对经济建设的影响 . 热带地理，20（3）：211-214，218.
吕振平，姚月伟 . 2006. 浙江省台风灾害及应急机制建设 . 灾害学，21（9）：69-71.
罗伯特·希斯 . 2003. 危机管理 . 北京：中信出版社 .
马福玉，潘茹，罗国斌 . 2009. 浅析我国政府公共危机管理 . 现代商业，(6)：268-269.
马丽萍，陈联寿，徐祥德 . 2006. 全球热带气旋活动与全球气候变化相关特征 . 热带气象学报，22（2）：147-154.
马清云，李佳英，王秀荣，等 . 2008. 基于模糊综合评价法的登陆台风灾害影响评估模型 . 气象，34（5）：20-25.
马庆国 . 2002. 管理统计——数据获取、统计原理、SPSS 工具与应用研究 . 北京：科学出版社 .
孟菲，康建成，李卫江 . 2007. 50 年来上海市台风灾害分析及预评估 . 灾害学，22（4）：71-76.
孟生旺，刘乐平 . 2007. 非寿险精算学 . 北京：中国人民大学出版社 .
民政部救灾司 . 2014. 台风“威马逊”致 76 人死亡失踪 . http：//preview. jzs. mca. gov. cn/article/zqkb/zqhz/201407/20140700672090. shtml［2014-7-25］.
牛海燕，刘敏，陆敏，等 . 2011a. 中国沿海地区台风灾害损失评估研究 . 灾害学，26（3）：61-64.
牛海燕，刘敏，陆敏，等 . 2011b. 中国沿海地区近 20 年台风灾害风险评价 . 地理科学，31（6）：764-768.
欧阳资生 . 2006. 极值理论：巨灾保险的统计理论基础 . 统计与决策，(11)：13-14.
潘安定，唐晓春，刘会平 . 2002. 广东沿海台风灾害链现象与防治途径的设想 . 广州大学学报（自然科学版），(3)：55-61.
钱燕珍 . 2004. 近 120 年来西北太平洋及其登陆中国的热带气旋统计分析 . 浙江气象，25（2）：6-8.
钱燕珍，何彩芬，杨元琴，等 . 2001. 热带气旋灾害指数的估算与应用方法 . 气象，27（1）：14-18.
曲斯瑶 . 2013. 误差评价基本方法与程序设计 . 湖南第一师范学院学报，13（6）：122-124.
任鲁川 . 1996. 灾害损失等级划分的模糊灾度判别法 . 自然灾害学报，5（3）：13-17.
商彦蕊 . 2000. 自然灾害综合研究的新进展——脆弱性研究 . 地域研究与开发，19（2）：73-77.
尚静 . 2009. 论我国政府公共危机管理中决策机制的构建 . 中外企业家，(2)：35-37.
佘伯明 . 2009. 国外巨灾保险模式分析与我国巨灾保险体系构建 . 生产力研究，(13)：135-137.
沈瑜，徐婷婷，李祚泳 . 2004. 基于 GA 优化的灾情评估普适公式 . 成都信息工程学院学报，19（3）：388-391.
施建祥，邬云玲 . 2006. 我国巨灾保险风险证券化研究——台风灾害债券的设计 . 金融研究，(5)：103-112.
石颖 . 2007. 我国巨灾保险发展现状 . 沿海企业与科技，(4)：38-40.
史峰，王小川，郁磊，等 . 2010. MATLAB 神经网络 30 个案例分析 . 北京：北京航空航天大学出版社 .
史培军 . 1996. 再论灾害研究的理论与实践 . 自然灾害学报，5（4）：6-17.

司巧梅 . 2010. 基于决策树的农业气象灾害等级预测模型 . 安徽农业科学，38（9）：4925-4927.
宋芳芳，欧进萍 . 2010. 台风“黑格比”对城市建筑物破坏调查与成因分析 . 自然灾害学报，（4）：8-16.
隋广军，唐丹玲 . 2012. 台风灾害与地区经济差距：粤省证据 . 改革，2012（6）：18-25.
隋广军，唐丹玲，陈和 . 2010. 台风灾害的经济影响及其防御系统建设——以台风“莫拉克”为例 . 国际经贸探索，26（2）：32-36.
孙广忠 . 1992. 中国自然灾害灾情分析及减灾战略//施雅风 . 中国自然灾害灾情分析与减灾对策 . 武汉：湖北科学技术出版社 .
孙祁祥，周奕 . 2002. 恐怖主义事件与巨灾保险衍生品 . 财贸经济，（4）：9-14.
孙绍骋 . 2001. 灾害评估研究内容与方法探讨 . 地理科学进展，20（2）：122-130.
台湾“内政部”消防署 . 2011. 历年天然灾害统计资料 . http：//www. nfa. gov. tw/Show. aspx？MID = 97&UID = 827&PID = 97 [2014-03-01] .
台湾“中央气象局”科技中心 . 2011. 1985~2010 年台湾因气象因素导致各项灾害损失统计 . http：//photino. cwb. gov. tw/tyweb/hazards/meteo-hazards-data. htm [2014-03-01] .
汤小棣 . 1999. 米奇飓风和中美洲重建 . 拉丁美洲研究，（6）：38-43.
唐晓春，刘会平，潘安定，等 . 2003. 广东沿海地区近 50 年登陆台风灾害特征分析 . 地理科学，23（2）：182-187.
陶正如，陶夏新 . 2007. 巨灾保险衍生品 . 自然灾害学报，（8）：132-138.
田玲 . 2009. 巨灾风险债券运作模式与定价机理研究 . 武汉：武汉大学出版社 .
田玲，向飞 . 2006. 基于风险定价框架的巨灾债券定价模型比较研究 . 武汉大学学报，59（2）：168-174.
万玉琼，梁俊有 . 2008. 基于遗传算法改进 BP 网络的灾害预测模型研究 . 中国水运，8（4）：255-257.
汪亚君 . 2008. 论突发公共事件中地方政府危机管理——由台风“罗莎”引发的思考 . 现代商贸工业，（2）：41-42.
汪应洛 . 1998. 系统工程理论、方法与应用 . 北京：高等教育出版社 .
王德迅 . 2005. 国外公共危机管理机制纵横谈 . 求是杂志，（20）：59-61.
王奋，蔡大鑫，谢瑞红，等 . 2010. 台风灾害风险区划中社会经济易损性因子的计算 . 气象研究与应用，31（SII）：239-240.
王和 . 2005. 对建立我国巨灾保险制度的思考 . 中国金融，（7）：50-52.
王继志 . 1991. 近百年西北太平洋台风活动（序）. 北京：海洋出版社 .
王静龙，梁小筠 . 2005. 定性数据分析 . 上海：华东师范大学出版社 .
王军 . 2008. 气候变化经济学的文献综述 . 世界经济，45（8）：66-68.
王康，尹占娥，殷杰 . 2011. 海平面上升背景下中国沿海台风风暴潮脆弱性分析 . 热带海洋学报，30（6）：31-36.
王胜，田红，谢五三 . 2012. 基于 GIS 技术的台风灾害风险区划研究——以安徽省为例 . 中国农业大学学报，17（1）：161-166.
王同生 . 1996. 我国沿海地区台风暴雨灾害及减灾措施 . 上海水利，（1）：11-15
王喜年 . 1998. 风暴潮灾害及其预报与防御对策 . 海洋预报，15（3）：26-31.
王晓芳，李红莉，王金兰 . 2007. 登陆我国热带气旋的气候特征 . 暴雨灾害，26（3）：251-255.
王新军 . 2002. 财产保险中损失分布建模的方法性研究 . 统计研究，（11）：40-43.
王新军 . 2003. 财产险个体损失分布建模的系统分析 . 山东财政学院学报，（2）：43-51.
王星 . 2005. 非参数统计 . 北京：中国人民大学出版社 .
王秀荣，王维国，马清云 . 2010. 台风灾害综合等级评估模型及应用 . 气象，36（1）：66-71.
王学军，陈武 . 2008. 区域智力资本与区域创新能力的关系 . 中国工业经济，（9）：25-36.

王中宇，陈颙，陈鑫连，等 . 1995. 中国经济系统地震易损性分析 . 自然灾害学报，4（1）：26-33.
魏海港，刘汉进 . 2005. 保险公司巨灾风险管理的新进展及其启示 . 中国软科学，（6）：82-85.
魏敏杰，田玲 . 2003. 巨灾风险证券化及在中国保险市场上的应用 . 科技进步与对策，（10）：173-175.
魏章进，隋广军，唐丹玲 . 2012. 台风灾情评估进展及方法评述 . 灾害学，27（4）：117-123.
魏章进，隋广军，唐丹玲 . 2013. 基于聚类与回归方法的台风灾情统计评估 . 数理统计与管理，33（3）：400-407.
魏章进，唐丹玲 . 2011. 西北太平洋热带气旋源地、强度及其关联性的统计研究 . 数理统计与管理，30（3）：512-521.
魏章进，唐丹玲，隋广军 . 2012. 热带气旋登陆概率的 Logistic 模拟 . 数理统计与管理，31（3）：523-535.
文进，谢瑜，高晓凤，等 . 2006. 美国飓风风险管理的循证评价及其对我国医疗风险管理的启示 . 中国循证医学杂志，3：209-217.
吴慧，陈德明，吴胜安，等 . 2009. 灰色关联分析在热带气旋灾害等级评估中的应用 . 热带作物学报，30（2）：244-248.
向玉琼 . 2005. 论政府危机管理中的公共政策制定 . 云南社会科学，（2）：16-20.
肖鹏军 . 2006. 公共危机管理导论 . 北京：中国人民大学出版社 .
谢端云 . 2006. 加强公共危机管理促进和谐社会建设 . 中共南宁市委党校学报，（4）：115-118. .
谢龙大，王宁，卢可源，等 . 2001. 水旱灾害灾情评估方法的研究 . 浙江水利科技，（6）：1-5.
谢永刚，袁丽丽，孙亚男 . 2007. 自然灾害对农户经济的影响及农户承灾力分析 . 自然灾害学报，16（6）：171-179.
新华网 . 2008. 近年来全球重大风暴灾害 . http：//news. xinhuanet. com/newscenter/ 2008-05/06/content_8113924. htm. ［2012-10-11］
徐恺 . 2008. 基于支持向量机的股指时间序列预测 . 成都：西南交通大学硕士学位论文 .
徐良炎，高歌 . 2005. 近 50 年台风变化特征及灾害年景评估 . 气象，31（3）：41-44.
许飞琼 . 1998. 灾害损失评估及其系统结构 . 灾害学，13（3）：80-83.
许世远，王军，石纯，等 . 2006. 沿海城市自然灾害风险研究 . 地理学报，61（2）：127-138.
严洌娜，孙长 . 2012. 基于投影寻踪技术的台风灾害脆弱性评价 . 浙江气象，33（2）：12-16.
炎利军，黄先香，于玉斌，等 . 2007. 近 58 年西北太平洋热带气旋频数的气候变化特征 . 气象研究与应用，28（S2）：63-77.
杨慧娟，李宁，雷飏 . 2007. 我国沿海地区近 54a 台风灾害风险特征分析 . 气象科学，27（4）：413-418.
杨凯，齐中英，黄凤 . 2006. 我国发展巨灾保险所面临的供需不足分析及建议 . 商业研究，（6）：91-95.
杨凯，齐中英，岳上植 . 2007. 我国巨灾保险再保险体系构建的研究 . 中国软科学，（3）：120-123.
杨明兴 . 2007. 防御台风灾害和利用台风资源对策与探讨 . 中国防汛抗旱，33（10）：15-16.
杨秋珍，徐明，李军 . 2009. 热带气旋对承灾体影响利弊及巨灾风险诊断方法的研究 . 大气科学研究与应用，（2）：1-20.
杨文生 . 2009. 巨灾保险体系存在的问题及完善对策：一个美国样本 . 经济社会体制比较，（5）：108-113.
杨晓霞，唐丹玲 . 2010. 台风引起南海海表面降温的位置变化特征 . 热带海洋学报，29（4）：26-31.
杨新红 . 2012. 美国减灾的应急及社会联动机制研究——以卡特里娜飓风为例 . 中国安全生产科学技术，1：118-122.
杨亚新 . 2005. 西北太平洋热带气旋发生的时空变化特征 . 海洋预报，（1）：86-91.
姚壬元 . 2004. 巨灾风险证券化研究 . 中南财经政法大学学报，（5）：102-108.
叶宏 . 2011. 2011 年国际巨灾债券市场综述 . http：//www. sinoins. com/news/101214/62357. html. ［2012-12-1］.
叶雯 . 2002. 广东省台风灾害特点及减灾对策 . 灾害学，（9）：54-59.

叶雯，刘美南，陈晓宏．2004. 感知器算法在台风风暴潮灾情等级评估中的应用．中山大学学报（自然科学版），43（2）：117-120.
叶英，董波．2002. 登陆我国热带气旋活动的年代际变化分析．海洋预报，19（2）：23-30.
尹茂祥．2009. 莫拉克台风重创台湾．两岸关系，（9）：12-13.
于小龙，潘伟然，张国荣，等．2011. 福建省台风灾害直接经济损失预评估模型．厦门大学学报（自然科学版），50（6）：1047-1052.
袁金南，林爱兰，刘春霞．2008. 60 年来西北太平洋上不同强度热带气旋的变化特征．气象学报，66（2）：213-223.
袁艺，张磊．2006. 中国自然灾害灾情统计现状及展望．灾害学，62（12）：88-90.
张斌，陈海燕，顾骏强．2008. 基于 GIS 的台风灾害评估系统设计开发．灾害学，23（1）：47-50.
张斌，赵前胜，姜瑜君．2010. 区域承灾体脆弱性指标体系与精细量化模型研究．灾害学，（2）：36-40.
张成福．2003. 公共危机管理：全面整合的模式与中国的战略选择．中国行政管理，23（7）：76-79.
张国清．2003. 公共危机管理和政府责任——以 SARS 疫情治理为例．管理世界，（12）：42-50.
张加春，饶灶鑫，陈丽珍，等．2008. 1884～2006 年西北太平洋热带气旋活动特征．广东气象，30（2）：24-26.
张建伟．2003. 论建立政府危机管理体系．湖南行政学院学报，（4）：31-32.
张俊香，卓莉，刘旭拢．2010. 广东省台风暴潮灾害社会经济系统脆弱性分析——模糊数学方法．自然灾害学报，（1）：116-121.
张璐．2008. 试论如何提高政府的公共危机管理能力．科技管理研究，（2）：46-48.
张庆红，韦青，陈联寿．2010. 登陆中国大陆台风影响力研究．中国科学（D 辑），40（7）：941-946.
张庆洪，葛良骥，凌春海．2008. 巨灾保险市场失灵原因及巨灾的公共管理模式分析．保险研究，（5）：13-16.
张秋余，朱学明．2013. 基于 GA-Elman 神经网络的交通流短时预测方法．兰州理工大学学报，39（3）：94-98.
张晓琴．2006. 巨灾风险分散机制的金融创新——巨灾风险证券化．经济技术协作信息，（34）：33-35.
张艳萍，崔伟轩．2013. 基于动态可变分段误差函数的常数模盲均衡算法．南京信息工程大学学报（自然科学版），5（4）：346-351.
张永恒，范广洲，马清云，等．2009. 浙江省台风灾害影响评估模型．应用气象学报，20（6）：772-776.
张宗军．2008. 基于公共性基础上的巨灾保险制度研究．保险研究，（7）：15-17.
赵阿兴，马宗晋．1993. 自然灾害损失评估指标体系的研究．自然灾害学报，2（3）：1-7.
赵春盛，张玲．2007. 我国现阶段的突发事件与公共危机管理．云南行政学院学报，2007（3）：115-118.
赵飞，廖永丰，张妮娜，等．2011. 登陆中国台风灾害损失预评估模型研究．灾害学，26（2）：81-85.
赵敬丹，邬海萍．2006. 美日政府危机管理体制对中国的启示．沈阳师范大学学报（社会科学版），2006（1）：34-37.
赵卫权．2008. 自然灾害社会易损性评价指标体系研究——以重庆市为例．重庆：重庆师范大学硕士论文．
赵延东．2007. 自然灾害中的社会资本研究．国外社会科学，（4）：53-61.
郑立功．2009. 浅谈政府对公共群体性事件的危机管理．管理观察，2009（4）：23-25.
中国气象局．2008. 热带气旋年鉴 2006. 北京：气象出版社．
中国气象局政策规划司．2009.《台风灾害综合等级划分》．行业标准编制说明．北京．
中国气象灾害大典编委会．2006. 中国气象灾害大典：广东卷．北京：气象出版社．
钟莉．2009. 政府公共危机管理能力的提升——基于风险社会理论的视角．行政论坛，（4）：17-19.
钟伟，顾弦．2008. 巨灾再保险市场的发展困境与对策研究．理论前沿，（18）：18-22.

钟雅琴，陈和．2010. 巨灾风险证券化之巨灾债券研究综述．江苏科技信息（学术研究），(12)：53-56.

钟雅琴，陈和．2012. 台风灾害债券设计——基于广东省数据的实证研究．灾害学，(1)：111-115.

钟兆站．1997. 中国海岸带自然灾害与环境评估．地理科学进展，(3)：44-50.

周伏平．2002. 巨灾风险证券化研究——金融、保险一体化的典范．财经研究，(2)：36-41.

周明，孙树栋．2002. 遗传算法原理及应用．北京：国防工业出版社．

周荣辅，张伟．2007. 危机管理中的政府职能定位浅析．经济与社会发展，(9)：28-30.

周延礼．2009. 构建中国巨灾保险制度的若干思考．中国金融，(18)：12-13.

周延，闰会丽．2011. 洪水巨灾债券及其定价的实证研究——基于 Wang 两因素模型对我国洪水债券定价的分析．上海金融学院学报，(3)：40-49.

朱凯，王正林．2010. 精通 MATLAB 神经网络．北京：电子工业出版社．

朱仕杰，南卓铜．2006. 基于 ArcEngine 的 GIS 软件框架建设．遥感技术与应用，21 (4)：385-390.

朱天一．2011. 基于 SVM 的梅雨量预测研究．南京：南京信息工程大学硕士学位论文．

Aamodt A，Plaza E. 1994. Case-Based Reasoning：Foundational Issues，Methodological Variations，and System Approaches. Artificial Intelligence Communications，7：1，39-52.

Barthel F，Neumayer E. 2012. A trend analysis of normalized insured damage from natural disasters. Climatic Change，113 (2)：215-237.

Bell G D，Chelliah M. 2006. Leading tropical modes associated with interannual and multidecadal fluctuations in North Atlantic hurricane activity. Journal of Climate，19 (4)：590-612.

Bell G D，Halpert M S，Schnell R C，et al. 2000. Climate assessment for 1999. Bulletin of the American Meteorological Society，81 (6)：s1-s50.

Blaikie P，Cannon T，Davis I. 1994. At Risk：Natural Hazards，People's Vulnerability and Disasters. London：Routledge.

Bouwer L M. 2011. Have disaster losses increased due to anthropogenic climate change? Bull. Amer. Meteor. Soc.，92：39-46.

Box G，Jenkins G. 1976. Time Series Analysis：Forecasting and control. San Francisco：Holden-Day.

Burton I，Kate R W，White G F. 1978. The Environment as Hazard. Oxford：Oxford University Press.

Carter M R，Little P D，Mogues T，et al. 2007. Poverty Traps and Natural Disasters in Ethiopia and Honduras. World Development，35 (5)：835-856.

Chang N B，Wang S F. 1996. The Development of an Environmental Decision Support System for Municipal Solid Waste Management，Computers，Environment and Urban System，20 (3)：201-212.

Chan J C L. 1995. Tropical cyclone activity in the western North Pacific in relation to the stratospheric quasi-biennial oscillation. Monthly Weather Review，123 (8)：2567-2571.

Chan J C L. 2006. Comment on "Changes in tropical cyclone number，duration and intensity in a warming environment". Science，311：1713.

Chan J C L，Liu K S. 2004. Global warming and western North Pacific typhoon activity from an observational perspective. Climate，17 (23)：4590-4602.

Chan J C L，Shi J E. 1996. Long-term trends and interannual variability in tropical cyclone activity over the western North Pacific. Geophysical Research Letters，23 (20)：2765-2767.

Cha S H，Tappert C C. 2009. Genetic Algorithm for Constructing Compact Binary Decision Trees. Journal of Pattern Recognition Research，4 (1)：1-13.

Chen W K. 2010. Granular Computing and Intelligent Systems：Design with Information Granules of Higher Order and Higher Type. Berlin Heidelberg：Springer.

Chen W K, Cheng C S. 2012. Application of grey theory in predicting the disaster loss of typhoon. Taiwan: 2012 Global Chinese Conference on Environment and Energy.

Chen W K, Sui G J, Tang D L. 2010a. Classification of natural hazard by Bayes' classifier with remote sensing data from satellite. Taiwan: PORSEC 2010.

Chen W K, Sui G J, Tang D L. 2010b. Study of Environmental Risk Management by Multivariable Analysis of Pattern Structure. Taiwan: Proceeding of the fourth International Conference on Management Science and Engineering Management.

Chen W K, Sui G J, Tang D L. 2010c. An Approach to Pattern Recognition by Fuzzy Category and Neural Network Simulation. Proceeding of the 8th International Conference on Machine Learning and Cybernetics. Qingdao, China.

Chen W K, Sui G J, Tang D L. 2011a. Predicting the Economic Loss of Natural Disaster by Neural Network Simulation-A Case Study of Typhoon in Taiwan. Guangzhou: 2nd Cross-Strait Workshop on Typhoon Impacts and Crisis Management.

Chen W K, Sui G J, Tang D L. 2011b. Predicting the Economic Loss of Typhoon by case Base Reasoning and Fuzzy Theory. Proceedings of the 2011 International Conference on Machine Learning and Cybernetics, 2011: 254-257.

Chen W K, Sui G J, Tang D L. 2011c. A fuzzy intelligent decision support system for tropical cyclone disaster management. 2011 IEEE International Conference on Fuzzy Systems, Taipei: IEEE, 7: 364-367.

Chen W K, Sui G J, Tang D L. 2012. Forecasting the Economic Impact of Natural Disaster with Nonlinear Time Series Characterized by Remote Sensing - A Case Study of Consumer Price Index Subject to Typhoon in Taiwan. Cochi: 11th Biennial Conference on Pan-Ocean Remote Sensing Conference (PORSEC 2012).

Chen W K, Wang P. 2012. Fuzzy Forecasting with Fractal Analysis for theTime Series of Environmental Pollution. Time Series Analysis, Modeling and Applications: A Computational Intelligence Perspective (ISBN: 978-3-642-33438-2).

Chen Y Q, Tang D L. 2011. Eddy-feature phytoplankton bloom induced by tropical cyclone in the South China Sea. International Journal of Remote Sensing, 33 (23): 7444-7457.

Choi K S, Kim D W, Byun H R. 2010. Statistical model for seasonal prediction of tropical cyclone frequency in the mid-latitudes of East Asia. Theor Appl Climatol, 102 (1): 105-114.

Chu P S, James C, Lin B. 2000. Interannual and Decadal Variability of Tropical Cyclone Activity Over the Central North Pacific. Florida: American Meteorological Society.

Cox S H, Pedersen H W. 2000. Catastrophe Risk Bonds. North American Actuarial Journal, 4 (4): 56-82.

Deng H, Runger G, Tuv E. 2011. Bias of importance measures for multi-valued attributes and solutions. Espoo Proceedings of the 21st International Conference on Artificial Neural Networks (ICANN).

Dorland C R, Tol S J, Palutikof J P. 1999. Impacts of Windstorms in the Netherlands: Present Risk and Prospects for Climate Change//Downing T E. Climate, Change and Risk. Routledge, London, New York.

Dubois D, Prade H. 1988. Fuzzy Sets and Systems. New York: Academic Press.

Duda P O, Hart P E, Stor K D G. 2001. Pattern Classification (2nd). New York: ISBN 0-471-05669-3.

Elsner J B, Ko B T. 2000. Global tropical cyclone activity: A link to the North Atlantic Oscillation. Geophysical Research Letters, 27 (1): 129-132.

Elsner J B, Kossin J P, Jagger T H. 2008. The increasing intensity of the strongest tropical cyclones. Nature, 444: 92-95.

Elsner J B, Liu K, Kocher B. 2000. Spatial variations in major US hurricane activity: Statistics and a physical mechanism. Journal of Climate, 13 (13): 2293-2305.

Emanuel K A. 2005a. Increasing destructiveness of tropical cyclones over the past 30 years. Nature, 436: 686-688.

Emanuel K A. 2005b. Emanuel replies. Nature, 438: E13.

Emanuel K A. 2007. Environmental factors affecting tropical cyclone power dissipation. J Clim, 20: 5497-5509.

Fang C Y, Lin H, Xu Q, et al. 2008. Online Generation and Dissemination of Disaster Information Based on Satellite Remote Sensing Data, W2GIS 2008, LNCS 5373, 2008: 63-74.

Fothergill A, Peek L A. 2004. Poverty and Disasters in the United States: A Review of Recent Sociological Findings. Natural Hazards, 32: 89-110.

Goguen J A. 1967. L-fuzzy sets. Journal of Mathematical Analysis and Applications, 18: 145-174.

Goldberg D E. 1989. Genetic Algorithms in Search, Optimization and Machine Learning. Addison-Wesley, Reading, Massachusetts, USA.

Goldenberg S B, Landsea C W, Mestas-Nunez A M, et al. 2001. The recent increase in Atlantic hurricane activity: causes and implications. Science, 293: 474-479.

Goodchild F M, Kryiakidids P, Rice M, et al. 2005. Spatial Web. In Report of the NCGIA Specialist Meeting on Spatial Webs.

Goshay R, Sandor R. 1973. An Inquiry into the Feasibility of a Reinsurance Futures Market. Journal of Business Finance, 5 (2): 56-66.

Gray W M, Sheaffe R J D, Landsea C W. 1997. Climate trends associated with multi-decadal variability of Atlantic hurricane activity//Diaz H F, Pulwarty R W. Hurricanes—climate and socioeconomic impacts. New York: Springer.

Hadzic M, Wong T T P, Dillon T, et al. 2009. Ontology-Based Multi-Agent Systems. Springer-Verlag Berlin. http://link.springer.com/book/10.1007/978-3-642-01904-3/page/1. [2012-10-11]

Hamid S, Kibria B M G, Gulati S. 2010. Predicting losses of residential structures in the state of florida by the public hurricane loss evaluation model. Statistical Methodology, 7 (5): 552-573.

Heidelberg K D, Hebeler J, Dean M. 2005. Geospatial Semantic Web: Architecture of Ontologies. Mexico City: First International Conference, GeoS 2005.

Henderson-Sellers A, Zhang H, Berz G, et al. 1998. Tropical cyclones and global climate change: A post-IPCC assessment. Bulletin of the American Meteorological Society, 79 (1): 19-38.

Holland G J, Webster P J. 2007. Heightened tropical cyclone activity in the North Atlantic: Natural variability or climate trend? Philos. Trans. R Soc. London Ser. A, 365: 2695-2716.

Houghton J T, Ding Y, Griggs D J, et al. 2001. Climate Change 2001: the Scientific Basis. IPCI.

Hoyos C D, Agudelo P A, Webster P J, et al. 2006. Deconvolution of the factors contributing to the increase in global hurricane intensity. Science, 312: 94-97.

Hsu C C, Hong Z Y. 2007. An Intelligent Tropical cyclone Damage Prediction System from Aerial Photographs. Lecture Notes in Computer Science, Knowledge-Based Intelligent Information and Engineering Systems, 4692: 747-756.

Huang L M, Gu W J. 2012. Application of Back-Propagation Neural Network on the Prediction of PM10. Journal of Soil and Water Conservation, 44 (4): 341-360.

Huang Z, Rosowsky D V, Sparks P R. 2001. Long-term hurricane risk assessment and expected damage to residential structures. Reliability Engineering and System Safety, 74: 239-249.

IPCC. 2007. Contribution of working group I to the second assessment reprot of the intergovernmental panel on climate change. Cambridge University Press, Cambridge, United Kingdom and New York, NY, USA.

IPCC. 2011. Summary for Policymakers//Intergovernmental Panel on Climate Change Special Report on Managing the Risks of Extreme Events and Disasters to Advance Climate Change Adaptation. Cambridge University Press, Cambridge, United Kingdom and New York, NY, USA.

IPCC. 2013. Climate Change 2013: The Physical Science Basis Summary for Policymakers. http: //www. climate-change2013. org/images/uploads/WGIAR5-SPM_ Approved27Sep2013. pdf. [2014-2-14].

IWTC. 2006. Summary Statement on tropical cyclone s and climate change. Sanjose, costalrica., http: //www. wmo. int/pages/prog/arep/tmrp/tcf/iwtc-VI. [2011-5-7].

Jain N A K, Duin R P W, Mao J C. 2000. "Statistical Pattern Recognition: a review", Dept. of Comput. Sci. & Eng., Michigan State Univ. East Lansing, MI.

Jiang M H, Deng B X, Wang B, et al. 2003. A fast learning algorithm of neural networks by changing error function. IEEE Int. Conf. Neural Networks & Signal Processing (S1045-9227), 1 (2): 249-252.

Kate R W, Clark W C, Corell. 2001. Environment and Development: Sustainability Science. Science, 292: 641-642.

Kaufmann A, Gupta M M. 1991. Introduction to Fuzzy Arithmetic Theory and Applications, Van Nostrand Reinhold, New York.

Kernnedy J, Eberhart R. 1995. Partiele Swarm Optimization. IEEE International Conference on Neural Networks Proeeedings, (1-6): 1942-1948.

Kimberlain T B. 2000. Long-term trends in North Pacific tropical cyclone activity. Preprints of the 24th Conference on Hurricanes and Tropical Meteorology.

Klawa M, Ulbric H U. 2003. A model for the estimation of storm losses and the identification of severe winter storms in Germany. Natural Hazards and Earth System Sciences, 3: 725-732.

Klotzbach P J. 2006. Trends in global tropical cyclone activity over the past twenty years (1986~2005). Geophys Res Lett, 33: L010805.

Klotzbach P J, Gray W M. 2008. Multidecadal variability in North Atlantic tropical cyclone activity. J Clim, 21: 3929-3935.

Knaff, J A, Sampson C R. 2006. Reanalysis of West Pacific tropical cyclone intensity 1966 ~ 1987. AMS 27th Conf. hurricanes and trop. met., Monterey, CA, 24-28.

Knutson T R, Sirutis J J, Garner S T, et al. 2008. Simulated reduction in Atlantic hurricane frequency under twenty-first-century warming conditions. Nature Geoscience, 1 (6): 359-364.

Knutson T R, Tuleya R E. 2004. Impacts of CO_2-induced warming on simulated hurricane intensity and precipitation: Sensitivity to the choice of climate model and convective parameterization. J Clim, 17 (18): 3477-3495.

Kossin J P. 2008. Is the North Atlantic hurricane season getting longer. Geophys Res Lett, 35: L23705. doi: 10. 1029/2008GL036012.

Kossin J P, Vimont D J. 2007. A more general framework for understanding Atlantic hurricane variability and trends. Bull Am Meteorol Soc., 88: 1767-1781.

Lander M A, Guard C P. 1998. A look at global tropical cyclone activity during 1995: Contrasting high Atlantic activity with low activity in other basins, Mon. Weather Rev., 126: 1163-1173.

Landsea C W. 2005. Hurricanes and global warming. Arising from K. Emanuel Nature, 436: 11-13.

Landsea C W. 2007. Counting Atlantic tropical cyclones back to 1900. Eos Trans AGU, 88 (18): 197-208.

Landsea C W, Harper B A, Hoarau K, et al. 2006. Can we detect trends in extreme tropical cyclones? Science, 313: 452454.

Landsea C W, Nicholls N, Gray W M, et al. 1996. Downward trends in the frequency of intense Atlantic hurricanes during the past five decades. Geophys Res Lett, 23: 1697-1700.

Landsea C W, Vecchi G A, Bengtsson L, et al. 2009. Impact of duration thresholds on Atlantic tropical cyclone counts. J Clim, 23: 2508-2519.

Leung F H F, Lam H K, Ling S H, et al. 2003. Tuning of the structure and parameters of a neural network using an improved genetic algorithm. IEEE Transactions on Neural Networks, 14 (1): 79-88.

Levy G, Pu C, Sampson P D. 1997. Massive Data Assimilation/Fusion in Atmospheric Models and Analyses: Statistical, Physical, and Computational Challenges. National Research Council. Massive Data Sets: Proceedings of a Workshop. Washington, DC: The National Academies Press.

Levy G, Pu C, Sampson P D. 1999. Statistical, Physical, and Computational Aspects of Massive Data Analysis and Assimilation in Atmospheric Applications. J. Computational and Graphical Statistics (JCGS), 8 (3): 559-574.

Luo C H, Wen C Y, Yuan C S, et al. 2005a. Investigation of Urban Atmospheric Visibility by High-frequency Extraction: Model Development and Field Test, Atmos. Environ., 39: 2545-2552.

Luo C H, Yuan C S, Wen C Y, et al. 2005b. Investigation of Urban Atmospheric Visibility Using Haar Wavelet Transform. Aerosol and Air Quality Research, 5 (1): 39-47,

Mann M E, Emanuel K A. 2006. Atlantic hurricane trends linked to climate change. Eos Trans AGU, 87 (24): 233-244.

Mark P, George S, Nirva M, et al. 2005. State of Florida hurricane loss projection model: Atmospheric science component. Journal of wind engineering and industrial aerodynamics, 93 (8): 651-674.

MATLAB 中文论坛 . 2010. MATLAB 神经网络 30 个案例分析 . 北京：北京航空航天大学出版社 .

Maue R. 2009. Northern hemisphere tropical cyclone activity. Geophys Res Lett, 36: L05805,

Mavume A F, Rydberg L, Rouault M, et al. 2009. Climatology and Landfall of Tropical Cyclones in the South-West Indian Ocean. J. Mar. Sci., 8 (1): 15-36.

Mitsuta Y T, Fujii T, I N. 1996. A Predicting Method of Typhoon Wind Damages. Massachusetts: Probabilistic Mechanics and Structural Reliability: Proceedings of the 7th Specialty Conference.

Pan G, Tang D L. 2009. Satellite investigations of the May 12 Sichuan Earthquake in the southwest China. EOS., 90: 16-21.

Pan G, Tang D L. 2010. Damage Information Derived from Multi-sensor Data of the Wenchuan (China) Earthquake of May 2008. International Journal of Remote Sensing, 31: 3509-3519.

Pan G, Tang D L. 2012. Satellite monitoring of phytoplankton in the East Mediterranean Sea after the 2006 Lebanon oil spill. International Journal of Remote Sensing, 33 (23): 7482-7490.

Pawlak, Z. 1982. Rough Sets. Internat. J. Comput. Inform. Sci. 11: 341-356.

Pedrycz W. 2013. Granular Computing: Analysis and Design of Intelligent Systems, CRC Press/Francis Taylor, Boca Raton.

Pelanda C. 1981. Disaster and Sociosystemic Vulnerability. Gorizia: Disaster Research Center.

Pielke, Pielke Jr R A, Gratz J, et al. 2008. Normalized hurricane damage in the United States: 1900-2005. Natural Hazards Review, 9 (1): 29-42.

Pielke R A, Jr. 2005. Are there trends in hurricane destruction? Nature, 438, E11, doi: 10. 1038/nature04426.

Pielke R A Jr. 2009. United States hurricane landfalls and damages: Can one-to five-year predictions beat climatology? Environ. Hazards, 8 (3): 187-200.

Pielke R A, Landsea C, Mayfield M, et al. 2005. Hurricanes and global warming. Bull Am Meteorol Soc, 86: 1571-1575.

Re M. 1993. Winterstürme in Europa. Publication of the Munich Re, Ordering Number.

Sandor R L, Walsh M J. 2001. Kyoto or Not: Opportunities in Carbon Trading Are Here. Environmental Quality Management. Willey.

Schalkoff R. 1992. Pattern Recognition: Statistical, Structural, and Neural Approaches. John Wiley & Sons.

Schuermann J. 1996. Pattern Recognition. Wiley & Sons.

Sengupta R R, Bennett D A. 2003. Agent-based modeling environment for spatial decision support. International Journal of Geographical Information Science, 17 (2): 157-180.

Sigma. 2009. 保险杂志. http://www.swissre.com/resources/dd6346004d4e9669ac76eecedd316cf3-sigma2_2009_e.pdf

Sing O P. 2000. Changes in the frequency of tropical cyclones over the north Indian ocean. Meteorology and Atmospheric physics, 75: 11-20.

Smith K. 1992. Environmental Hazards: Assessing Risk and Reducing Disaster. London: Rout ledge Press.

Specht D F. 1991. A general regression neural network. IEEE Transaction on Neural Networks, 2 (6): 568-576.

Sriver R, Huber M. 2006. Low frequency variability in globally integrated tropical cyclone power dissipation. Geophysical Research Letters, 33 (11): 705.

Stocker D Q. 2013. Climate change 2013: The physical science basis. Working Group I Contribution to the Fifth Assessment Report of the Intergovernmental Panel on Climate Change, Summary for Policymakers, IPCC.

Sui G J, Chen H, Tang D L. 2014. Comprehensive impact and defensive measures for typhoon. Typhoon Impact and Crisis Management. Berlin: Springer.

Sui G J, Wei Z J, Tang D L. 2014. Theory and practice for typhoon disaster assessment. Typhoon Impact and Crisis Management. Berlin: Springer.

Sun W, et al. 2010. Prediction of typhoon losses in the South-East of China based on BP network//Artificial Intelligence and Computational Intelligence (AICI), 2010 International Conference. IEEE, (1): 252-256.

Syswerda, G. 1989. Uniform Crossover in Genetic Algorithms. Proceedings of the 3rd International Conference on Genetic Algorithms, San Mateo.

Tang D L. 2011. Remote Sensing of The Changing Oceans. Springer.

Tang D L, Di B P, Wei G, et al. 2006. Spatial, seasonal and species variations of harmful algal blooms in the South Yellow Sea and East China Sea. Hydrobiologia, Doi 10.1007/s10750-006-0108-1.

Tang D L, Kawamura H, Nhu H D, et al. 2004. Remote sensing oceanography of a harmful algal bloom (HAB) off the coast of southeastern Vietnam. J of Geophysical Research (Ocean), 109: 1-7.

Tang D L, Sui G J. 2014. Typhoon Impact and Crisis Management. Berlin: Springer.

Tang D L, Zhao H, Satyanarayana B, et al. 2009. Enhancement of Chlorophyll-a in the Northeastern Indian Ocean after the 2004 South Asian Tsunami, Int. J. Remote Sensing, 30 (17): 4553-4565.

Tong H. 1978. On a Threshold Model in Pattern Recognition and Signal Processing. Amsterdam: Sijhoff & Noordhoff.

Tong H. 1983. Threshold Models in Nonlinear Time Series Analysis (Lecture Notes in Statistics No. 21). New York: Springer-Verlag.

Tong H, Lim K S. 1980. Threshold Autoregression, Limit Cycles and Cyclical Data (with discussion). Journal of the Royal Statistical Society, Ser. B, 42: 245-292.

Tsay R S. 1986. Nonlinearity Tests for Time Series. Biometrika, 73: 461-466.

Tsay R S. 1989. Testing and Modeling Threshold Autoregressive Processes. Journal of the American Statistical Association, 84 (405): 1-240.

Tu Z G, Lu Y. 2004. A robust stochastic genetic algorithm (StGA) for global numerical optimization. IEEE Transactions on Evolutionary Computation, 8 (5): 456-470.

Twisdale V A. 2000. Simulation of hurricane risk in the US. Using empirical track model. Journal of structural engineering, 10: 1223-1237.

Unanwa C O, McDonald J R, Mehta K C, et al. 2000. The development of wind damage bands for buildings. Journal of Wind Engineering and Industrial Aerodynamics, 84 (1): 119-149.

Vaugirard V E A. 2004. Canonical First Passage Time Model to Pricing Nature-linked Bonds. Economics Bulletin, 7 (2): 1-7.

Victor E V. 2003. Pricing Catastrophe Bonds by an Arbitrage Approach. Quarterly Review of Economics and Finance, 43 (1): 119-132.

Walsh K. 2004. Tropical cyclones and climate change: Unresolved issues. Climate Research, 27 (1): 77-83.

Wang H O, Tanaka K, Friffin M F. 1996. An approach to fuzzy control of nonlinear systems stability and design issues, IEEE Trans. On Fuzzy Systems, 85: 305-309.

Wang S S. 2000. A Class of Distortion Operators for Pricing Financial and Insurance Risk. The Journal of Risk and Insurance, 67 (1): 15-36.

Wang S S. 2004. Cat Bond Pricing Using Probability Transforms. Geneva Association. Insurance and the State of the Art in Cat Bond Pricing. Working Paper Series.

Webster P J, Holland G J, Curry J A, et al. 2005. Changes in tropical cyclone number, duration, and intensity in a warming environment. Science, 309: 1844-1846.

Weinkle J, Maue R, Pielke R. 2012. Historical Global Tropical Cyclone Landfalls. Journal of Climate, 25 (13): 4729-4735.

White G F. 1945. Human adjustment to floods: A geographical approach to the flood problem in the United States. Chicago: University of Chicago.

Wu J Y, Chiang Y J. 2008. The Development and Analysis on Natural Disaster Statistics Index System in Taiwan. Journal of Geographical Science, 51: 65-84.

Wu L, Wang B, Braun S A. 2008. Implications of tropical cyclone power dissipation index. International Journal of Climatology, 28 (6): 727-731.

Wu P, Wood R, Stott P. 2004. Does the recent freshening trend in the North Atlantic indicate a weakening thermohaline circulation? Geophysical Research Letters, 31 (2): 301.

Yao J, Liu W. 2013. Nonlinear Time Series Prediction of Atmospheric Visibility in Shanghai//Pedrycz W, Chen S M. Time Series Analysis, Modeling and Applications. Berlin Springer Berlin Heidelberg.

Yeh I C. 1999a. Modeling Chaotic Dynamical Systems Using Extended-Neuron Networks, Neural. Parallel & Scientific Computations, 5 (4): 429-438.

Yeh I C. 1999b. Modeling Chaotic Two-Dimensional Mapping with Fuzzy-Neuron Networks. Fuzzy Sets and Systems, 105 (3): 421-427.

Yeh I C. 2003. Modeling Chaotic Dynamic Systems Using Analysis-Adjustment-Synthesis Networks. Journal of Technology, 18 (3): 369-376.

Yeh I C. 2005. Classification and function mapping with fuzzy-neuron networks. Journal of Technology, 14 (2): 153-159.

Yoshida M. 1998. Evaluation of fatigue damage to a damper induced by a typhoon. J Wind Eng Ind Aerod, 74: 955-965.

Yoshimura J, Sugi M, Noda A. 2006. Influence of greenhouse warming on tropical cyclone frequency. J Meteorol Soc. Jpn., 84 (2): 405-428.

Yuan Y, Shaw M J. 1995. Induction of fuzzy decision trees. Fuzzy Sets and Systems (1995), 125-139.

Yu J, Tang D L, Chen G B, et al. 2014. The positive effects of typhoons on the fish fish catch per unit effort (CPUE) in the South China Sea. Continental Shelf Research, 84 (2014) 1-12.

Yu J, Tang D L, Li Y Z, et al. 2013. Increase in fish abundance during two typhoons in the South China Sea. Advances In Space Research, 51: 1734-1749.

Zadeh L A. 1965. Fuzzy sets. Information and Control, 8 (3): 338-353.

Zhang Q, Liu Q, Wu L. 2009. Tropical cyclone damages in China 1983-2006. Bulletin of the American Meteorological Society, 90 (4): 489-495.

Zhao H, Tang D L, Wang D X. 2009. Phytoplankton blooms near the Pearl River Estuary induced by Typhoon Nuri. Journal of Geophysical Research-Oceans, 114: 231-239.

缩略词和专业术语
Acronyms and Glossary of Terms

4R model	4R 模式
ACE, accumulated cyclone energy	台风活动总能量
ACF, auto-correlation function	自相关函数
adverse selection	逆向选择
aggregative indicator method	综合指标法
AHP, analytic hierarchy process	层次分析
AI, artificial intelligence	人工智能
amplification mechanism	放大机制
analysis of variance	方差分析
APT, arbitrage pricing theory	套利定价模型
arbitrage-free model	无套利模型
ARMA, auto-regression moving average model	自回归移动平均模型
artificial neural network	人工神经网络
association analysis	关联分析
back propagation neural network	BP 神经网络
bayesian classifier	贝叶斯分类器
CAPM, capital asset pricing model	资本资产定价模型
CART, classification and regression tree	分类回归树
catastrophe bond	巨灾债券
catastrophe futures	巨灾期货
catastrophe insurance system	巨灾保险制度
catastrophe insurance	巨灾保险
catastrophe risk	巨灾风险
catastrophe swaps	巨灾掉期产品
CHAID, Chi-square automatic interaction effect detection tree	卡方自动交互效应检测树
Chaos	混沌现象
Chi-square test	卡方检验
city block distance	城市街廓距离
classification method	分类方法
clustering method	聚类方法
coastal areas	沿海地区

coastal areas	风暴潮
CD, coefficient of determination	可决系数
combination forecasting	组合预测法
combined model	组合模型
component score coefficient matrix	因子得分矩阵
comprehensive impact	综合影响
consistency check	一致性检验
contingency coefficient	列联系数
contingency table analysis	列联表分析
correlation analysis	相关性分析
correlation coefficient	相关系数
cox-stuart trend test	趋势性检验
CPI, consumer price index	消费者物价指数
crisis management system	危机管理体系
crisis management	危机管理
crisis of confidence	信任危机
cross validation	交叉验证
CV, cross validation	交叉验证法
DCF, discounted cash flow model	现金流贴现模型
DCF, discounted cash flow	贴现现金流
decision tree	决策树
defense system construction	防御系统建设
Delphi	特尔斐法
DHNN, discrete Hopfield neural network	离散型 Hopfield 神经网络
direct economic loss	直接经济损失
disaster mitigation and relief	减灾救灾
disaster prevention and mitigation	防灾减灾
disaster state evaluation	灾情评估
disaster vulnerability	灾害易损性
disaster-causing factors	致灾因子
discriminate analysis	判别分析
distribution test	总体分布检验
DM, data mining	数据挖掘
DSS, decision support system	决策支持系统
DW, data warehouse	数据仓库
dynamic clustering algorithm	动态聚类法
economic loss	经济损失
eigen function	特征函数
ENNE, Elman neural network	神经网络

emergency management	应急管理
emergency response mechanism	应急响应机制
emergency response	应急响应
empirical analysis	实证分析
empirical model	实证模型
endogenous	内生性
eigenvalue	特征根
eigenvector	特征向量
equilibrium pricing model	均衡定价模型
error ratio	误差率
error sum squares	误差平方和
euclidean distance	欧氏距离
evaluation indicators	评价指标
evaluation system	评价指标体系
exceedance probability	超越概率
experiential decision-making	经验决策
expert consultation	专家咨询法
expert evaluation method	专家评估法
expert system	专家系统
extensive method	可拓方法
factor analysis	因子分析法
FCE，fuzzy comprehensive evaluation	模糊综合评价法
feature space	特征空间
feedback neural network	反馈神经网络
feedforward neural network	前馈神经网络
fitness value	适应值
flood	洪涝
fuzzy clustering	模糊聚类
fuzzy decision	模糊决策
fuzzy mathematics Theory	模糊数学理论
fuzzy mathematics	模糊数学
fuzzy set	模糊集
fuzzy theory	模糊理论
GA，genetic algorithm	遗传算法
GA-BP network	GA-BP 神经网络
GA-Elman neural network	GA-Elman 神经网络
generalized Pareto distribution	帕累托分布
GIS，geographic information system	地理信息系统
GMST，global mean surface temperature	全球平均温度

GRA，grey relational analysis	灰色关联分析
grey theory	灰色理论
grid search	网格搜索
GRNN，general regression neural network	广义回归神经网络
group decision	群体决策
hazard-bearing body	承灾体
hazard-formative environment	孕灾环境
hierarchical clustering method	系统聚类法
hierarchical structural model	递阶层次结构模型
homogeneity test of variance	方差齐性检验
hurricane “Sandy”	飓风“桑迪”
hurricane	飓风
IDSS，intelligent decision support system	智能决策支持系统
IEEM，interval error evaluation method	区间误差评价法
indirect benefit	间接效益
industrial structure	产业结构
industrial transfer	产业转移
insurance derivatives	保险衍生产品
intensive observation homework	密集观测作业
interannual variability	年际变化
inter-cluster distance	类间距
International Association for Development Assistance Research	国际发展援助研究协会
investigation and statistical method	调查统计法
investment multiplier accounting	投资乘数核算
IS，integrated system	集成系统
Jonckheere-Terpstra distribution test	Jonckheere-Terpstra 分布检验
JTWC，joint typhoon warning center	联合台风警报中心
judgment matrix	判断矩阵
kernel function	核函数
kinetics	动力学
K-means	K-均值法
Kruskal-Wallis test	Kruskal-Wallis 检验
Lagrangian multiplier method	拉格朗日乘子法
LEC，loss exceedance curve	损失超越曲线
logistic model	Logistic 模型
logistic regression analysis	Logistic 回归分析
logistic regression model	逻辑回归模型
lognormal distribution	对数正态分布
loss function	损失函数

Lyapunov function	李雅普诺夫函数
machine learning	机器学习
Mahalanobis distance	马氏距离
MPI, maximum potential intensity	最大潜在强度
maximum variation between groups	最大类间距离
MEDIES	气象灾害影响评估系统
membership Function	隶属函数
meteorological disasters	气象灾害
meteorological factor	气象因子
minimal variation within the group	最小类内距离
MIS, management information system	管理信息系统
model of crisis management	危机管理模型
moment estimation	矩估计
Monte Carlo	统计模拟法（蒙特卡罗法）
moral hazard	道德风险
MSE, mean square error	均方误差
multi factor line regression method	多元回归分析
multicollinearity	多重共线性
multidecadal variability	多年代际变化
multiple independent sample median test	多独立样本的中位数检验
multiplier effect	乘数效应
multivariable regression	多元回归
multivariate linear model	多元线性模型
natural disaster emergency management	自然灾害应急管理
neural network method	神经网络法
neural networks	类神经网络
neuron	神经元
NN, neural network	神经网络
non linear mapping	非线性映射
non-arbitrage analysis	无套利分析法
nonlinear Functions	非线性函数
non-parameter test	非参数检验
non-programmed decision	非程序化决策
non-stationary model	动态模型
non-structural measures	非工程措施
normal distribution	正态分布
optimal segmentation	最优分割法
orderly logical model	有序逻辑模型
ordinal sample cluster method	有序样品聚类方法

PACF, partial auto-correlation function	偏自相关函数
particle size	颗粒度
pattern recognition	模式识别
PCA, principal component analysis	主成分分析
PDF, probability density function	概率密度函数
poisson distribution	泊松分布
Polytomors model	Polytomors 模型
positive correlation	正相关
power dissipation index	台风破坏力指数
premium on bond	债券溢价
prevention efforts	防灾工作
preventive measures	防御措施
price index	物价指数
programmed decision	程序化决策
PSO, particle swarm optimization	粒子群优化
pure risk	纯粹风险
qualitative analysis	定性分析
quantitative analysis	定量分析
QUEST, unbiased effective statistical tree	快速无偏有效统计树
ramification of insurance	保险衍生品
random forest	随机森林
rank correlation	等级相关
RBF, radial basis function	径向基核函数
RBFNN, radial basis function neural network	径向基函数神经网络
reference density	基准密度法
regional economic disparities	地区经济差距
regression analysis method	回归分析法
reinsurance market	再保险市场
risk assessment	风险评估
risk management of disasters	灾害危机管理
risk preference	风险偏好
risk-free interest rate	无风险利率
RMSE, root mean square error	均方根误差
rough set	粗糙集
RS, remote sensing	遥感
SDSS, spatial decision support system	空间决策支持系统
self excitation threshold auto-regression process	自激阈值自回归过程
semi-structured decision	半结构化决策
single factor analysis of variance	单因素方差分析

social and economic vulnerability	社会经济易损性
SOM, self-organization map	自组织映射法
SRM, structural risk minimization	结构风险最小化
SST, sea-surface temperature	海表温度
stage of crisis management	危机管理阶段
stepwise regression	逐步回归法
stochastic process	随机过程
storm surge	风暴潮
student test	t 检验
supervised learning	监督学习
SVM, support vector machine	支持向量机
SVR, support vector regression	支持向量回归机
TAR, threshold auto-regression model	门限自回归模型
TC, tropical cyclone	热带气旋
the distance between the points	点间距
the fitting of economic losses of Typhoon	台风经济损失拟合
the loss caused by the nature disaster	自然灾害损失
the optimal segmentation	最优分割
the two-sample t-test	两个样本的 t 检验
threshold function	阈值函数
threshold value	阈值
time series analytic approach	时间序列分析法
topological structure	拓扑结构
transition function	转换函数
trend analysis approach	趋势分析法
trends	变化趋势
trigger point	触发点
typhoon "Hagupit"	台风"黑格比"
typhoon "Swallow"	台风"海燕"
typhoon bond	台风债券
typhoon catastrophe	台风灾害
typhoon "Morakot"	台风"莫拉克"
typhoon path	台风路径
UN-ESCAP, United Nations Economics and Social Commission for Asia and the Pacific	联合国亚太经济及社会理事会
Vapnik-Chervonenkis dimension	VC 维
variance-covariance method	方差-协方差法
variation	变异
vulnerability	脆弱性

Wang two-factor model	Wang 两因素模型
weighted average model	加权平均方法
weighted programming	加权规划法
white heteroskedasticity test	怀特异方差检验
wind-field damage model	风灾地区损失模型
WMO，World Meteorological Organization	世界气象组织
WV，weight value	权值

索　　引

Index

后　记

中国位于太平洋西岸，受台风影响严重，其中，广东省是受台风灾害影响最为严重的省份之一。台风灾害每年会给中国、特别是广东省造成巨大损失。

研究台风规律，提高防台风的应急管理能力，是防台风灾害的永恒课题。气候变化与全球变暖、气旋活动加剧、致台风灾害的破坏力增强以及我国东南沿海地区经济快速发展和人口过于集中，使得社会在台风下的暴露度和脆弱性提高，我们的防御系统建设亟待加强和完善。

台风灾害的防御和应急系统包括灾前的防灾减灾体系、灾中的危机管理体系以及灾后的损失评估和赔偿体系。灾前的防灾减灾体系可以增加当地抗台风的综合实力。灾中的危机管理体系则是直面台风灾害的环节，有效的危机管理系统可以将台风灾害的破坏降到最低。灾后的损失评估和赔偿体系是恢复经济、重建人民家园的重要保障，也是整个防御系统的善后环节。

防御系统的建设，需要未雨绸缪、积极应对，是一个需要充分考虑灾前、灾中和灾后的系统工程。本研究成果将为我国台风灾害经济损失评估与危机管理提供理论依据，并为政府相关管理部门提供可行的决策建议。

总结近十年来的相关研究，从研究项目申请、立项、理论研究、材料收集、数据分析，到撰写、图表、完稿、付梓、校稿，我们感触良多。我们衷心希望本成果能够为有关方面提供重要参考，为社会建设和人民生活服务，并恳请各位专家学者、应用者和管理者批评指正。

唐丹玲　隋广军　隋　艺

2014 年 8 月 16 日

于羊城

Afterword

China, located to the west of the Pacific, is seriously affected by typhoons, and Guangdong Province is one of the most seriously affected provinces. Typhoons are among the most frequent and influential natural hazards in the world, and typhoon disasters cause heavy losses to China, particularly to Guangdong province every year.

Research on typhoon disasters in order to raise the effectiveness of emergency management has long been and will continue to be essential to the prevention and mitigation of typhoon disasters. Due to climate change and global warming, the activity of tropical cyclones has increased, enhancing the destructiveness of typhoon disasters. Additionally, rapid economic development and increased population concentration in the southeast coastal areas of China has increased social exposure and vulnerability to typhoons. In response, we need to strengthen and perfect the construction of defense systems.

The defense and emergency system of typhoon disasters includes a pre-disaster risk assessment system, a mid-disaster crisis management system and a post-disaster loss evaluation and compensation system. Before the disaster, the risk assessment system can increase the comprehensive strength of resistance to typhoon disasters in this region. In mid-disaster, faced with the active typhoon, an effective crisis management system can minimize the destruction of the typhoon.

Typhoon loss evaluation and compensation system is an important assurance for economic recovery and rebuilding, and is the final stage of the entire defense system. Thus, the construction of the typhoon disaster defense system should be planned ahead and be capable to respond interactively in real time. This requires system engineering that needs to consider the pre-disaster, disaster, and post-disaster components comprehensively. Such research and design will provide the theoretical basis for economic loss assessment and crisis management of typhoon disasters, as well as feasible policy recommendations for related management departments of the government.

Reviewing our decade-long research, we have been working, step by step, extensively on this topic: starting from applying for research projects, through theoretical research, material collection, and data analysis, and on to writing, making charts, finishing the manuscript, going to press, and proofreading. We sincerely hope that this book provides important reference for the relevant parties, contributes to social development and improves the daily lives of people. We also ask for critique and corrections of experts, scholars and managers.

DanLing Lingzis TANG
GuangJun SUI
Yi SUI

Aug 16, 2014
Guangzhou, China